零基础

成长为造价高手系列——

市政工程造价

主编　王晓芳　计富元

参编　陈巧玲　罗　艳　魏海宽

本书共分十章，内容主要包括造价人员职业制度与职业生涯、工程造价管理相关法律法规与制度、市政工程施工、市政工程识图、市政工程造价构成与计价、市政工程工程量的计算、市政工程定额计价、市政工程清单计价、市政工程造价软件应用、市政工程综合计算实例。

本书按照专业工程造价的工作流程分步骤编排内容，将专业上岗基础知识、专业识图内容、工程清单计价、工程造价计算、软件操作等内容按照工作实际操作顺序编写。

本书采用了思维导图、表格等表达形式，重点内容双色块状化，阅读不枯燥。书中超值赠送操作视频及实例电子文件。

本书可供从事造价工作的人员参考使用，也可作为相关专业院校的教材及培训用书。

图书在版编目（CIP）数据

市政工程造价/王晓芳，计富元主编．—北京：机械工业出版社，2020.11（2022.7 重印）

（零基础成长为造价高手系列）

ISBN 978-7-111-66510-6

Ⅰ．①市…　Ⅱ．①王…　②计…　Ⅲ．①市政工程－工程造价　Ⅳ．①TU723.3

中国版本图书馆 CIP 数据核字（2020）第 171801 号

机械工业出版社（北京市百万庄大街 22 号　邮政编码 100037）

策划编辑：张　晶　责任编辑：张　晶　范秋涛

责任校对：刘时光　封面设计：张　静

责任印制：任维东

北京富博印刷有限公司印刷

2022 年 7 月第 1 版第 3 次印刷

184mm×260mm · 17.5 印张 · 460 千字

标准书号：ISBN 978-7-111-66510-6

定价：69.00 元

电话服务　　　　　　　　　网络服务

客服电话：010-88361066　　机　工　官　网：www.cmpbook.com

　　　　　010-88379833　　机　工　官　博：weibo.com/cmp1952

　　　　　010-68326294　　金　书　网：www.golden-book.com

封底无防伪标均为盗版　　　机工教育服务网：www.cmpedu.com

前言 Preface

随着我国国民经济的发展，建筑工程已经成为当今很有活力的一个行业。民用、工业及公共建筑如雨后春笋般在全国各地拔地而起，伴随着建筑施工技术的不断发展和成熟，建筑产品在品质、功能等方面有了更高的要求。建筑工程队伍的规模也日益扩大，大批从事建筑行业的人员迫切需要提高自身专业素质及专业技能。

本书是“零基础成长为造价高手系列”丛书之一，结合了新的考试制度与法律法规，全面、细致地介绍了建筑工程造价专业技能、岗位职责及要求，帮助工程造价人员迅速进入职业状态、掌握职业技能。

本书内容的编写，由浅及深，循序渐进，适合不同层次的读者。在表达上运用了思维导图，简明易懂、灵活新颖，重点知识双色块状化，杜绝了枯燥乏味的讲述，让读者一目了然。

本套丛书共五分册，分别为：《建筑工程造价》《安装工程造价》《市政工程造价》《装饰装修工程造价》《电气工程造价》。

为了使广大工程造价工作者和相关工程技术人员更深入地理解新规范，本书涵盖了新定额和新清单相关内容，详细地介绍了造价相关知识，注重理论与实际的结合，以实例的形式将工程量如何计算等具体内容进行了系统的阐述和详细的解说，并运用图表的格式清晰地展现出来，针对性很强，便于读者有目标地学习。

本书可作为相关专业院校的教学教材，也可作为培训机构学员的辅导材料。

本书在编写的过程中，参考了大量的文献资料。由于篇幅有限，对于所引用的文献资料并未一一注明，谨在此向原作者表示诚挚的敬意和谢意。

由于编者水平有限，疏漏之处在所难免，恳请广大同仁及读者批评指正。

编　者

目 录
Contents

第一章　造价人员职业制度与职业生涯

第一节　造价人员资格制度及考试办法

一、造价工程师概念

造价工程师是指通过全国统一考试取得中华人民共和国造价师职业资格证书，并经注册后从事建设工程造价业务活动的专业技术人员，如图1-1所示。

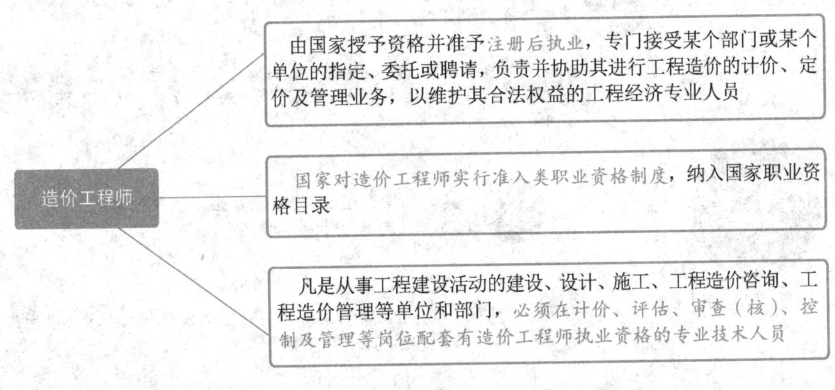

图1-1　造价工程师的概念

二、造价工程师职业资格制度

造价工程师分为一级造价工程师和二级造价工程师。由住房和城乡建设部、交通运输部、水利部、人力资源和社会保障部共同制定造价工程师职业资格制度，并按照职责分工负责造价工程师职业资格制度的实施与监管。

一级造价工程师职业资格考试全国统一大纲、统一命题、统一组织。二级造价工程师职业资格考试全国统一大纲，各省、自治区、直辖市自主命题并组织实施。一级和二级造价工程师职业资格考试均设置基础科目和专业科目。

1）凡遵守中华人民共和国宪法、法律、法规，具有良好的业务素质和道德品行，具备下列条件之一者，可以申请参加一级造价工程师职业资格考试，如图1-2所示。

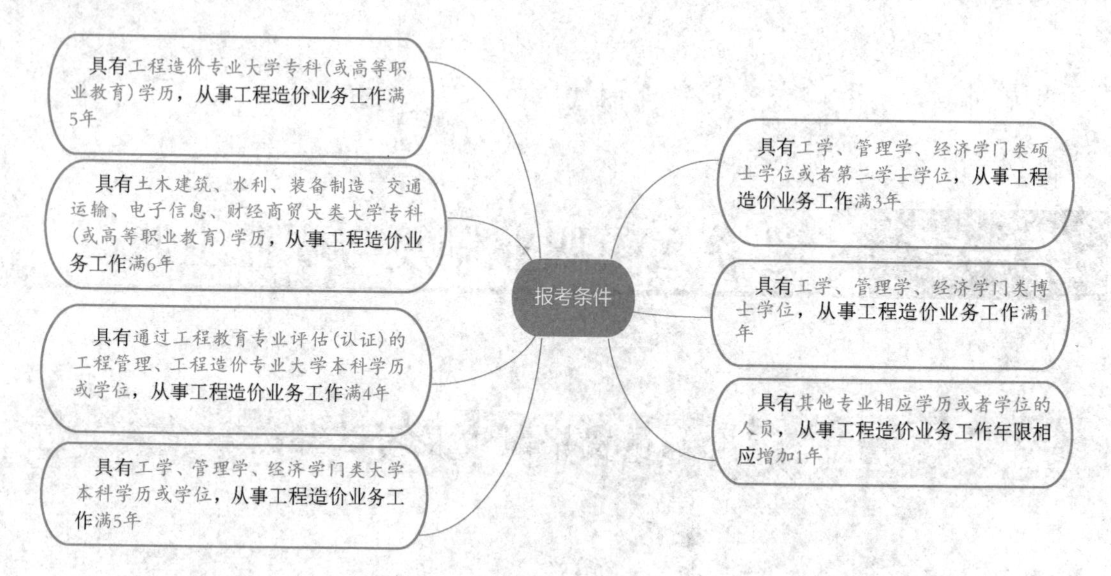

图1-2 一级造价工程师报考条件

2）凡遵守中华人民共和国宪法、法律、法规，具有良好的业务素质和道德品行，具备下列条件之一者，可以申请参加二级造价工程师职业资格考试，如图1-3所示。

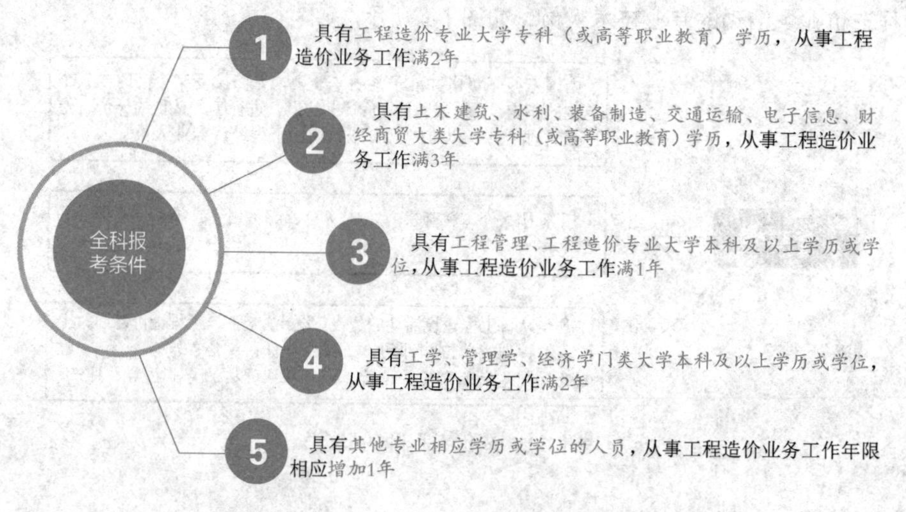

图1-3 二级造价工程师全科报考条件

3）关于造价员证书的规定。

① 根据《造价工程师职业资格制度规定》，本规定印发之前取得的全国建设工程造价员资格证书、公路水运工程造价人员资格证书以及水利工程造价工程师资格证书，效用不变。

② 专业技术人员取得一级造价工程师、二级造价工程师职业资格，可认定其具备工程师、助理工程师职称，并可作为申报高一级职称的条件。

③ 根据《造价工程师职业资格制度规定》，本规定自印发之日起施行。原人事部、原建设部发布的《造价工程师执业资格制度暂行规定》（人发〔1996〕77号）同时废止。根据该暂行规定取得的造价工程师执业资格证书与本规定中一级造价工程师职业资格证书效用等同。

三、造价工程师职业资格考试

造价工程师职业资格考试专业科目分为土木建筑工程、交通运输工程、水利工程和安装工程四个专业类别，考生在报名时可根据实际工作需要选择其一。其中，土木建筑工程、安装工程专业由住房和城乡建设部负责；交通运输工程专业由交通运输部负责；水利工程专业由水利部负责。

一级造价工程师职业资格考试成绩实行4年为一个周期的滚动管理办法，在连续的4个考试年度内通过全部考试科目，方可取得一级造价工程师职业资格证书。二级造价工程师职业资格考试成绩实行2年为一个周期的滚动管理办法，参加全部2个科目考试的人员必须在连续的2个考试年度内通过全部科目，方可取得二级造价工程师职业资格证书。

一级造价工程师职业资格考试分4个半天进行。《建设工程造价管理》《建设工程技术与计量》《建设工程计价》科目的考试时间均为2.5小时，《建设工程造价案例分析》科目的考试时间为4小时（图1-4）。二级造价工程师职业资格考试分2个半天。《建设工程造价管理基础知识》科目的考试时间为2.5小时，《建设工程计量与计价实务》为3小时（图1-5）。

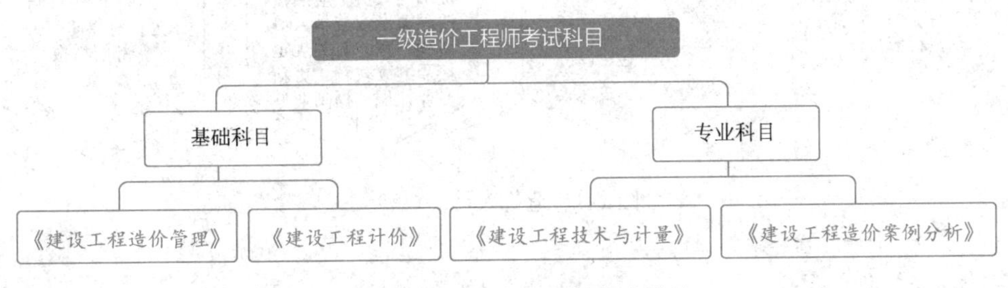

图1-4　一级造价工程师考试科目

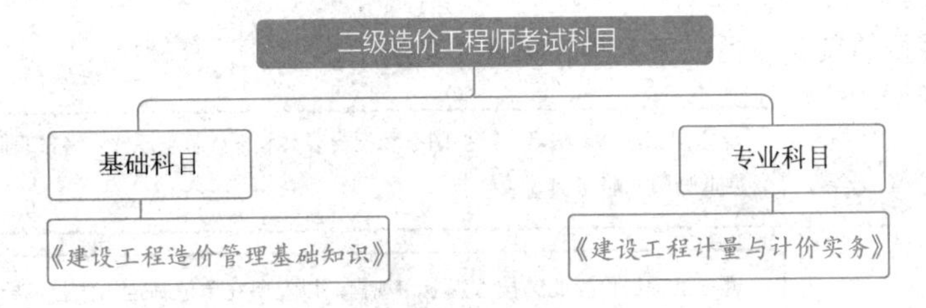

图1-5　二级造价工程师考试科目

1）具有以下条件之一的，参加一级造价工程师考试可免考基础科目，如图1-6所示。

2）具有以下条件之一的，参加二级造价工程师考试可免考基础科目，如图1-7所示。

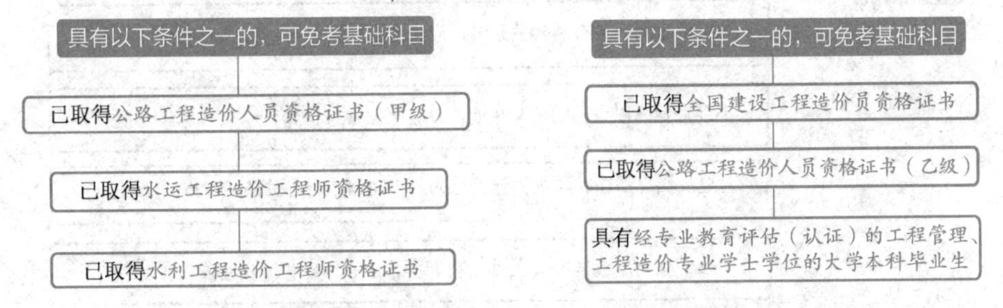

图1-6　一级造价工程师考试可免考基础科目　　图1-7　二级造价工程师考试可免考基础科目

第二节 造价人员的权利、义务、执业范围及职责

一、造价人员的权利

造价人员的权利应有以下几种，如图1-8所示。

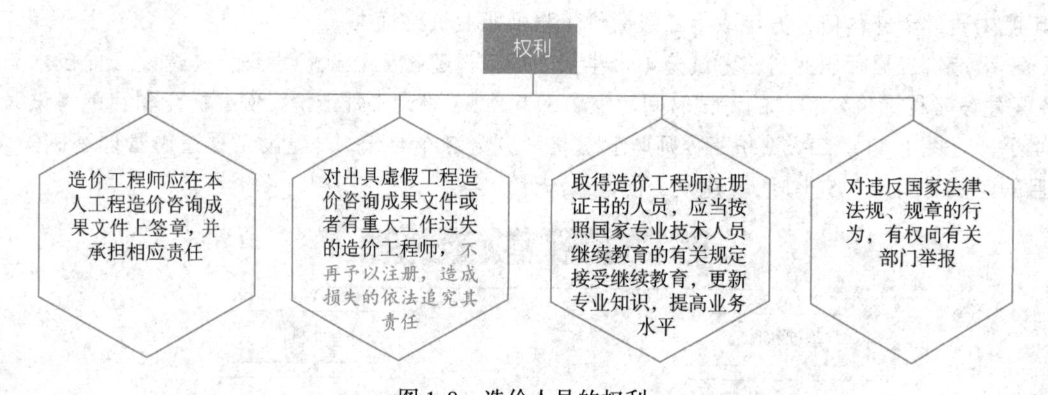

图1-8　造价人员的权利

二、造价人员的义务

造价人员应履行的义务包括以下几种，如图1-9所示。

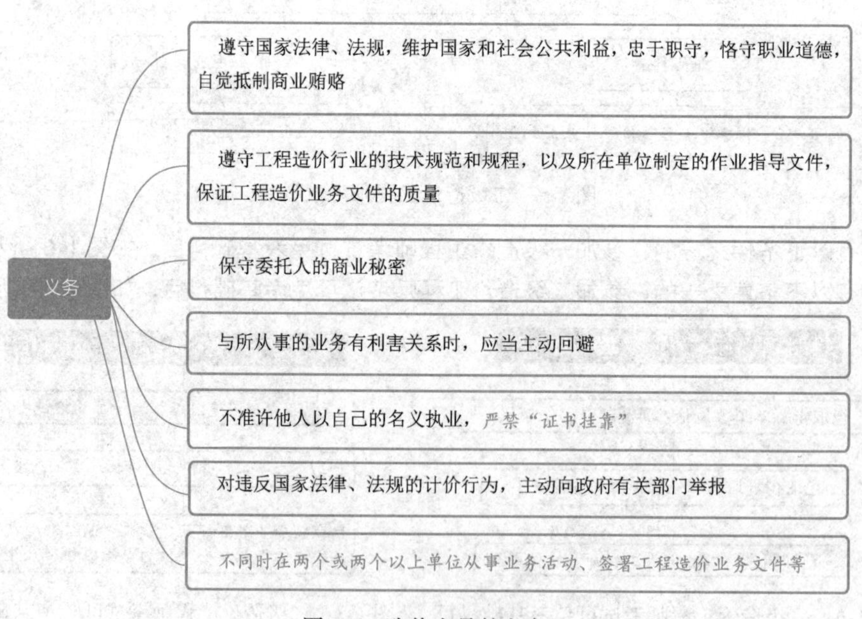

图1-9　造价人员的义务

三、造价人员的执业范围

1）一级造价工程师的执业范围包括建设项目全过程的工程造价管理与咨询等，如图 1-10 所示。

2）二级造价工程师主要协助一级造价工程师开展相关工作，如图 1-11 所示。

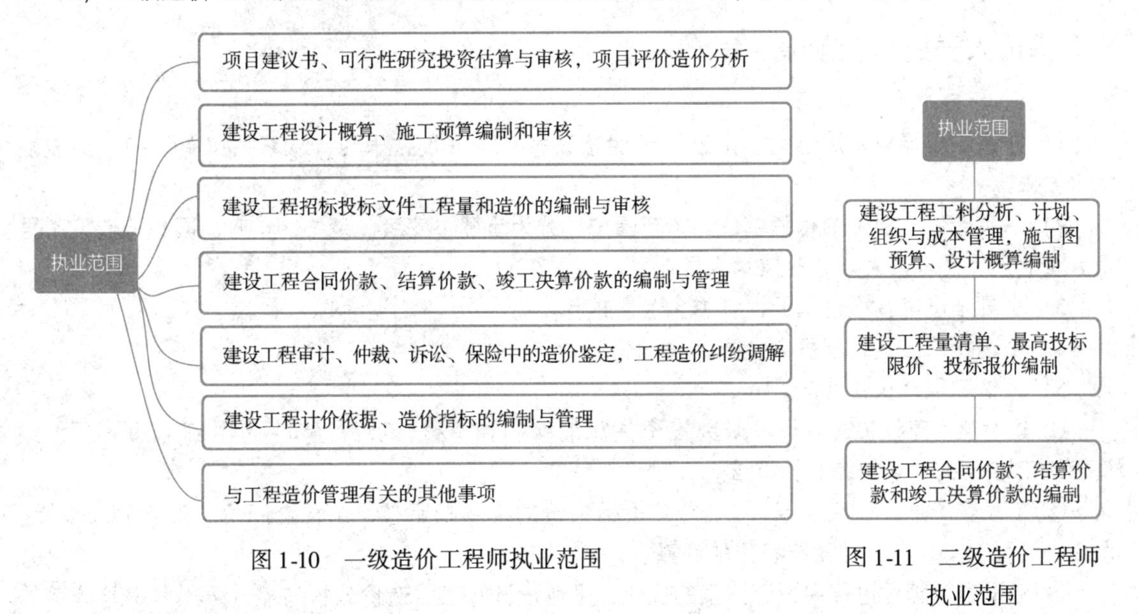

图 1-10　一级造价工程师执业范围

图 1-11　二级造价工程师执业范围

四、造价人员的岗位职责

造价人员的岗位职责如图 1-12 所示。

岗位职责

- 能够熟悉掌握国家的法律法规及有关工程造价的管理规定，精通本专业理论知识，熟悉工程图样，掌握工程预算定额及有关政策规定，为正确编制和审核预算奠定基础
- 负责审查施工图样，参加图样会审和技术交底，依据其记录进行预算调整
- 协助领导做好工程项目的立项申报，组织招标投标，开工前的报批及竣工后的验收工作
- 工程竣工验收后，及时进行竣工工程的决算工作，并上报领导签字认可
- 参与采购工程材料和设备，负责工程材料分析，复核材料价差，收集和掌握技术变更、材料代换记录，并随时做好造价测算，为领导决策提供科学依据
- 全面掌握施工合同条款，深入现场了解施工情况，为决算复核工作打好基础
- 工程决算后，要将工程决算单送审计部门，以便进行审计
- 完成工程造价的经济分析，及时完成工程决算资料的归档
- 协助编制基本建设计划和调整计划，了解基建计划的执行情况

图 1-12　造价人员的岗位职责

第三节 造价人员的职业生涯

一、造价人员的从业前景

1）建筑工程行业发展迅猛，国家给予优惠政策，经济收益乐观，从事相关单位和人员技能水平要求高。

2）从事造价工程师的相关单位分布范围广，分为土建、安装、装饰、市政、园林等造价工程师。企业人才需求量大，专业技术人员难觅。

3）考证难度高、通过率低，证书含金量颇高。

4）薪资待遇高，发展机会广阔。

5）造价工程师执业方向。

① 建设项目建议书、可行性研究投资估算的编制和审核，项目经济评价，工程概、预、结算、竣工结（决）算的编制和审核。

② 工程量清单、标底（或控制价）、投标报价的编制和审核，工程合同价款的签订及变更、调整、工程款支付与工程索赔费用的计算。

③ 建设项目管理过程中设计方案的优化、限额设计等工程造价分析与控制，工程保险理赔的核查。

④ 工程经济纠纷的鉴定。

二、造价人员的从业岗位

（1）建设单位　预结算审核岗位、投资成本测算、全过程造价控制、合约管理。

（2）施工单位　预结算编制、成本测算。

（3）中介单位

1）设计单位：设计概算编制、可行性研究等工程经济业务等。

2）咨询单位：招标代理、预结算编审、全过程造价控制、工程造价纠纷鉴定。

（4）行政事业单位

1）财政评审机构：预结算审核、基建财务审核。

2）政府审计部门：基建投资审计。

3）造价管理部门及教学、科研部门：行政或行业管理、教学教育、造价科研。

建设单位、施工单位、中介单位是造价人员就业的三大主体。除此之外，还有造价软件公司、出版机构、金融机构、保险机构、新媒体运营等。

第四节　造价人员的职业能力

一、造价人员应具备的职业能力

1. 专业技术能力

1）掌握识图能力，是对造价人员的基本要求。

2）熟悉工程技术，对施工工艺、软件运用等技术问题要熟悉，出现问题时能够及时处理。

3）掌握工程造价技能。

① 建设各阶段造价操作与控制能力。尤其是招标投标、合同价确定、合同实施、合同结算几个阶段的操控能力。

② 掌握造价计价体系能力。目前主要有两种计价方式：定额计价与清单计价。

③ 要有经济分析与总结能力。包括主要财务报表编制、依据财务报表进行相关经济技术评价、竣工结算后的固定资产结算财务报告等。

2. 语言、文字表达能力

作为造价人员，要用言简意赅、逻辑清晰的语言、文字把复杂的问题表达清楚。比如合同管理、概预算编审报告的编制、各类报告文件的草拟，均需要造价人员有较强的文字表达与处理能力。不仅为了让自己看明白，也能更好地传递给他人。

3. 与他人沟通、相处能力

在做好本职工作的同时，也要善于和他人沟通、相处。比如工程结算对账、工程造价鉴定和材料询价等工作需要与对方沟通、交流，达成一致意见。造价不是一个闭门造车的工作，沟通是处理问题最直接、最有效的方式。

二、造价人员职业能力的提升

造价人员职业能力的提升如图 1-13 所示。

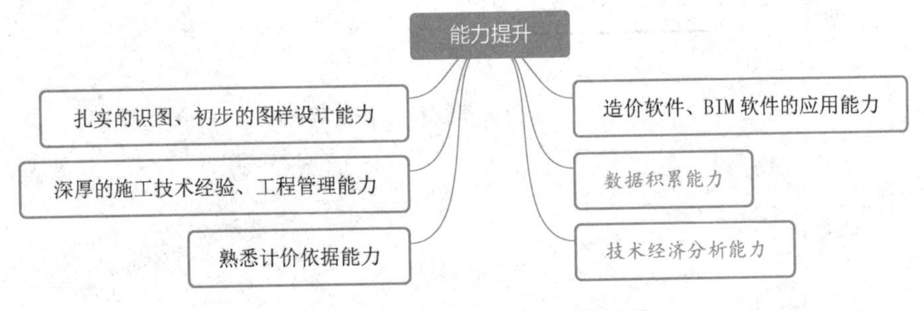

图 1-13　造价人员职业能力的提升

第五节 造价人员岗位工作流程

由于建设单位、施工单位和咨询单位等单位的工程实施阶段不同，其工作流程也不同，下面列举咨询单位造价人员岗位工作流程，如图 1-14 所示。

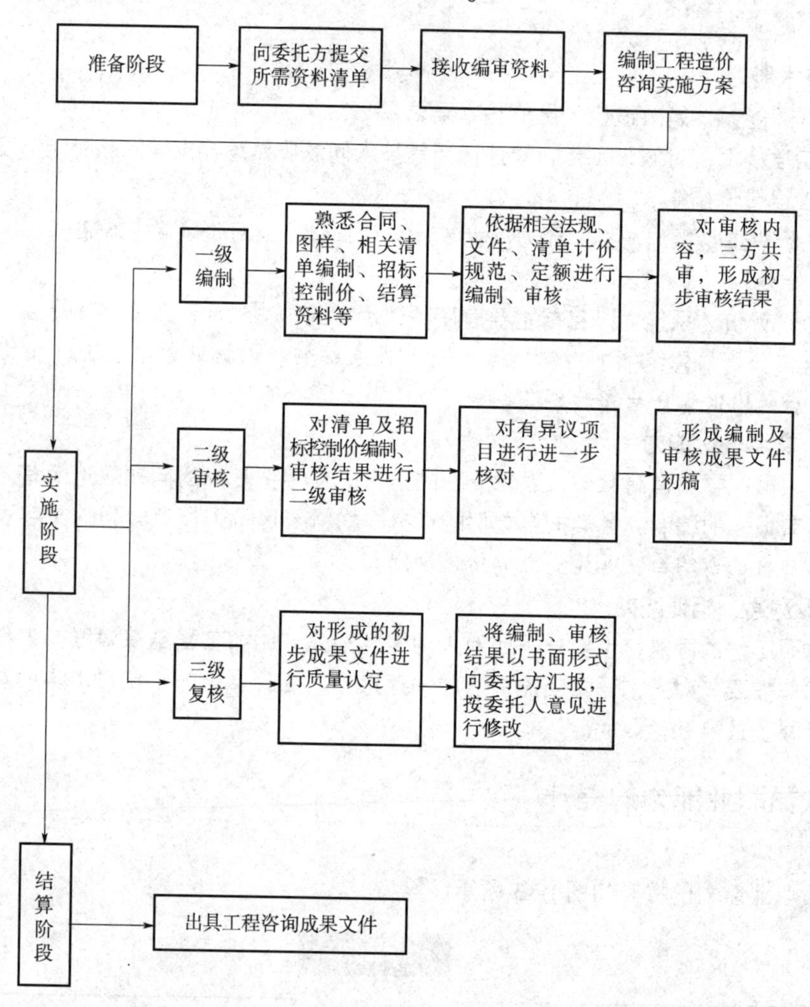

图 1-14　造价人员岗位工作流程图

第二章 工程造价管理相关法律法规与制度

第一节 工程造价管理相关法律法规

一、建筑法

《中华人民共和国建筑法》（以下简称《建筑法》）主要适用于各类房屋建筑及其附属设施的建造和与其配套的线路、管道、设备的安装活动。关于建筑法的规定可分为建筑许可、建筑工程发包与承包、建筑工程监理、建筑安全生产管理和建筑工程质量管理，此规定也适用于其他建设工程，如图 2-1 所示。

1. 建筑许可

建筑许可包括建筑工程施工许可和从业资格两个方面。

（1）建筑工程施工许可

1）施工许可证的申领。除国务院建设行政主管部门确定的限额以下的小型工程外，建筑工程开工前，建设单位应当按照国家有关规定向工程所在地县级以上人民政府建设行政主管部门申请领取施工许可证。按照国务院规定的权限和程序批准开工报告的建筑工程，不再领取施工许可证。

申请领取施工许可证应当具备的条件如图 2-2 所示。

建筑法
建筑许可
建筑工程发包与承包
建筑工程监理
建筑安全生产管理
建筑工程质量管理

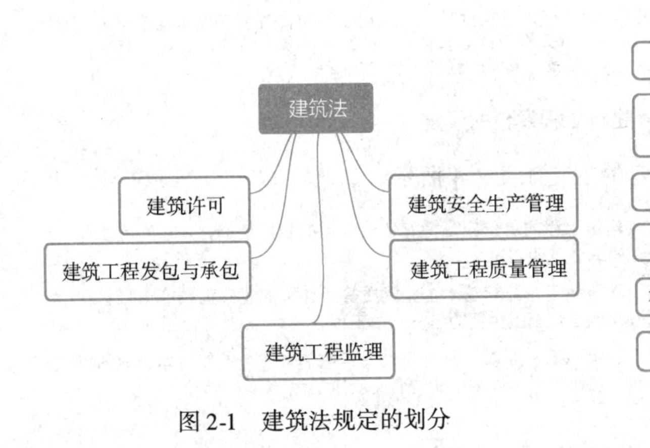

图 2-1 建筑法规定的划分

申请领取施工许可证应当具备的条件
已办理建筑工程用地批准手续
依法应当办理建设工程规划许可证的，已经取得建设工程规划许可证
需要拆迁的，其拆迁进度符合施工要求
已经确定建筑施工企业
有满足施工需要的资金安排、施工图样及技术资料
有保证工程质量和安全的具体措施

图 2-2 申领施工许可证的条件

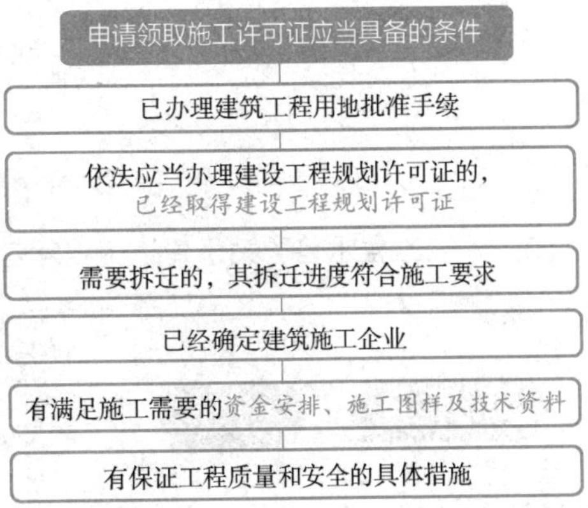

2）施工许可证的有效期限。建设单位应当自领取施工许可证之日起 3 个月内开工。因故不能按期开工的，应当向发证机关申请延期；延期以两次为限，每次不超过 3 个月。既不开工又不申请延期或者超过延期时限的，施工许可证自行废止。

3）中止施工和恢复施工。在建的建筑工程因故中止施工的，建设单位应当自中止施工之日起 1 个月内，向发证机关报告，并按照规定做好建设工程的维护管理工作。

建筑工程恢复施工时，应当向发证机关报告；中止施工满 1 年的工程恢复施工前，建设单位应当报发证机关核验施工许可证。

按照国务院有关规定批准开工报告的建筑工程，因故不能按期开工或者中止施工的，应当及时向批准机关报告情况。因故不能按期开工超过 6 个月的，应当重新办理开工报告的批准手续。

（2）从业资格

1）单位资质。从事建筑活动的施工企业、勘察、设计和监理单位，按照其拥有的注册资本、专业技术人员、技术装备、已完成的建筑工程业绩等资质条件，划分为不同的资质等级，经资质审查合格，取得相应等级的资质证书后，方可在其资质等级许可的范围内从事建筑活动。

2）专业技术人员资格。从事建筑活动的专业技术人员应当依法取得相应的执业资格证书，并在执业资格证书许可的范围内从事建筑活动。

2. 建筑工程发包与承包

（1）建筑工程发包　建筑工程发包包括发包方式和禁止行为，其规定如图 2-3 所示。

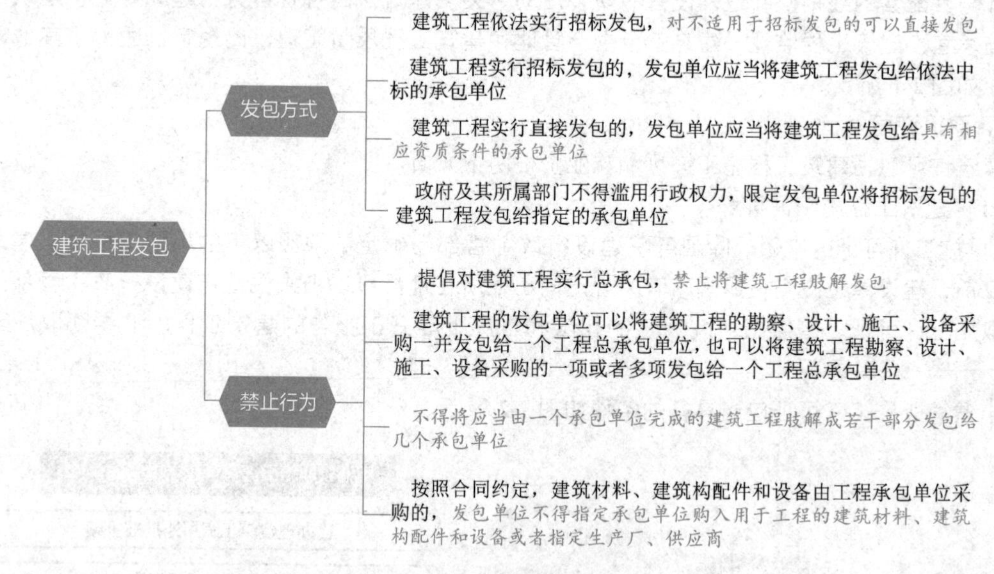

图 2-3　建筑工程发包的规定

（2）建筑工程承包　关于建筑工程承包的规定如图 2-4 所示。

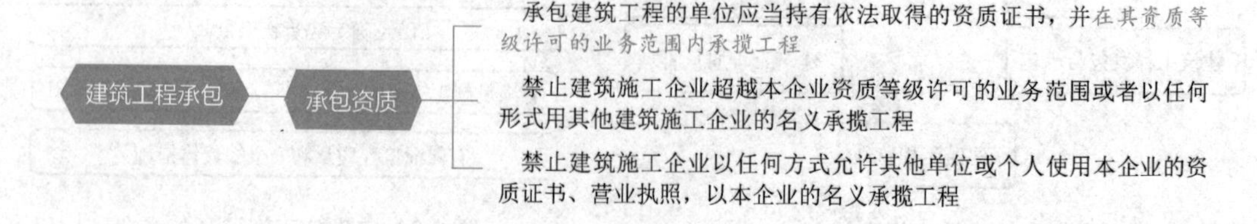

图 2-4　建筑工程承包的规定

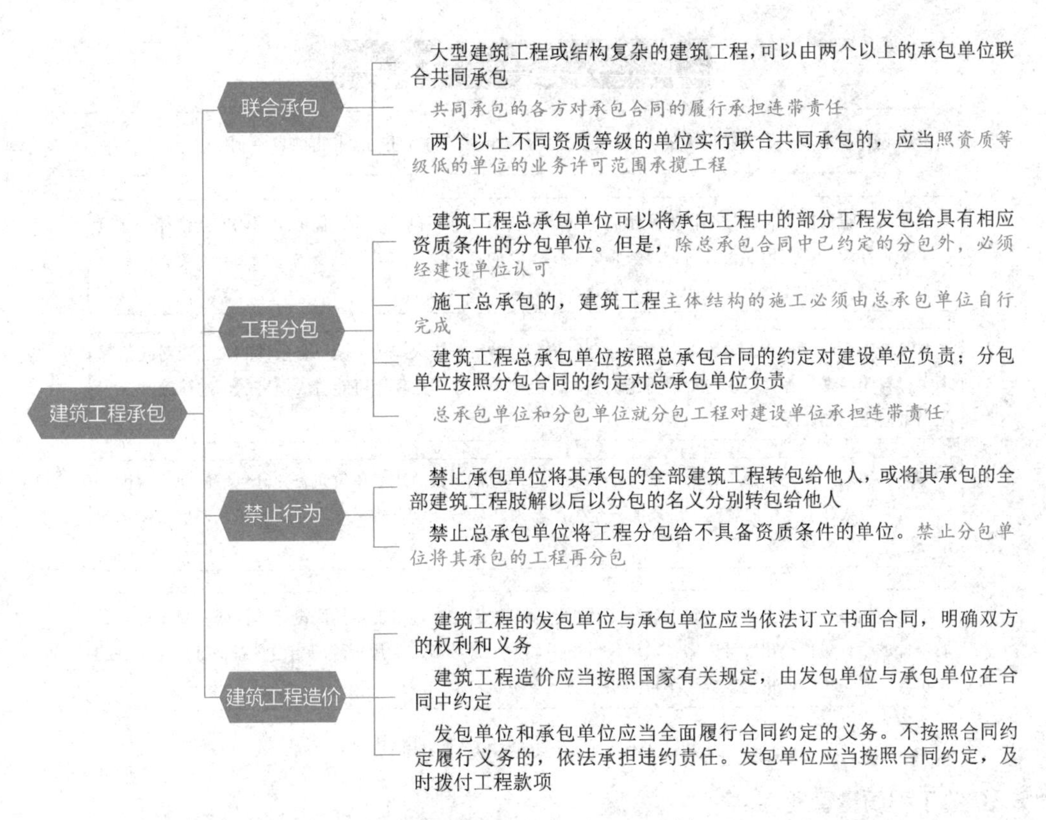

图 2-4　建筑工程承包的规定（续）

3. 建筑工程监理

国家推行建筑工程监理制度，如图 2-5 所示。

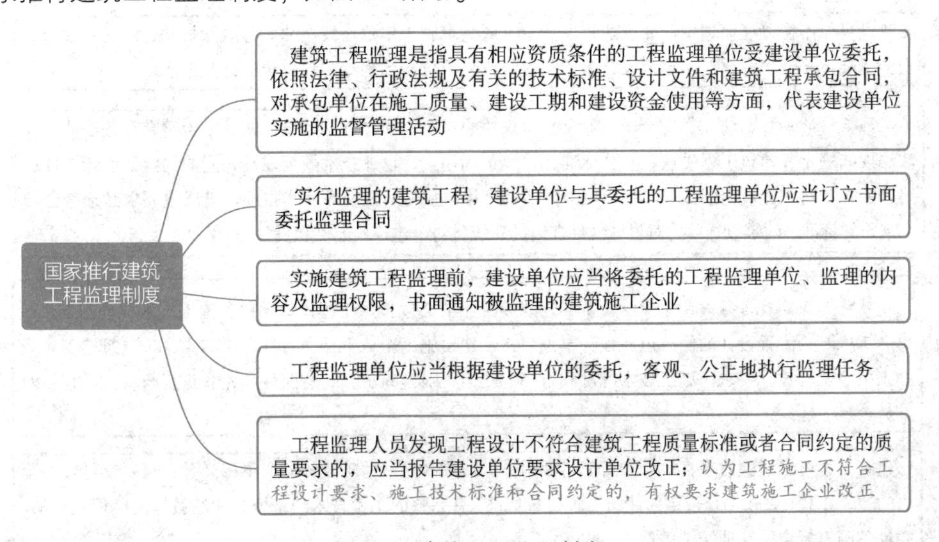

图 2-5　建筑工程监理制度

4. 建筑安全生产管理

建筑安全生产管理应遵循的规定如图 2-6 所示。

建筑工程安全生产管理

必须坚持安全第一、预防为主的方针，建立健全安全生产的责任制度和群防群治制度

建筑工程设计应当符合按照国家规定制定的建筑安全规程和技术规范，保证工程的安全性能。建筑施工企业在编制施工组织设计时，应当根据建筑工程的特点制订相应的安全技术措施；对专业性较强的工程项目，应该编制专项安全施工组织设计，并采取安全技术措施

建筑施工企业应在施工现场采取维护安全、防范危险、预防火灾等措施；有条件的，应当对施工现场实行封闭管理。施工现场对毗邻的建筑物、构筑物和特殊作业环境可能造成损害的，建筑施工企业应当采取措施加以保护

施工现场安全由建筑施工企业负责。实行施工总承包的，由总承包单位负责。分包单位向总承包单位负责，服从总承包单位对施工现场的安全生产管理。鼓励企业为从事危险作业的职工办理意外伤害保险，支付保险费

涉及建筑主体和承重结构变动的装修工程，建设单位应当在施工前委托原设计单位或者具备相应资质条件的设计单位提出设计方案；没有设计方案的，不得施工。房屋拆除应当由具备保证安全条件的建筑施工单位承担，由建筑施工单位负责人对安全负责

图 2-6　建筑安全生产管理制度

5. 建筑工程质量管理

建筑工程质量管理制度如图 2-7 所示。

建筑工程质量管理

建设单位不得以任何理由，要求建筑设计单位或建筑施工单位违反法律、行政法规和建筑工程质量、安全标准，降低工程质量，建筑设计单位和建筑施工单位应当拒绝建设单位的此类要求

建筑工程的勘察、设计单位必须对其勘察、设计的质量负责。勘察、设计文件应当符合有关法律、行政法规的规定和建筑工程质量、安全标准、建筑工程勘察、设计技术规范以及合同的约定。设计文件选用的建筑材料、建筑构配件和设备，应当注明其规格、型号、性能等技术指标，其质量要求必须符合国家规定的标准。建筑设计单位对设计文件选用的建筑材料、建筑构配件和设备，不得指定生产厂、供应商

建筑施工企业对工程的施工质量负责。建筑施工企业必须按照工程设计图样和施工技术标准施工，不得偷工减料。工程设计的修改由原设计单位负责，建筑施工企业不得擅自修改工程设计。建筑施工企业必须按照工程设计要求、施工技术标准和合同的约定，对建筑材料、构配件和设备进行检验，不合格的不得使用

建筑工程竣工经验收合格后，方可交付使用；未经验收或验收不合格的，不得交付使用。交付竣工验收的建筑工程，必须符合规定的建筑工程质量标准，有完整的工程技术经济资料和经签署的工程保修书，并具备国家规定的其他竣工条件

建筑工程实行质量保修制度，保修期限应当按照保证建筑物合理寿命年限内正常使用，维护使用者合法权益的原则确定

图 2-7　建筑工程质量管理制度

二、合同法

《中华人民共和国合同法》（以下简称《合同法》）中的合同是指平等主体的自然人、法人、其他组织之间设立、变更、终止民事权利义务关系的协议。

《合同法》中所列的平等主体有三类，即：自然人、法人和其他组织。

《合同法》的组成一般可分为总则、分则和附则，如图 2-8 所示。

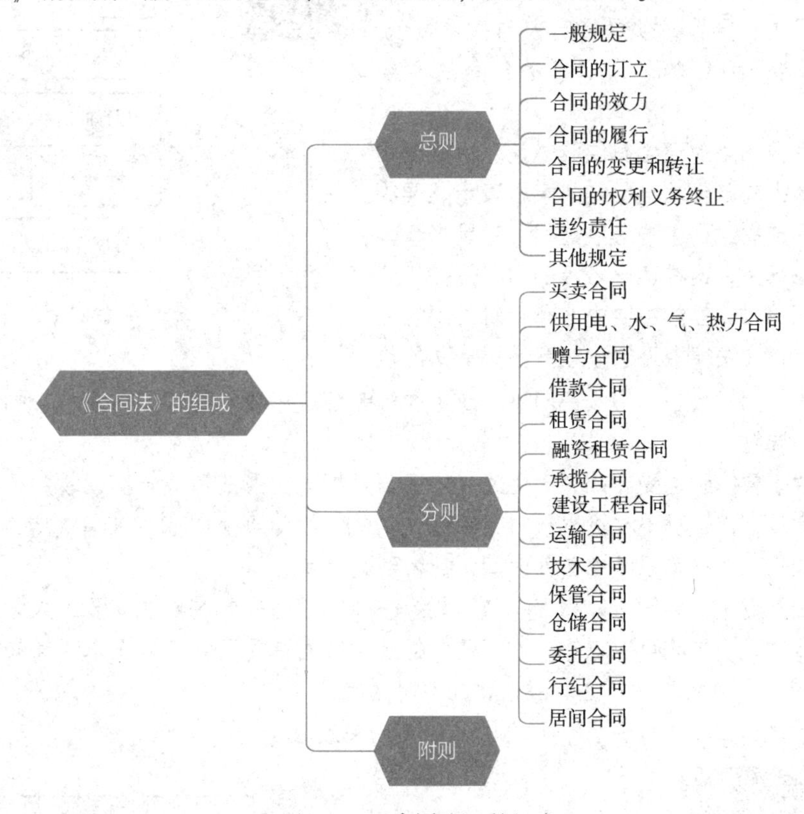

图 2-8　《合同法》的组成

1. 合同的订立

当事人订立合同，应当具有相应的民事权利能力和民事行为能力。订立合同，必须以依法订立为前提，使所订立的合同成为双方履行义务、享有权利、受法律约束和请求法律保护的契约文书。

当事人依法可以委托代理人订立合同。所谓委托代理人订立合同，是指当事人委托他人以自己的名义与第三人签订合同，并承担由此产生的法律后果的行为。

（1）合同的形式和内容

1）合同的形式。当事人订立合同，有书面形式、口头形式和其他形式。法律、行政法规规定采用书面形式的，应当采用书面形式。当事人约定采用书面形式的，应当采用书面形式。建设工程合同应当采用书面形式。

2）合同的内容。合同的内容是指当事人之间就设立、变更或者终止权利义务关系表示一致的意思。合同内容通常称为合同条款。

合同的内容由当事人约定，约定的合同条款如图 2-9 所示。

当事人可以参照各类合同的示范文本订立合同。

（2）合同订立的程序

1）要约。要约是希望和他人订立合同的意思表示。要约应当符合如下规定：

① 内容具体确定。

② 表明经受要约人承诺，要约人即受该意思表示约束。也就是说，要约必须是特定人的意思表示，必须是以缔结合同为目的，必须具备合同的主要条款。

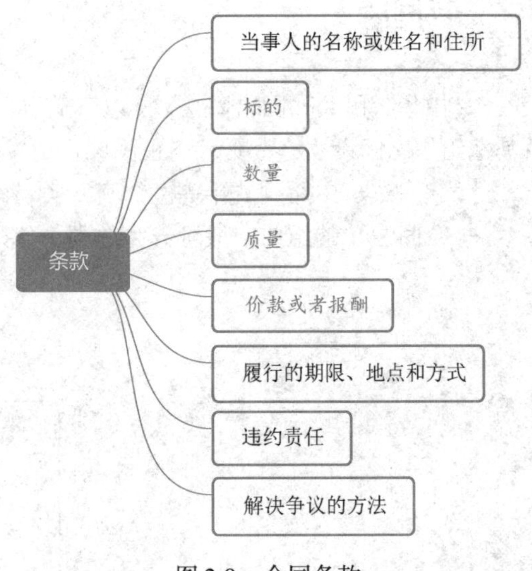

图 2-9　合同条款

有些合同在要约之前还会有要约邀请。所谓要约邀请，是希望他人向自己发出要约的意思表示。要约邀请并不是合同成立过程中的必经过程，它是当事人订立合同的预备行为，这种意思表示的内容往往不确定，不含有合同得以成立的主要内容和相对人同意后受其约束的表示，在法律上无须承担责任。寄送的价目表、拍卖公告、招标公告、招股说明书、商业广告等都属于要约邀请。商业广告的内容符合要约规定的，视为要约。

要约的生效。要约到达受要约人时生效。如采用数据电文形式订立合同，收件人指定特定系统接收数据电文的，该数据电文进入该特定系统的时间，视为到达时间；未指定特定系统的，该数据电文进入收件人的任何系统的首次时间，视为到达时间。

要约的撤回和撤销。要约可以撤回，撤回要约的通知应当在要约到达受要约人之前或者与要约同时到达受要约人。要约可以撤销，撤销要约的通知应当在受要约人发出承诺通知之前到达受要约人。但有如图 2-10 所示情行之一的，要约不得撤销。

要约的失效。有如图 2-11 所示情形之一的，要约失效。

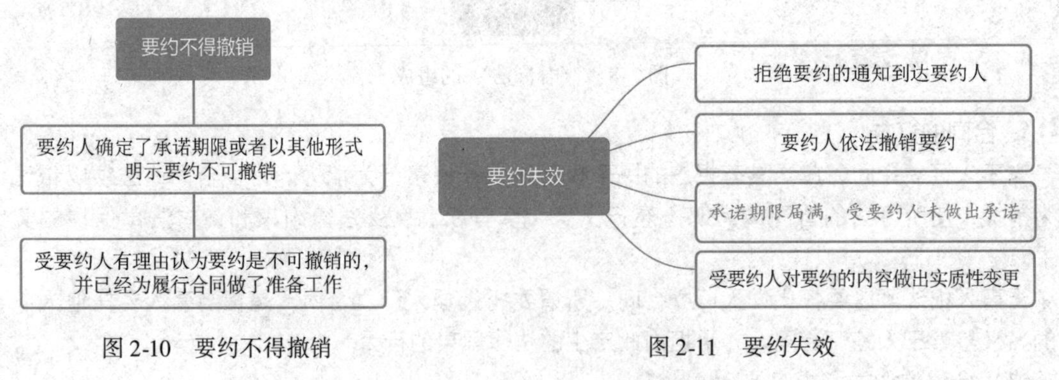

图 2-10　要约不得撤销　　　　图 2-11　要约失效

2）承诺。承诺是受要约人同意要约的意思表示。除根据交易习惯或者要约表明可以通过行为做出承诺的之外，承诺应当以通知的方式做出。

承诺的期限。承诺应当在要约确定的期限内到达要约人。要约没有确定承诺期限的，承诺应当依照下列规定到达：

① 除非当事人另有约定，以对话方式做出的要约，应当即时做出承诺。

② 以非对话方式做出的要约，承诺应当在合理期限内到达。

以信件或者电报做出的要约，承诺期限自信件载明的日期或者电报交发之日开始计算。信件未载明日期的，自投寄该信件的邮戳日期开始计算。以电话、传真等快递通信方式做出的要约，承诺期限自要约到达受要约人时开始计算。

承诺的生效。承诺通知到达要约人时生效。承诺不需要通知的，根据交易习惯或者要约的要求做出承诺的行为时生效。采用数据电文形式订立合同的，承诺到达的时间适用于要约到达受要约人时间的规定。

受要约人在承诺期限内发出承诺，按照通常情形能够及时到达要约人，但因其他原因承诺到达要约人时超过承诺期限的，除要约人及时通知受要约人因承诺超过期限不接受该承诺的以外，该承诺有效。

承诺的撤回。承诺可以撤回，撤回承诺的通知应当在承诺通知到达要约人之前或者与承诺通知同时到达要约人。

逾期承诺。受要约人超过承诺期限发出承诺的，除要约人及时通知受要约人该承诺有效的以外，为新要约。

要约内容的变更。承诺的内容应当与要约的内容一致。有关合同标的、数量、质量、价款或者报酬、履行期限、履行地点和方式、违约责任和解决争议方法等的变更，是对要约内容的实质性变更。受要约人对要约的内容做出实质性变更的，为新要约。

承诺对要约的内容做出非实质性变更的，除要约人及时表示反对或者要约表明承诺不得对要约的内容做出任何变更的以外，该承诺有效，合同的内容以承诺的内容为准。

(3) 合同的成立　承诺生效时合同成立。

1) 合同成立的时间。当事人采用合同书形式订立合同的，自双方当事人签字或者盖章时合同成立。当事人采用信件、数据电文等形式订立合同的，可以在合同成立之前要求签订确认书。签订确认书时合同成立。

2) 合同成立的地点。承诺生效的地点为合同成立的地点。采用数据电文形式订立合同的，收件人的主营业地为合同成立的地点；没有主营业地的，其经常居住地为合同成立的地点。当事人另有约定的，按照其约定。当事人采用合同书形式订立合同的，双方当事人签字或者盖章的地点为合同成立的地点。

3) 合同成立的其他情形，如图2-12所示。

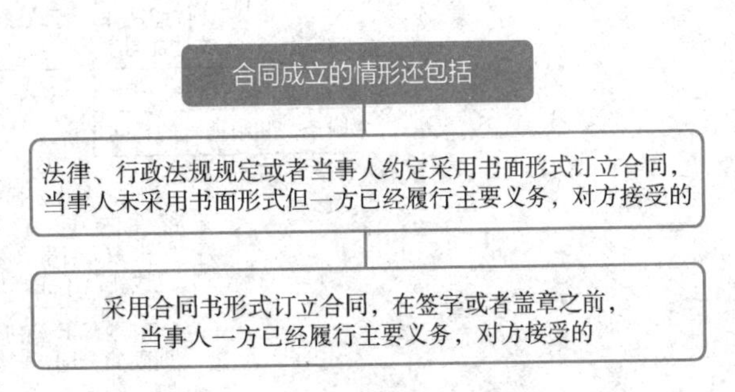

图2-12　合同成立的其他情形

4) 格式条款。格式条款是当事人为了重复使用而预先拟定，并在订立合同时未与对方协商的条款。

① 格式条款提供者的义务。采用格式条款订立合同，有利于提高当事人双方合同订立过程的效率，减少交易成本，避免合同订立过程中因当事人双方一事一议而可能造成的合同内容的不确定性。但由于格式条款的提供者往往在经济地位方面具有明显的优势，在行业中居于垄断地位，因而导致其拟定格式条款时，会更多地考虑自己的利益，而较少考虑另一方当事人的权利或者附加种种限制条件。为此，提供格式条款的一方应当遵循公平的原则确定当事人之间的权利义务关系，并采取合理的方式提请对方注意免除或者限制其责任的条款，按照对方的要求，

对该条款予以说明。

② 格式条款无效。提供格式条款一方免除自己责任、加重对方责任、排除对方主要权利的，该条款无效。此外，《合同法》规定的合同无效的情形，同样适用于格式合同条款。

③ 格式条款的解释。对格式条款的理解发生争议的，应当按照通常理解予以解释。对格式条款有两种以上解释的，应当做出不利于提供格式条款一方的解释。格式条款和非格式条款不一致的，应当采用非格式条款。

5）缔约过失责任。缔约过失责任发生于合同不成立或者合同无效的缔约过程。其构成条件：一是当事人有过错。若无过错，则不承担责任；二是有损害后果的发生，若无损失，也不承担责任；三是当事人的过错行为与造成的损失有因果关系。

当事人订立合同过程中有如图 2-13 所示情形之一，给对方造成损失的，应当承担损害赔偿责任。

当事人在订立合同的过程中知悉的商业秘密，无论合同是否成立，不得泄露或者不正当地使用。泄露或者不正当地使用该商业秘密给对方造成损失的，应当承担损害赔偿责任。

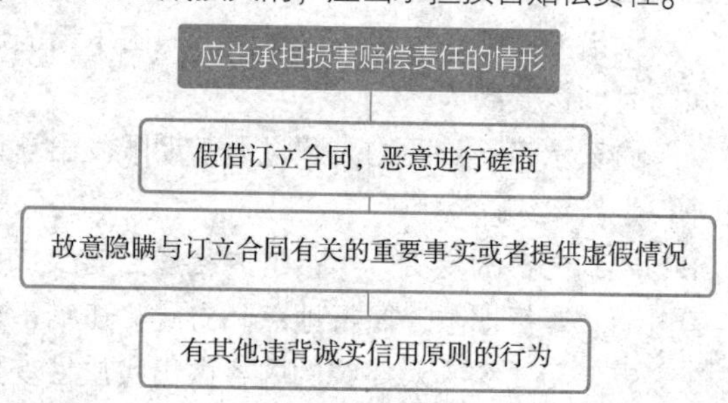

图 2-13　造成损失应承担损害赔偿的情形

2. 合同的效力

（1）合同的生效　合同生效与合同成立是两个不同的概念。合同成立是指双方当事人依照有关法律对合同的内容进行协商并达成一致的意见。合同成立的判断依据是承诺是否生效。合同生效是指合同产生的法律效力，具有法律约束力。在通常情况下，合同依法成立之时，就是合同生效之日，二者在时间上是同步的。但有些合同在成立后，并非立即产生法律效力，而是需要其他条件成就之后，才开始生效。

关于合同生效时间、附条件和附期限的合同的规定如图 2-14 所示。

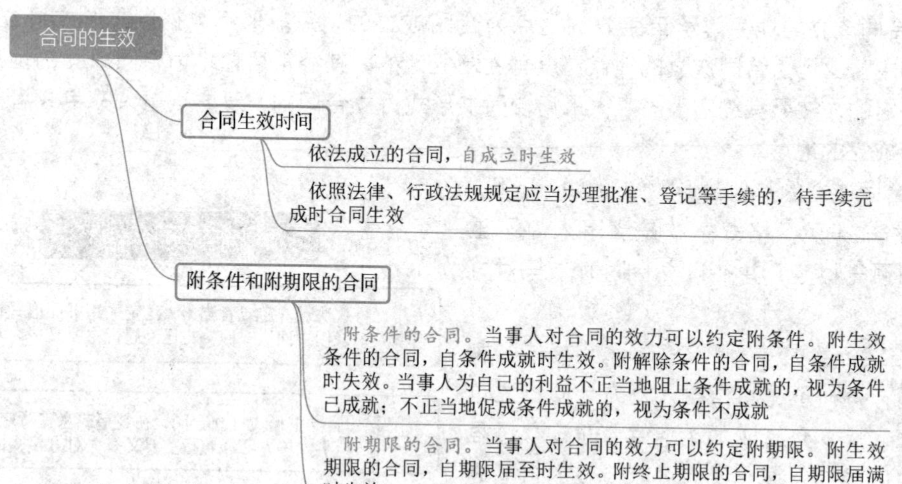

图 2-14　合同生效的规定

（2）效力待定合同　效力待定合同是指合同已经成立，但合同效力能否产生尚不能确定的合同。效力待定合同主要是由于当事人缺乏缔约能力、财产处分能力或代理人的代理资格和代理权限存在缺陷所造成的。效力待定合同包括限制民事行为能力人订立的合同和无权代理人代订的合同。

1）限制民事行为能力人订立的合同。根据我国《民法通则》，限制民事行为能力人是指10周岁以上不满18周岁的未成年人，以及不能完全辨认自己行为的精神病人。限制民事行为能力人订立的合同，经法定代理人追认后，该合同有效，但纯获利益的合同或者与其年龄、智力、精神健康状况相适应而订立的合同，不必经法定代理人追认。

由此可见，限制民事行为能力人订立的合同并非一律无效，在图2-15所示情形下订立的合同是有效的。

在以下几种情形下订立的合同是有效的

经过其法定代理人追认的合同，即为有效合同

纯获利益的合同，即限制民事行为能力人订立的接受奖励、赠与、报酬等只需获得利益而不需其承担任何义务的合同，不必经其法定代理人追认，即为有效合同

与限制民事行为能力人的年龄、智力、精神健康状况相适应而订立的合同，不必经其法定代理人追认，即为有效合同

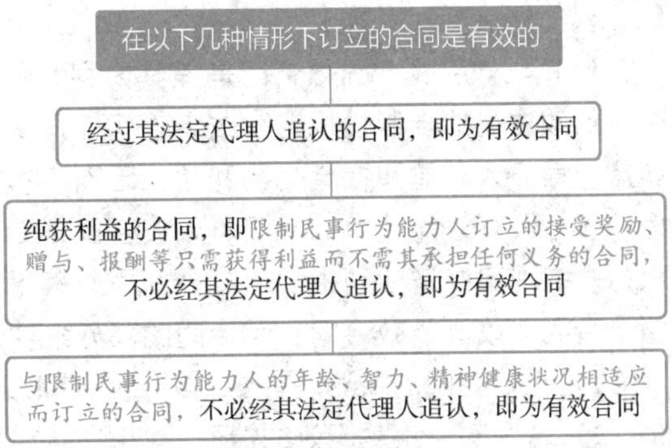

图2-15　合同有效的情形

与限制民事行为能力人订立合同的相对人可以催告法定代理人在1个月内予以追认。法定代理人未做表示的，视为拒绝追认。合同被追认之前，善意相对人有撤销的权利。撤销应当以通知的方式做出。

2）无权代理人代订的合同。无权代理人订立的合同主要包括行为人没有代理权、超越代理权或者代理权终止后以被代理人的名义订立的合同。

① 无权代理人代订的合同对被代理人不发生效力的情形。行为人没有代理权、超越代理权或者代理权终止后以被代理人的名义订立的合同，未经被代理人追认，对被代理人不发生效力，由行为人承担责任。

与无权代理人签订合同的相对人可以催告被代理人在1个月内予以追认。被代理人未做表示的，视为拒绝追认。合同被追认之前，善意相对人有撤销的权利。撤销应当以通知的方式做出。

无权代理人代订的合同是否对被代理人发生法律效力，取决于被代理人的态度。与无权代理人签订合同的相对人催告被代理人在1个月内予以追认时，被代理人未做表示或表示拒绝的，视为拒绝追认，该合同不生效。被代理人表示予以追认的，该合同对被代理人发生法律效力。在催告开始至被代理人追认之前，该合同对于被代理人的法律效力处于待定状态。

② 无权代理人代订的合同对被代理人具有法律效力的情形。行为人没有代理权、超越代理权或者代理权终止后以被代理人名义订立合同，相对人有理由相信行为人有代理权的，该代理行为有效。这是《合同法》针对表见代理情形所做出的规定。所谓表见代理是指善意相对人通过被代理人的行为足以相信无权代理人具有代理权的情形。

在通过表见代理订立合同的过程中，如果相对人无过错，即相对人不知道或者不应当知道（无义务知道）无权代理人没有代理权时，使相对人相信无权代理人具有代理权的理由是否正当、充分，就成为是否构成表见代理的关键。如果确实存在充分、正当的理由并足以使相对人相信无权代理人具有代理权，则无权代理人的代理行为有效，即无权代理人通过其表见代理行为与相对人订立的合同具有法律效力。

③ 法人或者其他组织的法定代表人、负责人超越权限订立的合同的效力。法人或者其他组织的法定代表人、负责人超越权限订立的合同，除相对人知道或者应当知道其超越权限的以外，该代表行为有效。这是因为法人或者其他组织的法定代表人、负责人的身份应当被视为法人或者其他组织的全权代理人，他们完全有资格代表法人或者其他组织为民事行为而不需要获得法人或者其他组织的专门授权，其代理行为的法律后果由法人或者其他组织承担。但是，如果相对人知道或者应当知道法人或者其他组织的法定代表人、负责人在代表法人或者其他组织与自己订立合同时超越其代表（代理）权限，仍然订立合同的，该合同将不具有法律效力。

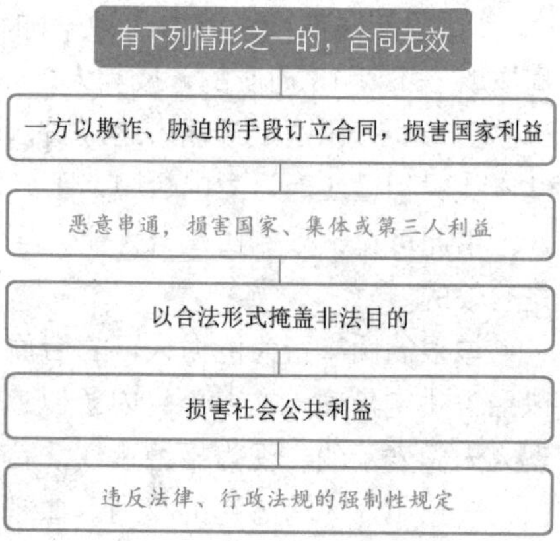

④ 无处分权的人处分他人财产合同的效力。在现实经济活动中，通过合同处分财产（如赠与、转让、抵押、留置等）是常见的财产处分方式。当事人对财产享有处分权是通过合同处分财产的必要条件。无处分权的人处分他人财产的合同一般为无效合同。但是，无处分权的人处分他人财产，经权利人追认或者无处分权的人订立合同后取得处分权的，该合同有效。

（3）无效合同　无效合同是指其内容和形式违反了法律、行政法规的强制性规定，或者损害了国家利益、集体利益、第三人利益和社会公共利益，因而不被法律承认和保护、不具有法律效力的合同。无效合同自始没有法律约束力。在现实经济活动中，无效合同通常有两种情形，即整个合同无效（无效合同）和合同的部分条款无效。

有下列情形之一的，合同无效

一方以欺诈、胁迫的手段订立合同，损害国家利益

恶意串通，损害国家、集体或第三人利益

以合法形式掩盖非法目的

损害社会公共利益

违反法律、行政法规的强制性规定

图 2-16　无效合同的情形

1）无效合同的情形。有图 2-16 所示情形之一的，合同无效。

2）合同部分条款无效的情形，如图 2-17 所示。

免责条款是当事人在合同中规定的某些情况下免除或者限制当事人所负未来合同责任的条款。在一般情况下，合同中的免责条款都是有效的。但是，如果免责条款所产生的后果具有社会危害性和侵权性，侵害了对方当事人的人身权利和财产权利，则该免责条款不具有法律效力。

（4）可变更或者撤销的合同　可变更、可撤销合同是指欠缺一定的合同生效条件，但当事人一方可依照自己的意思使合同的内容得以变更或者使合同的效力归于消灭的合同。可变更、可撤销合同的效力取决于当事人的意思，属于相对无效的合同。当事人根据其意思，若主张合同有效，则合同有效；若主张合同无效，则合同无效；若主张合同变更，则合同可以变更。

1）合同可以变更或者撤销的情形。当事人一方有权请求人民法院或者仲裁机构变更或者撤销的合同，如图 2-18 所示。

图 2-17　合同部分条款无效的情形

图 2-18　合同可以变更或者撤销的情形

一方以欺诈、胁迫的手段或者乘人之危，使对方在违背真实意思的情况下订立的合同，受损害方有权请求人民法院或者仲裁机构变更或者撤销。

当事人请求变更的，人民法院或者仲裁机构不得撤销。

2）撤销权的消灭。撤销权是指受损害的一方当事人对可撤销的合同依法享有的、可请求人民法院或仲裁机构撤销该合同的权利。享有撤销权的一方当事人称为撤销权人。撤销权应由撤销权人行使，并应向人民法院或者仲裁机构主张该项权利。而撤销权的消灭是指撤销权人依照法律享有的撤销权由于一定法律事由的出现而归于消灭的情形。

有图 2-19 所示情形之一的，撤销权消灭。

由此可见，应具有法律规定的可以撤销合同的情形时，当事人应当在规定的期限内行使其撤销权，否则，超过法律规定的期限时，撤销权归于消灭。此外，若当事人放弃撤销权，则撤销权也归于消灭。

3）无效合同或者被撤销合同的法律后果。无效合同或者被撤销的合同自始没有法律约束力。

合同部分无效、不影响其他部分效力的，其他部门仍然有效。合同无效、被撤销或者终止的，不影响合同中独立存在的有关解决争议方法的条款的效力。

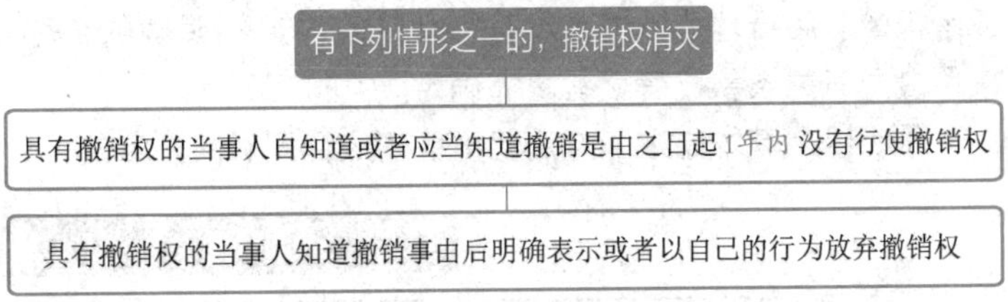

有下列情形之一的，撤销权消灭
具有撤销权的当事人自知道或者应当知道撤销是由之日起1年内没有行使撤销权
具有撤销权的当事人知道撤销事由后明确表示或者以自己的行为放弃撤销权

图 2-19　撤销权消灭的情形

合同无效或被撤销后，履行中的合同应当终止履行；尚未履行的，不得履行。对当事人依据无效合同或者被撤销的合同而取得的财产应当依法进行处理，如图 2-20 所示。

无效合同或者被撤销合同的法律后果
返还财产或者折价补偿
当事人依据无效合同或者被撤销的合同所取得的财产，应当予以返还；不能返还或者没有必要返还的，应当折价补偿
赔偿损失
合同被确认无效或者被撤销后，有过错的一方应赔偿对方因此所受到的损失。双方都有过错的，应当各自承担相应的责任
收归国家所有或者返还集体、第三人
当事人恶意串通，损害国家、集体或者第三人利益的，因此取得的财产收归国家所有或者返还集体、第三人

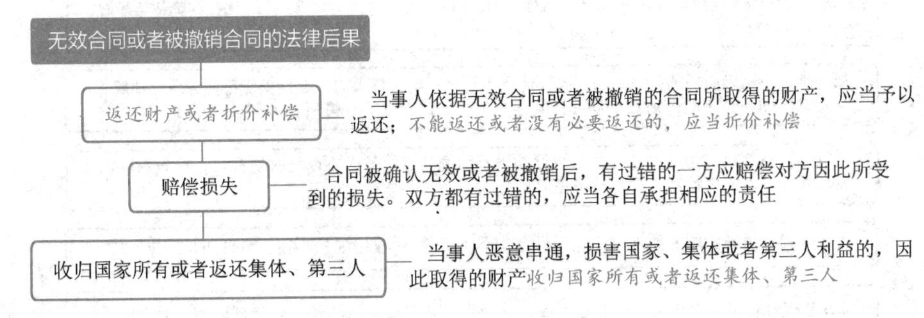

图 2-20　无效合同或者被撤销合同的法律后果

3. 合同的履行

合同履行是指合同生效后，合同当事人为实现订立合同欲达到的预期目的而依照合同全面、适当地完成合同义务的行为。

（1）合同履行的原则

1）全面履行原则。当事人应当按照合同约定全面履行自己的义务，即当事人应当严格按照合同约定的标的、数量、质量，由合同约定的履行义务的主体在合同约定的履行期限、履行地点，按照合同约定的价款或者报酬、履行方式，全面地完成合同所约定的属于自己的义务。

全面履行原则不允许合同的任何一方当事人不按合同约定履行义务，擅自对合同的内容进行变更，以保证合同当事人的合法权益。

2）诚实信用原则。当事人应当遵循诚实信用原则，根据合同的性质、目的和交易习惯履行通知、协助、保密等义务。

诚实信用原则要求合同当事人在履行合同过程中维持合同双方的合同利益平衡，以诚实、真诚、善意的态度行使合同权利、履行合同义务，不对另一方当事人进行欺诈，不滥用权利。诚实信用原则还要求合同当事人在履行合同约定的主义务的同时，履行合同履行过程中的附随义务。如图 2-21 所示。

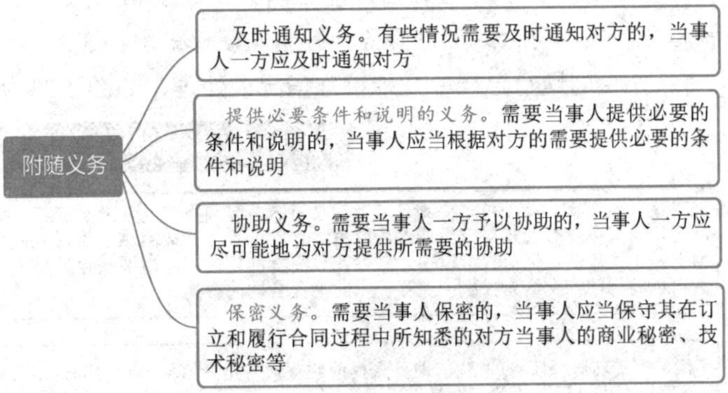

附随义务
及时通知义务。有些情况需要及时通知对方的，当事人一方应及时通知对方
提供必要条件和说明的义务。需要当事人提供必要的条件和说明的，当事人应当根据对方的需要提供必要的条件和说明
协助义务。需要当事人一方予以协助的，当事人一方应尽可能地为对方提供所需要的协助
保密义务。需要当事人保密的，当事人应当保守其在订立和履行合同过程中所知悉的对方当事人的商业秘密、技术秘密等

图 2-21　附随义务

（2）合同履行的一般规定

1）合同有关内容没有约定或者约定不明确问题的处理。合同生效后，当事人就质量、价款

或者报酬、履行地点等内容没有约定或者约定不明确的，可以协议补充；不能达成补充协议的，按照合同有关条款或者交易习惯确定。

依照以上基本原则和方法仍不能确定合同有关内容的，应当按照图 2-22 所示方法进行处理。

不能确定合同有关内容的处理方法

质量要求不明确问题的处理方法。质量要求不明确的，按照国家标准、行业标准履行；没有国家标准、行业标准的，按照通常标准或者符合合同目的的特定标准履行

价款或者报酬不明确问题的处理方法。价款或者报酬不明确的，按照订立合同时履行地的市场价格履行；依法应当执行政府定价或者政府指导价的，在合同约定的交付期限内政府价格调整时，按照交付时的价格计价。逾期交付标的物的，遇价格上涨时，按照原价格执行；价格下降时，按照新价格执行。逾期提取标的物或者逾期付款的，遇价格上涨时，按照新价格执行；价格下降时，按照原价格执行

履行地点不明确问题的处理方法。履行地点不明确，给付货币的，在接受货币一方所在地履行；交付不动产的，在不动产所在地履行；其他标的，在履行义务一方所在地履行

履行期限不明确问题的处理方法。履行期限不明确的，债务人可以随时履行，债权人也可以随时要求履行，但应当给对方必要的准备时间

履行方式不明确问题的处理方法。履行方式不明确的，按照有利于实现合同目的的方式履行

履行费用的负担不明确问题的处理方法。履行费用的负担不明确的，由履行义务一方承担

图 2-22　不能确定合同有关内容的处理方法

2）合同履行中的第三人。在通常情况下，合同必须由当事人亲自履行。但根据法律的规定或合同的约定，或者在与合同性质不相抵触的情况下，合同可以向第三人履行，也可以由第三人代为履行。向第三人履行合同或者由第三人代为履行合同，不是合同义务的转移，当事人在合同中的法律地位不变。

① 向第三人履行合同。当事人约定由债务人向第三人履行债务的，债务人未向第三人履行债务或者履行债务不符合约定，应当向债权人承担违约责任。

② 由第三人代为履行合同。当事人约定由第三人向债权人履行债务的，第三人不履行债务或者履行债务不符合约定，债务人应当向债权人承担违约责任。

3）合同履行过程中几种特殊情况的处理，如图 2-23 所示。

合同履行过程中几种特殊情况的处理

因债权人分立、合并或者变更住所致使债务人履行债务发生困难的情况。合同当事人一方发生分立、合并或者变更住所等情况时，有义务及时通知对方当事人，以免给合同的履行造成困难。债权人分立、合并或者变更住所没有通知债务人，致使履行债务发生困难的，债务人可以中止履行或者将标的物提存。所谓提存是指由于债权人的原因致使债务人难以履行债务时，债务人可以将标的物交给有关机关保存，以此消灭合同的行为

债务人提前履行债务的情况。债务人提前履行债务是指债务人在合同规定的履行期限届至之前即开始履行自己的合同义务的行为。债权人可以拒绝债务人提前履行债务，但提前履行不损害债权人利益的除外。债务人提前履行债务给债权人增加的费用，由债务人负担

债务人部分履行债务的情况。债务人部分履行债务是指债务人没有按照合同约定履行合同规定的全部义务，而只是履行了自己的一部分合同义务的行为。债权人可以拒绝债务人部分履行债务，但部分履行不损害债权人利益的除外。债务人部分履行债务给债权人增加的费用，由债务人负担

图 2-23　合同履行过程中几种特殊情况的处理

4）合同生效后合同主体发生变化时的合同效力。合同生效后，当事人不得因姓名、名称的变更或者法定代表人、负责人、承办人的变动而不履行合同义务。因为当事人的姓名、名称只是作为合同主体的自然人、法人或者其他组织的符号，并非自然人、法人或者其他组织本身，其变更并未使原合同主体发生实质性变化，因而合同的效力也未发生变化。

4. 合同的变更和转让

（1）合同的变更　合同的变更有广义和狭义之分。广义的合同变更是指合同法律关系的主体和合同内容的变更。狭义的合同变更仅指合同内容的变更，不包括合同主体的变更。

合同主体的变更是指合同当事人的变动，即原来的合同当事人退出合同关系而由合同以外的第三人替代，第三人成为合同的新当事人。合同主体的变更实质上就是合同的转让。合同内容的变更是指合同成立以后、履行之前或者在合同履行开始之后尚未履行完毕之前，合同当事人对合同内容的修改或者补充。《合同法》所指的合同变更是指合同内容的变更。合同变更可分为协议变更和法定变更。

1）协议变更。当事人协商一致，可以变更合同。法律、行政法规规定变更合同应当办理批准、登记等手续的，应当办理相应的批准、登记手续。

当事人对合同变更的内容约定不明确的，推定为未变更。

2）法定变更。在合同成立后，当发生法律规定的可以变更合同的事由时，可根据一方当事人的请求对合同内容进行变更而不必征得对方当事人的同意。但这种变更合同的请求须向人民法院或者仲裁机构提出。

（2）合同的转让　合同转让是指合同一方当事人取得对方当事人同意后，将合同的权利义务全部或者部分转让给第三人的法律行为。合同的转让包括权利（债权）转让、义务（债务）转移和权利义务概括转让三种情形。法律、行政法规规定转让权利或者转移义务应当办理批准、登记等手续的，应办理相应的批准、登记手续。

1）合同债权转让。债权人可以将合同的权利全部或者部分转让给第三人，但图2-24所示三种情形不得转让。

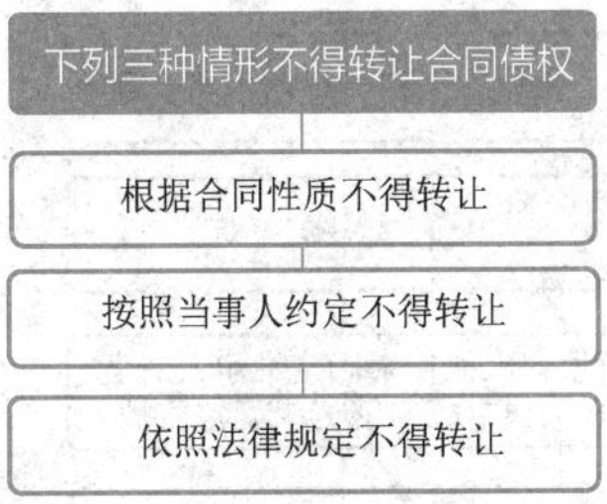

下列三种情形不得转让合同债权

- 根据合同性质不得转让
- 按照当事人约定不得转让
- 依照法律规定不得转让

图2-24　合同债权不得转让的情形

债权人转让权利的，债权人应当通知债务人。未经通知，该转让对债务人不发生效力。除非经受让人同意，否则，债权人转让权利的通知不得撤销。

合同债权转让后，该债权由原债权人转移给受让人，受让人取代让与人（原债权人）成为新债权人，依附于主债权的从债权也一并移转给受让人，例如抵押权、留置权等，但专属于原债权人自身的从债权除外。

为保护债务人利益，不致使其因债权转让而蒙受损失，债务人接到债权转让通知后，债务人对让与人的抗辩，可以向受让人主张；债务人对让与人享有债权，并且债务人的债权先于转让的债权到期或者同时到期的，债务人可以向受让人主张抵消。

2）合同债务转移。债务人将合同的义务全部或者部分转移给第三人的，应当经债权人同意。

债权人转移义务后，原债务人享有的对债权人的抗辩权也随债务转移而由新债务人享有，新债务人可以主张原债务人对债权人的抗辩。债务人转移业务的，新债务人应当承担与主债务有关的从债务，但该从债务专属于原债务人自身的除外。

3）合同权利义务的概括转让。当事人一方经对方同意，可以将自己在合同中的权利和义务一并转让给第三人。权利和义务一并转让的，适用上述有关债权转让和债务转移的有关规定。

此外，当事人订立合同后合并的，由合并后的法人或者其他组织行使合同权利，履行合同义务。当事人订立合同后分立的，除债权人和债务人另有约定的以外，由分立的法人或者其他组织对合同的权利和义务享有连带债权，承担连带债务。

5. 合同的权利义务终止

（1）合同的权利义务终止的原因　合同的权利义务终止又称为合同的终止或者合同的消灭，是指因某种原因而引起的合同权利义务关系在客观上不复存在。

合同的权利义务终止的情形如图 2-25 所示。

债权人免除债务人部分或者全部债务的，合同的权利义务部分或者全部终止；债权和债务同归于一人的，合同的权利义务终止，但涉及第三人利益的除外。

合同的权利义务终止，不影响合同中结算和清理条款的效力。合同的权利义务终止后，当事人应当遵循诚实信用原则，根据交易习惯履行通知、协助、保密等义务。

图 2-25　合同的权利义务终止的情形

（2）合同解除　合同解除是指合同有效成立后，在尚未履行或者尚未履行完毕之前，因当事人一方或者双方的意思表示而使合同的权利义务关系（债权债务关系）自始消灭或者向将来消灭的一种民事行为。

合同解除后，尚未履行的，终止履行；已经履行的，根据履行情况和合同性质，当事人可以要求恢复原状、采取其他补救措施，并有权要求赔偿损失。

（3）标的物的提存　债务人可以将标的物提存的情形如图 2-26 所示。

有下列情形之一，难以履行债务的，债务人可以将标的物提存

债权人无正当理由拒绝受领

债权人下落不明

债权人死亡未确定继承人或者丧失民事行为能力未确定监护人

法律规定的其他情形

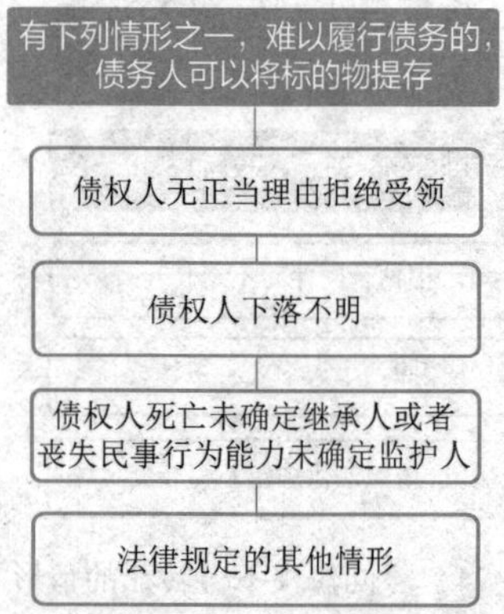

图 2-26　债务人可以将标的物提存的情形

标的物不适于提存或者提存费用过高的，债务人可以依法拍卖或者变卖标的物，提存所得的价款。

债权人可以随时领取提存物，但债权人对债务人负有到期债务的，在债权人未履行债务或提供担保之前，提存部门根据债务人的要求应当拒绝其领取提存物。

债权人领取提存物的权利期限为 5 年，超过该期限，提存物扣除提存费用后归国家所有。

6. 违约责任

（1）违约责任及其特点　违约责任是指合同当事人不履行或者不适当履行合同义务所应承担的民事责任。当事人一方明确表示或者以自己的行为表明不履行合同义务的，对方可以在履行期限届满之前要求其承担违约责任。

违约责任的特点如图 2-27 所示。

（2）违约责任的承担

1）违约责任的承担方式。当事人一方不履行合同义务或者履行合同义务不符合约定的，应当承担继续履行、采取补救措施或者赔偿损失等违约责任。

① 继续履行。继续履行是指在合同当事人一方不履行合同义务或者履行合同义务不符合合同

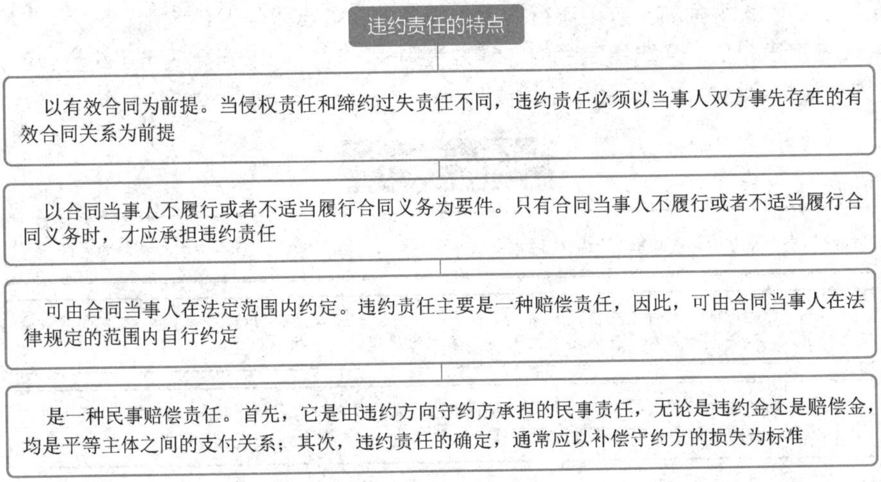

违约责任的特点

以有效合同为前提。当侵权责任和缔约过失责任不同，违约责任必须以当事人双方事先存在的有效合同关系为前提

以合同当事人不履行或者不适当履行合同义务为要件。只有合同当事人不履行或者不适当履行合同义务时，才应承担违约责任

可由合同当事人在法定范围内约定。违约责任主要是一种赔偿责任，因此，可由合同当事人在法律规定的范围内自行约定

是一种民事赔偿责任。首先，它是由违约方向守约方承担的民事责任，无论是违约金还是赔偿金，均是平等主体之间的支付关系；其次，违约责任的确定，通常应以补偿守约方的损失为标准

图 2-27　违约责任的特点

约定时，另一方合同当事人有权要求其在合同履行期限届满后继续按照原合同约定的主要条件履行合同义务的行为。继续履行是合同当事人一方违约时，其承担违约责任的首选方式。

A. 违反金钱债务时的继续履行。当事人一方未支付价款或者报酬的，对方可以要求其支付价款或者报酬。

B. 违反非金钱债务时的继续履行。当事人一方不履行非金钱债务或者履行非金钱债务不符合约定的，对方可以要求履行，但有下列情形之一的除外：法律上或者事实上不能履行；债务的标的不适于强制履行或者履行费用过高；债权人在合理期限内未要求履行。

② 采取补救措施。合同标的物的质量不符合约定的，应当按照当事人的约定承担违约责任。对违约责任没有约定或者约定不明确的，可以协议补充；不能达成补充协议的，按照合同有关条款或者交易习惯确定。依照上述办法仍不能确定的，受损害方根据标的性质以及损失的大小，可以合理选择要求对方承担修理、更换、重做、退货、减少价款或者报酬等违约责任。

③ 赔偿损失。当事人一方不履行合同义务或者履行合同义务不符合约定的，在履行义务或者采取补救措施后，对方还有其他损失的，应当赔偿损失。损失赔偿额应当相当于因违约所造成的损失，包括合同履行后可以获得的利益，但不得超过违反合同一方订立合同时预见到或者应当预见到的因违反合同可能造成的损失。

当事人一方违约后，对方应当采取适当措施防止损失的扩大；没有采取适当措施致使损失扩大的，不得就扩大的损失要求赔偿。当事人因防止损失扩大而支出的合理费用，由违约方承担。

经营者对消费者提供商品或者服务有欺诈行为的，依照《中华人民共和国消费者权益保护法》的规定承担损害赔偿责任。

④ 违约金。当事人可以约定一方违约时应当根据违约情况向对方支付一定数额的违约金，也可以约定因违约产生的损失赔偿额的计算方法。约定的违约金低于造成的损失的，当事人可以请求人民法院或者仲裁机构予以增加；约定的违约金过分高于造成的损失的，当事人可以请求人民法院或者仲裁机构予以适当减少。

当事人就延迟履行约定违约金的，违约方支付违约金后，还应当履行债务。

⑤定金。当事人可以依照《中华人民共和国担保法》约定一方向对方给付定金作为债权的担保。债务人履行债务后，定金应当抵作价款或者收回。给付定金的一方不履行约定的债务的，无

权要求返还定金；收受定金的一方不履行约定的债务的，应当双倍返还定金。

当事人既约定违约金，又约定定金的，一方违约时，对方可以选择适用违约金或者定金条款。

2）违约责任的承担主体，如图 2-28 所示。

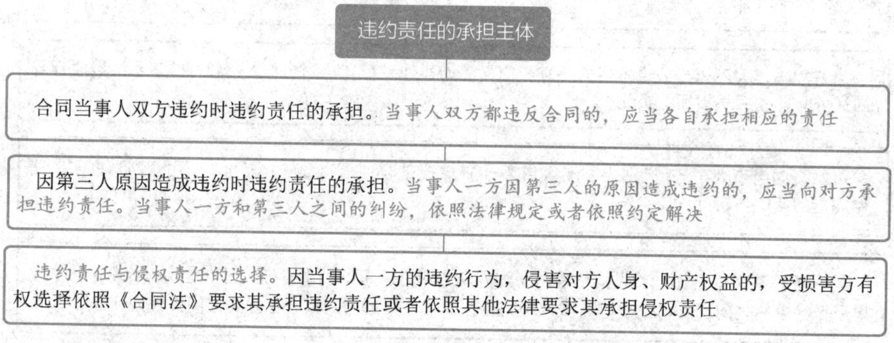

违约责任的承担主体

合同当事人双方违约时违约责任的承担。当事人双方都违反合同的，应当各自承担相应的责任

因第三人原因造成违约时违约责任的承担。当事人一方因第三人的原因造成违约的，应当向对方承担违约责任。当事人一方和第三人之间的纠纷，依照法律规定或者依照约定解决

违约责任与侵权责任的选择。因当事人一方的违约行为，侵害对方人身、财产权益的，受损害方有权选择依照《合同法》要求其承担违约责任或者依照其他法律要求其承担侵权责任

图 2-28　违约责任的承担主体

（3）不可抗力　不可抗力是指不能预见、不能避免并不能克服的客观情况。因不可抗力不能履行合同的，根据不可抗力的影响，部分或者全部免除责任，但法律另有规定的除外。当事人迟延履行后发生不可抗力的，不能免除责任。

当事人一方因不可抗力不能履行合同的，应当及时通知对方，以减轻给对方造成的损失，并应当在合理期限内提供证明。

7. 合同争议的解决

合同争议是指合同当事人之间对合同履行状况和合同违约责任承担等问题所产生的意见分歧。合同争议的解决方式有和解、调解、仲裁或者诉讼。

（1）合同争议的和解与调解　和解与调解是解决合同争议的常用和有效方式。当事人可以通过和解或者调解解决合同争议。

1）和解。和解是指合同当事人之间发生争议后，在没有第三人介入的情况下，合同当事人双方在自愿、互谅的基础上，就已经发生的争议进行商谈并达成协议，自行解决争议的一种方式。和解方式简便易行，有利于加强合同当事人之间的协作，使合同能得到更好的履行。

2）调解。调解是指合同当事人于争议发生后，在第三者的主持下，根据事实、法律和合同，经过第三者的说服与劝解，使发生争议的合同当事人双方互谅、互让，自愿达成协议，从而公平、合理地解决争议的一种方式。

与和解相同，调解也具有方法灵活、程序简便、节省时间和费用、不伤害发生争议的合同当事人双方的感情等特征，而且由于有第三者的介入，可以缓解发生争议的合同双方当事人之间的对立情绪，便于双方较为冷静、理智地考虑问题。同时，由于第三者常常能够站在较为公正的立场上，较为客观、全面地看待、分析争议的有关问题并提出解决方案，从而有利于争议的公正解决。

参与调解的第三者不同，调解的性质也就不同。调解有民间调解、仲裁机构调解和法庭调解三种。

（2）合同争议的仲裁　仲裁是指发生争议的合同当事人双方根据合同中约定的仲裁条款或者争议发生后由其达成的书面仲裁协议，将合同争议提交给仲裁机构并由仲裁机构按照仲裁法律规范的规定居中裁决，从而解决合同争议的法律制度。当事人不愿协商、调解或协商、调解不成的，可以根据合同中的仲裁条款或事后达成的书面仲裁协议，提交仲裁机构仲裁。涉外合同当事人可以根据仲裁协议向中国仲裁机构或者其他仲裁机构申请仲裁。

根据《中华人民共和国仲裁法》，对于合同争议的解决，实行“或裁或审制”。即发生争议的合同当事人双方只能在“仲裁”或者“诉讼”两种方式中选择一种方式解决其合同争议。

仲裁裁决具有法律约束力。合同当事人应当自觉执行裁决。不执行的，另一方当事人可以申请有管辖权的人民法院强制执行。裁决做出后，当事人就同一争议再申请仲裁或者向人民法院起诉的，仲裁机构或者人民法院不予受理。但当事人对仲裁协议的效力有异议的，可以请求仲裁机构做出决定或者请求人民法院做出裁定。

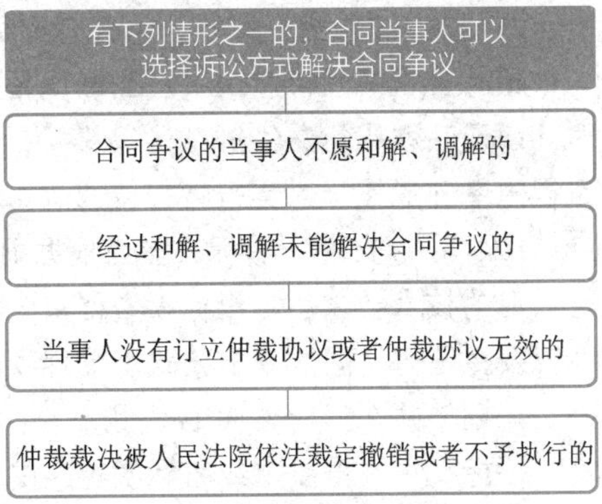

有下列情形之一的，合同当事人可以选择诉讼方式解决合同争议

合同争议的当事人不愿和解、调解的

经过和解、调解未能解决合同争议的

当事人没有订立仲裁协议或者仲裁协议无效的

仲裁裁决被人民法院依法裁定撤销或者不予执行的

图 2-29　诉讼方式解决合同争议的情形

(3) 合同争议的诉讼　诉讼是指合同当事人依法将合同争议提交人民法院受理，由人民法院依司法程序通过调查、做出判决、采取强制措施等来处理争议的法律制度。

合同当事人可以选择诉讼方式解决合同争议的情形如图 2-29 所示。

合同当事人双方可以在签订合同时约定选择诉讼方式解决合同争议，并依法选择有管辖权的人民法院，但不得违反《中华人民共和国民事诉讼法》关于级别管辖和专属管辖的规定。对于一般的合同争议，由被告住所地或者合同履行地人民法院管辖。建设工程合同的纠纷一般都适用不动产所在地的专属管辖，由工程所在地人民法院管辖。

三、招标投标法

《中华人民共和国招标投标法》(以下简称《招标投标法》) 规定，在中华人民共和国境内进行图 2-30 所示工程建设项目 (包括项目的勘察、设计、施工、监理以及与工程建设有关的重要设备、材料等的采购)，必须进行招标。

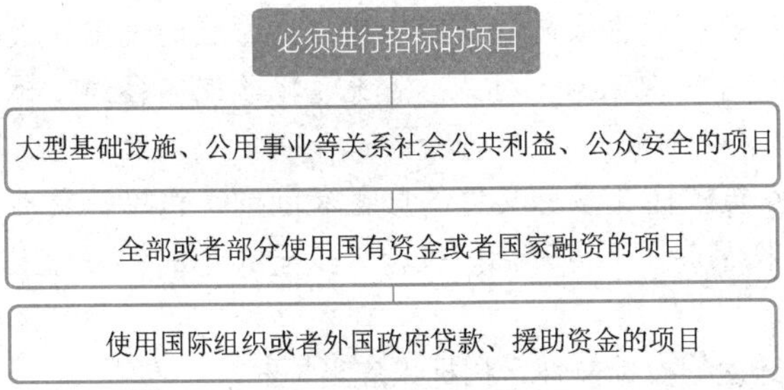

必须进行招标的项目

大型基础设施、公用事业等关系社会公共利益、公众安全的项目

全部或者部分使用国有资金或者国家融资的项目

使用国际组织或者外国政府贷款、援助资金的项目

图 2-30　必须进行招标的项目

任何单位和个人不得将依法必须进行招标的项目化整为零或者以其他任何方式规避招标。依法必须进行招标的项目，其招标投标活动不受地区或者部门的限制。任何单位和个人不得违法限制或者排斥本地区、本系统以外的法人或者其他组织参加投标，不得以任何方式非法干涉招标投标活动。

1. 招标

(1) 招标的条件和方式

1) 招标的条件。招标项目按照国家有关规定需要履行项目审批手续的，应当先履行审批手续，取得批准。招标人应当有进行招标项目的相应资金或资金来源已经落实，并应当在招标文件中如实载明。

招标人有权自行选择招标代理机构，委托其办理招标事宜。任何单位和个人不得以任何方式为招标人指定招标代理机构。招标人具有编制招标文件和组织评标能力的，可以自行办理招标事宜。任何单位和个人不得强制其委托招标代理机构办理招标事宜。

依法必须进行招标的项目，招标人自行办理招标事宜的，应当向有关行政监督部门备案。

2）招标的方式。招标分为公开招标和邀请招标两种方式。

招标公告或投标邀请书应当载明招标人的名称和地址、招标项目的性质、数量、实施地点和时间以及获取招标文件的办法等事项。招标人不得以不合理的条件限制或者排斥潜在的投标人，不得对潜在的投标人实行歧视待遇。

（2）招标文件　招标人应当根据招标项目的特点和需要编制招标文件。招标文件应当包括招标项目的技术要求、对投标人资格审查的标准、投标报价要求和评标标准等所有实质性要求和条件以及拟签订合同的主要条款。招标项目需要划分标段、确定工期的，招标人应当合理划分标段、确定工期，并在招标文件中载明。

招标文件不得要求或者标明特定的生产供应者以及含有倾向或者排斥潜在投标人的其他内容。招标人不得向他人透漏已获取招标文件的潜在投标人的名称、数量及可能影响公平竞争的有关招标投标的其他情况。

招标人对已发出的招标文件进行必要的澄清或者修改的，应当在招标文件要求提交投标文件截止时间至少15日前，以书面形式通知所有招标文件收受人。该澄清或者修改的内容为招标文件的组成部分。

（3）其他规定　招标人设有标底的，标底必须保密。招标人应当确定投标人编制投标文件所需要的合理时间。依法必须进行招标的项目，自招标文件开始发出之日起至投标人提交投标文件截止之日止，最短不得少于20日。

2. 投标

投标人应当具备承担招标项目的能力。国家有关规定对投标人资格条件或者招标文件对投标人资格条件有规定的，投标人应当具备规定的资格条件。

（1）投标文件

1）投标文件的内容。投标人应当按照招标文件的要求编制投标文件。投标文件应当对招标文件提出的实质性要求和条件做出响应。

根据招标文件载明的项目实际情况，投标人如果准备在中标后将中标项目的部分非主体、非关键工程进行分包的，应当在投标文件中载明。在招标文件要求提交投标文件的截止时间前，投标人可以补充、修改或者撤回已提交的投标文件，并书面通知招标人。补充、修改的内容为投标文件的组成部分。

2）投标文件的送达。投标人应当在招标文件要求提交投标文件的截止时间前，将投标文件送达投标地点。招标人收到投标文件后，应当签收保存，不得开启。投标人少于3个的，招标人应当依照《招标投标法》重新招标。

在招标文件要求提交投标文件的截止时间后送达的投标文件，招标人应当拒收。

（2）联合投标　两个以上法人或者其他组织可以组成一个联合体，以一个投标人的身份共同投标。联合体各方均应具备承担招标项目的相应能力。国家有关规定或者招标文件对投标人资格条件有规定的，联合体各方均应具备规定的相应资格条件。由同一专业的单位组成的联合体，按照资质等级较低的单位确定资质等级。

联合体各方应当签订共同投标协议，明确约定各方拟承担的工作和责任，并将共同投标协议连同投标文件一并提交给招标人。联合体中标的，联合体各方应当共同与招标人签订合同，就中标项目向招标人承担连带责任。

（3）其他规定　投标人不得相互串通投标报价，不得排挤其他投标人的公平竞争，损害招标人或其他投标人的合法权益。投标人不得与招标人串通投标，损害国家利益、社会公共利益或者他人的合法权益。投标人不得以低于成本的报价竞标，也不得以他人名义投标或者以其他方式弄虚作假，骗取中标。禁止投标人以向招标人或评标委员会成员行贿的手段谋取中标。

3. 开标、评标和中标

（1）开标　开标应当在招标人的主持下，在招标文件确定的提交投标文件截止时间的同一时间、招标文件中预先确定的地点公开进行。应邀请所有投标人参加开标。开标时，由投标人或者其推选的代表检查投标文件的密封情况，也可以由招标人委托的公证机构检查并公证。经确认无误后，由工作人员当众拆封，宣读投标人名称、投标价格和投标文件的其他主要内容。

开标过程应当记录，并存档备查。

（2）评标　评标由招标人依法组建的评标委员会负责。招标人应当采取必要的措施，保证评标在严格保密的情况下进行。评标委员会应当按照招标文件确定的评标标准和方法，对投标文件进行评审和比较。

符合投标的中标人条件如图 2-31 所示。

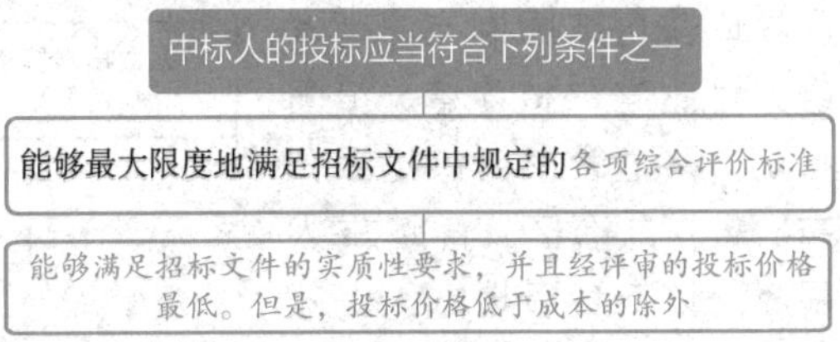

评标委员会经评审，认为所有投标都不符合招标文件要求的，可以否决所有投标。

评标委员会完成评标后，应当向招标人提出书面评标报告，并推荐合格的中标候选人。招标人据此确定中标人。招标人也可以授权评标委员会直接确定中标人。在确定中标人前，招标人不得与投标人就投标价格、投标方案等实质性内容进行谈判。

中标人的投标应当符合下列条件之一

能够最大限度地满足招标文件中规定的各项综合评价标准

能够满足招标文件的实质性要求，并且经评审的投标价格最低。但是，投标价格低于成本的除外

图 2-31　符合投标的中标人条件

（3）中标　中标人确定后，招标人应当向中标人发出中标通知书，并同时将中标结果通知所有未中标的投标人。

招标人和中标人应当自中标通知书发出之日起 30 日内，按照招标文件和中标人的投标文件订立书面合同。招标人和中标人不得再订立背离合同实质性内容的其他协议。

招标文件要求中标人提交履约保证金的，中标人应当提交。

四、其他相关法律法规

1. 价格法

《中华人民共和国价格法》规定，国家实行并完善宏观经济调控下主要由市场形成价格的机制。价格的制定应当符合价值规律，大多数商品和服务价格实行市场调节价，极少数商品和服务价格实行政府指导价或政府定价。

（1）经营者的价格行为　经营者定价应当遵循公平、合法和诚实信用的原则，定价的基本依据是生产经营成本和市场供求情况。

1）义务。经营者应当努力改进生产经营管理，降低生产经营成本，为消费者提供价格合理的商品和服务，并在市场竞争中获取合法利润。

2）权利。经营者进行价格活动享有的权利如图 2-32所示。

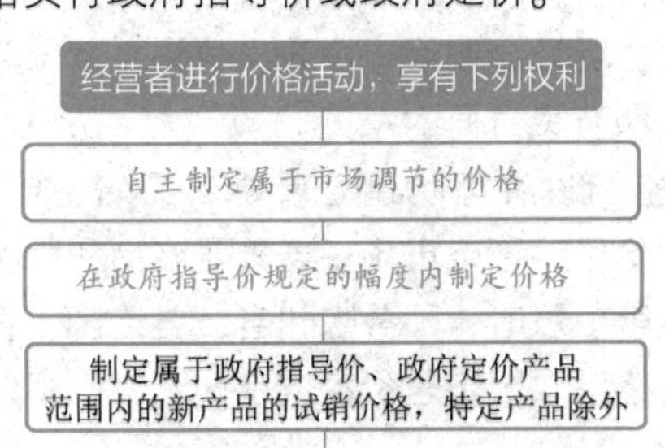

图 2-32　经营者进行价格活动享有的权利

3）禁止行为。经营者不得有的不正当价格行为如

图 2-33 所示。

（2）政府的定价行为

1）定价目录。政府指导价、政府定价的定价权限和具体适用范围，以中央的和地方的定价目录为依据。中央定价目录由国务院价格主管部门制定、修订，报国务院批准后公布。地方定价目录由省、自治区、直辖市人民政府价格主管部门按照中央定价目录规定的定价权限和具体适用范围制定，经本级人民政府审核同意，报国务院价格主管部门审定后公布。省、自治区、直辖市人民政府以下各级地方人民政府不得制定定价目录。

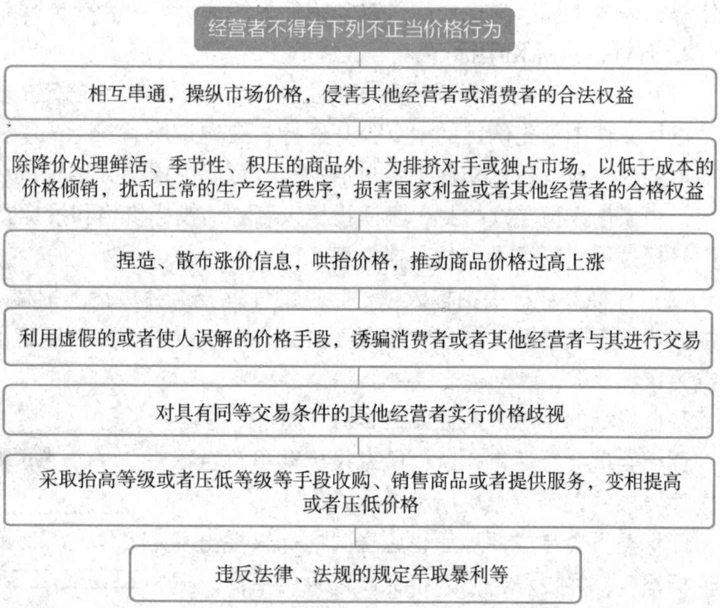

经营者不得有下列不正当价格行为
相互串通，操纵市场价格，侵害其他经营者或消费者的合法权益
除降价处理鲜活、季节性、积压的商品外，为排挤对手或独占市场，以低于成本的价格倾销，扰乱正常的生产经营秩序，损害国家利益或者其他经营者的合格权益
捏造、散布涨价信息，哄抬价格，推动商品价格过高上涨
利用虚假的或者使人误解的价格手段，诱骗消费者或者其他经营者与其进行交易
对具有同等交易条件的其他经营者实行价格歧视
采取抬高等级或者压低等级等手段收购、销售商品或者提供服务，变相提高或者压低价格
违反法律、法规的规定牟取暴利等

图 2-33　经营者不得有的不正当价格行为

2）定价权限。国务院价格主管部门和其他有关部门，按照中央定价目录规定的定价权限和具体适用范围制定政府指导价、政府定价；其中重要的商品和服务价格的政府指导价、政府定价，应当按照规定经国务院批准。省、自治区、直辖市人民政府价格主管部门和其他有关部门，应当按照地方定价目录规定的定价权限和具体适用范围制定在本地区执行的政府指导价、政府定价。

市、县人民政府可以根据省、自治区、直辖市人民政府的授权，按照地方定价目录规定的定价权限和具体适用范围制定在本地区执行的政府指导价、政府定价。

3）定价范围，如图 2-34 所示。

政府在必要时可以对下列商品和服务价格实行政府指导价或政府定价
与国民经济发展和人民生活关系重大的极少数商品价格
资源稀缺的少数商品价格
自然垄断经营的商品价格
重要的公用事业价格
重要的公益性服务价格

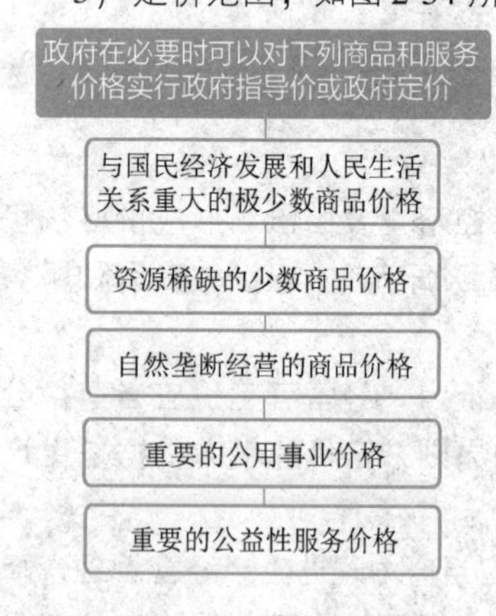

图 2-34　定价范围

4）定价依据。制定政府指导价、政府定价，应当依据有关商品或者服务的社会平均成本和市场供求状况、国民经济与社会发展要求以及社会承受能力，实行合理的购销差价、批零差价、地区差价和季节差价。制定政府指导价、政府定价，应当开展价格、成本调查，听取消费者、经营者和有关方面的意见。制定关系群众切身利益的公用事业价格、公益性服务价格、自然垄断经营的商品价格时，应当建立听证会制度，由政府价格主管部门主持，征求消费者、经营者和有关方面的意见。

（3）价格总水平调控　政府可以建立重要商品储备制度，设立价格调节基金，调控价格，稳定市场。当重要商品和服务价格显著上涨或者有可能显著上涨时，国务院和省、自治区、直辖市人民政府可以对部分价格采取限定差价率或者利润率、规定限价、实行提价申报制度和调价备案制度等干预措施。

当市场价格总水平出现剧烈波动等异常状态时，国务院可以在全国范围内或者部分区域内采取临时集中定价权限、部分或者全面冻结价格的紧急措施。

2. 土地管理法

《中华人民共和国土地管理法》是一部规范我国土地所有权和使用权、土地利用、耕地保护、建设用地等行为的法律。

（1）土地所有权和使用权

1）土地所有权。我国实行土地的社会主义公有制，即全民所有制和劳动群众集体所有制。国家为了公共利益的需要，可以依法对土地实行征收或者征用并给予补偿。

2）土地使用权。国有土地和农民集体所有的土地，可以依法确定给单位或者个人使用。使用土地的单位和个人，有保护、管理和合理利用土地的义务。

农民集体所有的土地，由县级人民政府登记造册，核发证书，确认所有权。农民集体所有的土地依法用于非农业建设的，由县级人民政府登记造册，核发证书，确认建设用地使用权。

单位和个人依法使用的国有土地，由县级以上人民政府登记造册，核发证书，确认使用权；其中，重要国家机关使用的国有土地的具体登记发证机关，由国务院确定。

依法改变土地权属和用途的，应当办理土地变更登记手续。

（2）土地利用总体规划

1）土地分类。国家实行土地用途管制制度，通过编制土地利用总体规划，规定土地用途，将土地分为农用地、建设用地和未利用地，如图 2-35 所示。

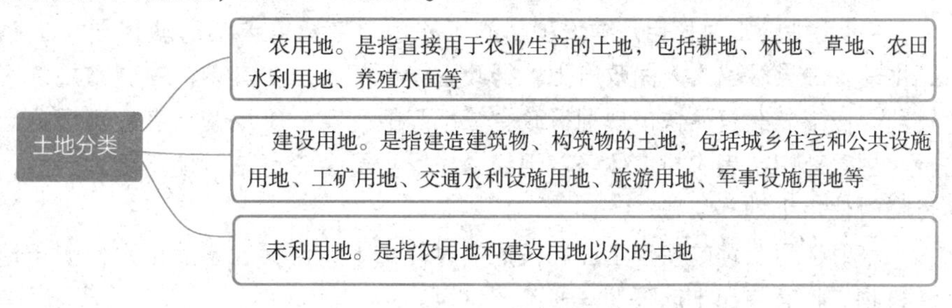

图 2-35　土地分类

使用土地的单位和个人必须严格按照土地利用总体规划确定的用途使用土地。国家严格限制农用地转为建设用地，控制建设用地总量，对耕地实行特殊保护。

2）土地利用规划。各级人民政府应当根据国民经济和社会发展规划、国土整治和资源环境保护的要求、土地供给能力以及各项建设对土地的需求，组织编制土地利用总体规划。

城市建设用地规模应当符合国家规定的标准，充分利用现有建设用地，不占或者少占农用地。各级人民政府应当加强土地利用计划管理，实行建设用地总量控制。

土地利用总体规划实行分级审批。经批准的土地利用总体规划的修改，须经原批准机关批准；未经批准，不得改变土地利用总体规划确定的土地用途。

（3）建设用地的批准和使用

1）建设用地的批准。除兴办乡镇企业、村民建设住宅或乡（镇）村公共设施、公益事业建设经依法批准使用农民集体所有的土地外，任何单位和个人进行建设而需要使用土地的，必须依法申请使用国有土地，包括国家所有的土地和国家征收的原属于农民集体所有的土地。

涉及农用地转为建设用地的，应当办理农用地转用审批手续。

2）征收土地的补偿。征收土地的，应当按照被征收土地的原用途给予补偿。征收耕地的补偿费用包括土地补偿费、安置补助费以及地上附着物和青苗的补偿费。

征收其他土地的土地补偿费和安置补助费标准，由省、自治区、直辖市参照征收耕地的土地补偿费和安置补助费的标准规定。被征收土地上的附着物和青苗的补偿标准，由省、自治区、直辖市规定。征收城市郊区的菜地，用地单位应当按照国家有关规定缴纳新菜地开放建设基金。

3）建设用地的使用。经批准的建设项目需要使用国有建设用地的，建设单位应当持法律、行政法规规定的有关文件，向有批准权的县级以上人民政府土地行政主管部门提出建设用地申请，经土地行政主管部门审查，报本级人民政府批准。

建设单位使用国有土地，应当以出让等有偿使用方式取得；但是，图 2-36 所示建设用地，经县级以上人民政府依法批准，可以划拨方式取得。

以出让等有偿使用方式取得国有土地使用权的建设单位，按照国务院规定的标准和办法，缴纳土地使用权出让金等土地有偿使用费和其他费用后，方可使用土地。

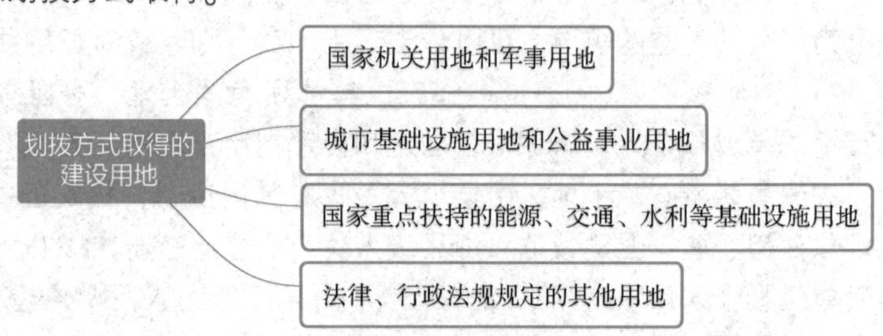

图 2-36　划拨方式取得的建设用地

建设单位使用国有土地的，应当按照土地使用权出让等有偿使用合同的约定或者土地使用权划拨批准文件的规定使用土地；确需改变该幅土地建设用途的，应当经有关人民政府土地行政主管部门同意，报原批准用地的人民政府批准。其中，在城市规划区内改变土地用途的，在报批前，应当先经有关城市规划行政主管部门同意。

4）土地的临时使用。建设项目施工和地质勘查需要临时使用国有土地或者农民集体所有的土地的，由县级以上人民政府土地行政主管部门批准。其中，在城市规划区内的临时用地，在报批前，应当先经有关城市规划行政主管部门的同意。土地使用者应当根据土地权属，与有关土地行政主管部门或者农村集体经济组织、村民委员会签订临时使用土地合同，并按照合同的约定支付临时使用土地补偿费。

临时使用土地的使用者应当按照临时使用土地合同约定的用途使用土地，并不得修建永久性建筑物。临时使用土地限期一般不超过两年。

5）国有土地使用权的收回，如图 2-37 所示。

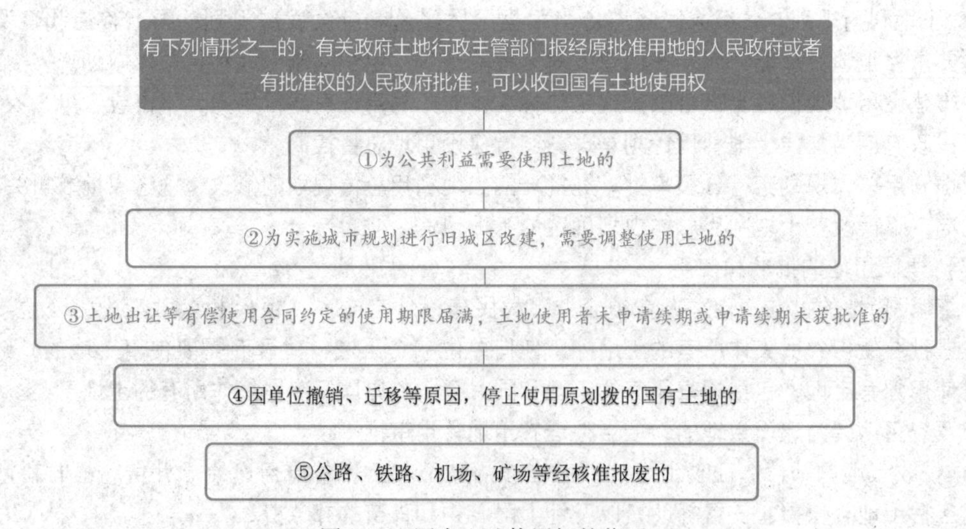

图 2-37　国有土地使用权的收回

其中，属于①、②两种情况而收回国有土地使用权的，对土地使用权人应当给予适当补偿。

3. 保险法

《中华人民共和国保险法》中所称的保险，是指投保人根据合同约定，向保险人（保险公司）支付保险费，保险人对于合同约定的可能发生的事故因其发生所造成的财产损失承担赔偿保险金责任，或者当被保险人死亡、伤残、疾病或达到合同约定的年龄、期限时承担给付保险金责任的商业保险行为。

（1）保险合同的订立　当投标人提出保险要求，经保险人同意承保，并就合同的条款达成协议，保险合同即成立。保险人应当及时向投保人签发保险单或者其他保险凭证。保险单或者其他保险凭证应当载明当事人双方约定的合同内容。当事人也可以约定采用其他书面形式载明合同内容。

1）保险合同的内容，如图 2-38 所示。

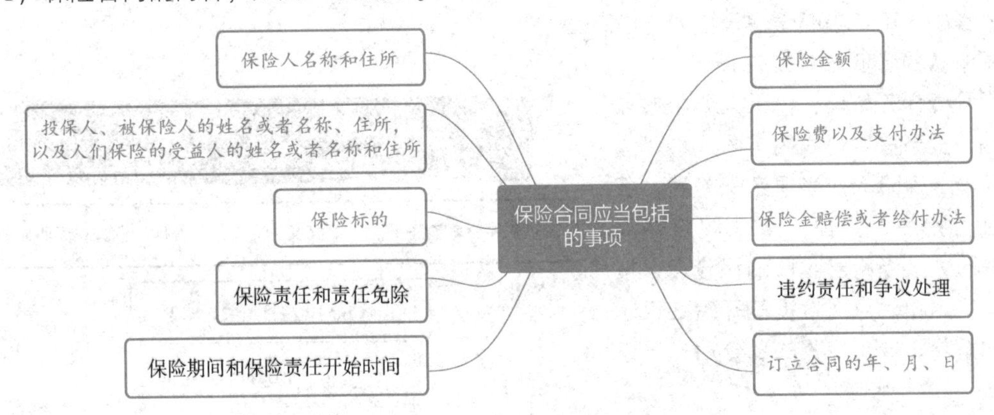

图 2-38　保险合同的内容

其中，保险金额是指保险人承担赔偿或者给付保险责任的最高限额。

2）保险合同订立时的义务。

① 投保人的告知义务。订立保险合同，保险人就保险标的或者被保险人的有关情况提出询问的，投保人应当如实告知。投保人故意或者因重大过失未履行如实告知义务，足以影响保险人决定是否同意承保或者提高保险费率的，保险人有权解除合同。

投保人故意不履行如实告知义务的，保险人对于合同解除前发生的保险事故，不承担赔偿或者给付保险金的责任，并不退还保险费。投保人因重大过失未履行如实告知义务，对保险事故的发生有严重影响的，保险人对于合同解除前发生的保险事故（保险合同约定的保险责任范围内的事故），不承担赔偿或者给付保险金的责任，但应当退还保险费。

② 保险人的说明义务。订立保险合同，采用保险人提供的格式条款的，保险人向投保人提供的投保单应当附格式条款，保险人应当向投保人说明合同的内容。

对保险合同中免除保险人责任的条款，保险人订立合同时应当在投保单、保险单或者其他保险凭证上做出足以引起投保人注意的提示，并对该条款的内容以书面或者口头形式向投保人做出明确说明；未做提示或者明确说明的，该条款不产生效力。

（2）诉讼时效　人寿保险以外的其他保险的被保险人或者受益人，向保险人请求赔偿或者给付保障金的诉讼时效期间为 2 年，自其知道或者应当知道保险事故发生之日起计算。

人寿保险的被保险人或者受益人向保险人请求给付保险金的诉讼时效期间为 5 年，自其知道或者应当知道保险事故发生之日起计算。

（3）财产保险合同　财产保险是以财产及其有关利益为保险标的的一种保险。建筑工程一切险和安装工程一切险均属于财产保险。

1）双方的权利和义务。被保险人应当遵守国家有关消防、安全、生产操作、劳动保护等方面的规定，维护保险标的安全。保险人可以按照合同约定，对保险标的的安全状况进行检查，及时向投保人、被保险人提出消除不安全因素和隐患的书面建议。投保人、被保险人未按照约定履行其对保险标的安全应尽责任的，保险人有权要求增加保险费或者解除合同。保险人为维护保险标的安全，经被保险人同意，可以采取安全预防措施。

2）保险费的增加或降低。在合同有效期内，保险标的危险程度增加的，被保险人按照合同约定应当及时通知保险人，保险人可以按照合同约定增加保险费或者解除合同。保险人解除合同的，应当将已收取的保险费，按照合同约定扣除自保险责任开始之日起至合同解除之日止应收的部分后，退还投保人。被保险人未履行通知义务的，因保险标的危险程度显著增加而发生的保险事故，保险人不承担赔偿保险金的责任。

保险费的降低如图2-39所示。

保险责任开始前，投保人要求解除合同的，应当按照合同约定向保险人支付手续费，保险人应当退还保险费。保险责任开始后，投保人要求解除合同的，保险人应当将已收取的保险费，按照合同约定扣除自保险责任开始之日起至合同解除之日止应收的部分后，退还投保人。

有下列情形之一的，除合同另有约定外，保险人应当降低保险费，并按日计算退还相应的保险费

据以确定保险费率的有关情况发生变化，保险标的危险程度明显减少

保险标的的保险价值明显减少

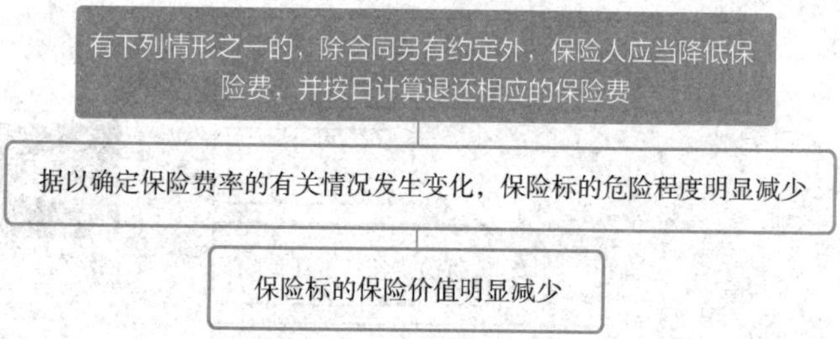

图2-39　保险费的降低

3）赔偿标准。投保人和保险人约定保险标的的保险价值并在合同中载明的，保险标的发生损失时，以约定的保险价值为赔偿计算标准。投保人和保险人未约定保险标的的保险价值的，保险标的发生损失时，以保险事故发生时保险标的的实际价值为赔偿计算标准。保险金额不得超过保险价值。超过保险价值的，超过部分无效，保险人应当退还相应的保险费。保险金额低于保险价值的，除合同另有约定外，保险人按照保险金额与保险价值的比例承担赔偿保险金的责任。

4）保险事故发生后的处置。保险事故发生时，被保险人应当尽力采取必要的措施，防止或者减少损失。保险事故发生后，被保险人为防止或者减少保险标的的损失所支付的必要的、合理的费用，由保险人承担；保险人所承担的费用数额在保险标的损失赔偿金额以外另行计算，最高不超过保险金额的数额。

保险事故发生后，保险人已支付了全部保险金额，并且保险金额等于保险价值的，受损保险标的的全部权利归于保险人；保险金额低于保险价值的，保险人按照保险金额与保险价值的比例取得受损保险标的的部分权利。

保险人、被保险人为查明和确定保险事故的性质、原因和保险标的的损失程度所支付的必要的、合理的费用，由保险人承担。

（4）人身保险合同　人身保险是以人的寿命和身体为保险标的的一种保险。建设工程施工人员意外伤害保险即属于人身保险。

1）双方的权利和义务。投保人应向保险人如实申报被保险人的年龄、身体状况。投保人申报的被保险人年龄不真实，并且其真实年龄不符合合同约定的年龄限制的，保险人可以解除合同，并按照合同约定退还保险单的现金价值。

2）保险费的支付。投保人可以按照合同约定向保险人一次支付全部保险费或者分期支付保险费。合同约定分期支付保险费的，投保人支付首期保险费后，除合同另有约定外，投保人自保

险人催告之日起超过30日未支付当期保险费，或者超过约定的期限60日未支付当期保险费的，合同效力中止，或者由保险人按照合同约定的条件减少保险金额。保险人对人寿保险的保险费，不得用诉讼方式要求投保人支付。

合同效力中止的，经保险人与投保人协商并达成协议，在投保人补交保险费后，合同效力恢复。但是，自合同效力中止之日起满两年双方未达成协议的，保险人有权解除合同。解除合同时，应当按照合同约定退还保险单的现金价值。

3）保险受益人。被保险人或者投保人可以指定一人或者数人为受益人。受益人为数人的，被保险人或者投保人可以确定受益顺序和受益份额；未确定受益份额的，受益人按照相等份额享有受益权。

被保险人或者投保人可以变更受益人并书面通知保险人。保险人收到变更受益人的书面通知后，应当在保险单或者其他保险凭证上批注或者附贴批单。投保人变更受益人时须经被保险人同意。

保险人依法履行给付保险金的义务，如图2-40所示。

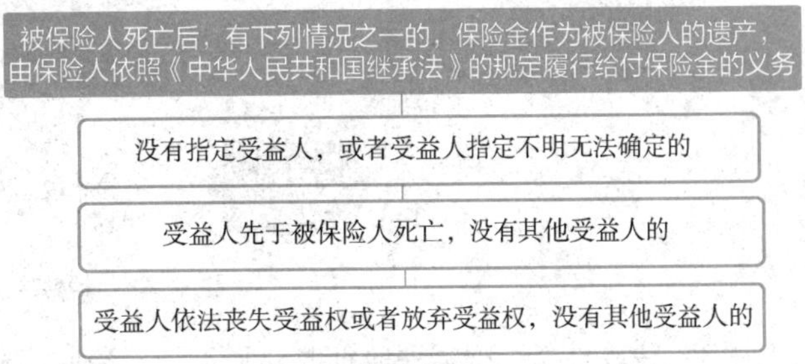

4）合同的解除。投保人解除合同的，保险人应当自收到解除合同通知之日起30日内，按照合同约定退还保险单的现金价值。

被保险人死亡后，有下列情况之一的，保险金作为被保险人的遗产，由保险人依照《中华人民共和国继承法》的规定履行给付保险金的义务

没有指定受益人，或者受益人指定不明无法确定的

受益人先于被保险人死亡，没有其他受益人的

受益人依法丧失受益权或者放弃受益权，没有其他受益人的

图2-40 保险人依法履行给付保险金的义务

4. 税法相关法律

（1）税务管理

1）税务登记。《中华人民共和国税收征收管理法》规定，从事生产、经营的纳税人（包括企业，企业在外地设立的分支机构和从事生产、经营的场所，个体工商户和从事生产、经营的单位）自领取营业执照之日起30日内，应持有关证件，向税务机关申报办理税务登记。取得税务登记证件后，在银行或者其他金融机构开立基本存款账户和其他存款账户，并将其全部账号向税务机关报告。

从事生产、经营的纳税人的税务登记内容发生变化的，应自工商行政管理机关办理变更登记之日起30日内或者在向工商行政管理机关申请办理注销登记之前，持有关证件向税务机关申报办理变更或者注销税务登记。

2）账簿管理。纳税人、扣缴义务人应按照有关法律、行政法规和国务院财政、税务主管部门的规定设置账簿，根据合法、有效凭证记账，进行核算。

从事生产、经营的纳税人、扣缴义务人必须按照国务院财政、税务主管部门规定的保管期限保管账簿、记账凭证、完税凭证及其他有关资料。

3）纳税申报。纳税人必须依照法律、行政法规规定或者税务机关依照法律、行政法规的规定确定的申报期限、申报内容如实办理纳税申报，报送纳税申报表、财务会计报表以及税务机关根据实际需要要求纳税人报送的其他纳税资料。

纳税人、扣缴义务人不能按期办理纳税申报或者报送代扣代缴、代收代缴税款报告表的，经税务机关核准，可以延期申报。经核准延期办理申报、报送事项的，应当在纳税期内按照上期实际缴纳的税款或者税务机关核定的税额预缴税款，并在核准的延期内办理税款结算。

4）税款征收。税务机关征收税款时，必须给纳税人开具完税凭证。扣缴义务人代扣、代收税款时，纳税人要求扣缴义务人开具代扣、代收税款凭证的，扣缴义务人应当开具。

纳税人、扣缴义务人应按照法律、行政法规确定的期限缴纳税款。纳税人因有特殊困难，不

能按期缴纳税款的，经省、自治区、直辖市国家税务局、地方税务局批准，可以延期缴纳税款，但是最长不得超过3个月。纳税人未按照规定期限缴纳税款的，扣缴义务人未按照规定期限解缴税款的，税务机关除责令限期缴纳外，从滞纳税款之日起，按日加收滞纳税款万分之五的滞纳金。

（2）税率　税率是指应纳税额与计税基数之间的比例关系，是税法结构中的核心部分。我国现行税率有三种，即：比例税率、累进税率和定额税率，如图2-41所示。

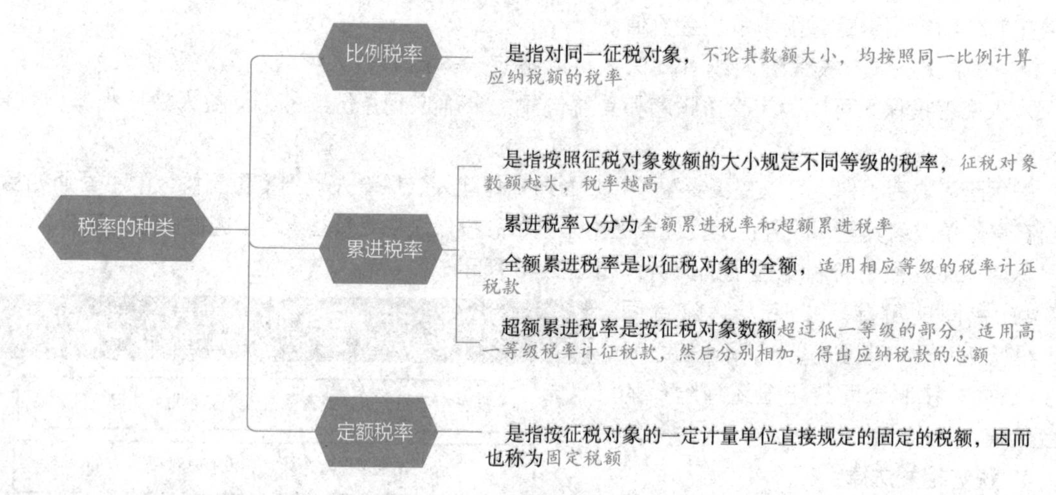

图2-41　税率的种类

（3）税收种类　根据税收征收对象不同，税收可分为流转税、所得税、财产税、行为税、资源税五种，如图2-42所示。

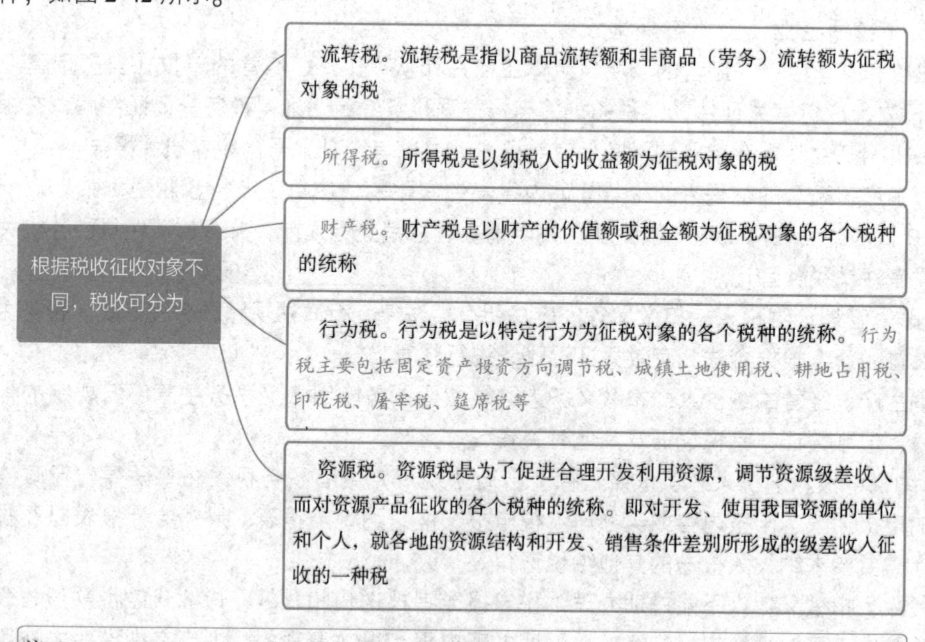

图2-42　税收的种类

第二节　工程造价管理制度

根据《工程造价咨询企业管理办法》，工程造价咨询企业是指接受委托，对建设项目投资、工程造价的确定与控制提供专业咨询服务的企业。工程造价咨询企业从事工程造价咨询活动，应当遵循独立、客观、公正、诚实信用的原则，不得损害社会公共利益和他人的合法权益。

一、工程造价咨询企业资质等级标准

1. 甲级企业资质标准

甲级工程造价咨询企业资质标准如图 2-43 所示。

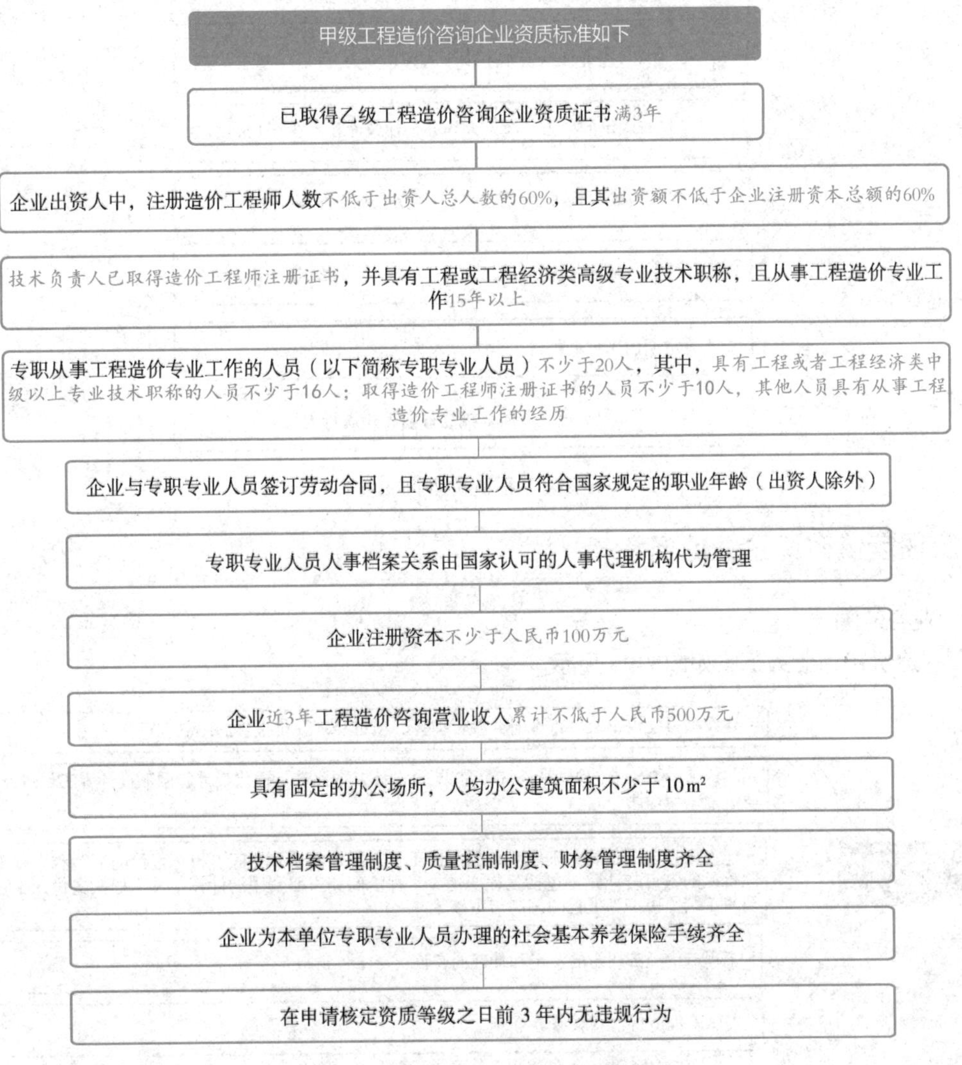

图 2-43　甲级工程造价咨询企业资质标准

2. 乙级企业资质标准

乙级工程造价咨询企业资质标准如图 2-44 所示。

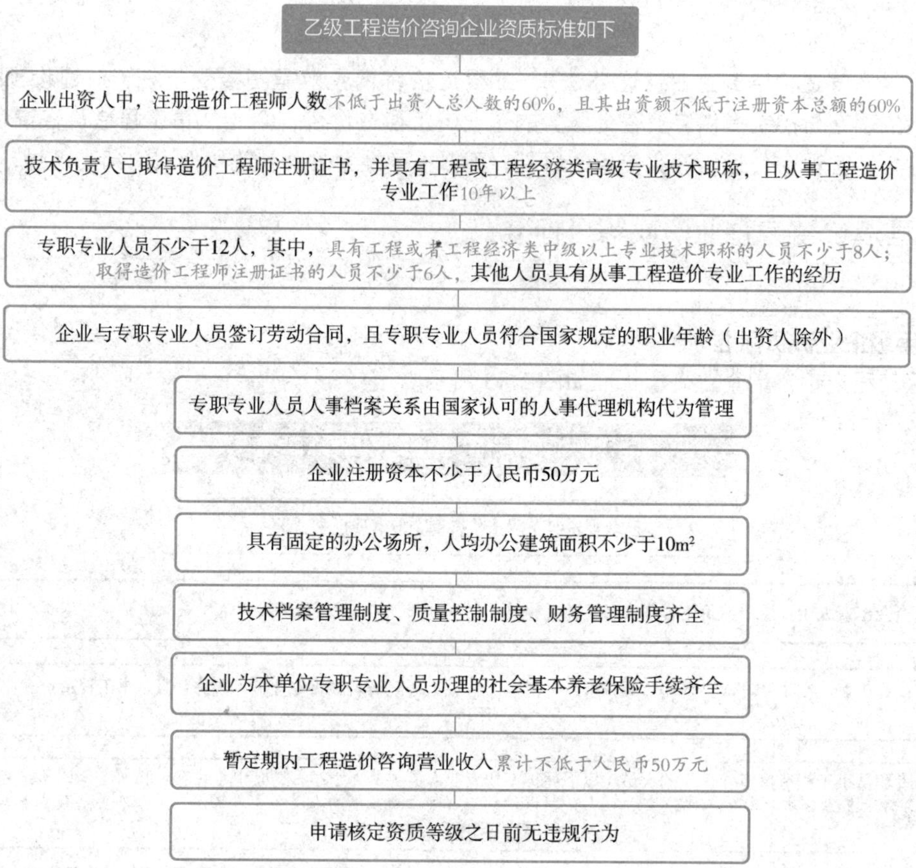

乙级工程造价咨询企业资质标准如下

企业出资人中，注册造价工程师人数不低于出资人总人数的60%，且其出资额不低于注册资本总额的60%

技术负责人已取得造价工程师注册证书，并具有工程或工程经济类高级专业技术职称，且从事工程造价专业工作10年以上

专职专业人员不少于12人，其中，具有工程或者工程经济类中级以上专业技术职称的人员不少于8人；取得造价工程师注册证书的人员不少于6人，其他人员具有从事工程造价专业工作的经历

企业与专职专业人员签订劳动合同，且专职专业人员符合国家规定的职业年龄（出资人除外）

专职专业人员人事档案关系由国家认可的人事代理机构代为管理

企业注册资本不少于人民币50万元

具有固定的办公场所，人均办公建筑面积不少于10m²

技术档案管理制度、质量控制制度、财务管理制度齐全

企业为本单位专职专业人员办理的社会基本养老保险手续齐全

暂定期内工程造价咨询营业收入累计不低于人民币50万元

申请核定资质等级之日前无违规行为

图 2-44　乙级工程造价咨询企业资质标准

二、工程造价咨询企业业务承接

1. 业务范围

工程造价咨询业务范围如图 2-45 所示。

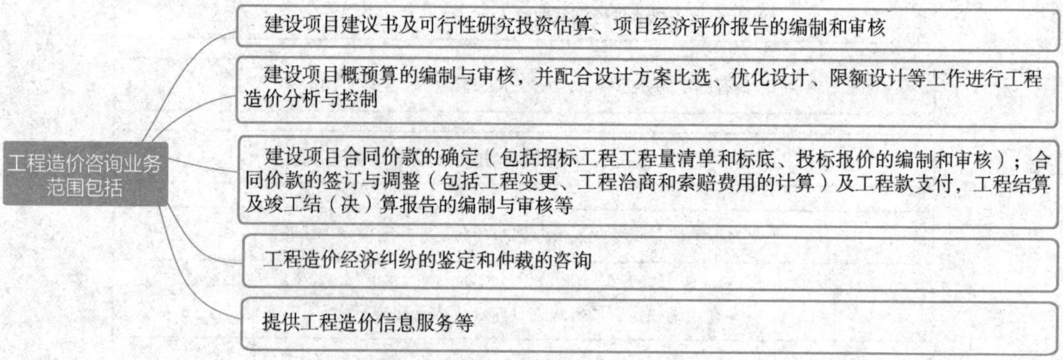

工程造价咨询业务范围包括

- 建设项目建议书及可行性研究投资估算、项目经济评价报告的编制和审核
- 建设项目概预算的编制与审核，并配合设计方案比选、优化设计、限额设计等工作进行工程造价分析与控制
- 建设项目合同价款的确定（包括招标工程工程量清单和标底、投标报价的编制和审核）；合同价款的签订与调整（包括工程变更、工程洽商和索赔费用的计算）及工程款支付，工程结算及竣工结（决）算报告的编制与审核等
- 工程造价经济纠纷的鉴定和仲裁的咨询
- 提供工程造价信息服务等

图 2-45　工程造价咨询业务范围

2. 执业

（1）咨询合同及其履行　工程造价咨询企业在承接各类建设项目的工程造价咨询业务时，应当与委托人订立书面工程造价咨询合同。工程造价咨询企业与委托人可以参照《建设工程造价咨询合同》（示范文本）订立合同。

工程造价咨询企业从事工程造价咨询业务，应当按照有关规定的要求出具工程造价成果文件。工程造价成果文件应当由工程造价咨询企业加盖有企业名称、资质等级及证书编号的执业印章，并由执行咨询业务的注册造价工程师签字、加盖执业印章。

（2）禁止性行为　工程造价咨询企业不得有的行为如图 2-46 所示。

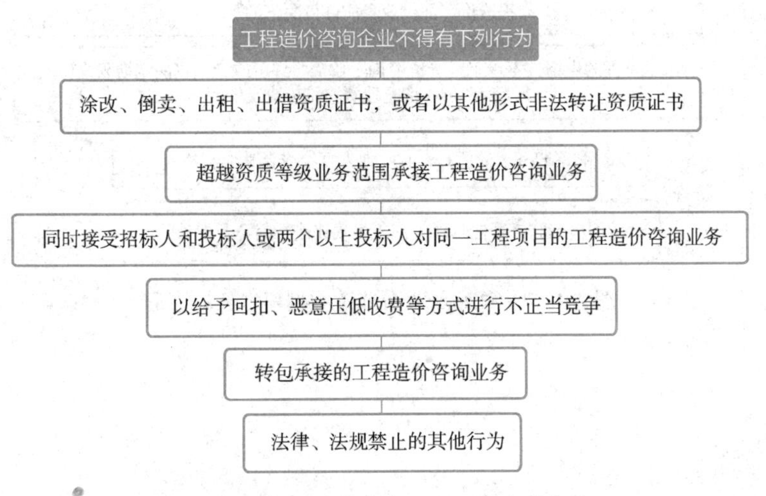

图 2-46　工程造价咨询企业不得有的行为

三、工程造价咨询企业法律责任

1. 资质申请或取得的违规责任

申请人隐瞒有关情况或者提供虚假材料申请工程造价咨询企业资质的，不予受理或者不予资质许可，并给予警告，申请人在 1 年内不得再次申请工程造价咨询企业资质。

以欺骗、贿赂等不正当手段取得工程造价咨询企业资质的，由县级以上地方人民政府建设主管部门或者有关专业部门给予警告，并处以 1 万元以上 3 万元以下的罚款，申请人 3 年内不得再次申请工程造价咨询企业资质。

2. 经营违规责任

未取得工程造价咨询企业资质从事工程造价咨询活动或者超越资质等级承接工程造价咨询业务的，出具的工程造价成果文件无效，由县级以上地方人民政府建设主管部门或者有关专业部门给予警告，责令限期改正，并处以 1 万元以上 3 万元以下的罚款。

工程造价咨询企业不及时办理资质证书变更手续的，由资质许可机关责令限期办理；逾期不办理的，可处以 1 万元以下的罚款。

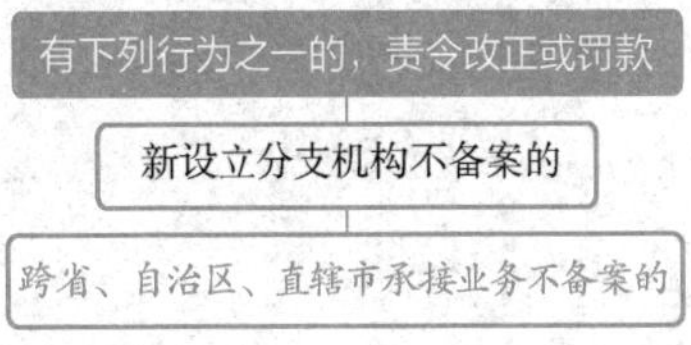

有下列行为之一的，责令改正或罚款
新设立分支机构不备案的
跨省、自治区、直辖市承接业务不备案的

图 2-47　责令改正或罚款的行为

有图 2-47 所示行为之一的，由县级以上地方人民政府建设主管部门或者有关专业部门给予警告，责令限期改正；逾期未改正的，可处以5000元以上2万元以下的罚款。

3. 其他违规责任

资质许可机关有如图2-48所示情形之一的，由其上级行政主管部门或者监察机关责令改正，对直接负责的主管人员和其他直接责任人员依法给予处分；构成犯罪的，依法追究刑事责任。

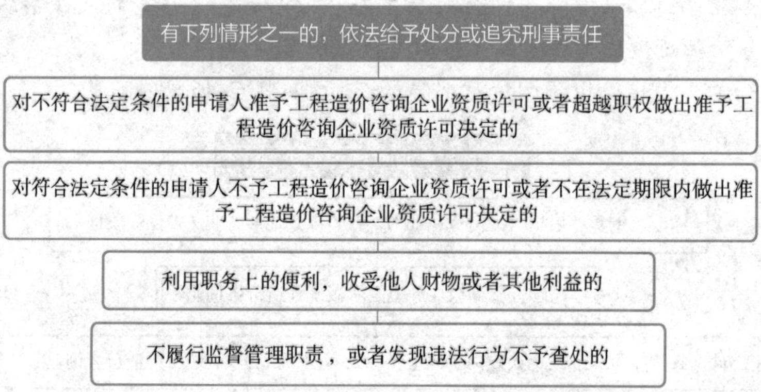

有下列情形之一的，依法给予处分或追究刑事责任

对不符合法定条件的申请人准予工程造价咨询企业资质许可或者超越职权做出准予工程造价咨询企业资质许可决定的

对符合法定条件的申请人不予工程造价咨询企业资质许可或者不在法定期限内做出准予工程造价咨询企业资质许可决定的

利用职务上的便利，收受他人财物或者其他利益的

不履行监督管理职责，或者发现违法行为不予查处的

图2-48　依法给予处分或追究刑事责任的情形

第三章 市政工程施工

第一节 市政工程施工技术

一、市政道路工程

1. 城市道路的分类与分级

（1）城市道路分类　如图 3-1 所示。

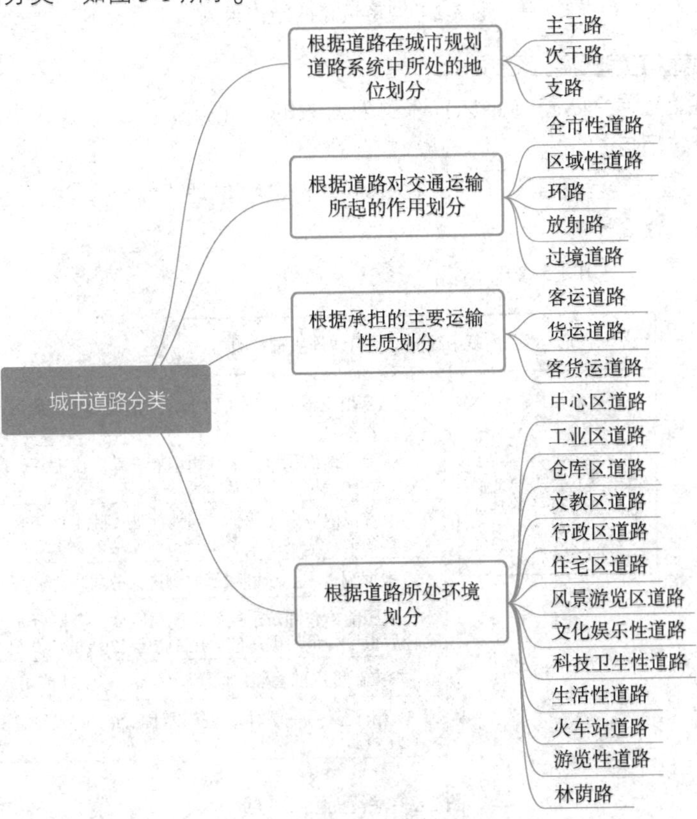

图 3-1　城市道路分类

（2）城市道路分级　大、中、小城市现有道路行车速度、路面宽度、路面结构厚度、交叉口形式等都有区别。

（3）城市道路路面分类　城市道路路面分类见表3-1。

表3-1　城市道路路面分类

城市道路分类	路面等级	面层材料	适用年限/年
快速路、主干路	高级路面	水泥混凝土	30
		沥青混凝土、沥青碎石、天然石材	15
次干路、支路	次高级路面	沥青贯入式碎（砾）石	12
		沥青表面处治	8

2. 城市道路的结构组成

城市道路的结构组成如图3-2所示。

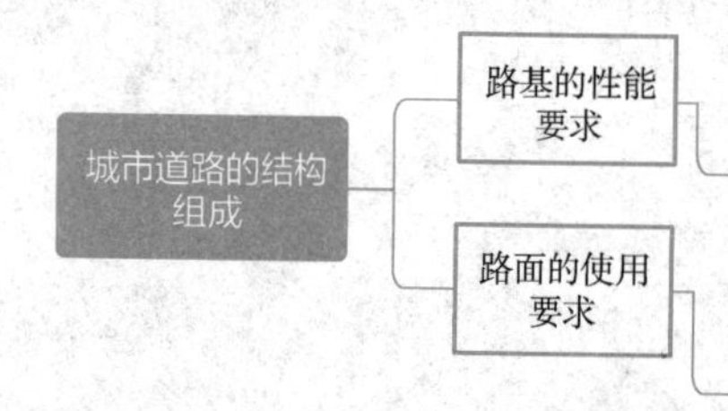

图3-2　城市道路的结构组成

3. 城市道路路基工程的施工要求

城市道路路基工程包括路基（路床）本身及有关的土（石）方、沿线的小桥涵、挡土墙、路肩、边坡、排水管等项目。

（1）路基施工程序　包括准备工作、修建小型构造物与埋设地下管线、路基（土方、石方）工程及质量检查与验收。

（2）路基施工要点　如图3-3所示。

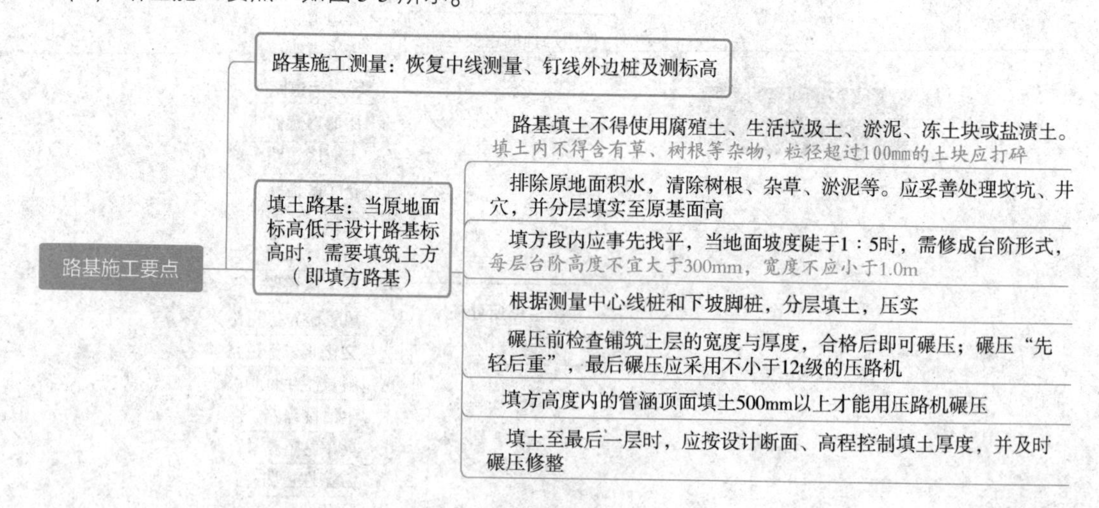

图3-3　路基施工要点

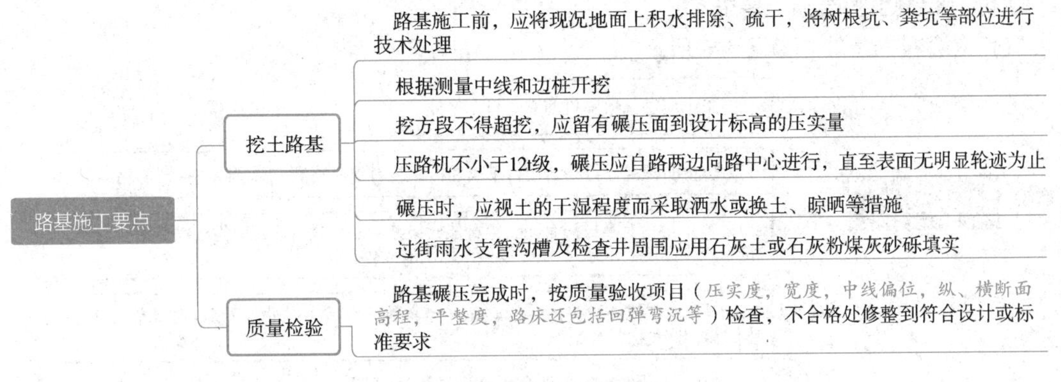

图 3-3 路基施工要点（续）

4. 路基压实施工要点

路基压实施工要点如图 3-4 所示。

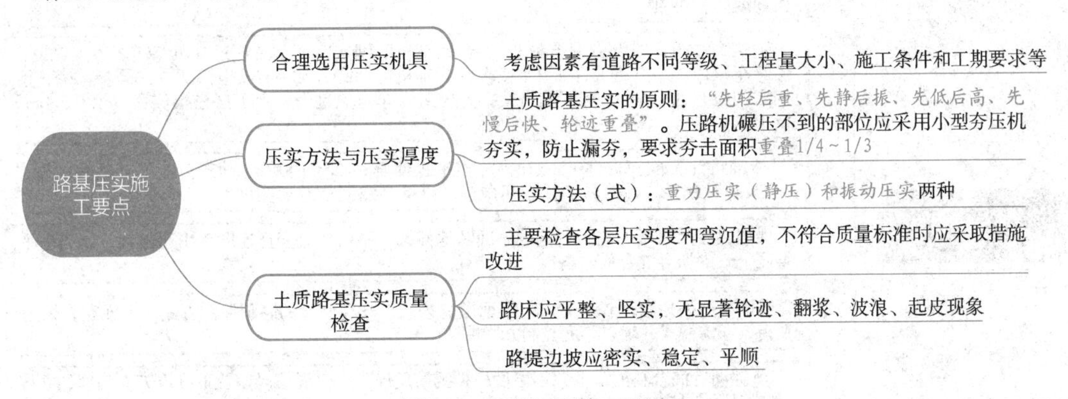

图 3-4 路基压实施工要点

5. 不同基层的施工要求

不同基层的施工要求如图 3-5 所示。

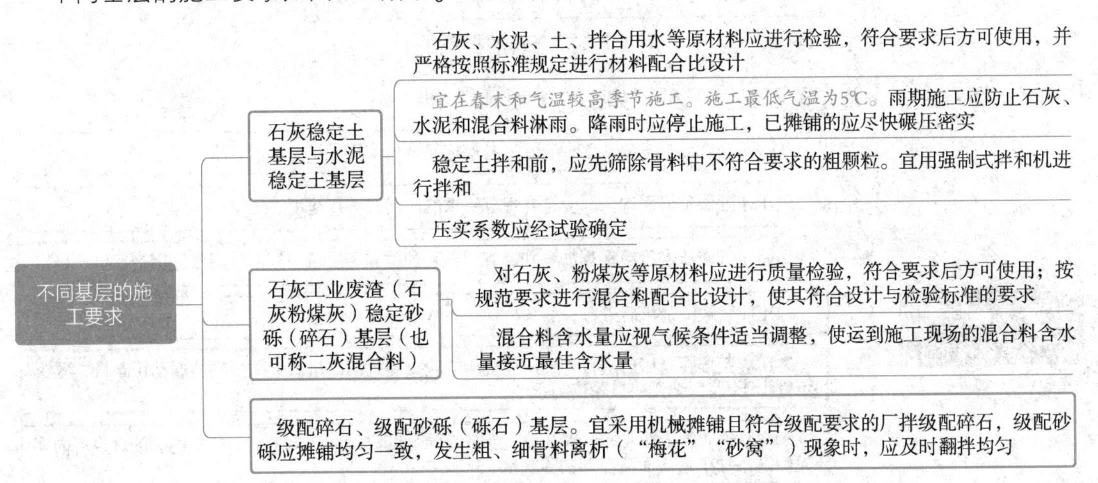

图 3-5 不同基层的施工要求

6. 沥青混凝土面层施工要求

（1）混合料的运输　如图3-6所示。

混合料的运输

- 施工中应做到摊铺机前有运料车等候
- 为防止沥青混合料粘结运料车车厢板，装料前应喷洒一薄层隔离剂或防粘结剂
- 运料车轮胎上不得沾有泥土等可能污染路面的污物，施工时发现沥青混合料不符合施工温度要求或结团成块、已遭雨淋现象不得使用
- 运料车应在摊铺机前100～300mm外空挡等候，被摊铺机轻顶缓缓推动前进并逐步卸料，避免撞击摊铺机

图3-6　混合料的运输

（2）混合料的摊铺　如图3-7所示。

混合料的摊铺

- 热拌沥青混合料应采用履带式或轮胎式沥青摊铺机。摊铺机的受料斗应涂刷一薄层隔离剂或防粘结剂
- 铺筑高等级道路沥青混合料时，1台摊铺机的铺筑宽度不宜超过6m（双车道）～7.5m（三车道以上），通常采用2台或多台摊铺机前后错开10～20m呈梯队方式同步摊铺，两幅之间应有30～60mm宽度的搭接，并应避开车道轮迹带，上下层搭接位置宜错开200mm以上
- 摊铺机开工前应提前0.5～1h预热熨平板使其不低于100℃。铺筑时应选择适宜的熨平板振捣或夯实装置的振动频率和振幅，以提高路面初始压实度
- 摊铺机必须缓慢、均匀、连续不间断地摊铺，不得随意变换速度或中途停顿，以提高平整度，减少沥青混合料的离析
- 摊铺机应采用自动找平方式。下面层宜采用钢丝绳引导的高程控制方式。上面层宜采用平衡梁或雪橇式并铺以厚度控制方式摊铺
- 热拌沥青混合料的最低摊铺温度根据铺筑层厚度、气温、风速及下卧层表面温度，并按现行规范要求执行
- 沥青混合料的松铺系数应根据试铺试压确定
- 摊铺机的螺旋布料器转动速度与摊铺速度应保持均衡

图3-7　混合料的摊铺

（3）沥青混凝土路面的压实及成型　如图3-8所示。

沥青混凝土路面的压实及成型

- 压实层最大厚度不宜大于100mm，各层应符合压实度及平整度的要求
- 碾压速度做到慢而均匀，应符合规范要求的压路机碾压速度
- 压路机的碾压温度应根据沥青和沥青混合料种类、压路机、气温、层厚等因素经试压确定
- 初压应紧跟摊铺机后进行，宜采用钢轮压路机静压1～2遍
- 终压应紧接在复压后进行。终压应选用双轮钢筒式压路机或关闭振动的振动压路机，碾压不宜少于2遍，至无明显轮迹为止
- 为防止沥青混合料粘轮，对压路机钢轮可涂刷隔离剂或防粘粘剂，严禁刷柴油。也可向碾轮喷淋添加少量表面活性剂的雾状水
- 压路机不得在未碾压成型路段上转向、掉头、加水或停留。在当天成型的路面上，不得停放各种机械设备或车辆，不得散落矿料、油料及杂物

图3-8　沥青混凝土路面的压实及成型

（4）接缝 如图 3-9 所示。

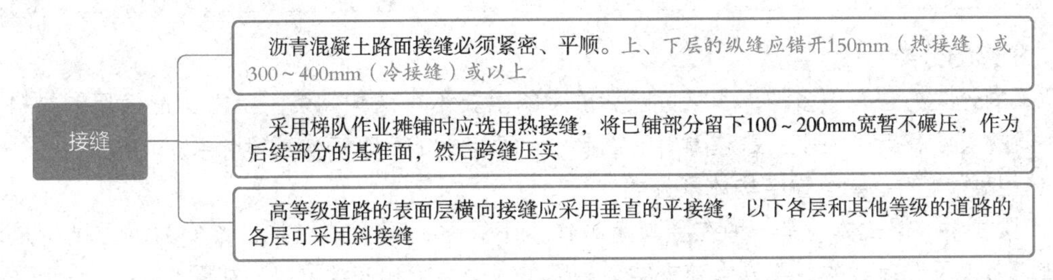

图 3-9 接缝

（5）开放交通 热拌沥青混凝土路面铺完待自然冷却至温度低于 50℃时，方可开放交通。

7. 改性沥青混合料面层施工要求

（1）改性沥青混合料的生产和运输 如图 3-10 所示。

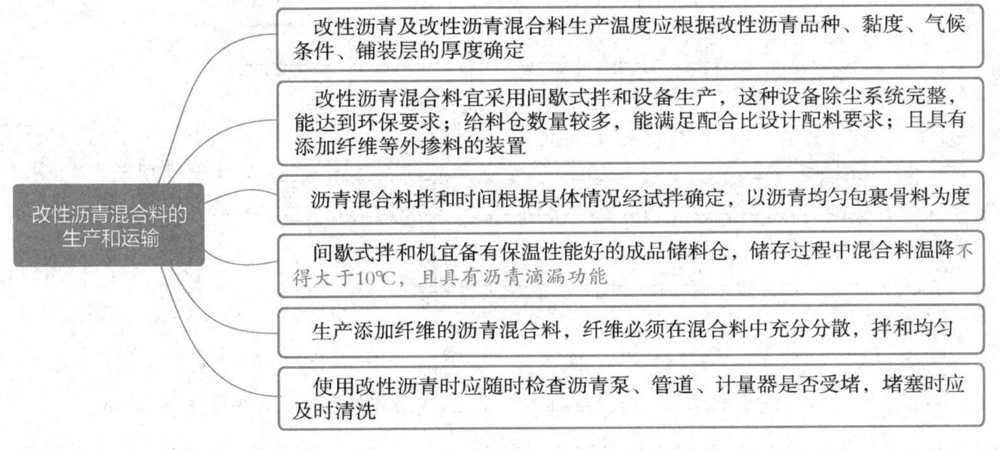

图 3-10 改性沥青混合料的生产和运输

（2）改性沥青混合料的施工

1）摊铺。改性沥青混合料的摊铺执行普通沥青混合料的摊铺要求；在喷洒有粘层油的路面上铺筑改性沥青混合料时，宜使用履带式摊铺机。

2）压实与成型。改性沥青混合料除执行普通沥青混合料的压实成型要求外，还应做到初压开始温度不低于 150℃，碾压终了的表面温度不低于 90℃。

3）接缝。改性沥青混合料路面冷却后很坚硬，冷接缝处理很困难，因此应尽量避免出现冷接缝。摊铺时应保证充分的运料车，满足摊铺的需要，使纵向接缝成为热接缝。在摊铺特别宽的路面时，可在边部设置挡板。

4）开放交通及其他。

① 热拌改性沥青混合料路面开放交通的条件应同于热拌沥青混合料路面的有关规定。需要提早开放交通时，可洒水冷却降低混合料温度。

② 改性沥青路面的雨期施工应做到：密切关注气象预报与变化，保持现场、沥青拌和厂及气象台站之间气象信息的沟通，控制施工摊铺段长度及各项工序紧密衔接。

③ 改性沥青面层施工应严格控制开放交通的时机。

二、市政桥梁工程

1. 桥梁的分类

桥梁的分类方法有很多种，通常可以从桥梁的主要承重结构体系、上部构造使用的材料、用途、桥梁的长度和跨径大小、跨越障碍的性质、上部结构的行车道位置等分类。

(1) 按桥梁的主要承重结构体系分类

1) 梁式桥。梁式体系是一种在竖向荷载作用下无水平反力的结构，梁作为承重结构是以它的抗弯能力来承受荷载的。梁分为简支梁、悬臂梁、固端梁和连续梁等，如图 3-11 所示。

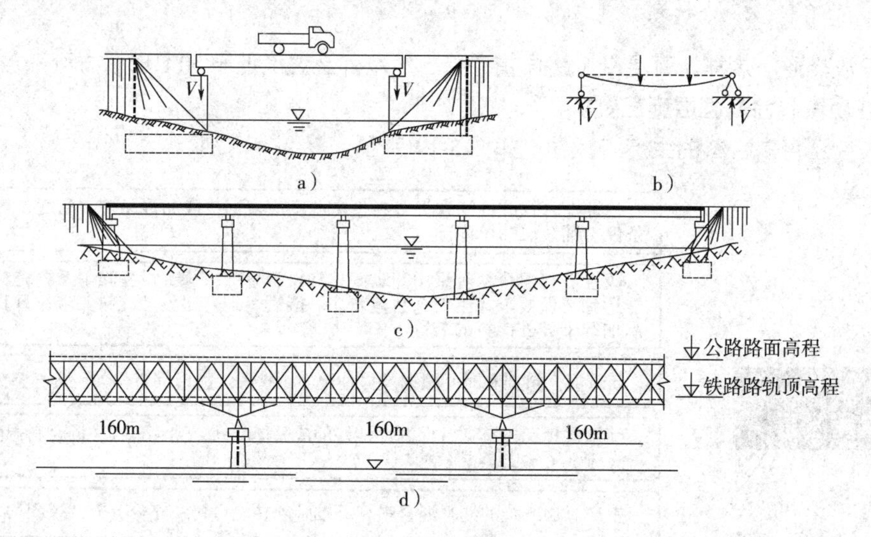

图 3-11 梁式桥

a) 桥墩承受压力 b) 竖向压力 c) 立柱的水平推力 d) 水平压力

2) 拱式桥。拱式桥的主要承重结构是拱圈或拱肋。这种结构在竖向荷载作用下，桥墩或桥台除要承受压力和弯矩外还要承受水平推力。同时，水平推力也将显著抵消荷载所引起的在拱圈（或拱肋）内的弯矩作用。因此，与同跨径的梁相比，拱的弯矩和变形要小得多，但其下部结构和地基必须经受住很大的水平推力，如图 3-12 所示。

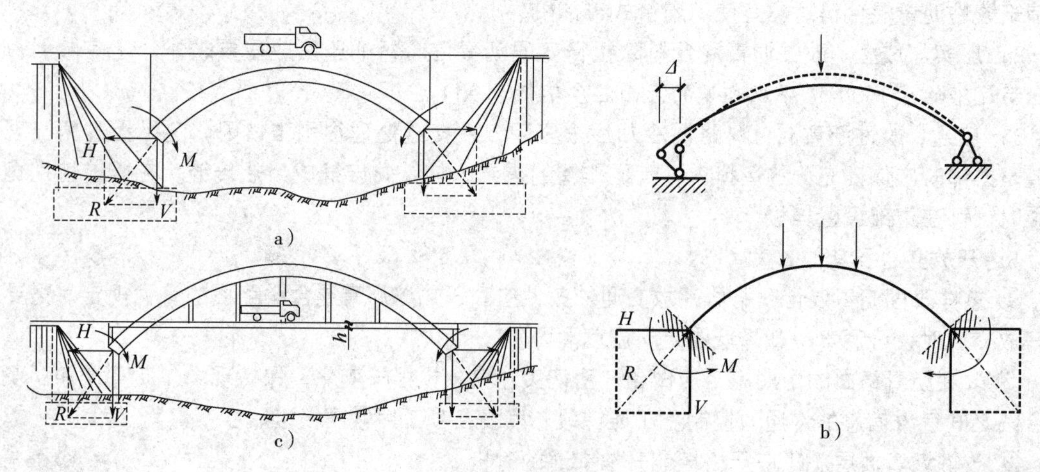

图 3-12 拱式桥

a) 桥墩承受压力 b) 拱的弯矩承受压力 c) 水平推力的作用

3）悬索桥。由于悬索桥均用悬挂在两边塔架上的强大缆索作为主要承重结构，因此在竖向荷载作用下，通过吊杆使缆索承受很大的拉力，通常都需要在两岸桥台的后方修筑非常巨大的锚锭结构，如图 3-13 所示。

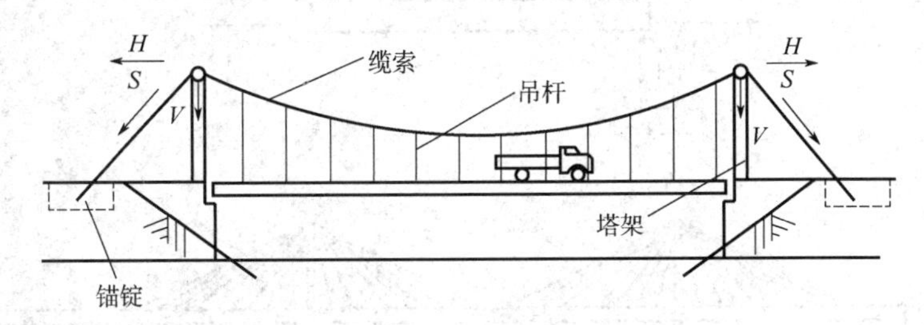

图 3-13　悬索桥

H—水平拉力　*V*—竖向压力　*S*—索力

4）刚架桥。刚架桥的主要承重结构是梁（板）和立柱（竖墙）结合在一起的刚架结构，桥梁的建筑高度较小、跨度较大。当在城市交通中遇到线路立体交叉时，可以有效降低线路标高来改善纵坡和减少路堤土方量，当需要跨越通航河流而桥面标高已确定时能增加桥下净空，如图 3-14 所示。

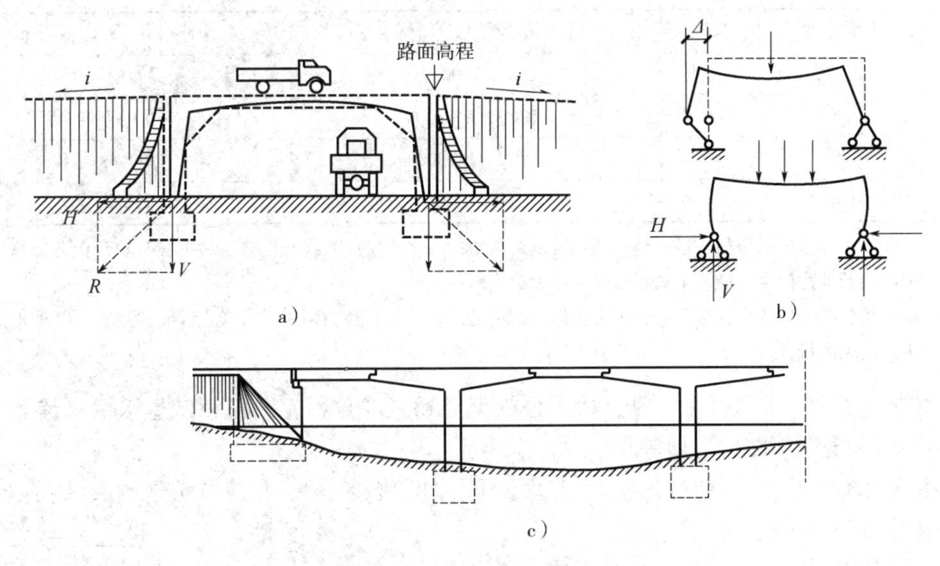

图 3-14　刚架桥

a）桥墩承受压力　b）竖向压力　c）水平压力

5）组合体系桥。组合体系桥是由梁、拱、吊索三种体系相组合而成的桥梁，其中应用最多的是系杆拱桥（图 3-15a）和斜拉桥（图 3-15b）。系杆拱桥由拱圈、主梁和吊杆组成，其中拱圈和主梁是主要的承重结构，两者相互配合共同受力可减小水平推力，吊杆可减少梁中弯矩。斜拉桥由主梁、索塔和斜拉索组成，既发挥了高强材料的作用，又减小了主梁高度，使重量减轻而获得很大的跨越能力，是跨径仅次于吊桥的桥型。这两种组合体系桥型造型优美，结构合理，跨径较大，目前使用非常广泛。

（2）其他分类方式

1）按桥梁多孔跨径总长或单孔跨径的长度，可分为特大桥、大桥、中桥、小桥，见表 3-2。

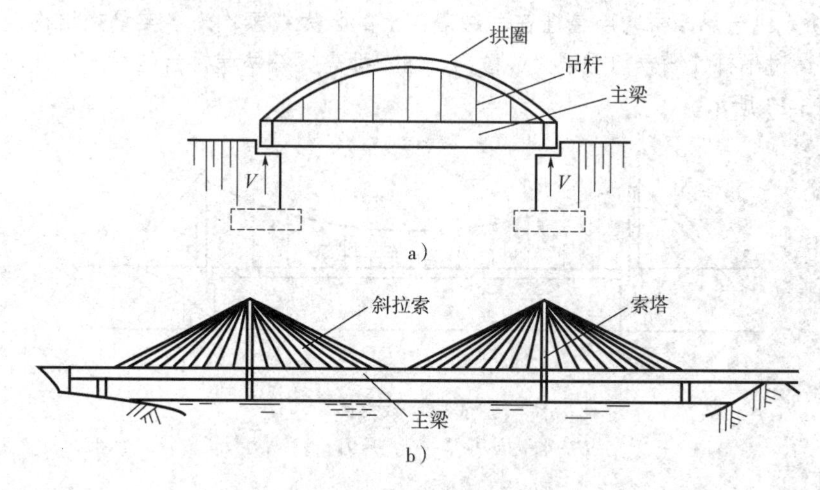

图 3-15　组合体系桥

a）系杆拱桥简图　b）斜拉桥简图

V—支座反力

表 3-2　桥梁按多孔跨径总长或单孔跨径长度分类

桥梁分类	多孔跨径总厂 L/m	单孔跨径长度 L_0/m
特大桥	$L>1000$	$L_0>150$
大桥	$1000 \geqslant L \geqslant 100$	$150 \geqslant L_0 \geqslant 40$
中桥	$100>L>30$	$40>L_0 \geqslant 20$
小桥	$30 \geqslant L \geqslant 8$	$20>L_0 \geqslant 5$

注：1. 单孔跨径是指标准跨径。梁式桥、板式桥以两桥墩中线之间桥中心线长度或桥墩中线与桥台台背前缘线之间桥中心线长度为标准跨径，拱式桥以净跨径为标准跨径。

2. 梁式桥、板式桥的多孔跨径总长为多孔标准跨径的总长。拱式桥为两岸桥台起拱线间的距离。其他形式的桥梁为桥面系的行车道长度。

2）按用途划分，有公路桥、铁路桥、公铁两用桥、农用桥、人行桥、运水桥（渡槽）及其他专用桥梁（如通过管路、电缆等）。

3）*按主要承重结构所用的材料来分*，有圬工桥、钢筋混凝土桥、预应力混凝土桥、钢桥、钢—混凝土结合梁桥和木桥等。

4）按跨越障碍的性质来分，有跨河桥、跨线桥（立体交叉桥）、高架桥和栈桥。

5）*按上部结构的行车道位置分为上承式（桥面结构布置在主要承重结构之上）桥、下承式桥、中承式桥。*

2. 桥梁的构造

桥梁的构造如图 3-16 所示。

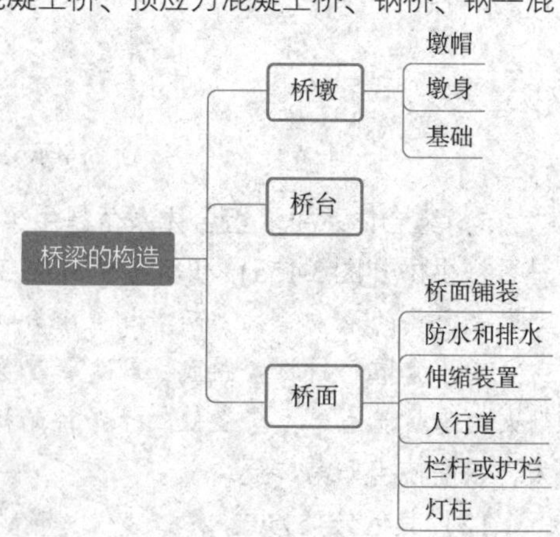

图 3-16　桥梁的构造

3. 明挖基坑施工技术

（1）明挖基坑施工的一般规定

1）基坑顶面应设置防止地面水流入基坑的设施。基坑顶有动荷载时，基坑顶边与动荷载间应留有不小于 1m 宽的护道，如动荷载过大宜增宽护道。工程地质和水文地质不良的基坑边坡（壁）还应采取加固措施。

2）基坑坑壁坡度不易稳定且有地下水影响时，或放坡开挖场地受到限制时，应根据设计要求进行支护；设计无要求时，施工单位应结合实际情况进行适宜的支护。

（2）不进行支护加固明挖基坑坑壁的施工要求

1）基坑尺寸应满足施工要求，包括满足坑底排水作业和支设基础模板所需尺寸的要求。

2）基坑坑壁坡度应按地质条件、基坑深度、施工方法以及坡顶荷载等情况确定。

3）当土的湿度有可能使坑壁不稳而引起坍塌时，坑壁放坡的坡度应缓于该湿度下的天然坡度。砂类土的天然坡度大致等于计算的内摩擦角，黏性土在天然含水量范围内的天然坡度与内摩擦角、黏聚力、孔隙比、塑限含水量、体积质量等因素有关。

4）当基坑有地下水时，地下水位以上部分可以放坡开挖；地下水位以下部分，当土质易坍塌或坑底以上水位较深时，应加固后开挖。

（3）基坑开挖

1）基坑开挖前应编制施工方案，其主要内容有：基坑施工平面布置图及开挖断面图；基坑开挖的施工方法；采用支护时，支撑的形式、结构、支拆方法及安全措施等。

2）基坑土方应随挖随运。当采用机械挖、运联合作业时，宜将适用于回填的土分类堆放备用。放坡开挖的基坑，必须观测边坡安全稳定性，当边坡土体出现裂缝、沉降失稳时应停止开挖，并及时进行加固、削坡等处理，维护边坡安全稳定。

3）基坑开挖至接近设计高程发现土质与设计（勘测）资料不符或其他异常情况时，应由施工单位会同设计单位、监理单位、建设单位共同研究处理措施。地基土质不得扰动，也不得超挖。

4）基坑挖至设计高程后，应及时组织验收。基坑验收后应予保护，防止坑底扰动，并及时进行下一工序的施工。对有防汛、防漏水、防飓风、防潮汐要求的基坑，必须有确保基坑安全的应急措施。

4. 各类围堰施工技术

（1）围堰施工的一般规定

1）围堰高度应高出施工期间可能出现的最高水位（包括浪高）0.5～0.7m。

2）围堰外形一般有圆形、圆端形（上、下游为半圆形，中间为矩形）、矩形、带三角的矩形等。围堰外形直接影响堰体的受力情况，必须考虑堰体结构的承载力和稳定性。

3）堰内平面尺寸应满足基础施工的需要。

4）围堰要求防水严密，减少渗漏。

5）堰体外坡面有受冲刷危险时，应在外坡面设置防冲刷设施。

（2）各类围堰适用范围　各类围堰适用范围见表 3-3。

表 3-3　各类围堰适用范围

围堰类型		适用条件
土石围堰	土围堰	水深≤1.5m；流速≤0.5m/s，河边浅滩，河床渗水性较小
	土袋围堰	水深≤3.0m；流速≤1.5m/s，河床渗水性较小，或淤泥较浅
	木桩竹条土围堰	水深1.5～7m；流速≤2.0m/s，河床渗水性较小，能打桩，盛产竹木地区
	竹篱土围堰	水深1.5～7m；流速≤2.0m/s，河床渗水性较小，能打桩，盛产竹木地区
	竹、铅丝笼围堰	水深4m以内；河床难以打桩，流速较大
	堆石土围堰	河床渗水性较小，流速≤3.0m/s，石块能就地取材

（续）

围堰类型		适用条件
板桩围堰	钢板桩围堰	深水或深基坑，流速较大的砂类土、黏性土、碎石土及风化岩等坚硬河床。防水性能好，整体刚度较强
	钢筋混凝土板桩围堰	深水或深基坑，流速较大的砂类土、黏性土、碎石土河床。除用于挡水防水外还作为基础结构的一部分，也可采取拔除周转使用，能节约大量木材
钢套筒围堰		流速≤2.0m/s，覆盖层较薄，平坦的岩石河床，埋置不深的水中基础，也可用于修建桩基承台
双壁围堰		大型河流的深水基础，覆盖层较薄、平坦的岩石河床

（3）土围堰施工要求

1）筑堰材料宜用黏性土、粉质黏土或砂质黏土。填出水面之后应进行夯实。填土应自上游开始至下游合龙。

2）筑堰前，必须将堰底下河床底的杂物、石块及树根等清除干净。

3）堰顶宽度可为1～2m，机械挖基时不宜小于3m。堰外边坡迎水流一侧坡度宜为1:2～1:3，背水流一侧坡度可在1:2之内。堰内边坡坡度宜为1:1～1:1.5。内坡脚与基坑的距离不得小于1m。

（4）土袋堰施工要求

1）围堰两侧用草袋、麻袋、玻璃纤维袋或无纺布袋装土堆码。

2）堆码土袋，应自上游开始至下游合龙。

3）筑堰前，堰底河床的处理、内坡脚与基坑的距离、堰顶宽度与土围堰要求相同。

（5）钢板桩围堰施工要求

1）有大漂石及坚硬岩石的河床不宜使用钢板桩围堰。

2）钢板桩的机械性能和尺寸应符合规范要求。

3）施打钢板桩前，应在围堰上下游及两岸设测量观测点，控制围堰长、短边方向的施打定位。

4）施打前，应对钢板桩的锁口用止水材料捻缝，以防漏水。

5）施打顺序一般为从上游分两头向下游合龙。

6）钢板桩可用锤击、振动、射水等方法下沉，但在黏土中不宜使用射水下沉方法。

7）经过整修或焊接后的钢板桩应用同类型的钢板桩进行锁口试验、检查。

8）施工过程中，应随时检查桩的位置是否正确、桩身是否垂直，否则应立即纠正或拔出重打。

（6）钢筋混凝土板桩围堰施工要求

1）板桩断面应符合设计要求。板桩桩尖角度视土质坚硬程度而定。沉入砂砾层的板桩桩头，应增设加劲钢筋或钢板。

2）钢筋混凝土板桩的制作，应用刚度较大的模板，榫口接缝应顺直、密合。当采用中心射水下沉、板桩预制时，应留射水通道。

3）目前钢筋混凝土板桩中，空心板桩较多。空心多为圆形，用钢管做芯模。板桩的榫口一般为圆形。桩尖一般斜度为（1:2.5）～（1:1.5）。

（7）套箱围堰施工要求

1）无底套箱用木板、钢板或钢丝网水泥制作，内设木、钢支撑。套箱可制成整体式或装配式。

2）制作中应防止套箱接缝漏水。

3）下沉套箱前，同样应清理河床。当套箱设置在岩层上时，应整平岩面。当岩面有坡度时，套箱底的倾斜度应与岩面相同，以增加稳定性并减少渗漏。

（8）双壁钢围堰施工要求

1）双壁钢围堰应做专门设计，其承载力、刚度、稳定性、锚锭系统及使用期等应满足施工要求。

2）双壁钢围堰应按设计要求在工厂制作，其分节分块的大小应按工地吊装、移运能力确定。

3）双壁钢围堰各节、各块拼焊时，应按预先安排的顺序对称进行。拼焊后应进行焊接质量检验及水密性试验。

4）钢围堰浮运定位时，应对浮运、就位和灌水着床时的稳定性进行验算。

5）就位前应对所有缆绳、锚链、锚锭和导向设备进行检查调整，以使围堰落床工作顺利进行，并注意水位涨落对锚锭的影响。

6）锚锭体系的锚绳规格、长度应相差不大。锚绳受力应均匀。边锚的预拉力要适当，避免导向船和钢围堰摆动过大或折断锚绳。

7）准确定位后，应向堰体壁腔内迅速、对称、均衡地灌水，使围堰落床。

8）落床后应随时观测水域内流速增大而造成的河床局部冲刷，必要时可在冲刷段用卵石、碎石垫填整平，以改变河床上的粒径，减小冲刷深度，增加围堰稳定性。

9）钢围堰着床后，应加强对冲刷和偏斜情况的检查，发现问题及时调整。

10）钢围堰浇筑水下封底混凝土之前，应按照设计要求进行清基，并由潜水员逐片检查合格后方可封底。

11）钢围堰着床后的允许偏差应符合设计要求。当作为承台模板使用时，其误差应符合模板的施工要求。

5. 沉入桩施工技术

桥梁工程中常用的沉入桩有钢筋混凝土桩、预应力混凝土桩和钢管桩。

（1）施工的基本技术要求

1）沉桩之前应掌握工程地质钻探资料、水文资料和打桩资料。

2）应设置桩基础轴线的定位点，保证该点始终不会受沉桩施工的影响。

3）沉桩顺序一般由一端向另一端连续进行，当桩基平面尺寸较大、桩数较多或桩距较小时，宜由中间向两端或向四周施工。当桩埋置有深浅之别时，宜先沉深桩，后沉浅桩。在斜坡地带沉桩时，应先沉坡顶的桩、后沉坡脚的桩。

4）贯入度应通过试桩或做沉桩试验后会同监理及设计单位研究确定。

（2）沉桩施工技术要点

1）在同一个墩、台的桩基中，同一水平面内桩的接头数不得超过基桩总数的1/4，但是按等强度设计的法兰盘接头可不受此限制。

2）采用法兰接桩的接合处，可加垫沥青纸等材料，如法兰有不密贴处应用薄钢片塞紧。法兰螺栓应逐个拧紧，且加设弹簧垫或加焊，防止锤击时螺栓松动。

3）预制钢筋混凝土桩和预应力混凝土桩在锤击沉桩前，桩身混凝土强度应达到设计要求。

4）桩锤应根据工程条件和单桩轴向承载力选定。

5）锤击初始宜用较低落距，桩锤、替打、送桩与桩宜保持同一轴线。锤击过程应采用重锤低击。

6）锤击沉桩时，应采用与锤、桩相适应的，有适当弹性和厚度的锤垫和桩垫，并注意及时修理更换，以保护桩头、桩体。

7）沉桩过程中遇有贯入度剧变情况，或发生桩斜、位移、严重回弹，以及桩顶或桩体出现严重裂缝、破碎等情况时，应暂停沉桩，分析原因，采取有效措施后再进行施工。

8）锤击沉桩应考虑锤击振动和挤土等因素对土体的稳定和邻近建筑物的影响，必要时可设置测点，对岸坡、邻近建筑物进行位移和沉降观测、记录，如有异常应停止沉桩，并研究处理措施。

9）新浇筑混凝土的强度尚未达到5MPa时，距新浇筑混凝土30m范围内，不得进行沉桩施工。

10）沉桩深度以控制桩尖设计标高为主。当桩尖已达到设计标高，而贯入度仍较大时，应继续锤击，使贯入度接近控制贯入度。

11）在砂土地基中沉桩困难时，可采用水冲锤击法沉桩。根据土质情况随时调节冲水压力，控制沉桩速度。

（3）沉桩质量标准

1）桩中轴线偏斜率允许偏差：直桩为1%，斜桩为$\pm 0.15\tan\theta$（θ角为斜桩轴线的斜角）。

2）单排桩桩位允许偏差：垂直于帽梁轴线为40mm，沿帽梁轴线为50mm。

3）群桩桩位允许偏差：边桩为$d/4$，中桩为$d/2$且<250mm（d为桩径或短边，单位为mm）。

6. 沉井下沉施工技术

1）沉井下沉施工有排水除土和不排水除土两种方法。通常采用不排水除土的方法。采用排水除土下沉的方法要有安全措施，防止发生人身安全事故。

2）沉井下沉时，不宜使用爆破方法。遇到石块、岩层等特殊情况，经有关方面批准采用爆破除土和炮震助沉方法时，应严格控制药量。

3）沉井预制完成并准确就位后，开始抽除垫木。不论沉井大小，此项工作均要求在2~4h内完成。

4）下沉过程中，应随时掌握土层变化情况，分析和检验土的阻力与沉井重力的关系，选用最有效的下沉方法，并做好下沉观测记录。

5）当因沉井自身重力偏轻下沉困难时，可采用井外高压射水、降低井内水位等方法进行下沉。在结构受力允许的条件下，也可以采用压重或接高沉井下沉方法。

6）正常下沉时，应自中间向刃脚处均匀对称除土。排水除土下沉的沉井底节，其设计支撑位置的土，应在分层除土中最后同时挖除。

7）应随时保持沉井正位竖直下沉，每下沉1m至少检查一次。沉井入土深度小于沉井平面最小尺寸的1.5~2.0倍时，最容易出现倾斜，应密切注意校正纠偏。

8）应避免因井外弃土引起对沉井结构的偏压。应注意河床因冲淤引起的土面高差，必要时可用沉井外弃土来调整。

9）采用在不稳定的土层中吸泥吹砂等方法下沉时，必须保持井内外水位相平或井内略高于井外，以防出现翻砂。吸泥器应均匀吸泥，防止局部吸泥过多导致沉井偏斜。

10）井底下沉至设计标高2.0m以上时，应放慢下沉速度，控制井内除土量和除土位置，以求沉井平稳下沉、正确就位。

11）沉井接高前应尽量纠正前一节的倾斜，接高一节的竖向中轴线应与前一节的竖向中轴线重合。

12）沉井下沉遇倾斜岩层时，应将其表面松软岩层或风化岩层凿去，并尽量整平，使沉井刃脚的2/3以上嵌搁在岩层上，嵌入深度最小处不宜小于0.25m，其余未到岩层的刃脚部分，可用袋装混凝土等填塞缺口。刃脚以内井底的岩层斜面应凿成台阶或榫槽，然后清渣封底。

7. 钢筋混凝土施工技术

（1）原材料计量 各种计量器具应按计量法的规定定期检定，保持准确。在混凝土生产过程中，应注意控制原材料的计量偏差。对骨料含水率的检测，每一工作班不应少于一次。雨期施工应增加测定次数，根据骨料实际含水量调整骨料和水的用量。

（2）混凝土搅拌、运输和浇筑

1）混凝土搅拌。混凝土拌合物应拌和均匀，颜色一致，不得有离析和泌水现象。搅拌时间是混凝土拌和时的重要控制参数，对于普通混凝土，搅拌的最短时间可按表3-4控制。

表3-4 混凝土最短搅拌时间表

搅拌机类型	搅拌机容量/L	混凝土坍落度/mm		
		<30	30~70	>70
		混凝土最短搅拌时间/min		
强制式	≤400	1.5	1.0	1.0
	≤1500	2.5	1.5	1.5

混凝土拌合物的坍落度应在搅拌地点和浇筑地点分别取样检测。每一工作班或每一单元结构物不应少于2次。评定时应以浇筑地点的测值为准。当混凝土拌合物从搅拌机出料起至浇筑入模的时间不超过15min时，其坍落度可仅在搅拌地点检测。

2）混凝土运输。

① 混凝土的运输能力应满足混凝土凝结速度和浇筑速度的要求，使浇筑工作不间断。

② 运送混凝土拌合物的容器或管道应不漏浆、不吸水，内壁光滑平整，能保证卸料及输送畅通。

③ 混凝土拌合物经运输到浇筑地点，应保持均匀性，不产生分层、离析等现象，如出现分层、离析现象，则应对混凝土拌合物进行二次快速搅拌。

④ 混凝土拌合物经运输到浇筑地点后，应按规定检测其坍落度，坍落度应符合设计要求和施工工艺要求。

⑤ 预拌混凝土在卸料前需要掺加外加剂时，外加剂的掺量应按配合比通知书执行。掺入外加剂后，应快速搅拌，搅拌时间应根据试验确定。

⑥ 严禁在运输过程中向混凝土拌合物中加水。

⑦ 采用泵送混凝土时，应保证混凝土泵连续工作，受料斗应有足够的混凝土。泵送间歇时间不宜超过15min。

3）混凝土浇筑。

① 浇筑前的检查。混凝土浇筑前，要检查模板、支架的承载力、刚度、稳定性，检查钢筋及预埋件的位置、规格，并做好记录，符合设计要求后方可浇筑。在原混凝土面上浇筑新混凝土时，相接面应凿毛，并清洗干净，表面湿润但不得有积水。

② 混凝土浇筑要点。

A. 混凝土一次浇筑量要适应各施工环节的实际能力，以保证混凝土的连续浇筑。对于大方量混凝土浇筑，应事先制订浇筑方案。

B. 混凝土运输、浇筑及间歇的全部时间不应超过混凝土的初凝时间。同一施工段的混凝土应连续浇筑，并应在底层混凝土初凝之前将上一层混凝土浇筑完毕。

C. 采用振捣器振捣混凝土时，每一振点的振捣延续时间，应以使混凝土表面呈现浮浆和不再沉落为准。

（3）混凝土养护　一般混凝土浇筑完成后，应在收浆后尽快予以覆盖和洒水养护。对干硬性混凝土、炎热天气浇筑的混凝土、大面积裸露的混凝土，有条件的可在浇筑完成后立即加设棚罩，待收浆后再予以覆盖和养护。

8. 预应力混凝土施工技术

（1）预应力混凝土的配制与浇筑

1）预应力混凝土应优先采用硅酸盐水泥、普通硅酸盐水泥，不宜使用矿渣硅酸盐水泥，不得使用火山灰质硅酸盐水泥及粉煤灰质硅酸盐水泥。

2）混凝土中的水泥用量不宜大于500kg/m^3。

3）混凝土中严禁掺入氯化钙、氯化钠等氯盐。

4）从各种材料引入混凝土中的氯离子总含量（折合氯化物含量）不宜超过水泥用量的0.06%；超过0.06%时，宜采取掺加阻锈剂、增加保护层厚度、提高混凝土密实度等防锈措施。

（2）预应力筋的张拉施工

1）预应力筋的张拉控制应力必须符合设计要求。当施工中预应力筋需要超张拉或计入锚圈口预应力损失时，可比设计要求提高5%，但在任何情况下不得超过设计规定的最大张拉控制应力。

2）预应力筋采用应力控制方法张拉时，应以伸长值进行校核。实际伸长值与理论伸长值的差值应符合设计要求；设计无规定时，实际伸长值与理论伸长值之差应控制在6%以内，否则应暂停张拉，待查明原因并采取措施后，方可继续张拉。

3）预应力筋的锚固应在张拉控制应力处于稳定状态下进行，锚固阶段张拉端预应力筋的内缩量，不得大于设计值或规范规定。

4）先张法预应力筋的施工应遵守下列规定：

① 张拉台座应具有足够的强度和刚度，其抗倾覆安全系数不得小于1.5，抗滑移安全系数不得小于1.3。

② 预应力筋连同隔离套管应在钢筋骨架完成后一并穿入就位；就位后，禁止使用电弧焊对梁体钢筋及模板进行切割或焊接。隔离套管内端应堵严。

③ 同时张拉多根预应力筋时，各根预应力筋的初始应力应一致。张拉过程中应使活动横梁与固定横梁始终保持平行。

④ 张拉过程中，预应力筋的断丝、断筋数量不得超过表3-5的规定。

表3-5　先张法预应力筋断丝、断筋数量限制表

预应力筋种类	项　目	控制值
钢筋	断筋	不允许
钢丝、钢绞线	同一构件内断丝数不得超过钢丝总数的	1%

⑤ 放张预应力筋时，混凝土强度必须符合设计要求；设计未规定时，不得低于强度设计值的75%。放张顺序应符合设计要求；设计未规定时，应分阶段、对称、相互交错地放张。放张前，应将限制位移的模板拆除。

5）后张法预应力施工应遵守下列规定：

① 预应力管道安装应符合下列要求：

A. 管道安装就位后应立即通孔检查，发现堵塞应及时疏通。管道经检查合格后应及时将其端面封堵，防止杂物进入。

B. 管道安装后，需在其附近进行焊接作业时，必须对管道采取保护措施。

② 预应力筋安装应符合下列要求：

A. 先穿束后浇混凝土时，浇筑混凝土之前，必须检查管道确认完好；浇筑混凝土时应定时抽动、转动预应力筋。

B. 先浇混凝土后穿束时，浇筑后应立即疏通管道，确保其畅通。

C. 混凝土采用蒸汽养护时，养护期内不得装入预应力筋。

D. 穿束后至孔道灌浆完成，应控制在相关时间以内。

E. 在预应力筋附近进行电焊时，应对预应力筋采取保护措施。

③ 预应力筋张拉应符合下列要求：

A. 混凝土强度应符合设计要求；设计未规定时，不得低于强度设计值的75%。

B. 预应力筋张拉端的设置应符合设计要求。

C. 张拉前应根据设计要求对孔道的摩阻损失进行实测，以便确定张拉控制应力值，并确定预应力筋的理论伸长值。

D. 预应力筋的张拉顺序应符合设计要求；设计无规定时，可采取分批、分阶段对称张拉。宜先中间，后上、下或两侧。

E. 张拉过程中，预应力筋的断丝、滑丝、断筋数量不得超过表3-6的规定。

表3-6　后张法预应力筋断丝、滑丝、断筋数量限制表

预应力筋种类	项　目	控制值
钢丝束、钢绞线束	每束钢丝断线、滑丝	1根
	每束钢绞线断丝、滑丝	1丝
	每个断面断丝之和不超过该断面钢丝总数的	1%
钢筋	断筋或滑移	不允许

注：1. 钢绞线断丝是指单根钢绞线内钢丝的断丝。

2. 超过表列控制数量时，原则上应更换；当不能更换时，在条件许可下，可采取补救措施，如提高其他钢丝束控制应力值，需满足设计上各阶段极限状态的要求。

④ 张拉控制应力达到稳定后方可锚固。

9. 预制钢筋混凝土、预应力混凝土简支梁（板）安装技术

（1）一般技术要求

1）装配式桥梁构件在脱底模、移运、堆放和吊装就位时，混凝土的强度不应低于设计要求的吊装强度，*一般不应低于设计强度的75%*。

2）安装构件时，支撑结构（墩台、盖梁等）的强度应符合设计要求。支撑结构和预埋件的尺寸、标高及平面位置应符合设计要求。

3）安装构件前必须检查构件外形及其预埋件尺寸和位置，其偏差不应超过设计或规范允许值。

（2）安装就位的技术要求

1）构件移运、吊装时的吊点位置应按设计规定或根据计算决定。

2）吊装时构件的吊环应顺直，吊绳与起吊构件的交角小于60°时，应设置吊架或吊装扁担，尽量使吊环垂直受力。

3）构件移运、停放的支撑位置应与吊点位置一致，并应支撑稳固。在顶起构件时应随时置好保险垛。

吊移板式构件时，不得吊错板梁的上、下面，防止折断。

10. 钢—混凝土组合梁施工技术

（1）钢—混凝土组合梁的构成

1）钢—混凝土组合梁一般由钢梁和钢筋混凝土桥面板两部分组成。钢梁由工字形截面或槽形截面构成，钢梁之间设横梁（横隔梁），有时在横梁之间还设有小纵梁。钢梁上浇筑预应力钢筋混凝土。在钢梁与钢筋混凝土板之间设剪力连接件，两者共同工作。

2）钢—混凝土组合梁施工流程一般为：钢梁预制并焊接剪力连接件→架设钢梁→安装横梁（横隔梁）及小纵梁（有时不设小纵梁）→安装预制混凝土板并浇筑接缝混凝土或支搭现浇混凝土桥面板的模板并铺设钢筋→现浇混凝土→养护→张拉预应力束→拆除临时支架或设施。

（2）安装要点

1）钢梁安装过程中，每完成一节段应测量其位置、标高和预拱度，不符合要求应及时调整。

2）钢梁杆件工地焊缝连接，应按设计的顺序进行；设计无规定时，焊接顺序宜为纵向从跨中向两端、横向从中线向两侧对称进行。

3）钢梁采用高强螺栓连接前，应复验摩擦面的抗滑移系数。高强螺栓连接前，应按出厂批号，每批抽验不小于8套扭矩系数。

11. 钢梁制作与安装技术

（1）钢梁制作的基本工艺要求　钢梁制作的工艺流程包括钢材矫正，放样画线，加工切割，再矫正、制孔，边缘加工、组装、焊接，构件变形矫正，摩擦面加工，试拼装、工厂涂装、发送出厂等。

1）钢梁制造焊接应在室内进行，相对湿度不宜高于80%。

2）焊接环境温度：低合金高强度结构钢不应低于5℃，普通碳素结构钢不得低于0℃。

3）主要杆件应在组装后24h内焊接。

（2）钢梁构件出厂时的要求　钢梁制造使用的材料必须符合设计要求和现行有关标准的规定，必须有材料质量证明、复验报告以及焊接与涂装材料抽样复验报告等资料，均合格方可使用。

12. 钢筋（管）混凝土拱桥施工技术

（1）拱桥的类型与施工方法

1）主要类型：按拱圈和车行道的相对位置以及承载方式分为上承式、中承式和下承式；按拱圈混凝土浇筑的方式分为现浇混凝土拱和预制混凝土拱再拼装。

2）主要施工方法：按拱圈施工的支撑方式可分为支架法、少支架法和无支架法；其中，无支架施工包括缆索吊装、转体安装、劲性骨架、悬臂浇筑和悬臂安装以及由以上一种或几种施工组合的方法。

（2）拱架的形式与要求

1）拱架种类按材料分为木拱架、钢拱架、竹拱架、竹木混合拱架、钢木组合拱架以及土牛胎拱架；按结构形式分为排架式、撑架式、扇架式、桁架式、组合式、叠桁式、斜拉式。

2）在选择拱架种类时，应结合桥位处地形、地基、通航要求、过水能力等实际条件进行多方面的技术经济比较。

（3）在拱架上浇筑混凝土拱圈

1）跨径小于16m的拱圈或拱肋混凝土，按拱圈全宽度从两端拱脚向拱顶对称连续浇筑，并在拱脚混凝土初凝前全部完成。

2）大于或等于16m的拱圈或拱肋，应沿拱跨方向分段浇筑，分段位置应以能使拱架受力对称、均匀和变形小为原则。

3）分段浇筑程序应符合设计要求，应对称于拱顶进行。各分段内的混凝土应一次连续浇筑完毕，因故中断时，应浇筑成垂直于拱轴线的施工缝。

4）间隔槽混凝土应待拱圈分段浇筑完成后，其强度达到75%设计强度，接合面按施工缝处理后，由拱脚向拱顶对称进行浇筑。

（4）装配式桁架拱和刚构拱

1）装配式桁架拱和刚构拱的安装程序为：在墩台上安装预制的桁架（刚架）拱片，同时安装横向联系构件，在组合的桁架拱（刚构拱）上铺装预制的桥面板。

2）大跨径桁式组合拱，拱顶湿接头混凝土，宜采用较构件混凝土强度高一级的早强混凝土。

3）安装过程中应采用全站仪，对拱肋、拱圈的挠度和横向位移、混凝土裂缝、墩台变位、安装设施的变形和变位等项目进行观测。

4）拱肋吊装定位合龙时，应进行接头高程和轴线位置的观测，以控制、调整其拱轴线，使之符合设计要求。

5）大跨度拱桥施工观测和控制宜在每天气温、日照变化不大的时候进行，尽量减少温度变化等不利因素的影响。

13. 斜拉桥的施工技术

斜拉桥有预应力混凝土斜拉桥、钢斜拉桥、钢—混凝土叠合梁斜拉桥、混合梁斜拉桥、吊拉组合斜拉桥等。

（1）索塔施工的技术要求和注意事项

1）索塔的施工可视其结构、体形、材料、施工设备和设计要求综合考虑，选用适合的方法。

2）斜拉桥施工时，应避免塔梁交叉施工干扰；必须交叉施工时应根据设计和施工方法，采取保证塔梁质量和施工安全的措施。

3）斜塔柱施工时，必须对各施工阶段塔柱的强度和变形进行计算，应分高度设置横撑，使其线型、应力、倾斜度满足设计要求并保证施工安全。

4）索塔横梁施工时应根据其结构、重量及支撑高度，设置可靠的模板和支撑系统。

5）索塔混凝土现浇，应选用输送泵施工，超过一台泵的工作高度时，允许接力泵送，但必须做好接力储料斗的设置，并尽量降低接力站台高度。

6）必须避免上部塔体施工时对下部塔体表面的污染。

7）索塔施工必须制订整体和局部的安全措施，如设置塔式起重机起吊重量限制器、断索防护器、钢索防扭器、风压脱离开关等；防范雷击、强风、暴雨、寒暑、飞行器对施工的影响；防范吊落和作业事故，并有应急的措施；应对塔式起重机、支架安装、使用和拆除阶段的强度稳定等进行计算和检查。

（2）斜拉桥主梁施工的技术要求和注意事项

1）混凝土主梁。

① 斜拉桥的零号段是梁的起始段，一般都在支架和托架上浇筑。支架和托架的变形将直接影响主梁的施工质量。

② 不与索塔结构固结的主梁，施工时必须使梁塔临时固结，并按要求程序解除临时固结，完成设计的支撑体系。必须加强施工期内对临时固结的观察。

③ 采用挂篮悬浇主梁时，挂篮设计和主梁浇筑应考虑抗风振的刚度要求；挂篮制成后应进行检验、试拼、整体组装检验、预压，同时测定悬臂梁及挂篮的弹性挠度、调整高程性能及其他技术性能。

④ 主梁采用悬拼法施工时，预制梁段宜选用长线台座或多段连线台座，每联宜多于5段，啮合端面要密贴，不得随意修补。

⑤ 大跨径主梁施工时，应缩短双向长悬臂持续时间，尽快使一侧固定，以减少风振时的不利影响，必要时应采取临时抗风措施。

⑥ 为防止合龙梁段施工出现的裂缝，在梁上下底板或两肋的端部预埋临时连接刚构件，或设置临时纵向预应力索，或用千斤顶调节合龙口的应力和合龙口长度。

2）钢主梁。

① 钢主梁应由资质合格的专业单位加工制作、试拼，经检验合格后，安全运至工地备用。堆放应无损伤、无变形和无腐蚀。

② 钢梁制作的材料应符合设计要求。焊接材料的选用、焊接要求、加工成品、涂装等项的标准和检验按有关规定执行。

③ 应进行钢梁的连日温度变形观测对照，确定适宜的合龙温度及实施程序，并应满足钢梁安装就位时高强螺栓定位所需的时间。

14. 管涵的施工技术

1）管涵用的钢筋混凝土圆管应符合下列要求：管节端面平整并与管节轴线垂直；管壁内外面应平直圆滑，不得露筋；管节各部分尺寸偏差应在规范允许范围内；管节混凝土强度应符合设计要求；管壁外表面必须注明适用的管顶填土高度；相同管节应按要求堆置在一起，便于正确取用。

2）管节在运输、装卸过程中，应防止碰撞损坏。

3）当管涵设计为混凝土或砌体基础时，基础上面应设混凝土管座，其顶部弧形面应与管身紧密贴合使管节均匀受力。

4）当管涵为无混凝土（或砌体）基础、管身直接搁置在天然地基上时，应按照设计要求将管底土层夯压密实，并做成与管身弧度密贴的弧形管座，安装管节时应注意保持完整。

三、市政轨道交通和隧道工程

1. 深基坑支护结构的施工要求

（1）围护结构的类型　见表3-7。

表3-7　围护结构的类型

类　型	特　点
桩板式墙板式桩	H钢的间距为1.2～1.5m 造价低，施工简单，有障碍物时可改变间距 止水性差，地下水位高的地方不适用，坑壁不稳的地方不适用 开挖深度在中国上海达到6m左右，无支撑，而在日本桩板式或墙板式桩用于开挖深度10m以内的基坑（有支撑）

（续）

类　型	特　点
钢板桩	成品制作，可反复使用 施工简便，但施工有噪声 刚度小，变形大，与多道支撑结合，在软弱土层中也可采用 新的时候止水性尚好，如有漏水现象，需增加防水措施
板式桩钢管桩	截面刚度大于钢板桩，在软弱土层中开挖深度可大，在日本开挖深度达30m 需有防水措施相配合
预制混凝土板式桩	施工简便，但施工有噪声 需辅以止水措施 自重大，受起吊设备限制，不适合大深度基坑 国内用于10m以内的基坑，法国用到15m深基坑
灌注桩	刚度大，可用于深大基坑 施工对周边地层、环境影响小 需降水或与止水措施配合使用，如搅拌桩、旋喷桩等
地下连续墙	刚度大，开挖深度大，可适用于所有地层 强度大，变位小，隔水性好，同时可兼做主体结构的一部分 可邻近建筑物、构筑物使用，环境影响小 造价高
SMW工法桩	强度大，止水性好 内插的型钢可拔出反复使用，经济性好 开挖深度8.65m 具有较好的发展前景，国内上海等城市已有工程实践
自立式水泥土挡墙/水泥土搅拌桩挡墙	无支撑，墙体止水性好，造价低 墙体变位大

（2）支撑体系的形式和特点　在深基坑的施工支护结构中，常用的支撑系统按其材料可分为现浇钢筋混凝土支撑体系和钢支撑体系两类，其形式和特点见表3-8。

表3-8　两类支撑体系的形式和特点

材　料	截面形式	布置形式	特　点
现浇钢筋混凝土	可根据断面要求确定断面形状和尺寸	有对撑、边桁架、环梁结合边桁架等，形式灵活多样	混凝土结硬后刚度大，变形小，强度的安全可靠性强，施工方便，但支撑浇筑和养护时间长，围护结构处于无支撑的暴露状态时间长、软土中被动区土体位移大，当对控制变形有较高要求时，需对被动区软土进行加固；施工工期长，拆除困难，爆破拆除对周围环境有影响
钢结构	单钢管、双钢管、单工字钢、双工字钢、H形钢、槽钢及以上钢材的组合	竖向布置有水平撑、斜撑；平面布置形式一般为对撑、井字撑、角撑。也可与钢筋混凝土支撑结合使用，但要谨慎处理变形协调问题	安装、拆除施工方便，可周转使用，支撑中可加预应力，可调整轴力而有效控制围护墙变形 施工工艺要求较高，如节点和支撑结构处理不当，或施工支撑不及时、不准确，会造成失稳

（3）支撑体系的布置形式　支撑体系布置设计应考虑以下要求：

1）能够因地制宜合理选择支撑材料和支撑体系布置形式，使其技术经济综合指标得以优化。

2）支撑体系受力明确，能充分协调、发挥各杆件的力学性能，安全可靠，经济合理，能够在稳定性和控制变形方面满足对周围环境保护的设计标准要求。

3）支撑体系布置能在安全可靠的前提下，最大限度地方便土方开挖和主体结构的快速施工要求。

（4）基坑变形现象

1）墙体的变形。

① 围护墙体水平变形：随着基坑开挖深度的增加，刚性墙体继续表现为向基坑内的三角形水平位移或平行刚体位移，而一般柔性墙如果设支撑，则表现为墙顶位移不变或逐渐向基坑外移动，墙体腹部向基坑内凸出。

② 围护墙体竖向变位：在实际工程中，墙体竖向变位量测往往被忽视，事实上由于基坑开挖土体自重应力的释放，致使墙体产生竖向变位，即上移或沉降。

2）地表沉降。根据工程实践经验，在地层软弱而且墙体的入土深度又不大时，墙底处显示较大的水平位移，墙体旁出现较大的地表沉降。

2. 地下连续墙的施工技术

（1）地下连续墙的优点　其优点主要有：施工时振动小、噪声低，墙体刚度大，对周边地层扰动小；可适用于多种土层，除夹有孤石、大颗粒卵砾石等局部障碍物时影响成槽效率外，对黏性土、无黏性土、卵砾石层等各种地层均能高效成槽。

（2）地下连续墙的分类与施工技术要点

1）按成槽方式可分为桩排式、壁式和组合式三类；按挖槽方式可分为抓斗式、冲击式和回转式等类型。

2）泥浆应根据地质和地面沉降控制要求经试配确定，并在泥浆配制和挖槽施工中对泥浆的相对密度、黏度、含砂率和 pH 值等主要技术性能指标进行检验和控制。

（3）泥浆的功能

1）护壁功能。泥浆的液柱压力平衡地下水土压力，形成泥皮，维持槽壁稳定。

2）携渣作用。在泥浆循环时，能携带土渣一起排出槽外。

3）冷却与润滑功能。泥浆能降低成槽机械连续施工而产生的温升和磨耗，提高设备寿命。

3. 盖挖法施工技术

盖挖法施工的优缺点如图 3-17 所示。

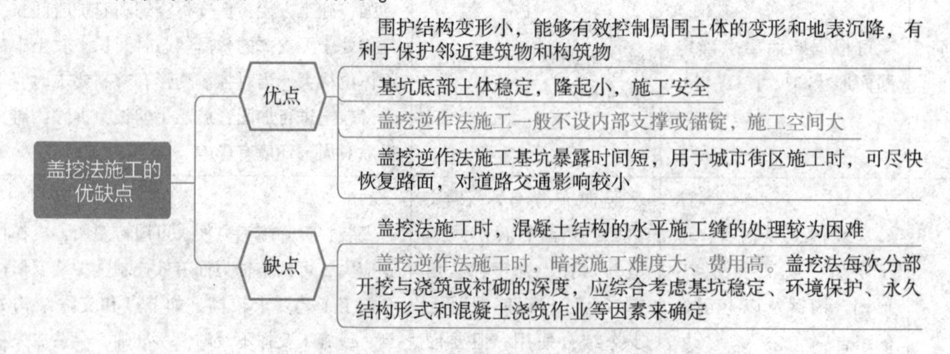

图 3-17　盖挖法施工的优缺点

4. 盾构法施工控制要求

（1）开挖控制　土压式盾构与泥水式盾构的开挖控制内容略有不同。

1）土压（泥水压）控制。

① 开挖面的土压（泥水压）控制值，按地下水压（间隙水压）+土压+预备压设定。

② 地下水压可由钻孔数据正确掌握，但要考虑季节性变动。靠近河流等场合，要考虑水面水位变动的影响。

③ 土压有静止土压、主动土压和松弛土压，要根据地层条件区别使用。按静止土压设定控制土压，是开挖面不变形的最理想土压值，但控制土压相当大，必须加大设备装备能力。主动土压是开挖面不发生坍塌的临界压力，控制土压最小。地质条件良好、覆土深、能形成土拱的场合，可采用松弛土压。

④ 预备压，用来补偿施工中的压力损失，土压式盾构通常取10～20kPa，泥水式盾构通常取20～50kPa。

2）土压式盾构泥土的塑流化改良控制。

① 土压式盾构掘进时，理想地层的土特性是：塑性变形好、流塑至软塑状、内摩擦小、渗透性低。

② 选择改良材料要依据以下条件：土质，透水系数，地下水压，水离子电性，是否泵送排土，加泥设备空间（地面、隧道内），掘进长度，弃土处理条件，费用。

③ 流动化改良控制是土压式盾构施工的最重要因素之一，要随时把握土压仓内土砂的塑性流动性。

3）泥水式盾构的泥浆性能控制。

① 泥水式盾构掘进时，泥浆起着两方面的重要作用：一是依靠泥浆压力在开挖面形成泥膜或渗透区域，开挖面土体强度提高，同时泥浆压力平衡了开挖面的土压和水压，达到了开挖面稳定的目的；二是泥浆作为输送介质，担负着将所有挖出土砂运送到工作井外的任务，因此，泥浆性能控制是泥水式盾构施工的最重要因素之一。

② 泥浆性能包括相对密度、黏度、pH值、过滤特性和含砂率。

4）排土量控制。

① 开挖土量计算。单位掘进循环（一般按一环管片宽度为一个掘进循环）开挖土量Q的计算公式为

$$Q = \frac{\pi D^2 S_t}{4}$$

式中　Q——开挖土计算体积（m^3）；

D——盾构外径（m）；

S_t——掘进循环长度（m）。

当使用仿形刀或超挖刀时，应计算开挖土体积增加量。

② 土压式盾构出土运输方法与排土量控制。

A. 土压式盾构的出土运输（二次运输）一般采用轨道运输方式。

B. 容积控制一般采用比较单位掘进距离开挖土砂运土车台数的方法和根据螺旋输送机转数推算的方法。

③ 泥水式盾构排土量控制。泥水式盾构排土量控制方法分为容积控制与干砂量（干土量）控制两种。

A. 容积控制方法：检测单位掘进循环送泥流量 Q_1 与排泥流量 Q_2，按下式计算排土体积 Q_3：

$$Q_3 = Q_2 - Q_1$$

式中 Q_3——排土体积（m^3）；

Q_2——排泥流量（m^3）；

Q_1——送泥流量（m^3）。

B. 干砂量表征土体或泥浆中土颗粒的体积，开挖土干砂量 V 按下式计算：

$$V = 100Q/(G_s\omega + 100)$$

式中 V——开挖土干砂量（m^3）；

Q——开挖土计算体积（m^3）；

G_s——土颗粒密度；

ω——土体的含水量（%）。

干砂量控制方法：检测单位掘进循环送泥干砂量 V_1 与排泥干砂量 V_2，按下式计算排土干砂量 V_3：

$$V_3 = V_2 - V_1 = [(G_2 - 1)Q_2 - (G_1 - 1)Q_1]/(G_1 - 1)$$

式中 V_3——排土干砂量（m^3）；

V_2——排泥干砂量（m^3）；

V_1——送泥干砂量（m^3）；

G_2——排泥相对密度；

G_1——送泥相对密度。

对比 V_3 与 V，当 $V > V_3$ 时，一般表示泥浆流失；$V < V_3$ 时，一般表示超挖。

（2）注浆控制

1）注浆量。注浆量除了受浆液渗透和泄漏因素影响外，还受曲线掘进、超挖和浆液种类等因素影响。其计算公式为

$$Q = V\alpha$$

$$V = \pi(D_s^2 - D_0^2)v/4$$

式中 Q——注浆量；

V——计算空隙量；

α——注入率；

D_s——开挖外径；

D_0——管片外径；

v——掘进速度。

注入率是根据浆液特性（体积变化）、土质及施工损耗考虑的比例系数，基于经验确定。

2）注浆压力。注浆压力应根据土压、水压、管片强度、盾构形式与浆液特性综合判断决定，但施工中通常基于施工经验确定。

（3）盾构隧道的线形控制　随着盾构掘进，对盾构及衬砌的位置进行测量，以把握偏离设计中心线的程度。测量项目包括盾构的位置、倾角、偏转角、转角及盾构千斤顶行程、盾尾间隙和衬砌位置等。

掘进过程中，主要对盾构倾斜及其位置以及拼装管片的位置进行控制。

盾构方向（偏转角和倾角）修正依靠调整盾构千斤顶使用数量进行。

盾构转角的修正，可采取刀盘向盾构偏转同一方向旋转方法，利用所产生的回转反力进行

修正。

5. 盾构机型的选择

（1）盾构机的种类

1）按开挖面是否封闭划分，可分为密闭式和敞开式两类。按平衡开挖面土压与水压的原理不同，密闭式盾构机又可分为土压式（常用泥土压式）和泥水式两种。敞开式盾构机按开挖方式划分，可分为手掘式、半机械挖掘式和机械挖掘式三种。

2）按盾构机的断面形状划分，有圆形和异形盾构机两类。其中，异形盾构机主要有多圆形、马蹄形和矩形。

（2）盾构机的选择　盾构机的选择是保障工程项目顺利实施的前提条件与设备保障。盾构机的选择除应满足隧道断面形状与外形尺寸外，还应考虑盾构机的类型、性能、配套设备、辅助工法等。

盾构机的选择原则主要有：适用性原则、技术先进性原则、经济合理性原则。

四、市政给水排水工程

1. 给水系统的组成和布置

（1）给水系统的组成　给水系统由相互联系的一系列构筑物和输配水管网组成。它的任务是从水源取水，按照用户对水质的要求进行处理，然后将水输送到用水区，并向用户配水。为了完成上述任务，给水系统的组成如图 3-18 所示。

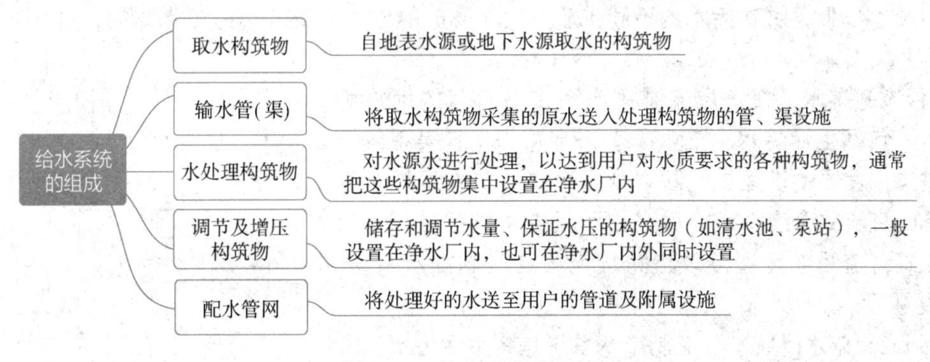

图 3-18　给水系统的组成

（2）给水系统的布置　以地表水为水源的给水系统，相应的工程设施通常为：取水构筑物从地表水源取水，经一级泵站送往水处理构筑物，处理后的清水储存在清水池中，二级泵站从清水池取水，经配水管网供给用户。有时为了调节水量和保持管网的水压，可根据需要建造高地水池和水塔。一般情况下，从取水构筑物到二级泵站都属于净水厂的范围。当水源远离城市时，须由输水管（渠）将水源水引到净水厂。

给水管网遍布整个给水区域，根据管道的功能，可分为干管和分配管。干管主要用于输水，管径较大。分配管用于配水到用户，管径较小。给水管网设计计算往往只限于干管，但是干管和分配管的管径并无明确的界限，需视管网规模而定。大管网中的分配管，在小型管网中可能是干管，大城市可略去不计的分配管，在小城市中可能不允许略去。

以地下水为水源的给水系统常凿井取水。如果地下水水质好，一般可省去水处理构筑物而只需加氯消毒，使给水系统大为简化。

统一给水系统即用同一系统供应生活、生产和消防等各种用水，绝大多数城市采用这种系统。在城市给水中，工业用水量往往占较大的比例，由于工业用水的水质和水压要求有其特殊性，因此在工业用水的水质和水压要求与生活用水不同的情况下，有时可根据具体条件，除考虑统一给水系统外，还可考虑分质、分压等给水系统。若城市内工厂位置分散，用水量又少，即使水质要求和生活用水稍有差别，也可采用统一给水系统。

对于城市中个别用水量大、水质要求较低的工业企业，可考虑按水质要求分系统（分质）给水。分质给水可以是同一水源的水，经过不同的水处理过程和管网，将不同水质的水供给各类用户。也可以是不同水源，如地表水经过简单沉淀后，供工业生产使用，地下水经过消毒后供生活使用等。当用水量较大的工业企业相对集中，且有合适水源可利用时，经技术经济比较可独立设置工业用水给水系统，采用分质供水。

地形高差大的城镇给水系统宜采用分压供水。对于远离水厂或局部地形较高的供水区域，可设置加压泵站，采用分区供水。当水源地与供水区域有地形高差可以利用时，应对重力输配水与加压输配水系统进行技术经济比较，择优选用。当给水系统采用区域供水，向范围较广的多个城镇供水时，应对采用原水输送或清水输送以及输水管路的布置和调节水池、增压泵站等的设置，做多方案技术经济比较后确定。采用多水源供水的给水系统宜考虑在事故时能相互调度。

无论采用哪一种给水系统形式，都要根据当地地形条件、水源情况、城市和工业企业的规划、供水规模、水质和水压要求以及原有给水工程设施等条件，从全局出发，通过技术经济比较后综合考虑确定。

2. 给水系统的组成和布置

（1）排水体制　城镇污水的不同排放方式所形成的排水系统，称为排水体制，排水体制分为合流制和分流制。

1）合流制排水系统。合流制排水系统是有目的地将雨水、污水（包括生活污水、工业废水）合用一个管渠系统排除。在城市化发展的进程中，国内外很多老城市在早期都是采用简单的直流式合流系统。后来由于受纳水体遭受严重污染，直流式合流系统已逐渐改造为截流式合流制排水系统，如图3-19所示。

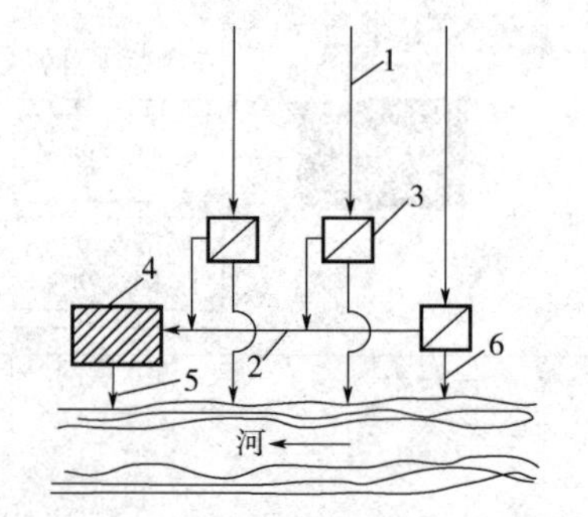

图3-19　截流式合流制排水系统
1、5、6—合流干管　2—截留主干管
3、4—溢流井

2）分流制排水系统。分流制排水系统是将生活污水、工业废水和雨水分别在两个或两个以上的各自独立的管渠系统内排除。根据雨水管渠系统的完整性，分流制排水系统又可分为完全分流制和不完全分流制两种排水系统。

完全分流制排水系统中雨、污水各设有排水管渠系统。不完全分流制排水系统中只设污水排水管道，不设或设置不完整的雨水排水管渠系统，雨水沿地面或街道边沟渠排放。图3-20为分流制排水系统示意图，图3-21显示了完全分流制和不完全分流制的区别。

（2）排水体制的选择　选择排水体制需考虑的主要因素有：当地自然条件、城镇发展规划、环境保护要求、工程建设投资、维护复杂程度等。

《室外排水设计规范》（GB 50014—2016）规定：排水体制的选择应根据城镇的总体规划和环境保护要求，结合当地地形特点、气候特征、受纳水体状况、水文条件、原有排水设施、污水处理程度和再利用情况等综合考虑确定。同一城镇的不同地区可采用不同的排水体制。新建地区的排水体制宜采用分流制。合流制排水系统应设置污水截流设施。

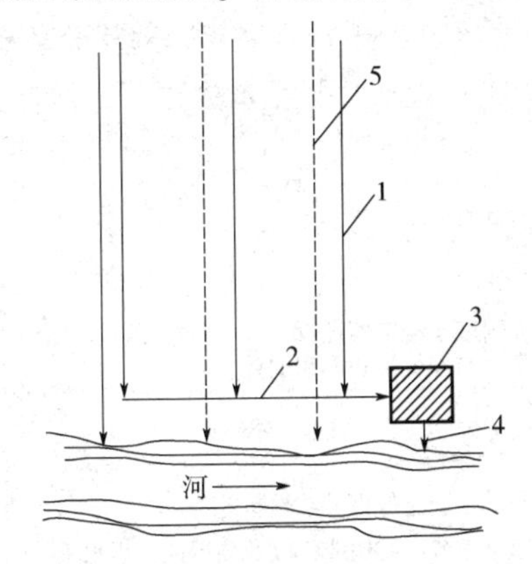

图 3-20　分流制排水系统示意图

1—污水干管　2—污水主干管　3—污水处理厂

4—出水口　5—雨水干管

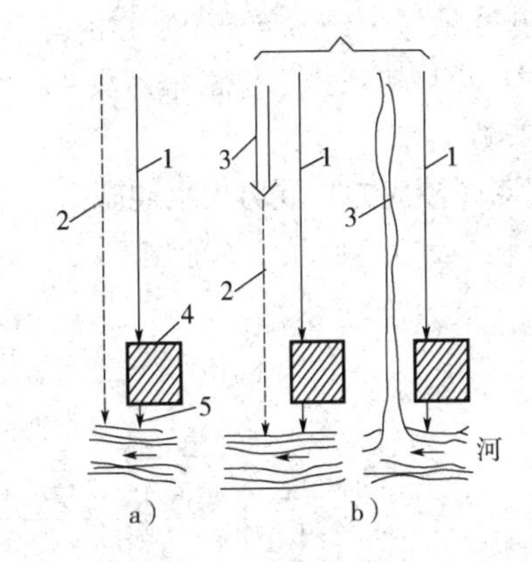

图 3-21　完全分流制和不完全分流制

a）完全分流制　b）不完全分流制

1—污水干管　2—雨水干管　3—原有管渠

4—污水处理厂　5—出水口

（3）排水系统的布置形式　城镇排水系统总平面布置的常见形式如图 3-22 所示。图中：

1）直流正交式布置适用于地形向水体适当倾斜的地区，仅适用于雨水，而不适用于污水。

2）截流式是直流正交式的发展结果，既适用于分流制排水系统，也适用于区域排水系统，还适用于合流制排水系统。

3）在地势向河流方向倾斜坡度较大的地区，为了避免干管坡度和管内流速过大，使管道受到严重冲刷，可采用平行式。

4）在地势高低相差很大的地区，可采用分区布置形式，高地区污水靠重力自流进入污水处理厂，低地区设置泵站提升污水。

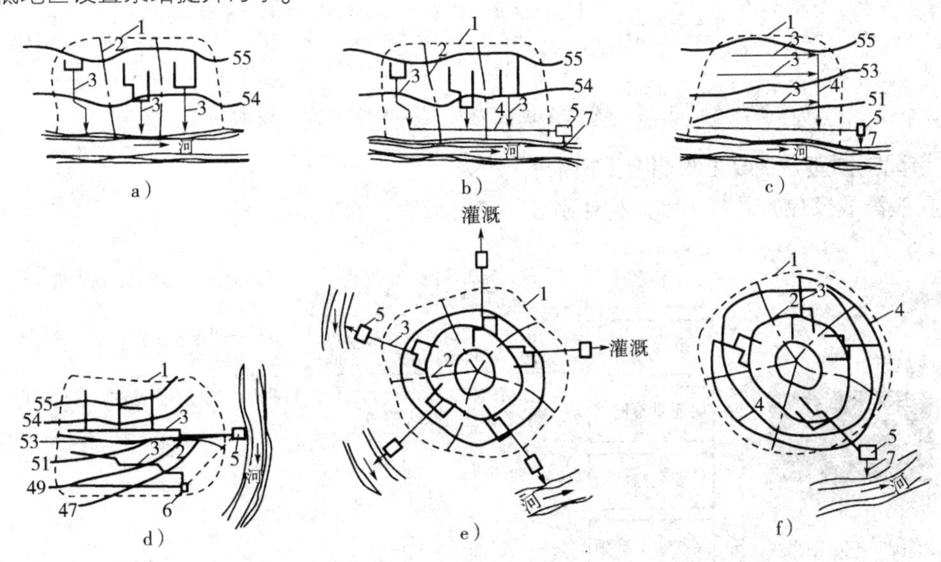

图 3-22　城镇排水系统总平面布置的常见形式

a）正交式　b）截流式　c）平行式　d）分区式　e）分散式　f）环绕式

1—城市边界　2—排水流域分界线　3—干管　4—主干管　5—污水厂　6—污水泵站　7—出水口

5）在地形平坦的大城市，周围有河流或排水出路，或城市中心部分地势较高并向周围倾斜时，可将排水流域划分为若干个独立的排水系统，各排水区域的干管可采用辐射状分散布置。

6）对中小城市或排水出路相对集中的地区，或倾向于建设大型污水处理厂，可将分散式改为环绕式布置。

3. 现浇（预应力）混凝土水池施工技术

现浇（预应力）混凝土水池施工技术如图3-23所示。

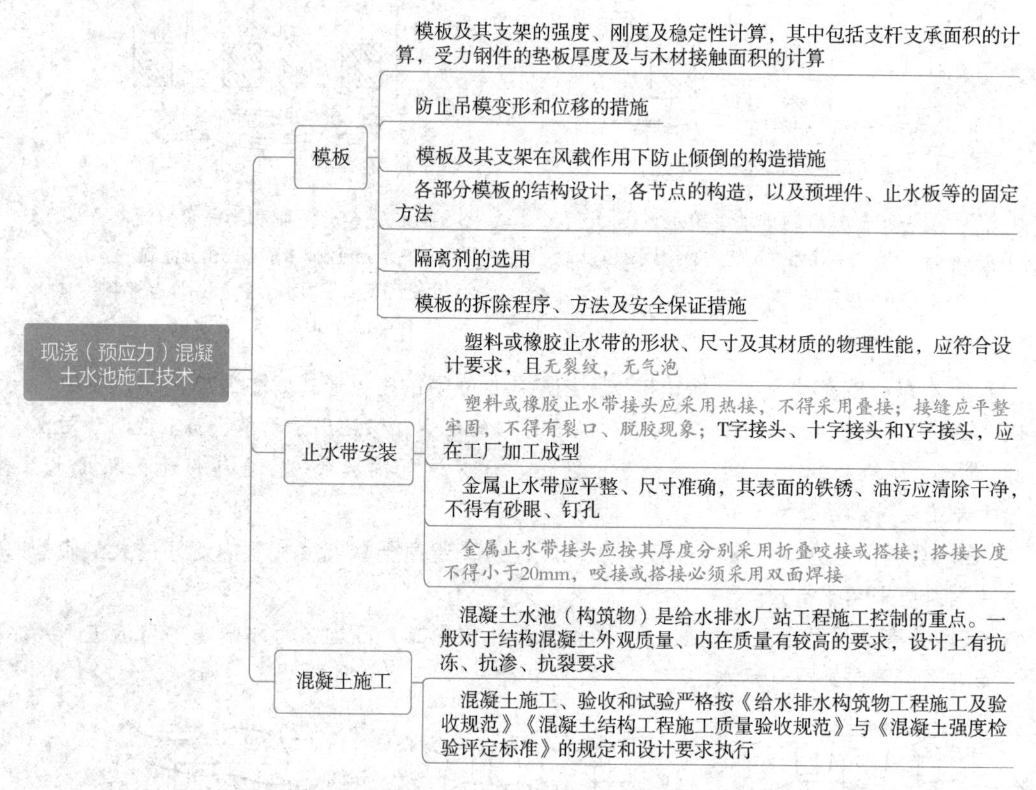

图3-23　现浇（预应力）混凝土水池施工技术

4. 装配式预应力混凝土水池施工技术

（1）装配式预应力混凝土水池构件吊装方案　如图3-24所示。

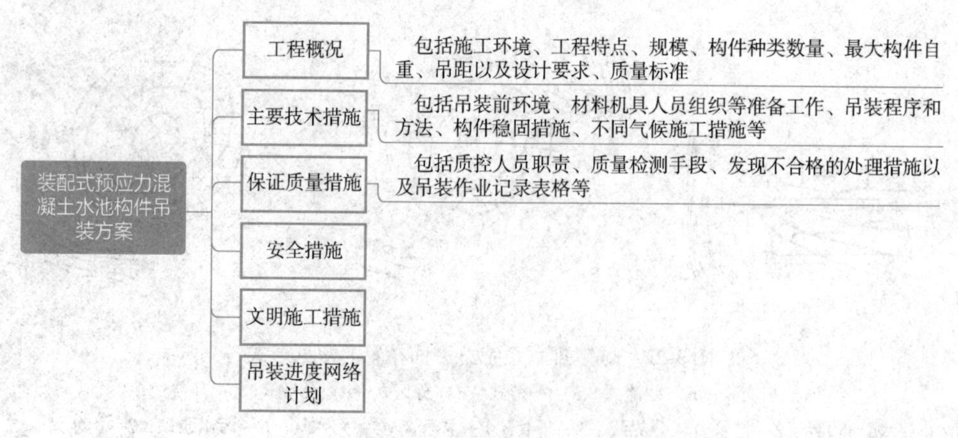

图3-24　装配式预应力混凝土水池构件吊装方案

(2) 预制构件安装　安装前应经复验合格；有裂缝的构件，应进行鉴定。预制柱、梁及壁板等构件应标注中心线，并在杯槽、杯口上标出中心线。预制壁板安装前应将不同类别的壁板按预定位置顺序编号。壁板两侧面宜凿毛，应将浮渣、松动的混凝土等冲洗干净，并应将杯口内杂物清理干净，界面处理满足安装要求。

(3) 现浇壁板缝混凝土　预制安装水池满水试验能否合格，除底板混凝土施工质量和预制混凝土壁板质量应满足抗渗标准外，现浇壁板缝混凝土也是防渗漏的关键；必须控制其施工质量。具体操作要点如图3-25所示。

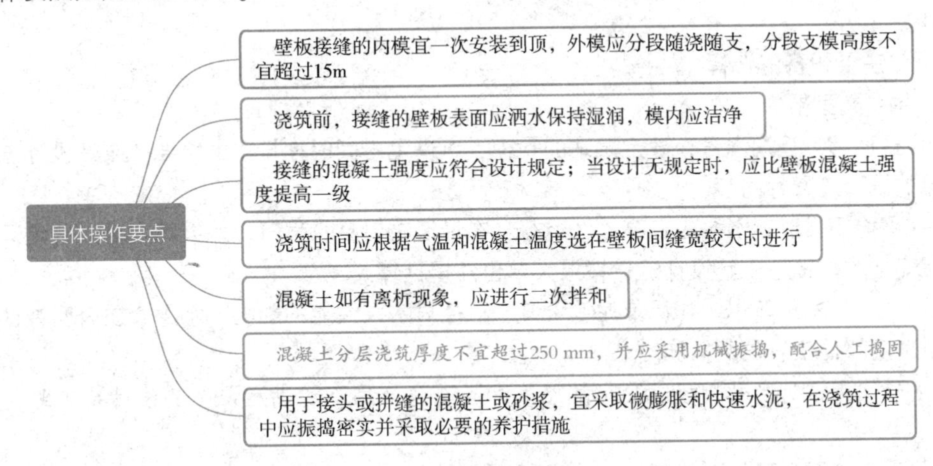

图3-25　具体操作要点

(4) 环向预应力的施工工艺　预制安装圆形水池壁板缝浇筑混凝土后，缠绕环向预应力钢丝是保证水池整体性、严密性的必要措施，缠绕环向钢丝后做喷射水泥砂浆保护层是为保护钢丝不被锈蚀的措施，施工应严格操作，保证施工质量。水池缠绕环向预应力钢丝的操作要点如下：所用的低碳高强钢丝在使用前做外观检验和强度检测；施工前必须对测定缠丝预应力值所用的仪器进行检测标定；对所用缠丝机械做必要检修以保证缠丝工作连续进行；施工前认真清理壁板上的锚固槽及锚具，清除壁板表面污物、浮粒，外壁接缝处用水泥砂浆抹顺压实养护；壁板缝的混凝土达到设计强度的70%以上才允许缠丝；缠丝应从池壁顶向下进行，第一圈距池顶高度应符合设计要求，但不宜大于500mm，当缠丝不能达到设计要求的部位时，可与设计方洽商采取加密钢丝的措施；每缠一盘钢丝测定一次应力值，以便及时调整牵制的松紧，保证质量，并按规定格式填写记录；钢丝需做搭接时，应使用18～20号钢丝密排绑扎牢固，搭接长度不小于250mm；对已缠钢丝，要切实保护，严防被污染和重物撞击。

(5) 喷射水泥砂浆保护层的施工要求

1) 喷射水泥砂浆保护层，应在水池满水试验后施工（以便于直观检查壁板及板缝有无渗漏，方便处理），而且必须在水池满水状况下施工。

2) 喷浆前必须对池外壁油污进行清理、检验。

3) 水泥砂浆配合比应符合设计要求，所用砂子的最大粒径不得大于5mm，细度模量以2.3～3.7为宜。

4) 正式喷浆前应先做试喷，对水压及砂浆用水量进行调试，以喷射的砂浆不出现干斑和流淌为宜。

5) 喷射机罐内压力宜为0.5（0.4）MPa，输送干拌料管径不宜小于25mm，管长适度（不宜小于10m)。输水管压力要稳定，喷射时谨慎控制供水量。

6）喷射距离以砂子回弹量少为宜，斜面喷射角度不宜大于15°。喷射应从水池上端往下进行，用连环式喷射，不能停滞在一点上喷射，并随时控制喷射均匀平整，厚度满足设计要求。

7）喷浆宜在气温高于15℃时施工，当有六级（含）以上大风、降雨、冰冻时不得进行喷浆施工。

8）在喷射水泥砂浆保护层凝结后，应加遮盖，保持湿润不应少于14d。

9）在进行下一工序前，应对水泥砂浆保护层外观和粘结情况进行检查，当有空鼓现象时应进行处理。

5. 泵站主要设备的选择

（1）主泵选型要求

1）应根据远、近期水量，确定泵站的规模，以满足不同时期排水的需要。泵站设计流量一般与进水管的设计流量相同。

2）在平均扬程时，水泵应在高效区运行；在最低与最高扬程时，水泵能安全、稳定运行。主泵在确保安全的前提下，其设计流量按最大单位流量计算。

3）由多泥沙水源取水时，记录泥沙含量、粒径对水泵性能的影响；水源介质有腐蚀性时，水泵叶轮及过流部件应有防腐措施。

4）优先选用系列产品和经过鉴定的产品。当现有产品不能满足泵站的设计要求时，可设计新水泵。

5）具有多种泵型可供选择时，综合分析水力性能、机组报价、工程投资和运行检修等因素择优确定。条件相同时采用卧式离心泵。

（2）起重设备选型要求

1）泵站起重设备的额定起重量应根据最重吊运部件和吊具的总重量确定。起重机的提升高度应满足机组安装和检修的要求。

2）起重量等于或小于5t、主泵台数少于4台时，选用手动单梁起重机。起重量大于5t时，选用电动单梁或双梁起重机。

3）起重机工作制采用轻级、慢速；制动器及电器设备的工作制采用中级。

4）起重机跨度级差按0.5m计，起重机轨道两段应设阻进器。

（3）机修设备选型要求

1）泵站宜设机械修配间，机修设备的品种和数量应满足机组小修的要求。

2）泵站可适当配置供维修与安装用的汽车、手动葫芦和千斤顶等起重运输设备。

6. 给水排水厂站工艺管线施工与设备安装

1）给水排水厂站工艺管线连接场站内各构筑物及建筑物，使之成为有机的整体，实现设计使用功能。

施工应遵循“先地下后地上”“先深后浅”的原则，即先组织道路下及厂区排水管线的施工；构筑物混凝土浇筑之前完成各专业管线预埋及隐蔽验收；构筑物之间连接工艺管线应采用柔性接口；根据运行的介质和管线所处部位考虑防腐、功能试验标准。

2）设备安装要求如下：

① 对于进场设备进行开箱验收并填写纪录。

② 编制可行的安装方案并按批准的方案准备相应的人员、材料、机具满足现场安装条件；安装之前进行土建结构验收，确保土建工程质量满足设备安装对于土建施工质量的要求。

③ 现场进行测量放线并核对相关预埋件尺寸、位置、材质情况。

④ 设备安装、调试、单机运行并按有关规定进行验收、记录。

⑤ 联动试车，进行系统调试。

五、市政管道工程

1. 管道开槽的施工要求

给水排水管道采用开槽施工时，沟槽断面可采用直槽、梯形槽、混合槽等形式，并应符合下列规定：

1）两条或两条以上管道埋设在同一管沟内的合槽施工，宜从流向的下游向上游逐段开挖。

2）不良地质条件下开挖混合槽时，应编制专项施工方案，采取切实可行的安全技术措施。

3）合槽开挖应注意机械安全施工。

4）沟槽外侧应设置截水沟及排水沟，防止雨水浸泡沟槽，且应保护回填土源。

5）沟槽支护应根据沟槽的土质、地下水位、开槽断面、荷载条件等因素进行设计；按设计要求进行支护。

6）开挖沟槽堆土高度不宜超过1.5m，且距槽口边缘不宜小于0.8m。

7）沟槽开挖、人工清槽整平及槽底地基处理，应配置安全梯上下沟槽，且必须在沟槽边坡稳固后进行。

8）不良土质地段沟槽开挖，应采取有效的护坡和防止坍埋沟槽的技术措施。

9）管道沟槽底部的开挖宽度，宜按下式计算：

$$B = D_1 + 2(b_1 + b_2 + b_3)$$

式中　B——管道沟槽底部的开挖宽度（mm）；

D_1——管道结构或管座的外缘宽度（mm）；

b_1——管道一侧的工作面宽度（mm）；

b_2——管道一侧的支撑厚度（mm），可取150～200mm；

b_3——现场浇筑混凝土或钢筋混凝土管渠一侧模板的厚度（mm）。

2. 管道地基的施工要求

管道地基施工应符合下列要求：

1）管道沟槽开挖后，施工单位应会同设计等单位验槽、复核管道轴线和沟槽几何尺寸。

2）管道基础采用天然地基时，基面开挖要严格控制，不得受扰动，不得超挖。

3）沟槽底为岩石或坚硬地基时，应按设计要求施工；设计无要求时，管身下方应铺设砂垫层。

4）当槽底地基土质局部遇有松软地基、流砂、溶洞、墓穴等，应与设计单位商定处理措施；地基局部回填处理应满足设计要求和规定的压实度要求。

5）非永冻土地区，管道不得安放在冻结的地基上；管道安装过程中，应防止地基冻胀。

6）化学管材管道安装遇槽底土基承载力较差不能成槽时，可采用砾石砂（二灰砂砾）进行处理。

7）地基不符合设计要求，应按设计要求进行处理。

8）地下水位应通过降水系统降低至沟槽基底以下0.5m，确保沟槽无水。

3. 热力管道施工与安装

（1）施工要求

1）土方开挖至槽底后，应有设计人员参与验收地基，对松软地基及坑洞应由设计人员提出处理意见。

2）管道安装前应完成支架安装，支架的位置应准确、平整、牢固，坡度符合设计规定。管件制作和可预组装的部分宜在管道安装前完成，并经检验合格。

3）热力管道施工的连接方式主要有螺纹连接、法兰连接及焊接连接。螺纹连接仅适用于小管径、小压力和较低温度的情况。热力网管道的连接一般应采取焊接连接方式。

4）对接管口时，应检查管道的平直度，在距接口中心200mm处测量，允许偏差1mm，在所对接管子的全长范围内，最大偏差值应不超过10mm。

5）施工间断时，管口应用堵板封闭，雨季用的堵板尚应具有防止泥浆进入管腔的功能。

6）管道穿过墙壁、楼板处，应安装套管。穿墙套管长度应大于墙厚20～25mm。穿过楼板的套管应高出地面50mm。

7）沟槽、井室的主体结构经隐蔽工程验收合格及竣工测量后，应及时进行回填土。

（2）管道附件安装要求

1）补偿器安装：有补偿器装置的管道，在补偿器安装前，管道和固定支架不得进行固定连接。补偿器在安装时应与管道的坡度相一致，波形补偿器或填料式补偿器前50m范围内的管道轴线应与补偿器轴线相吻合，不得有偏斜。

2）管道支架（托架、吊架、支墩、固定墩等）安装。

① 除埋地管道外，管道支架制作与安装是管道安装中的第一道工序。固定支架必须严格安装在设计规定的位置，并应使管道牢固地固定在支架上。

② 支架在预制的混凝土墩上安装时，混凝土的强度必须达到设计要求；滑动支架的滑板面应凸出墩面4～6mm，墩的纵向中心线与管道中心线的偏差不应大于5mm。

③ 支架的位置应正确、平整、牢固，坡度符合设计规定。管道支架的支撑表面标高可以采用在其上部加设金属垫板的方式进行调整，但金属垫板不得超过两层，垫板必须与预埋件或钢结构进行焊接。

（3）保护措施　对已预制防腐层和保温层的管道及附件，在吊装和运输前必须制订严格的防止防腐层和保温层损坏的技术措施，并认真实施。

（4）管道回填　按照设计要求进行回填作业，当管道回填土夯实至管顶0.5m后，将印有文字的黄色管道塑料标志带平敷在管道位置的上方，每段搭接处不少于0.2m，带中间不得撕裂或扭曲。管道的竣工图上除标注坐标外还应标出栓桩的位置。

4. 热力管道的分类

（1）按热媒分类　如图3-26所示。

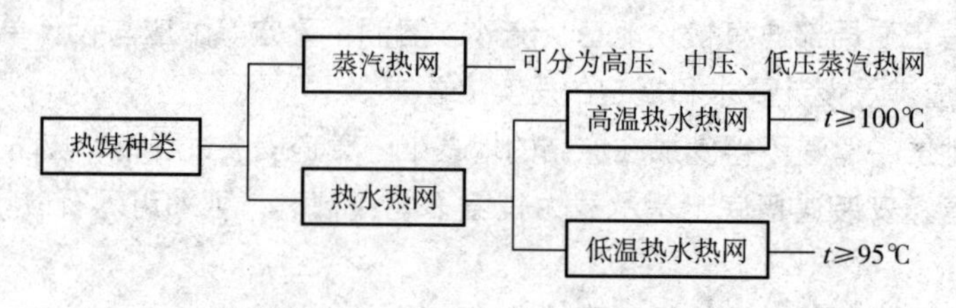

图3-26　热力管道按热媒分类

（2）按所处位置分类　如图 3-27 所示。

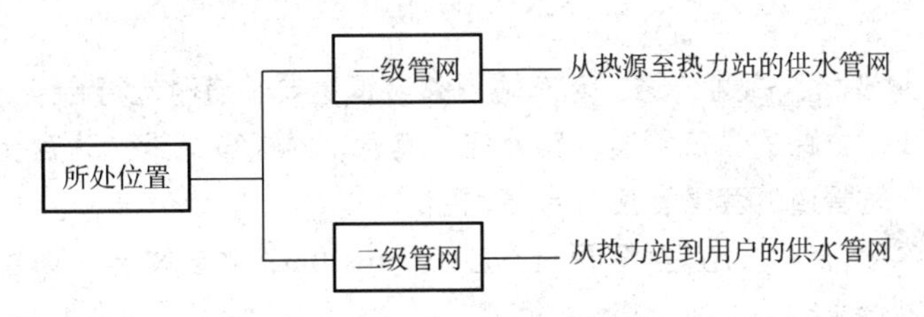

图 3-27　热力管道按所处位置分类

（3）按敷设方式分类　如图 3-28 所示。

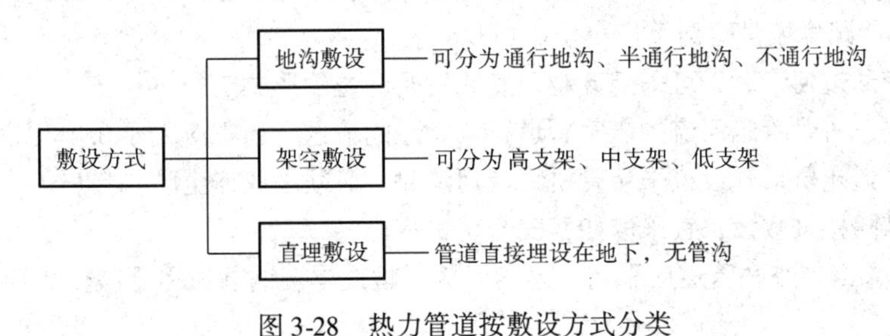

图 3-28　热力管道按敷设方式分类

（4）按系统形式分类　如图 3-29 所示。

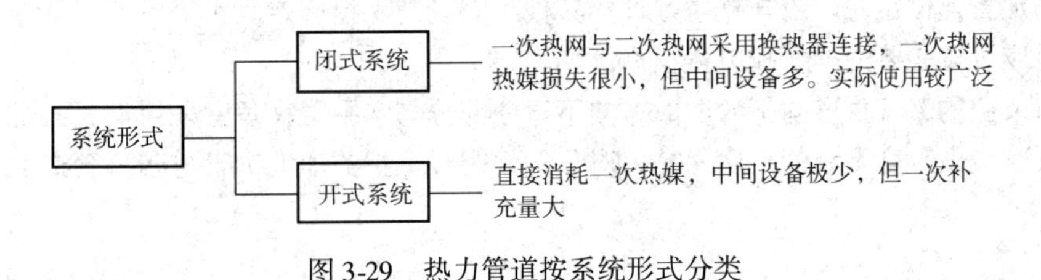

图 3-29　热力管道按系统形式分类

（5）按供、回分类　如图 3-30 所示。

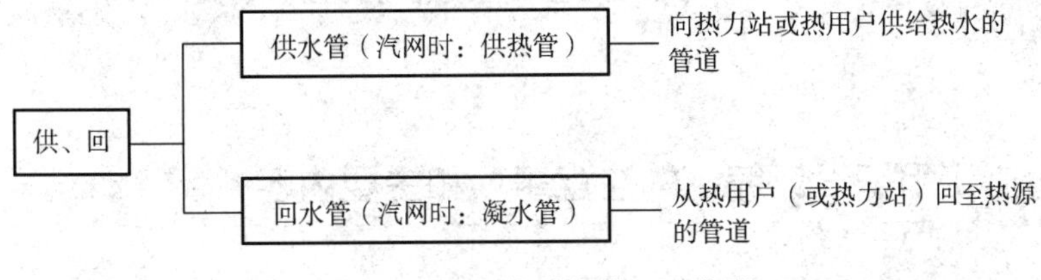

图 3-30　热力管道按供、回分类

5. 燃气管道施工技术要求

1）地下燃气管道不得从建筑物和大型构筑物的下面穿越。保护设施两端应伸出障碍物，且与被跨越的障碍物间的距离不应小于 0.5m。对有伸缩要求的管道，保护套管或地沟不得妨碍管道伸缩且不得损坏绝热层外部的保护壳。

2）地下燃气管道埋设的最小覆土厚度（路面至管顶）应符合下列要求：埋设在车行道下时，不得小于 0.9m；埋设在非车行道下时，不得小于 0.6m；埋设在庭院时，不得小于 0.3m；埋设在水田下时，不得小于 0.8m。

3）地下燃气管道不得在堆积易燃易爆材料和具有腐蚀性液体的场地下面穿越，并不宜与其他管道或电缆同沟敷设；当需要同沟敷设时，必须采取防护措施。

4）地下燃气管道穿过排水管、热力管沟、联合地沟、隧道及其他各种用途沟槽时，应将燃气管道敷设于套管内。

5）燃气管道穿越铁路、高速公路、电车轨道和城镇主要干道时应符合下列要求：

① 穿越铁路和高速公路的燃气管道，其外应加套管，并提高绝缘、防腐等措施。

② 穿越铁路的燃气管道的套管，应符合下列要求：

A. 套管埋设的深度，铁路轨道至套管顶不应小于1.20m，并应符合铁路管理部门的要求。

B. 套管宜采用钢管或钢筋混凝土管。

C. 套管内径应比燃气管道外径大100mm以上。

D. 套管两端与燃气管的间隙应采用柔性的防腐、防水材料密封，其一端应装设检漏管。

E. 套管端部距路堤坡角距离不应小于2.0m。

6）燃气管道通过河流时，可采用穿越河底或管桥跨越的形式。

7）利用道路、桥梁跨越河流的燃气管道，其管道的输送压力不应大于0.4MPa。

8）当燃气管道随桥梁敷设或采用管桥跨越河流时，必须采取安全防护措施。

9）燃气管道随桥梁敷设，宜采取如下安全防护措施：

① 敷设于桥梁上的燃气管道应采用加厚的无缝钢管或焊接钢管，尽量减少焊缝，对焊缝进行100%无损探伤。

② 跨越通航河流的燃气管道管底标高，应符合通航净空的要求，管架外侧应设置护桩。

③ 在确定管道位置时，应与随桥敷设的其他可燃管道保持一定间距。

④ 管道应设置必要的补偿和减振措施。

⑤ 过河架空的燃气管道向下弯曲时，向下弯曲部分与水平管夹角宜采用45°形式。

⑥ 对管道应做较高等级的防腐保护，对于采用阴极保护的埋地钢管与随桥管道之间应设置绝缘装置。

第二节 市政工程施工组织设计

一、市政工程施工组织设计编制的注意事项和主要内容

1. 施工组织设计编制的注意事项

施工组织设计编制的注意事项如图3-31所示。

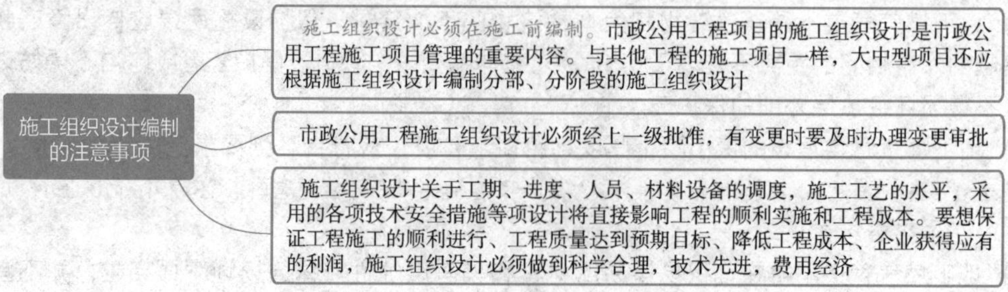

施工组织设计编制的注意事项

- 施工组织设计必须在施工前编制。市政公用工程项目的施工组织设计是市政公用工程施工项目管理的重要内容。与其他工程的施工项目一样，大中型项目还应根据施工组织设计编制分部、分阶段的施工组织设计
- 市政公用工程施工组织设计必须经上一级批准，有变更时要及时办理变更审批
- 施工组织设计关于工期、进度、人员、材料设备的调度，施工工艺的水平，采用的各项技术安全措施等项设计将直接影响工程的顺利实施和工程成本。要想保证工程施工的顺利进行、工程质量达到预期目标、降低工程成本、企业获得应有的利润，施工组织设计必须做到科学合理，技术先进，费用经济

图3-31　施工组织设计编制的注意事项

2. 施工组织设计的主要内容

施工组织设计的主要内容见表 3-9。

表 3-9　施工组织设计的主要内容

项　目	内　容
工程概况、工程规模、工程特点	市政公用工程常常具有多专业工程交错、综合施工的特点；有旧工程拆迁、新工程同时建设的特点；有与城市交通、市民生活相互干扰的特点；有工期短以减少扰民、减少对社会干扰的特点；有施工用地紧张、用地狭小的特点；有施工流动性大的特点等
施工平面布置图	在有新旧工程交错以及维持社会交通的条件下，市政公用工程的施工平面布置图有明显的动态特性，即每一个较短的施工阶段之间，施工平面布置都是变化的。要能科学合理地组织好市政公用工程的施工，施工平面布置图应是动态的，即必须详细考虑好每一步的平面布置及其合理衔接
施工部署和管理体系	施工部署包括施工阶段的区划安排，进度计划，工、料、机、运计划。管理体系包括组织机构设置，项目经理、技术负责人、施工管理负责人及各部门主要负责人等岗位职责、工作程序等，都要严密考虑市政公用工程每个具体项目的工程特点，进行部署和组织
质量目标设计	市政公用工程在多个专业工程综合进行时，工程质量常常会相互干扰，因而设计质量总目标和分项目标时，必须严密考虑工程的顺序和相应的技术措施
施工方案及技术措施	施工方案是施工组织设计的核心部分，主要包括施工方法的确定、施工机具的选择、施工顺序的确定，还应包括季节性措施、新技术措施以及结合市政公用工程特点和由施工组织设计安排的、工程需要所应采取的相应方法与技术措施等方面的内容
文明施工、环保节能降耗保证计划以及辅助、配套的施工措施	市政公用工程常常处于城镇区域，具有与市民近距离相处的特殊性，因而必须在施工组设计中详细安排好文明施工、安全生产施工和环境保护方面的措施，把对社会、环境的干扰和不良影响降至最低程度

二、施工专项方案的编制内容与要求

（1）危险性较大的工程　按《建设工程安全生产管理条例》规定，危险性较大的工程包括七大类工程，如图 3-32 所示。

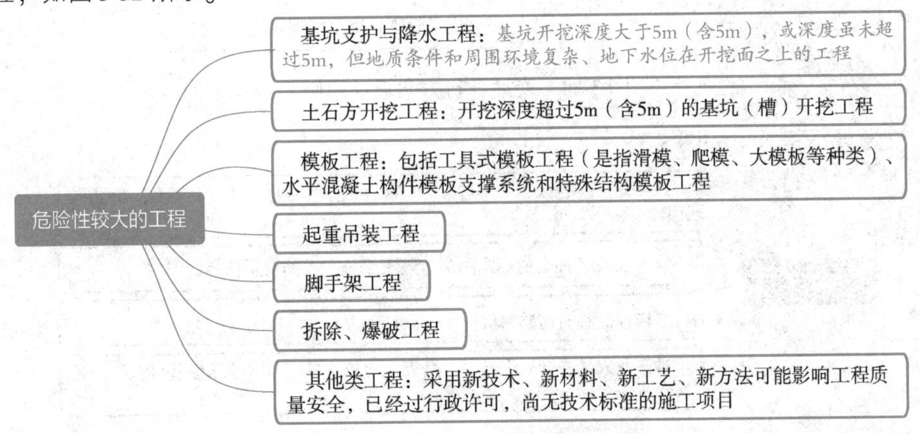

图 3-32　危险性较大的工程

（2）专项方案的编制、审核　专项方案由施工单位专业工程技术人员编制，施工企业技术部门的专业技术人员和监理工程师进行审核。审核合格后，由施工企业技术负责人、监理单位总监理工程师签认后实施。

（3）论证审查　对于图3-33所示工程尚需组织专家组进行论证审查，专家组应不少于5人；根据专家组的书面结论审查报告，施工企业进行完善，施工企业技术负责人、总监理工程师签认后方可实施。

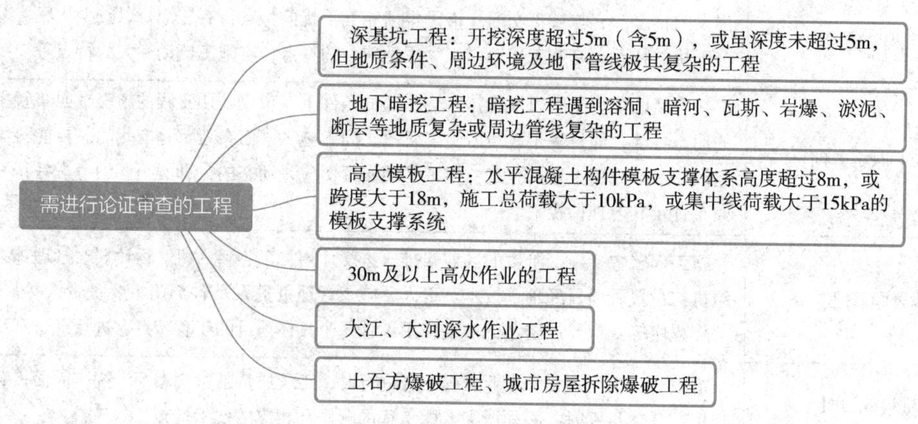

图3-33　需进行论证审查的工程

三、施工期间交通导行的要求

（1）现况交通导行的调查　现况交通导行调查是制订科学合理的交通疏导方案的前提，项目部应根据施工设计图及施工部署，调查现场及周围的交通车辆、人行流量及高峰期，研究设计占路范围、期限及围挡警示布置。

（2）交通导行方案设计原则　如图3-34所示。

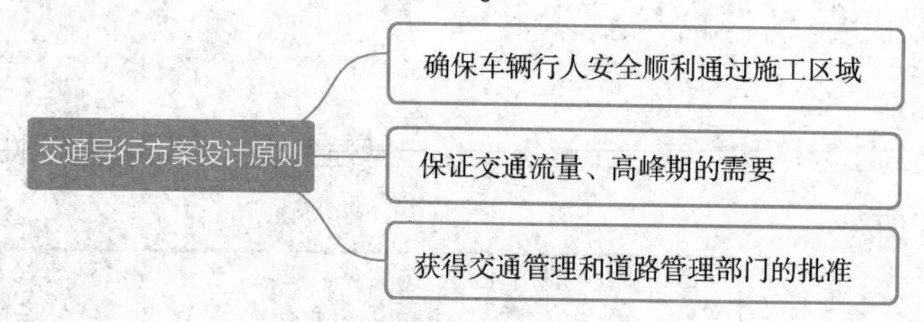

图3-34　交通导行方案设计原则

（3）交通导行措施　如图3-35所示。

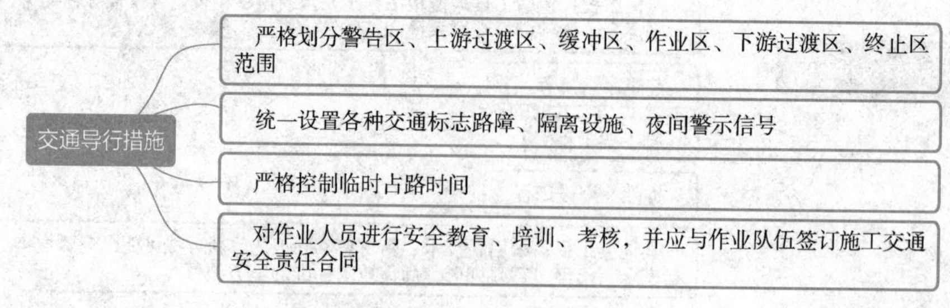

图3-35　交通导行措施

第四章 市政工程识图

第一节 市政工程施工常用图例

一、市政道路工程常用图例

市政道路工程常用图例见表 4-1。

表 4-1 市政道路工程常用图例

项目	序号	名 称	图 例
平面	1	涵洞	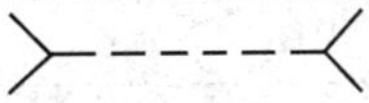
	2	通道	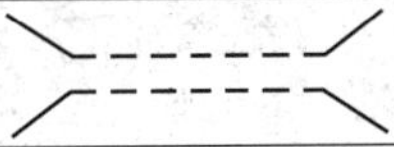
	3	分离式立交 a. 主线上跨 b. 主线下穿	
	4	桥梁 （大、中桥按实际长度绘）	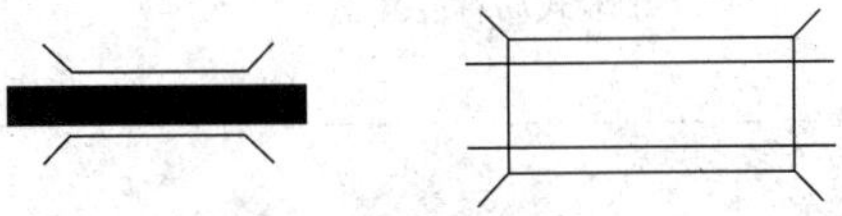
	5	互通式立交 （按采用形式绘）	
	6	隧道	
	7	养护机构	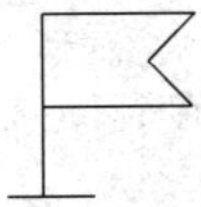

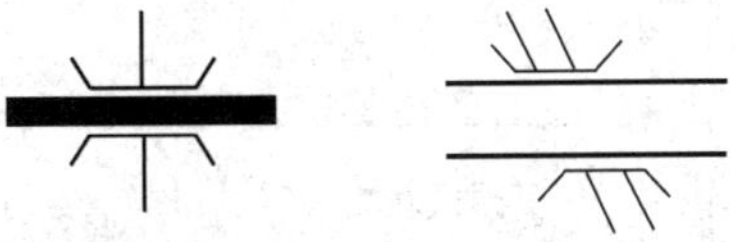

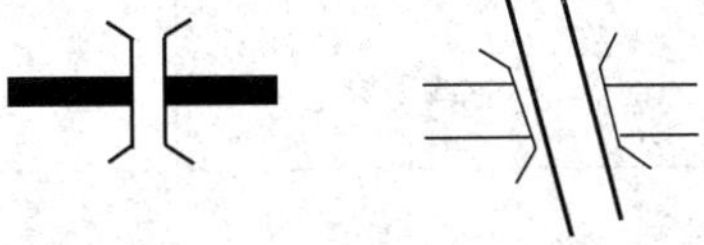

（续）

项目	序号	名　称	图　例
平面	8	管理机构	
	9	防护网	
	10	防护栏	
	11	隔离墩	
纵断	12	箱涵	
	13	管涵	
	14	盖板涵	
	15	拱涵	
	16	箱形通道	
	17	桥梁	
	18	分离式立交 a. 主线上跨 b. 主线下穿	
	19	互通式立交 a. 主线上跨 b. 主线下穿	
材料	20	细粒式沥青混凝土	
	21	中粒式沥青混凝土	
	22	粗粒式沥青混凝土	
	23	沥青碎石	

（续）

项目	序号	名　称	图　例
材料	24	沥青贯入碎砾石	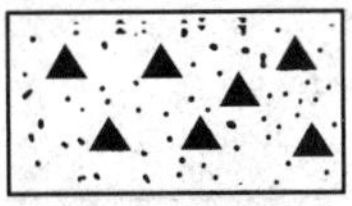
	25	沥青表面处治	
	26	水泥混凝土	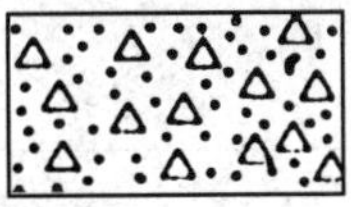
	27	钢筋混凝土	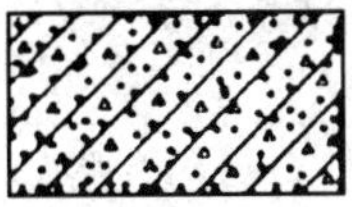
	28	水泥稳定土	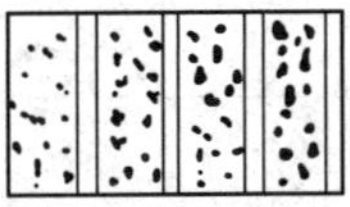
	29	水泥稳定砂砾	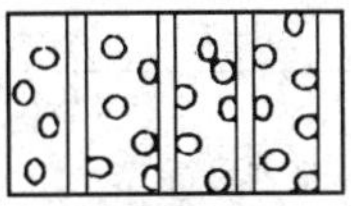
	30	水泥稳定碎砾石	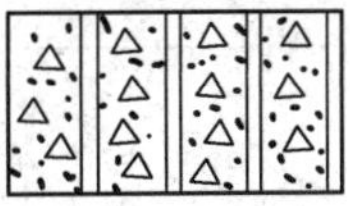
	31	石灰土	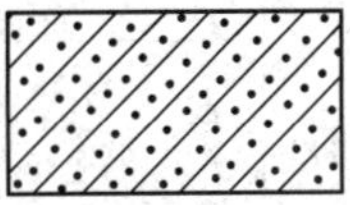
	32	石灰粉煤灰	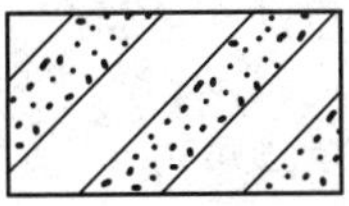
	33	石灰粉煤灰土	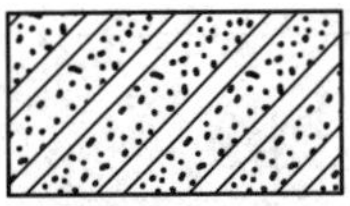
	34	石灰粉煤灰砂砾	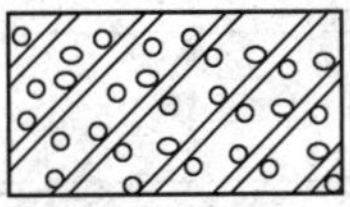
	35	石灰粉煤灰碎砾石	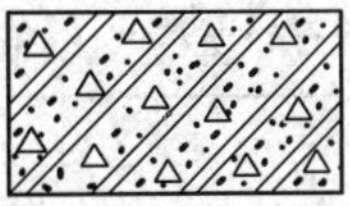
	36	泥结碎砾石	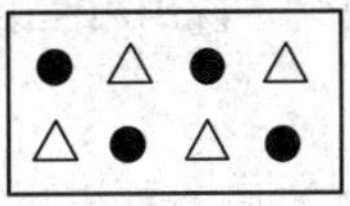

（续）

项目	序号	名称		图例
材料	37	泥灰结碎砾石		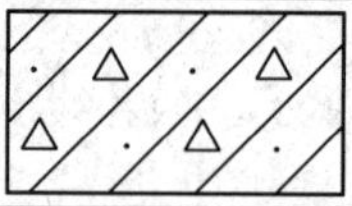
	38	级配碎砾石		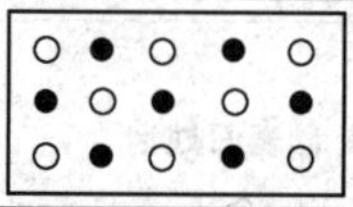
	39	填隙碎石		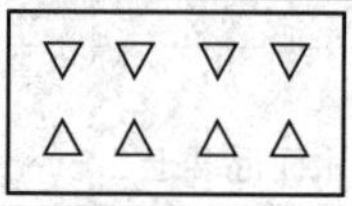
	40	天然砂砾		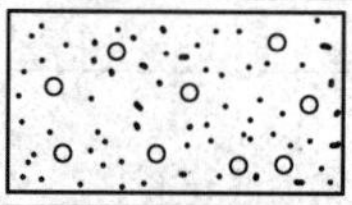
	41	干砌片石		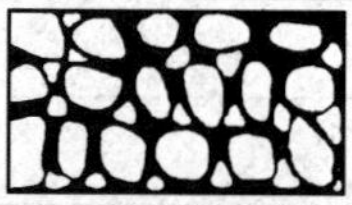
	42	浆砌片石		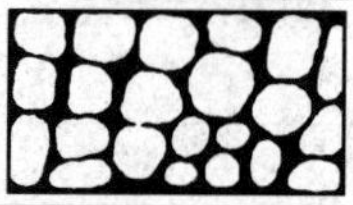
	43	浆砌块石		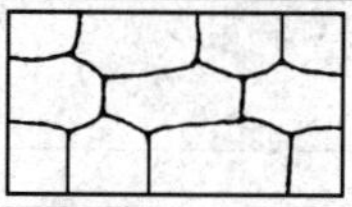
	44	木材	横	
			纵	
	45	金属		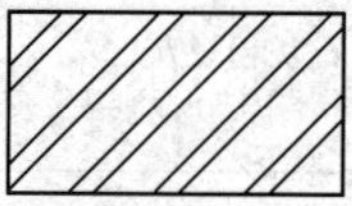
	46	橡胶		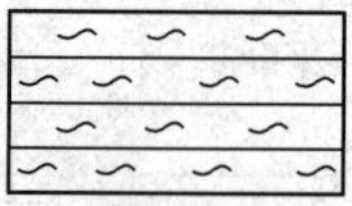
	47	自然土壤		
	48	夯实土壤		

二、市政路面结构材料断面图图例

市政路面结构材料断面图常用图例见表4-2。

表 4-2　市政路面结构材料断面图常用图例

名称	图例	名称	图例	名称	图例
单层式沥青表面处理		水泥混凝土		石灰土	
双层式沥青表面处理		加筋水泥混凝土		石灰焦渣土	
沥青砂黑色石屑（封面）		级配砾石		矿渣	
黑色石屑碎石		碎石、破碎砾石		级配砂石	
沥青碎石		粗砂		水泥稳定土或其他加固土	
沥青混凝土		焦渣		浆砌块石	

第二节　市政工程施工图的基本规定

一、图幅

1. 图幅的概念

图纸本身的大小规格称为图纸幅面，简称图幅。图纸一般有五种标准图幅：A0 号、A1 号、A2 号、A3 号和 A4 号，具体尺寸见表 4-3。图纸可以根据需要加长：A0 号图纸以长边的 1/8 为最小加长单位，最多可加长到标准图幅长度的 2 倍；A1、A2 号图纸以长边的 1/4 为最小加长单位，A1 号图纸最多可加长到标准图幅长度的 2. 5 倍，A2 号图纸最多可加长到标准图幅长度的 5. 5 倍；A3、A4 号图纸以长边的 1/2 为最小加长单位，A3 号图纸最多可加长到标准图幅长度的 4. 5 倍，A4 号图纸最多可加长到标准图幅长度的 2 倍。

表 4-3　幅面及图框尺寸　　（单位：mm）

尺寸代号 \ 幅面代号	A0	A1	A2	A3	A4
$b \times l$	841×1189	594×841	420×594	297×420	210×297
c	10			5	
a	25				

2. 幅面代号的意义

图纸以短边作为垂直边称为横式，如图 4-1a、b 所示；以短边作为水平边称为立式，如图 4-1c、d 所示。A0 ~ A3 图纸宜横式使用，必要时，也可立式使用；而 A4 图纸只能立式使用。

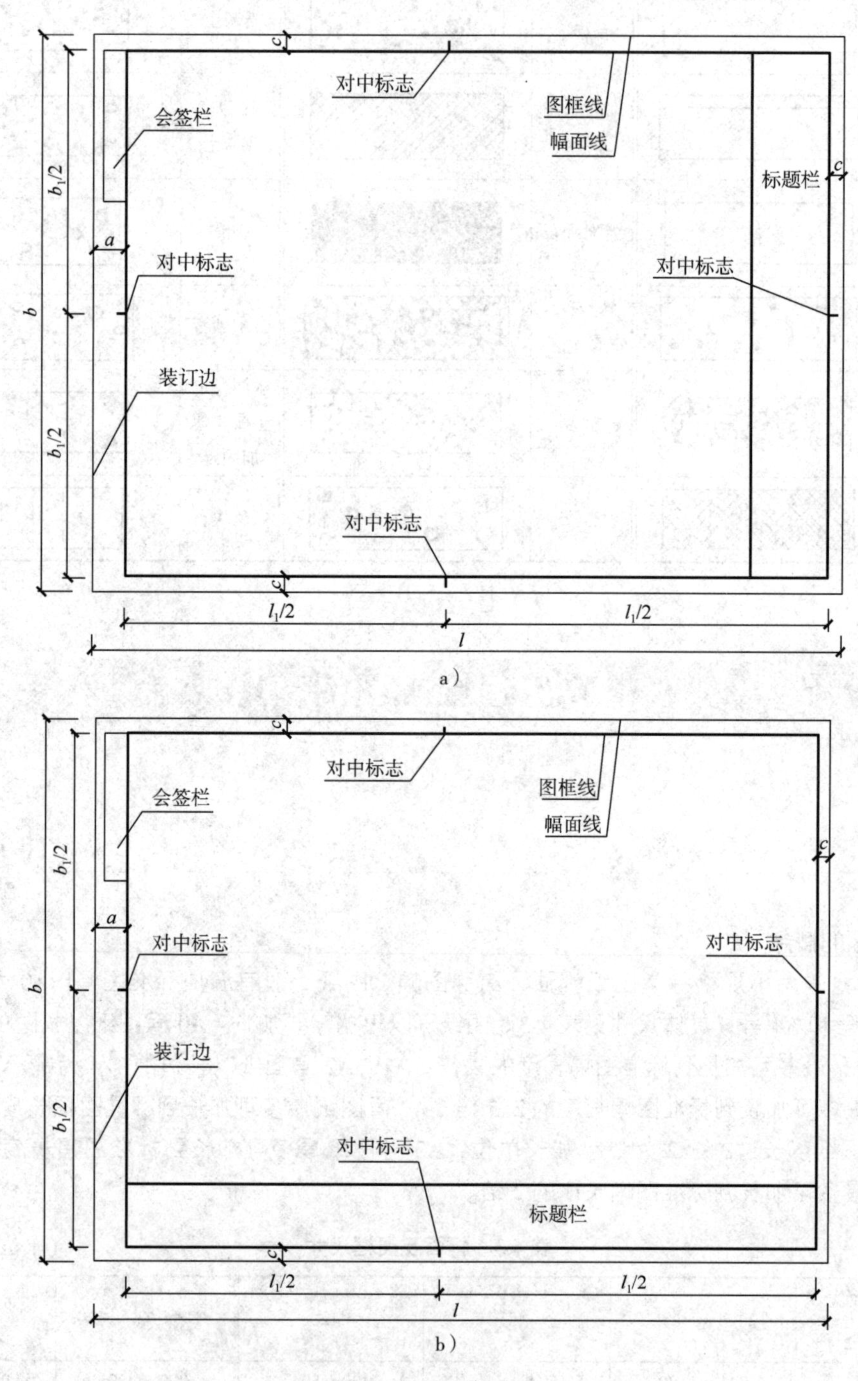

图 4-1　幅面代号的意义

a）A0 ~ A3 横式幅面（一）　b）A0 ~ A3 立式幅面（二）

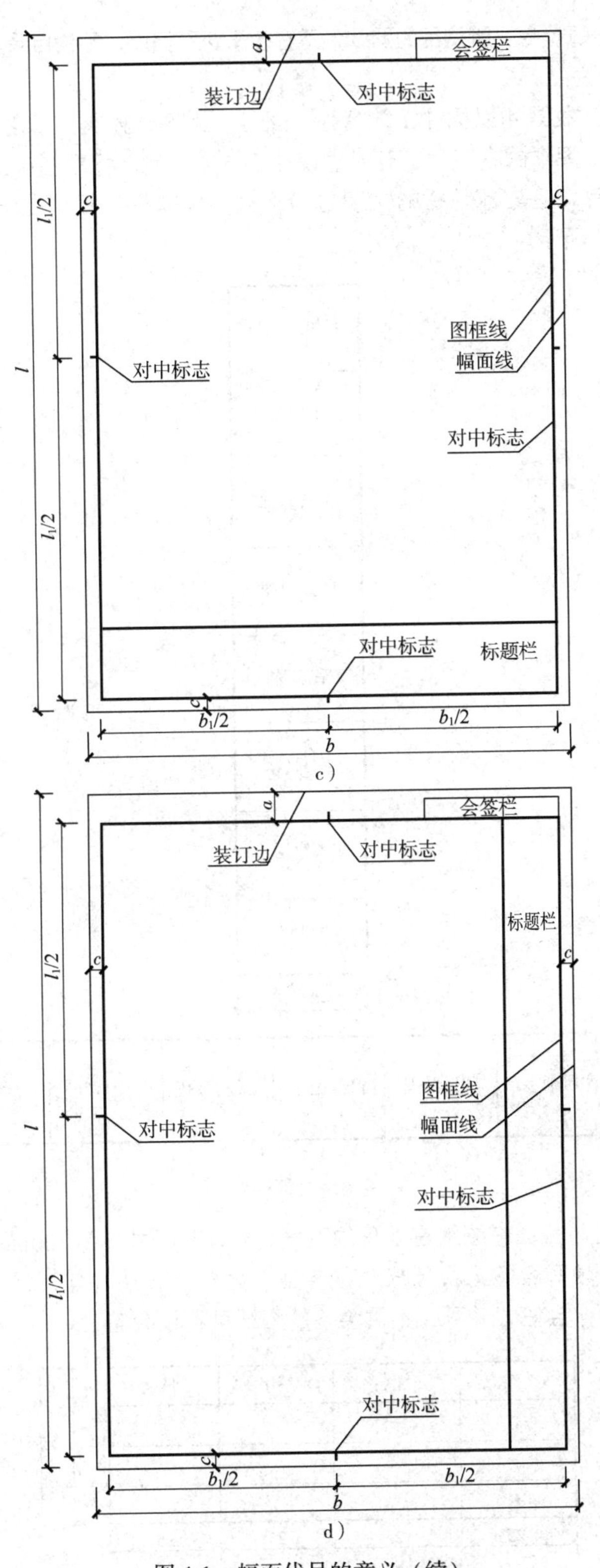

图 4-1　幅面代号的意义（续）

c）A0～A4 立式幅面（一）　d）A0～A4 立式幅面（二）

一个工程设计中，每个专业所使用的图纸，不宜多于两种幅面，不含目录及表格所采用的 A4 幅面。

3. 标题栏与会签栏

（1）标题栏　标题栏是用以标注图纸名称、图号、比例、张次、日期及有关人员签名等内容的栏目。其位置一般在图纸的右下角，有时也设在下方或右侧。标题栏中的文字方向为看图方向，即图中的说明、符号等均应与标题栏的文字方向一致。标题栏应根据工程需要选择确定其尺寸、格式及分区，如图 4-2 所示。

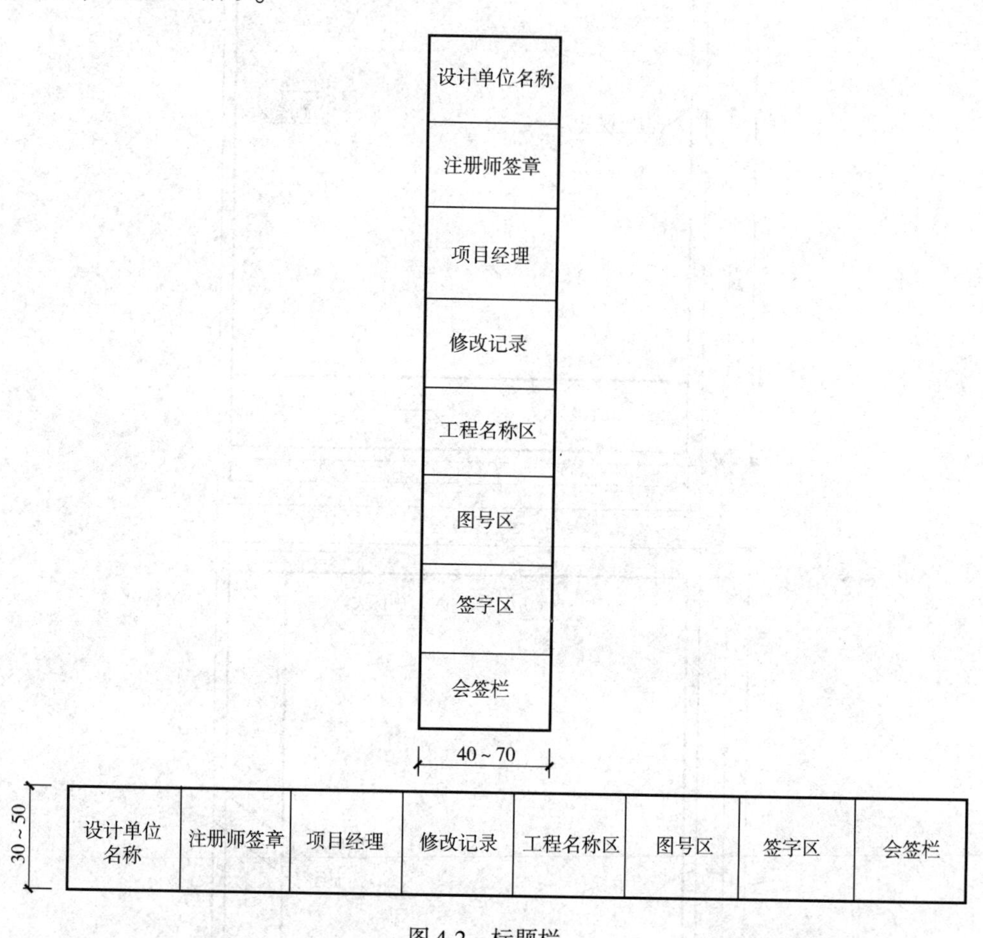

图 4-2　标题栏

（2）会签栏　会签栏应画在图纸左上角的图框线外，其尺寸应为 100mm×20mm，按图 4-3 所示的格式绘制。栏内应填写会签人员所代表的专业、姓名、日期（年、月、日）。一个会签栏不够时，可另加一个或两个会签栏并列，不需会签的图纸可不设会签栏。

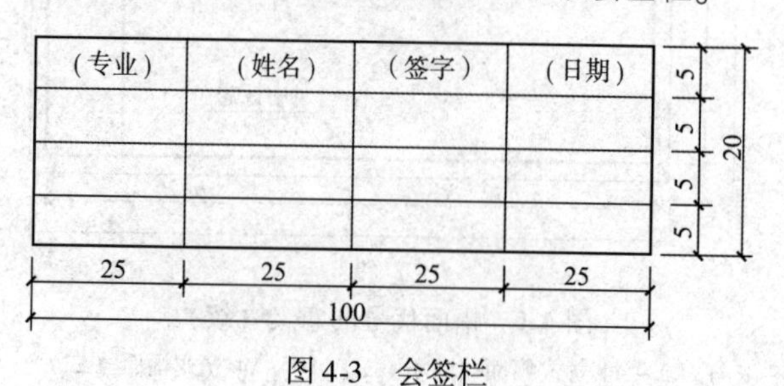

图 4-3　会签栏

二、图线

1. 线宽

画在图纸上的线条统称为图线。为使图样层次清楚、主次分明，需用不同的线宽、线型来表示。国家制图标准对此做了明确规定。

图线的宽度 b，宜从下列线宽系列中选取：1.4mm、1.0mm、0.7mm、0.5mm、0.35mm、0.25mm、0.18mm、0.13mm。每个图样，应根据复杂程度与比例大小，先选定基本线宽 b，再选用相应线宽组。线宽组见表4-4。

表4-4　线宽组

（单位：mm）

线宽比	线宽组			
b	1.4	1.0	0.7	0.5
$0.7b$	1.0	0.7	0.5	0.35
$0.5b$	0.7	0.5	0.35	0.25
$0.25b$	0.35	0.25	0.18	0.13

注：1. 需要缩微的图纸，不宜采用0.18mm及更细的线宽。
　　2. 同一张图纸内，各不同线宽中的细线，可统一采用较细的线宽组的细线。

2. 线型

工程图由不同种类的线型构成，这些图线可表达图样的不同内容，也可分清图中的主次。工程图的线型及用途见表4-5。

表4-5　工程图的线型及用途

名称		线型	线宽	用途
实线	粗		b	主要可见轮廓线
	中粗		$0.7b$	可见轮廓线
	中		$0.5b$	可见轮廓线、尺寸线、变更云线
	细		$0.25b$	图例填充线、家具线
虚线	粗		b	见各有关专业制图标准
	中粗		$0.7b$	不可见轮廓线
	中		$0.5b$	不可见轮廓线、图例线
	细		$0.25b$	图例填充线、家具线
单点长画线	粗		b	见各有关专业制图标准
	中		$0.5b$	见各有关专业制图标准
	细		$0.25b$	中心线、对称线、轴线等
双点长画线	粗		b	见各有关专业制图标准
	中		$0.5b$	见各有关专业制图标准
	细		$0.25b$	假想轮廓线、成型前原始轮廓线
折断线	细		$0.25b$	断开界线
波浪线	细		$0.25b$	断开界线

三、字体

1）图纸上注写的文字、数字或符号等，均应笔画清晰、字体端正、排列整齐；标点符号应清楚正确。

2）文字的字高应从表4-6中选用。字高大于10mm时宜采用True Type字体，如需书写更大的字，其高度应按$\sqrt{2}$的倍数递增。

表4-6　文字的字高　（单位：mm）

字体种类	中文矢量字体	True Type字体及非中文矢量字体
字　高	3.5、5、7、10、14、20	3、4、6、8、10、14、20

3）图纸及说明中的汉字，宜采用长仿宋体（矢量字体）或黑体，同一图纸字体种类不应超过两种。长仿宋体的宽度与高度的关系应符合表4-7的规定，黑体字的宽度与高度应相同。大标题、图册封面、地形图等的汉字，也可书写成其他字体，但应易于辨认。

表4-7　长仿宋字高宽关系　（单位：mm）

字　高	20	14	10	7	5	3.5
字　宽	14	10	7	5	3.5	2.5

4）汉字的简化字书写应符合国家有关汉字简化方案的规定。

5）图纸及说明中的拉丁字母、阿拉伯数字与罗马数字，宜采用单线简体或Roman字体。拉丁字母、阿拉伯数字与罗马数字的书写规则应符合表4-8的规定。

表4-8　拉丁字母、阿拉伯数字与罗马数字的书写规则

书写格式	字　体	窄字体
大写字母高度	h	h
小写字母高度（上下均无延伸）	$7/10h$	$10/14h$
小写字母伸出的头部或尾部	$3/10h$	$4/14h$
笔画宽度	$1/10h$	$1/14h$
字母间距	$2/10h$	$2/14h$
上下行基准线的最小间距	$15/10h$	$21/14h$
词间距	$6/10h$	$6/14h$

6）拉丁字母、阿拉伯数字与罗马数字，如需写成斜体字，其斜度应是从字的底线逆时针向上倾斜75°。斜体字的高度和宽度应与相应的直体字相等。

7）拉丁字母、阿拉伯数字与罗马数字的字高，不应小于2.5mm。

8）数量的数值注写，应采用正体阿拉伯数字。各种计量单位凡前面有量值的，均应采用国家颁布的单位符号注写。单位符号应采用正体字母。

9）分数、百分数和比例数的注写，应采用阿拉伯数字和数学符号。

10）当注写的数字小于1时，应写出各位的“0”，小数点应采用圆点，齐基准线书写。

11）长仿宋汉字、拉丁字母、阿拉伯数字与罗马数字示例应符合国家现行标准《技术制图　字体》（GB/T 14691—1993）的有关规定。

四、尺寸标注

图样有形状和大小双重含义，建筑工程施工是根据图样上的尺寸进行的，因此，尺寸标注在整个图样绘制中占有重要的地位，必须认真仔细，准确无误。

图样上标注的尺寸是由尺寸界线、尺寸线、尺寸起止符号和尺寸数字四部分组成的，故常称其为尺寸的四大要素，如图4-4所示。

（1）尺寸界线　用细实线绘制，一般应与被注长度垂直，其一端应离开图样轮廓线不小于2mm，另一端宜超出尺寸线2～3mm。图样轮廓线可用作尺寸界线，如图4-5所示。

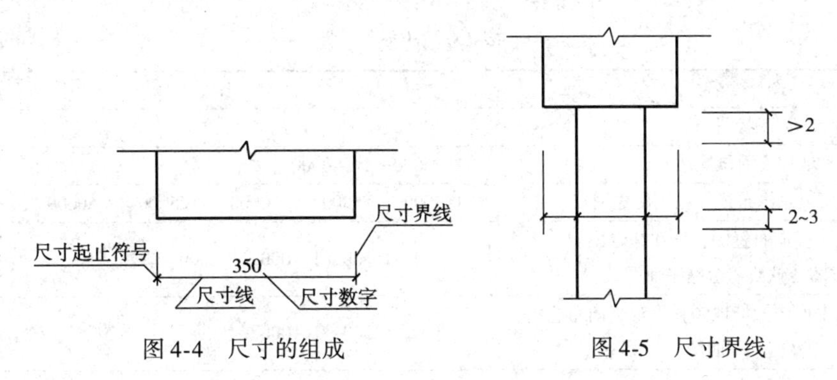

图4-4　尺寸的组成

图4-5　尺寸界线

总尺寸的尺寸界线，应靠近所指部位，中间分尺寸的尺寸界线可稍短，但其长度应相等。

（2）尺寸线　尺寸线应用细实线绘制，应与被注长度平行。图样本身的任何图线均不得用作尺寸线。

（3）尺寸起止符号　尺寸起止符号一般用中粗斜短线绘制，其倾斜方向应与尺寸界线成顺时针45°角，长度宜为2～3mm。半径、直径、角度与弧长的尺寸起止符号，宜用箭头表示（图4-6）。

（4）尺寸数字

1）图样上的尺寸，应以尺寸数字为准，不得从图上直接量取。

2）图样上的尺寸单位，除标高及总平面以m为单位外，其他必须以mm为单位。

3）尺寸数字的方向，应按图4-7a的规定注写。若尺寸数字在30°斜线区内，也可按图4-7b的形式注写。

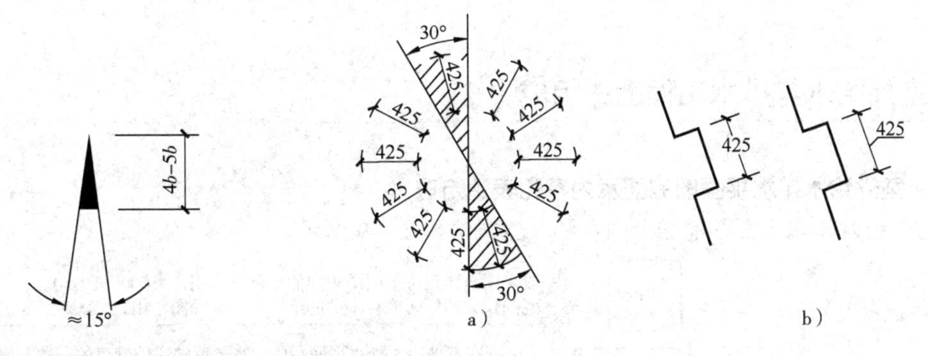

图4-6　箭头尺寸起止符号

图4-7　尺寸数字的注写方向

4）尺寸数字一般应依据其方向注写在靠近尺寸线的上方中部。如没有足够的注写位置，最外边的尺寸数字可注写在尺寸界线的外侧，中间相邻的尺寸数字可上下错开注写，引出线端部用圆点表示标注尺寸的位置，如图4-8所示。

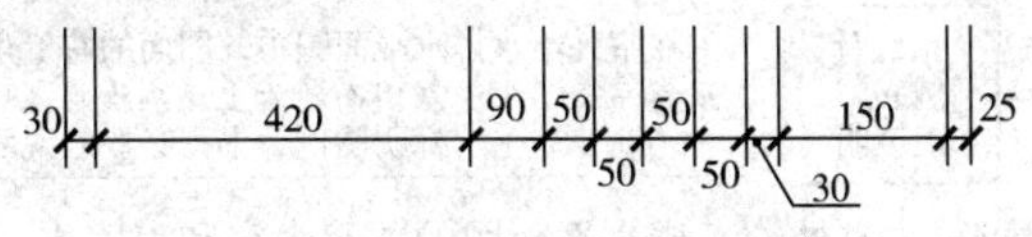

图4-8　尺寸数字的注写位置

五、比例

1）总图制图采用的比例宜符合表 4-9 的规定。

表 4-9　比例

图　名	比　例
现状图	1:500、1:1000、1:2000
地理交通位置图	1:25000～1:200000
总体规划、总体布置、区域位置图	1:2000、1:5000、1:10000、1:25000、1:50000
总平面图，竖向布置图，管线综合图，土方图，铁路、道路平面图	1:300、1:500、1:1000、1:2000
场地园林景观总平面图、场地园林景观竖向布置图、种植总平面图	1:300、1:500、1:1000
铁路、道路纵断面图	垂直：1:100、1:200、1:500 水平：1:1000、1:2000、1:5000
铁路、道路横断面图	1:20、1:50、1:100、1:200
场地断面图	1:100、1:200、1:500、1:1000
详图	1:1、1:2、1:5、1:10、1:20、1:50、1:100、1:200

2）一个图样宜选用一种比例，铁路、道路、土方等的纵断面图，可在水平方向和垂直方向选用不同比例。

第三节　市政给水排水工程施工图识读

一、室外给水与排水工程图的组成

1. 室外给水排水平面图的图示内容和表达方法

室外给水排水平面图的图示内容和表达方法如图 4-9 所示。

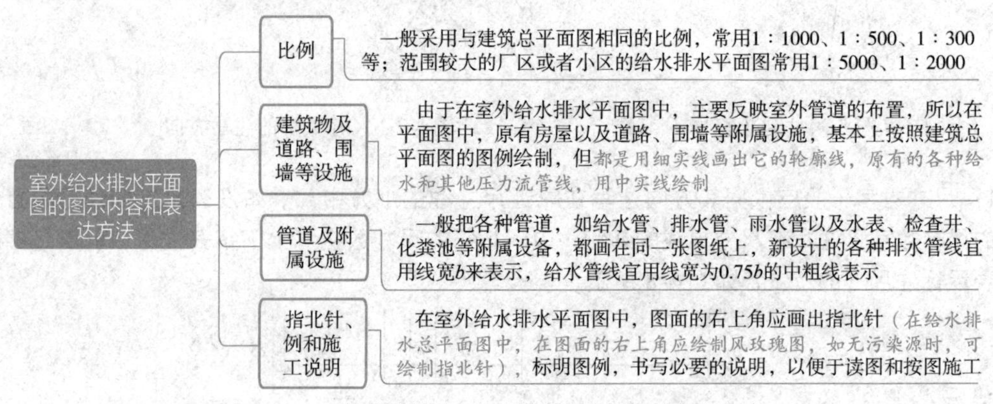

图 4-9　室外给水排水平面图的图示内容和表达方法

2. 绘图步骤

绘图步骤如图 4-10 所示。

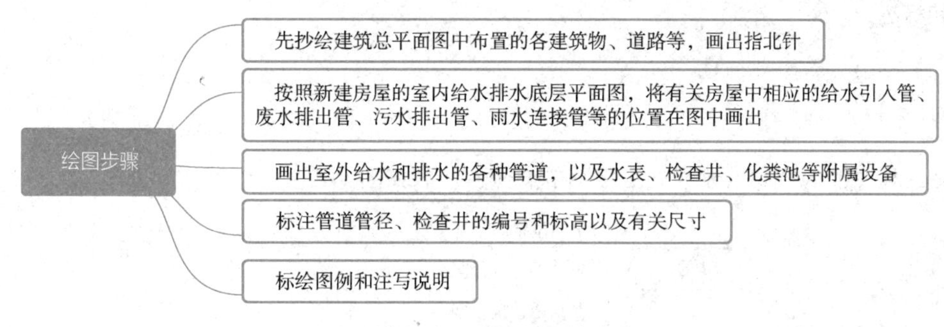

图 4-10　绘图步骤

二、管道工程图

1. 管网总平面布置图

室外给水排水平面图是室外给水排水工程图中的主要图样之一，它表示室外给水排水管道的平面布置情况。

绘制室外给水排水平面图的主要要求如图 4-11。

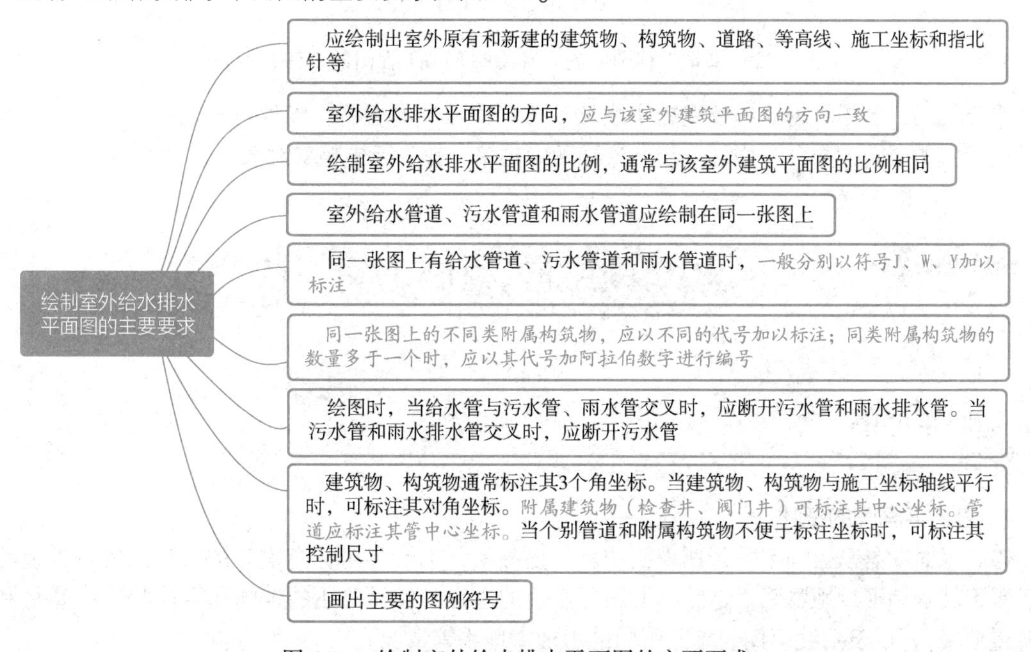

图 4-11　绘制室外给水排水平面图的主要要求

2. 室外给水排水管道纵断面图

1）比例。由于管道的长度方向比直径方向大得多，为了说明地面起伏情况，在纵断面图中，通常采用横向和纵向不同的组合比例。

2）断面轮廓线的线型。室外给水排水管道纵断面图主要表达地面起伏、管道敷设的埋深和管道交接等情况。

3）表达干管的有关情况和设计数据，该干管纵断面，剖切到的检查井、地面，以及其他管道的横断面，都用断面图的形式表示，图中还应在其他管道的横断面处，标注管道类型的代号、定位尺寸和标高。

三、泵站工程图

泵站工程图的内容和绘制泵站工程图的方法、步骤如图4-12所示。

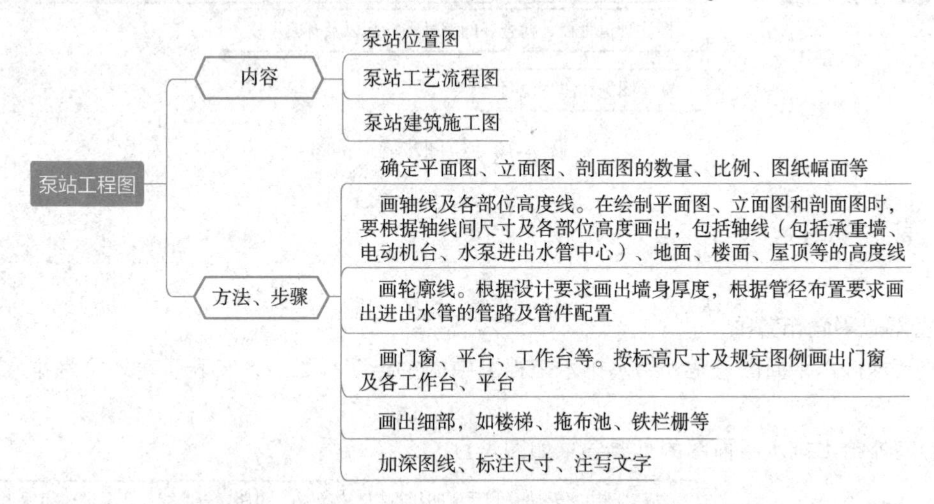

图4-12 泵站工程图的内容和绘制泵站工程图的方法、步骤

在建筑施工图中，剖切的墙壁轮廓线及工艺流程图中的管路、管件符号用粗实线表示，其他如平面图中的台阶、窗台、楼梯、工艺流程图中的墙身轮廓用中粗实线表示。

第四节 市政道路工程施工图识读

一、道路平面图

1. 道路平面图的概述

道路平面图是从上向下投影所得到的水平投影图，也就是用标高投影的方法所绘制的道路沿线周围区域的地形、地物图。道路平面图所表达的内容，包括路线的走向和平面状况（直线和左右弯道曲线），以及沿线两侧一定范围内的地形、地物等情况。

道路平面图的作用是表达路线的方向、平面线型（直线和左右弯道）和车行道布置以及沿线两侧一定范围内的地形、地物情况。

2. 道路平面图的识图

（1）比例及地形、地物　道路路线平面图通常以指北针表示方向，有了方向指标，就能表明公路所在地区的方位与走向，并为图样拼接校核提供依据，如图4-13所示。

（2）路线部分　一般情况下平面图的比例较小，路线宽度无法按实际尺寸绘出，所以设计路

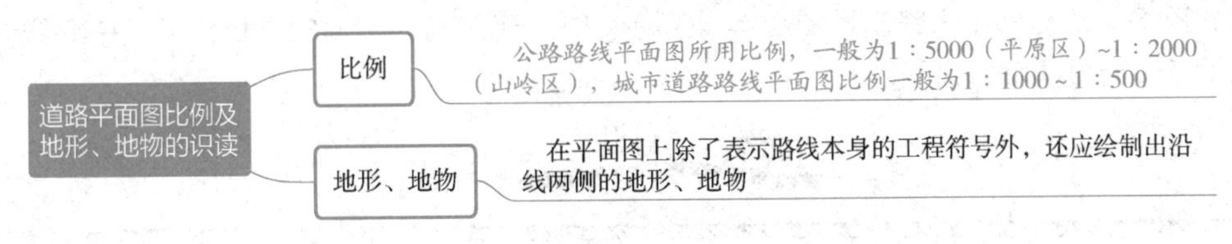

图 4-13　道路平面图比例及地形、地物的识读

线是沿道路的路中心线，用加粗的粗实线来表示。

为了能清楚地看出路线总长与各路段之间的长度，一般在公路中心线上自路线起点到终点按前进方向编写里程桩和百米桩。

(3) 平曲线　道路路线在平面上是由直线段和曲线段组成的，在路线的转折处应设平曲线。最常见的较简单的平曲线为圆弧。

(4) 公路弯道　为保证车在弯道上的行车安全，在公路弯道处一般应设计超高、缓和曲线、加宽等。

(5) 道路回头曲线　对公路而言，为了伸展路线而在山坡较缓的开阔地段上设置的形状与发夹针相似的曲线为道路回头曲线。

(6) 路线方案比较线　有时为了对路线走向进行综合分析比较，常在图线平面图上同时绘制出路线方案比较线（一般用虚线表示）以供选线设计比较。

3. 道路平面图的绘制

1）先在现状地物、地形图上画出道路中心线（用细单点长画线）。等高线按先粗后细的步骤徒手画出，要求线条顺滑。

2）绘制出道路红线、车行道与人行道的分界线（用粗实线）。

3）进一步绘制出绿化分隔带以及各种交通设施，如公共交通停靠站台、停车场等的位置及外形部署。

4）应标出沿街建筑主要出入口、现状管线及规划管线，如检查井、进水口以及桥涵等的位置，交叉口尚需标明路口转弯半径、中心岛尺寸和护栏、交通信号设施等的具体位置。

二、道路纵断面图

1. 道路纵断面图概述

城市道路的纵断面是指沿车行道中心线的竖向剖面。在纵断面图上有两条主要的线：一条是地面线，它是根据中线上各桩点的高程而点绘的一条不规则的折线，反映了沿中线地面的起伏变化情况；另一条是设计线，它是经过技术上、经济上以及美学上诸多方面比较后定出的一条有规则形状的几何线，反映了道路路线的起伏变化情况。

2. 道路纵断面图图示的一般规定

道路设计线采用粗实线表示，原地面线应采用细实线表示；地下水位线应采用细双点长画线及水位符号表示；地下水位测点可仅用水位符号表示。

三、道路横断面图

1. 公路路基横断面图概述

公路路基横断面图的具体形式包括：

（1）路堤　路堤即填方路基，如图4-14所示。在图下注有该断面的里程桩号、中心线处的填方高度以及该断面的填方面积。

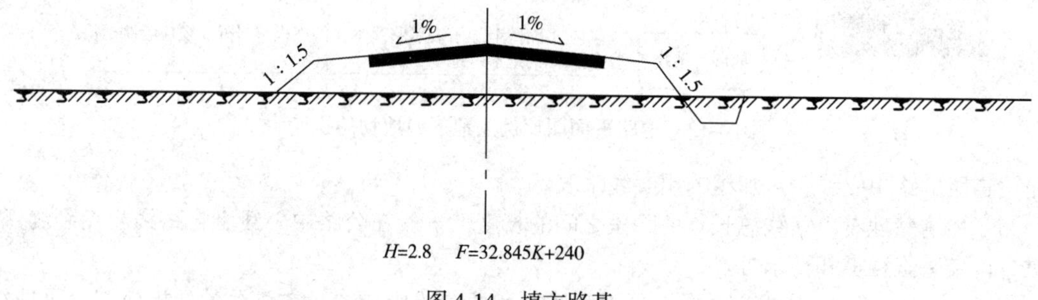

图4-14　填方路基

（2）路堑　路堑即挖方路基，如图4-15所示。在图下注有该断面的里程桩号、中心线处的挖方高度以及该断面的挖方面积。

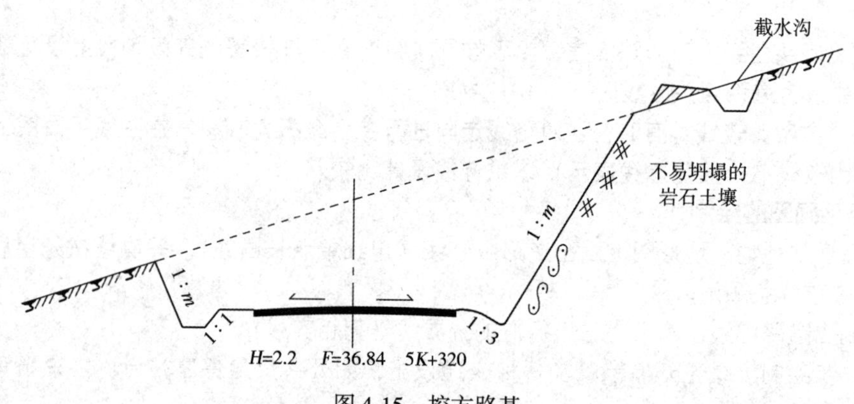

图4-15　挖方路基

（3）半填半挖路基　半填半挖路基是前两种路基的综合，如图4-16所示。图下仍注有该断面的里程桩号、中心线处的填（挖）方高度以及该断面的填（挖）方面积。

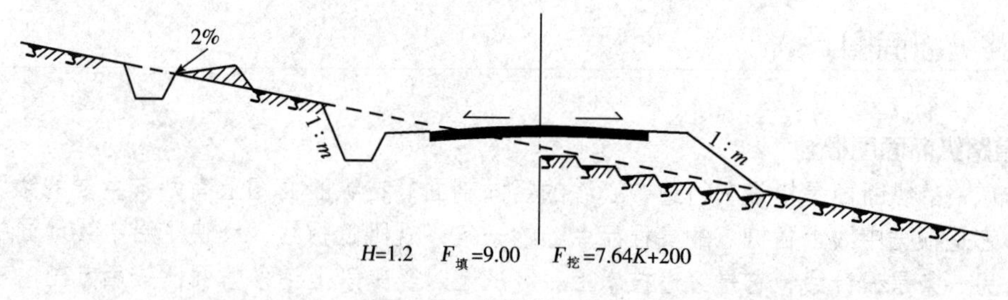

图4-16　半填半挖路基

2. 公路路基横断面图的图示内容

公路路基横断面图的图示内容如图4-17所示。

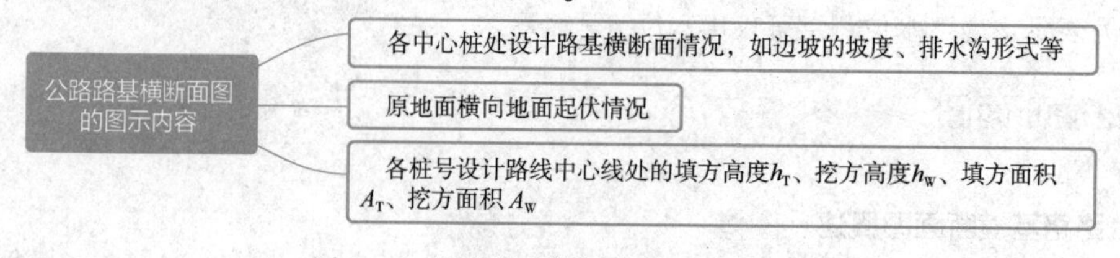

图4-17　公路路基横断面图的图示内容

3. 路基横断面图的图示方法

路基横断面图的图示方法如图4-18所示。

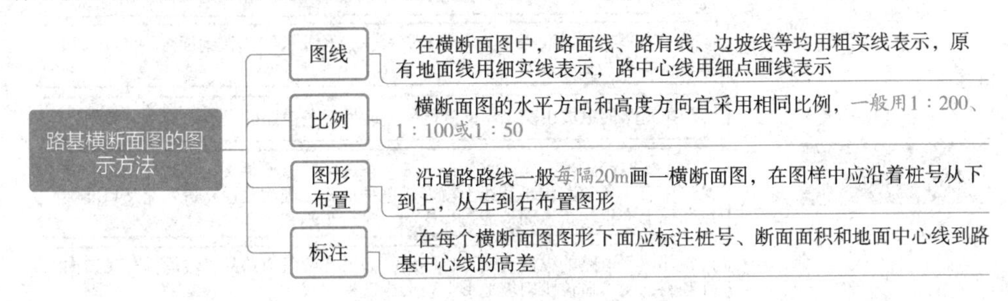

图4-18 路基横断面图的图示方法

4. 城市道路横断面识图

1）公路路基及城市道路横断面图的比例，一般视等级要求及路基断面范围而定。

2）城市道路横断面图布置的基本形式包括“一块板”断面、“两块板”断面、“三块板”断面、“四块板”断面。

四、城市道路交叉口

1. 交叉口的基本类型及使用范围

平面交叉口的形式，决定于道路网的规划、交叉口用地及其周围建筑的情况，以及交通量、交通性质和交通组织。常见的交叉口形式有：十字形、X字形、T字形、Y字形、错位交叉和复合交叉（五条或五条以上道路的交叉口）等几种。

2. 交叉口视距及拓宽

为了确保行车安全，驾驶员在进入交叉口前的一段距离内，必须能够看清相交道路上的车辆行驶情况，以保证通行双方有足够的距离采取制动措施，避免发生碰撞，这一距离必须大于或等于停车视距。

3. 交叉口转角的缘石半径

交叉口转角处的缘石曲线形式有圆曲线、复曲线、抛物线、带有缓和曲线的圆曲线等，一般多采用圆曲线。圆曲线的半径尺寸称为缘石半径。

4. 环形交叉口

城市多路交汇或转弯交通量较均衡的路口宜采用环形平面交叉口。对斜坡较大的地形或桥头引道，当纵坡不大于3%时也可采用环形交叉口。

5. 高架桥下的平面交叉口

菱形立交是高架桥下平面交叉口中较常见的一种，其在相交道路的次要道路上存在两处平面交叉口，两者间距通常为200～300m。

6. 交叉口的立面构成形式识图

交叉口立面构成，在很大程度上取决于地形，以及和地形相适应的相交道路的横断面，如图4-19所示。

7. 城市道路交叉口施工图的识读方法

交叉口施工图是道路施工放线的依据和标准，一般包括交叉口平面设计图和交叉口立面设计图。

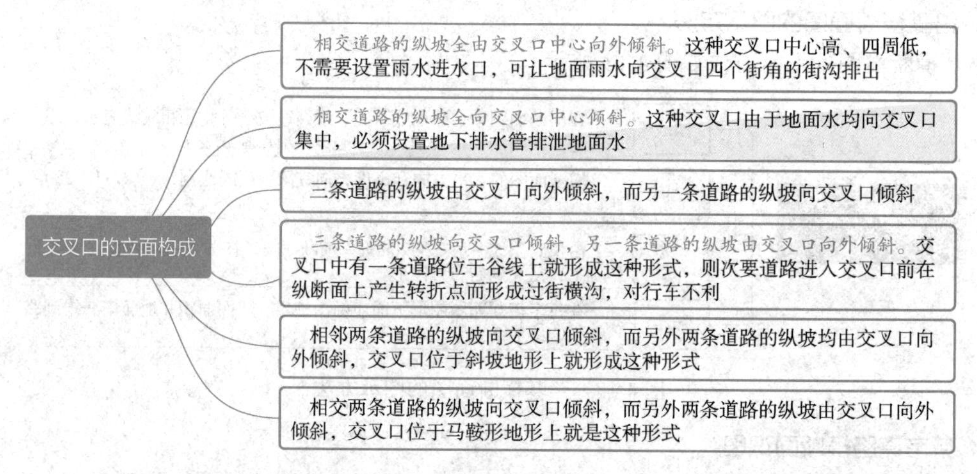

图 4-19　交叉口的立面构成

识读交叉口平面设计图要了解设计范围、施工范围、相交道路的坡度和坡向等，还要弄清道路中心线、车行道、人行道、缘石半径、进水等的位置；交叉口立面设计图识读要求了解路面的性质及所用材料，掌握旧路现况等高线和设计等高线，了解胀缝的位置和所用材料，明确方格网尺寸。

五、城市道路绿化及景观识图

1. 道路绿带的布置识图

道路绿化应在保证交通安全的条件下进行设计，无论选择种植位置、种植形式、种植规模等均应遵守这项原则。

1）道路绿带根据横断面的形式分为一板两带式、二板三带式、三板四带式、四板五带式、非对称形式、路堤式或路堑式和路肩式。

2）道路绿带根据绿带的种植形式分为列植式、叠植式、多层式、花园式和自然式。

2. 城市各种道路绿化布置识图

城市各种道路绿化布置识图如图 4-20 所示。

城市各种道路绿化布置识图
城市滨河路绿化
滨河路与车行道在同一高度
滨河路与车行道在不同高度（台阶连接）
滨河路与车行道在不同高度（斜坡连接）
步道分设于不同高度
城市园林景观路的林荫路绿化布置形式
设置在道路中央纵轴线上
设置在道路一侧
分设在道路两侧，与人行道相连
林荫路宽度在8m以上
林荫路宽度在20m以上
林荫路宽度在40m以上

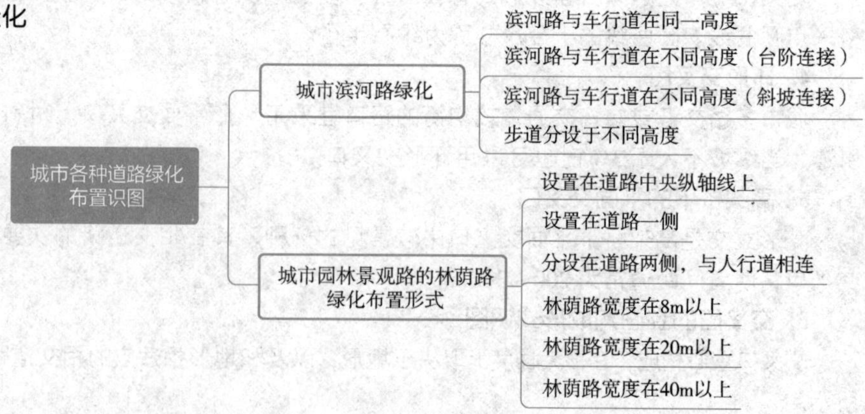

图 4-20　城市各种道路绿化布置识图

3. 城市外环路绿化

外环路的路面植物设计介于城市街道绿化和公路绿化之间，是行车速度较快的街道绿化。特别是模纹造型变化的区段间隔要大，一般以 80 ~ 100m 为宜，要简洁、大方、通透。尤其是分车带绿化要用低矮植物，以草坪为主，花木点缀为辅，尽量体现该城市的园林绿化特点和水平。

城市外环路绿化主要采用以下林带：生态防护林带、风景观赏型林带、观光休闲型林带。

第五节　市政桥梁工程施工图识图

一、桥梁的类型

桥梁的类型如图 4-21 所示。

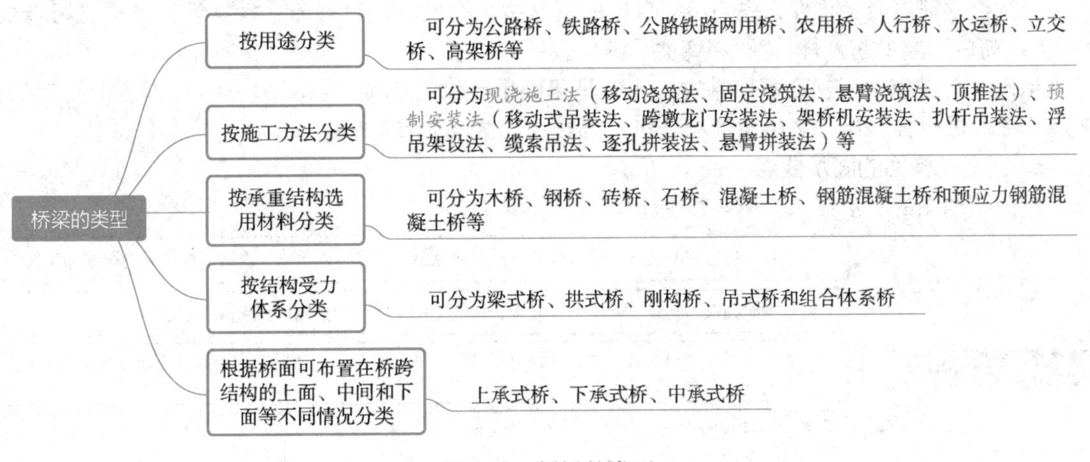

图 4-21　桥梁的类型

二、钢筋混凝土结构图

1. 钢筋的种类

1）应用于钢筋混凝土结构（包括预应力混凝土结构）上的钢筋，按其机械性能、加工条件与生产工艺的不同，一般可分为热轧钢筋、冷拉钢筋、热处理（调质）钢筋、冷拔钢丝四类。

2）按钢筋在构件中所起的作用，可分为如图 4-22 所示几种类型。

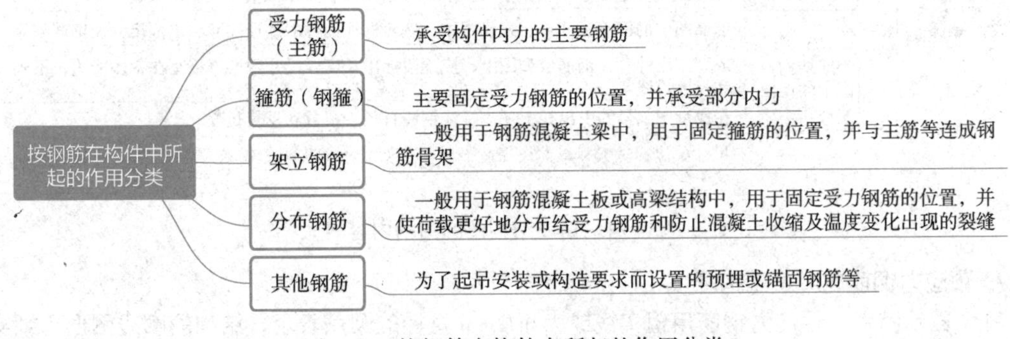

图 4-22　按钢筋在构件中所起的作用分类

2. 混凝土保持层

工程中，有许多钢筋混凝土结构物长期承受风吹雨打和烈日曝晒。为了防止钢筋裸露在大气中而受到锈蚀，钢筋外表面到混凝土表面必须有一定厚度，这一层混凝土就称为钢筋的保护层，保护层厚度视不同的构件而定。

3. 钢筋的弯钩与弯折

（1）弯钩　对于受力钢筋，为了增加它与混凝土的粘结力，在钢筋的端部做成弯钩。弯钩的标准形式有直弯钩、斜弯钩和半圆弯钩（90°、135°、180°）三种。

（2）弯折　根据结构受力要求，有时需要将部分受力钢筋进行弯折，这时弧长比两切线之和短些，其计算长度应减去折减数值（钢筋直径小于10mm时可忽略不计）。

4. 钢筋骨架

为制造钢筋混凝土构件，先将不同直径的钢筋按照需要的长度截断，根据设计要求进行弯曲（称为钢筋成型或钢筋大样），再将弯曲后的成型钢筋组装。

钢筋组装成型，一般有两种方式：一种是用细钢丝绑扎钢筋骨架；另一种是焊接钢筋骨架，先将钢筋焊成平面骨架，然后用箍筋连接（绑或焊）成立体骨架形式。

5. 钢筋结构图的图示要点

钢筋结构图的图示要点如图4-23所示。

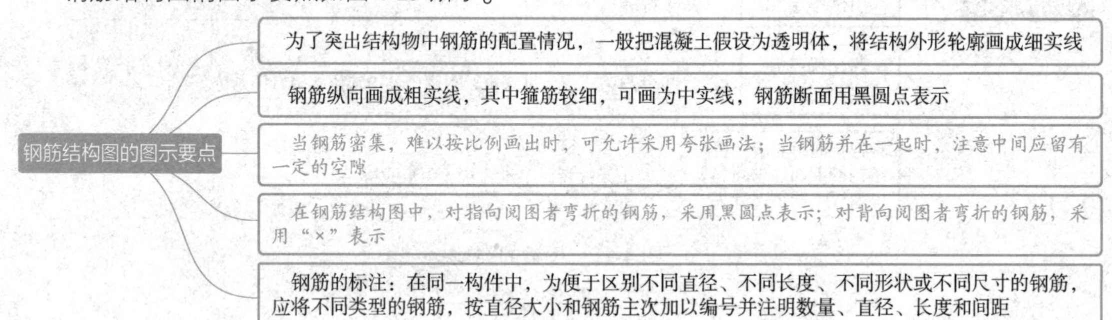

图4-23　钢筋结构图的图示要点

6. 钢筋结构图的图示内容

钢筋结构图的图示内容如图4-24所示。

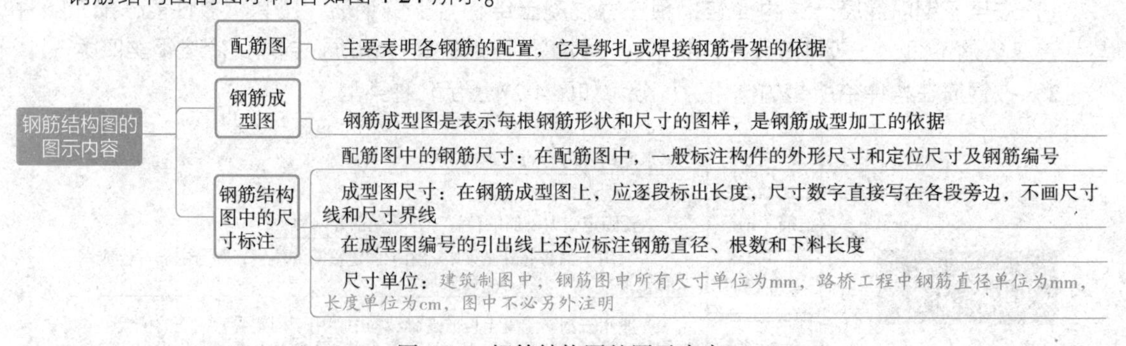

图4-24　钢筋结构图的图示内容

7. 预应力钢筋混凝土结构图

（1）图示特点　预应力钢筋用粗实线或大于2mm直径的圆点表示，结构轮廓线图形用细实线表示；当预应力钢筋与普通钢筋在同一视图中出现时，普通钢筋应采用中粗实线表示。

（2）预应力钢筋编号与标注　如图4-25所示。

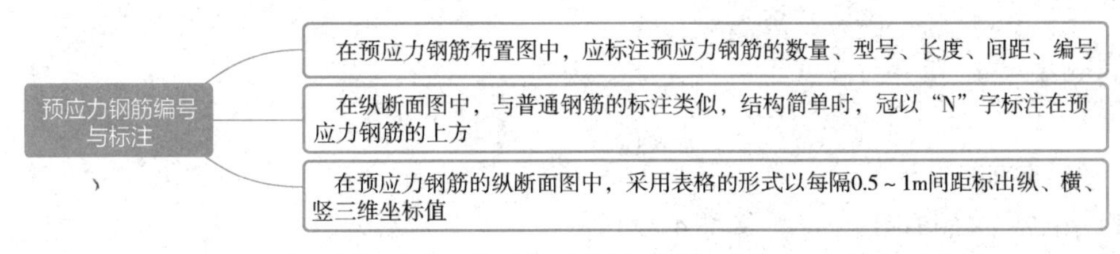

图 4-25　预应力钢筋编号与标注

三、钢结构图

1. 型钢

钢结构所采用的钢材，一般都是由轧钢厂按国家标准规格轧制而成的，统称为型钢。

2. 型钢的连接

一般情况下，型钢的连接方法有铆接、栓接和焊接三种，如图 4-26 所示。

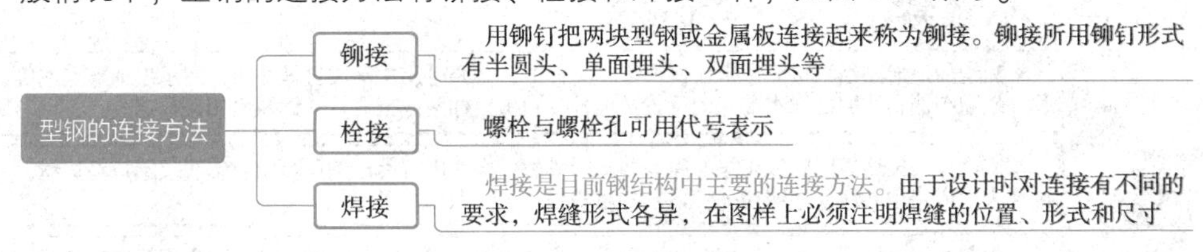

图 4-26　型钢的连接方法

3. 连接件画法的注意事项

连接件画法的注意事项如图 4-27 所示。

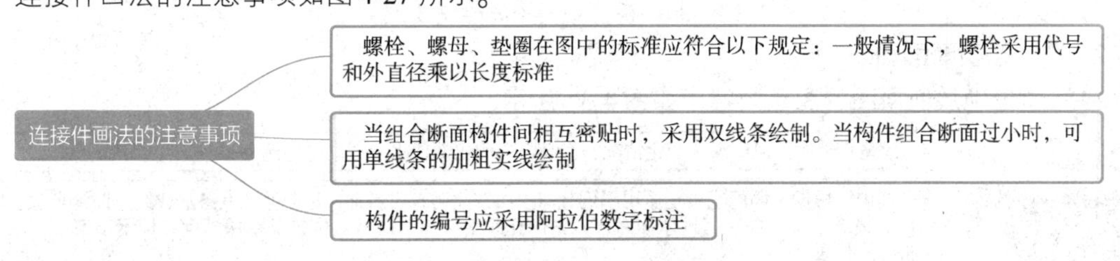

图 4-27　连接件画法的注意事项

4. 钢结构的总图

钢结构的总图通常采用单线示意图或简图表示，用以表达钢结构的形式、各杆件的计算长度等，如图 4-28 所示。

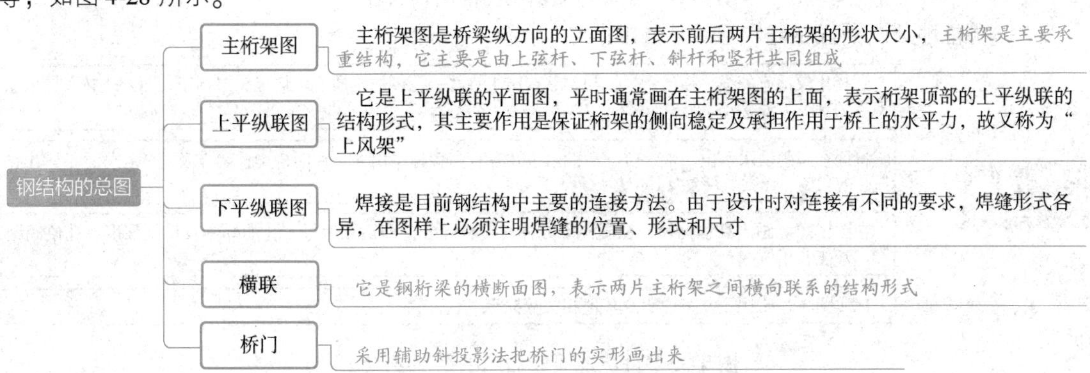

图 4-28　钢结构的总图

四、钢筋混凝土桥梁工程图

1. 桥位平面图

（1）桥位平面图的图示内容　如图 4-29 所示。

桥位平面图的图示内容：
- 图样比例一般为1：200、1：500、1：1000等
- 确定桥梁、路线及地形、地物的方位，采用坐标网或指北针定位
- 地形、地物的图示方法与道路路线平面图相同，即用等高线或地形点表现地形情况，用图例表现地物情况；已知水准点的位置、编号及高程
- 路线线型情况、里程桩号、路线控制点等，均与道路路线平面图相同
- 用图例表明桥梁位置和钻探孔的位置及编号

图 4-29　桥位平面图的图示内容

（2）桥位平面图的绘制要点　如图 4-30 所示。

桥位平面图的绘制要点：
- 将测绘的地形图结果按照选定比例描绘在图样上，必要时用文字或符号注明；图示出地形点或等高线高程、地物图例；注明已知水准点的位置及编号；画出坐标网或指北针；标注出相关数据
- 按照设计结果将道路路线用粗实线绘制在图样中，当选用较大比例尺时用粗实线表示道路边线，用细点画线表示道路中心线，注明相关参数，如里程桩号、线型参数等
- 用细实线绘出桥梁图例和钻探孔位及编号，当选用大比例尺时，桥梁的长、宽均用粗实线按比例画出
- 标明图样名称、比例、图标等内容

图 4-30　桥位平面图的绘制要点

2. 桥位地质断面图

（1）桥位地质断面图的图示内容　如图 4-31 所示。

桥位地质断面图的图示内容：
- 为了显示地质及河床深度变化情况，标高方向的比例比水平方向的比例大
- 图样中，根据不同的土层土质用图例分清土层并注明土质名称；标明河床三条水位线，即常水位、洪水水位、最低水位，并注明具体标高；按钻探孔的编号标示符号、位置及钻探深度；标示出河床两岸控制点桩号及位置
- 图样下方注明相关数据，一般标注项目有：钻孔编号、孔口标高、钻孔深度、钻孔孔位间的距离
- 图样左方按照选定的比例（如1：200）画出高程标尺

图 4-31　桥位地质断面图的图示内容

（2）桥位地质断面图的绘制要点　如图 4-32 所示。

桥位地质断面图的绘制要点：
- 选择比较适宜的纵、横比例尺，根据钻探结果将每一孔位的土质变化情况分层标出，每层土按不同的土质图例表示出来，并注明土质名称；河床线为粗实线，土质分层线为中实线，图例用细线画出
- 将调查到的洪水水位、常水位、最低水位及各自高程标示出来；注明桥梁控制点及里程桩号；标示出钻探孔的孔位、深度、符号及其他参数等
- 在图样左侧画出高程标尺，在图样下方补充资料部分，即钻孔编号、孔的标高及钻孔深度、孔位间距等，并注明单位
- 标注图名、比例、文字说明及其他相关数据等

图 4-32　桥位地质断面图的绘制要点

3. 桥梁总体布置图

桥梁总体布置图由桥梁立面图、平面图和侧剖面图组成。

(1) 立面图

1) 立面图的图示内容如图 4-33 所示。

- 立面图的图示内容
  - 比例选择以能清晰反映出桥梁结构的整体构造为原则，一般采用1：200的比例尺
  - 半立面图部分要图示出桩的形式及桩顶、桩底的标高，桥墩与桥台的立面形式、标高及尺寸，桥梁主梁的形式、梁底标高及相关尺寸，各控制位置如桥台起止点和桥墩中线的里程桩号
  - 半纵剖面图部分要图示出桩的形式及桩顶桩底标高，桥墩与桥台的形式及帽梁、承台、桥台剖面形式，主梁形式与梁底标高及梁的纵剖面形式，各控制点位置及里程桩号

图 4-33 立面图的图示内容

2) 立面图的绘制要点如图 4-34 所示。

- 立面图的绘制要点
  - 根据选定的比例首先将桥台前后、桥墩中线等控制点里程桩画出，并分别将各控制部位（如主梁底、承台底、桩底、桥面等处）的标高线、河床断面线及土质分层画出来，地面以下一定范围可用折断线省略，以缩小竖向图面；桥面上的人行道和栏杆可不画出
  - 桥梁中心线左半部分画成立面图：按照立面图的正投影原理将主梁、桥台、桥墩、桩、各部位构件等按比例用中实线图示出来，并注明各控制部位的标高
  - 桥梁右半部分画成半纵剖面图：纵向剖切位置为路线中心线处
  - 标注出河床标高、各水位标高、土层图例、各部位尺寸及总尺寸；必要的文字标注及技术说明；注明图名、比例等

图 4-34 立面图的绘制要点

(2) 平面图

1) 平面图的图示内容如图 4-35 所示。

- 平面图的图示内容
  - 图样比例同立面图
  - 平面图部分图示出桥面构造情况；路线（即桥梁）中心线用细点画线表示
  - 桥台及帽梁部分图示出帽梁平面形状及梁上设置的构造；注明有关尺寸；桥台位置视为无回填土时的正投影图样，注明相关尺寸
  - 承台平面部分图示出承台平面形状及尺寸、承台上设置的其他构造等
  - 桩柱平面部分图示出桩柱的位置、间距尺寸、数量，并用虚线表示出承台平面

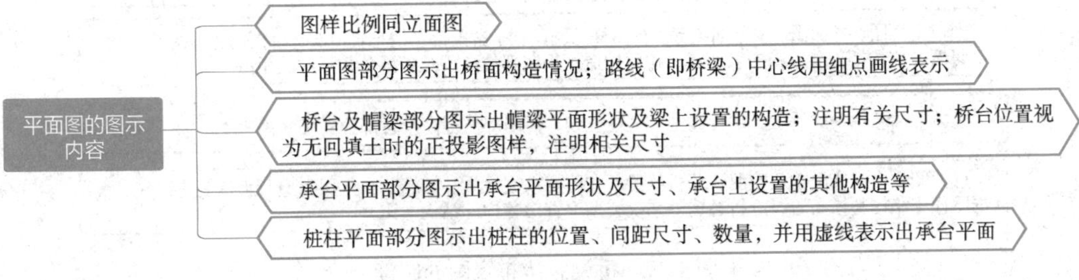

图 4-35 平面图的图示内容

2) 平面图的绘制要点如图 4-36 所示。

- 平面图的绘制要点
  - 一般平面图与立面图上下对应，用细单点长画线画出道路路线（桥梁）中心线；根据立面图的控制点桩号画出平面图的控制线
  - 半平面图部分，桥面边线、车行道边线用粗实线表示；边坡及锥形护坡图例线用细线表示；桥端线、变形缝等用双中实线表示，用细实线画出栏杆及栏杆柱；标注出栏杆尺寸及其他尺寸，单位为“cm”
  - 桥台、帽梁平面图样按未上主梁情况及桥台未回填土情况下，根据相应尺寸用中实线绘制，注明各部位尺寸
  - 承台平面图及桩柱平面图是在承台上、下剖切所得到的正投影图，注明桩柱间距、数量、位置等；注明各细部尺寸及总尺寸、图名及使用比例等

图 4-36 平面图的绘制要点

（3）侧剖面图

1）侧剖面图的图示内容如图 4-37 所示。

侧剖面图的图示内容

- 桥面主梁布置情况、桥面铺装层构造、人行道和栏杆构造、桥面尺寸布置、横坡度、人行道和栏杆的高度尺寸、中线标高等
- 左半部分图示出桥台立面图样、构造尺寸，边跨主梁截面根据钢筋混凝土图例涂黑等
- 右半部分图示出桥墩及桩柱立面图样、构造尺寸、桩柱位置及深度、桩柱间距、桩柱深度及该剖切位置的主梁情况；注明桩柱中心线、各控制位置高程

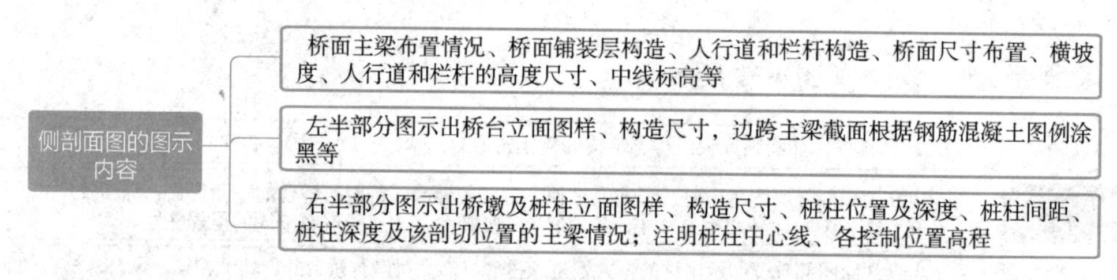

图 4-37　侧剖面图的图示内容

2）侧剖面图的绘制要点如图 4-38 所示。

侧剖面图的绘制要点

- 桥台及帽梁以上部分主要图示出边跨及中跨主梁、桥面铺装构造、人行道及栏杆构造、不同位置的剖面投影图
- 桥面铺装部分用阴影线图例表示，人行道截面根据使用材料用图例表示，当为钢筋混凝土人行道板时可采用涂黑图例，阴影图例轮廓线用粗实线表示
- 主梁以下部分为桥梁墩台的侧立面图

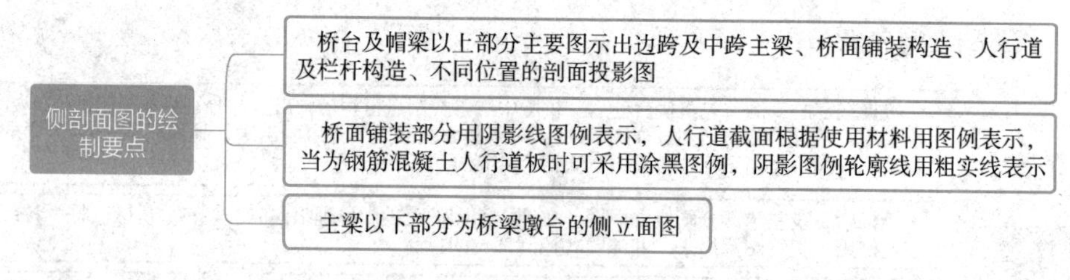

图 4-38　侧剖面图的绘制要点

（4）桥梁总体布置图的阅读　如图 4-39 所示。

桥梁总体布置图的阅读

- 首先了解桥梁名称、桥梁类型、各图样比例、图样中单位使用情况、主要技术指标、施工措施等桥梁基本情况。根据成图方法和投影原理读懂平面图、立面图、侧剖面图之间的关系，以及各剖面部分所取的剖面位置
- 通过平面图、立面图、侧剖面图等三个图样的阅读，了解上部结构布置情况、桥面构造等图示内容，如跨度、主梁类型、每跨主梁片数、桥面构造、控制部位高程及各部分的尺寸关系等
- 读懂下部结构中的桥墩、桥台类型，桩柱类型，控制部位标高及各部分的尺寸等
- 根据图样中河床及土质情况，分析桥梁所在位置水文地质、桩端所在土层类型及水位变化情况。根据图样中结构整体布置，分析各构件系统类型，查出各构件结构详图

图 4-39　桥梁总体布置图的阅读

五、桥梁构件结构图

1. 桥台结构图

桥台是桥梁的下部结构，一方面支撑桥梁，另一方面承受桥头路堤填土的水平推力。桥台构件详图比例为 1∶100，由纵剖面图、平面图、侧立面图组成。

2. 桥墩结构图

桥墩和桥台同属桥梁的下部结构，重力式桥墩一般采用石材砌筑或混凝土、片石混凝土浇筑等方法构成圬工桥墩。其构造组成为墩帽、墩身、基础等。

3. 钢筋混凝土桩结构图

钢筋混凝土桩主要由桩身与桩尖组成。

4. 预制板钢筋主梁结构图

中梁与边梁从一般构造上来看形状不同，故钢筋构造图也会有所不同，因此分别有中板钢筋构造图和边板钢筋构造图。

六、斜拉桥

1. 斜拉桥的主要组成部分

斜拉桥的主要组成部分如图 4-40 所示。

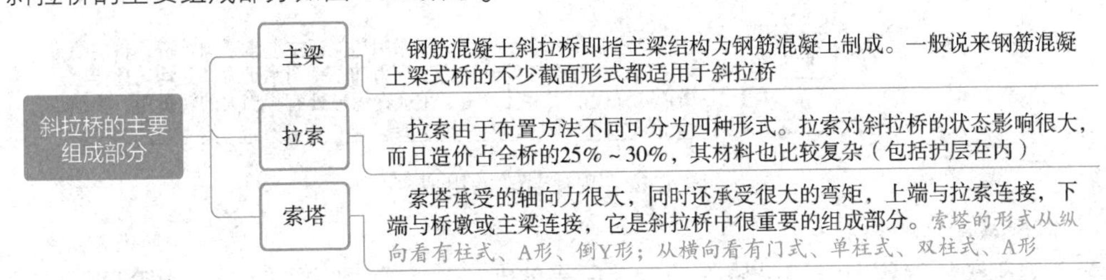

图 4-40 斜拉桥的主要组成部分

2. 斜拉桥的总体布置图

斜拉桥的总体布置图主要包括立面图、平面图、横剖面图、横梁断面图、结构详图等。下面对前三个进行简要介绍，如图 4-41 所示。

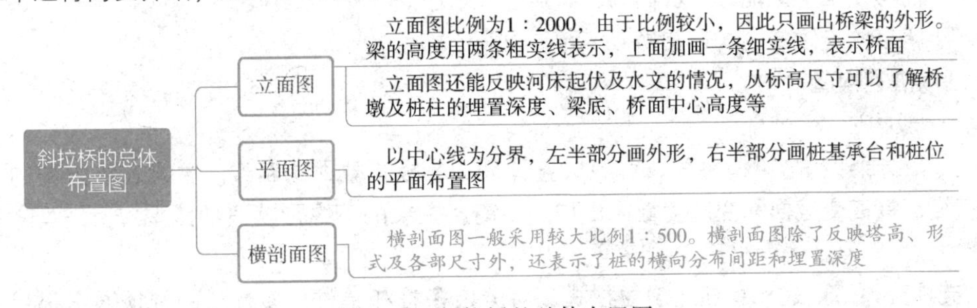

图 4-41 斜拉桥的总体布置图

七、悬索桥

现代大跨度悬索桥根据其加劲梁的类型和吊索的形式分为：美式悬索桥、英式悬索桥、混合式悬索桥和带斜拉索的悬索桥。

现代悬索桥一般由桥塔、基础、主缆索、锚锭、吊索、索夹、加劲梁及索鞍等主要部分组成，如图 4-42 所示。

八、刚构桥

1. 刚构桥的类型

刚架桥分为单跨和多跨。单跨刚构桥的支柱可以做成直柱式（又称门形刚构）或斜柱式（又称斜腿刚构）。

1）单跨的刚构桥一般产生较大的水平反力。为了抵抗水平反力，可用拉杆连接两根支柱的

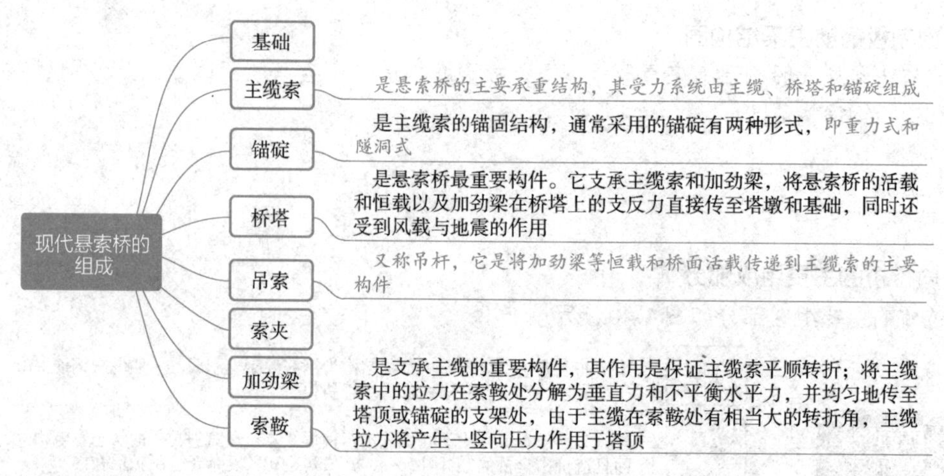

图 4-42　现代悬索的组成

底端，或做成封闭式刚架。

2）斜腿刚架桥的压力线和拱桥相近，其所受的弯矩比门形刚构要小，主梁跨度缩短了，但支撑反力却有所增加，而且斜柱的长度也较大。

3）多跨刚构桥的主梁，可以做成 V 形墩身的刚构桥，也可以做成连续式或非连续式，后者是在主梁跨中设铰或悬挂简支梁，形成所谓的 T 形刚构或带挂梁的 T 形刚构，这样有利于采用悬臂法施工，而静定结构则能减小次内力、简化主梁配筋。

中、小跨度的连续式刚构通常做成等跨，以利于施工。

2. 刚构桥的构造

（1）一般构造

1）主梁截面形状与梁桥相同，可做成整体肋梁、板式截面或箱梁。主梁在纵方向的变化可做成等截面、等高变截面和变高度截面三种。变高度主梁的下缘形状有曲线型、折线型、曲线加直线型等。

2）支柱分为薄壁式和立柱式。立柱式又可分为多柱和单柱。多柱式的柱顶通常都用横梁相连，形成横向框架，以承受侧向作用力。

（2）刚构桥的节点构造　刚构桥的节点是指立柱与主梁相连接的地方，又称角隅节点。该节点必须具有强大的刚度，以保证主梁和立柱的刚性连接。角隅节点和主梁（或立柱）相连接的截面受很大的负弯矩作用，因此在节点内缘，混凝土承受较高的压应力。

（3）铰的构造　刚构桥的铰支座，按所用的材料分为铅板铰、混凝土铰和钢铰。

3. 刚构桥的总体布置图

刚构桥总体布置图如图 4-43 所示。

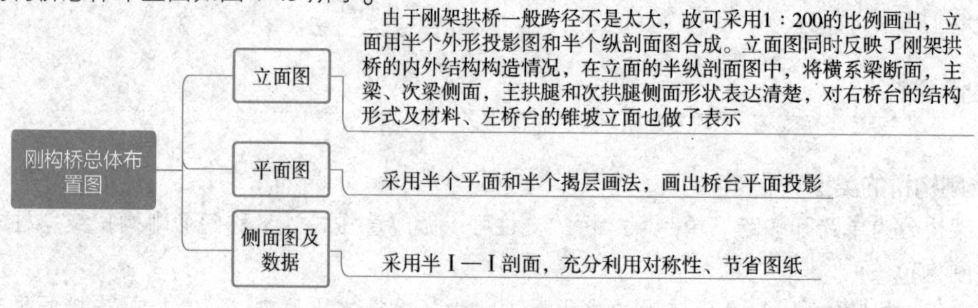

图 4-43　刚构桥总体布置图

第六节　隧道与涵洞工程施工图识读

一、隧道洞口

1. 隧道洞口的构造

隧道洞门按地质情况和结构要求，有如图 4-44 所示几种基本形式。

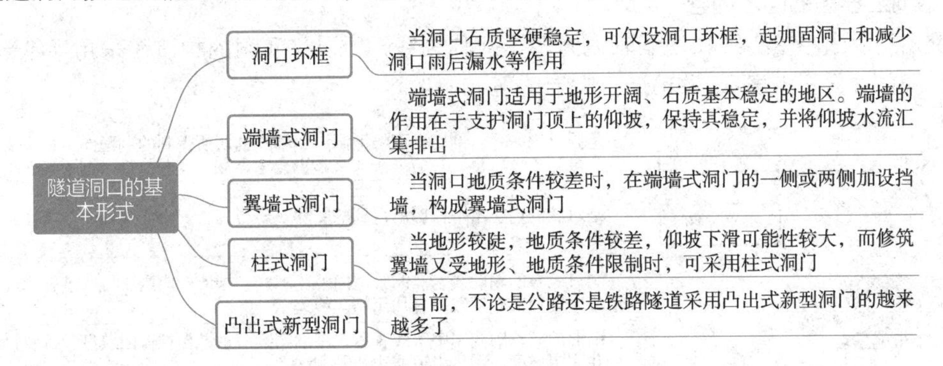

图 4-44　隧道洞口的基本形式

2. 隧道洞门图的表达

隧道洞门图的表达如图 4-45 所示。

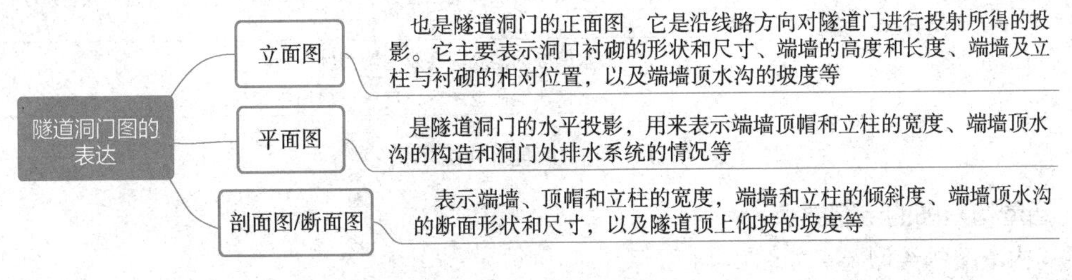

图 4-45　隧道洞门图的表达

二、隧道内的避车洞图

避车洞是用来供行人和隧道维修人员以及维修小车躲让来往车辆而设置的地方，设置在隧道两侧的直边墙处，并要求沿路线方向交错设置。避车洞之间相距 30～150mm。

避车洞图包括纵剖面图、平面图、避车洞详图。为了绘图方便，纵向和横向采用不同的比例。

三、涵洞工程图

1. 涵洞的分类与组成

涵洞的分类与组成如图 4-46 所示。

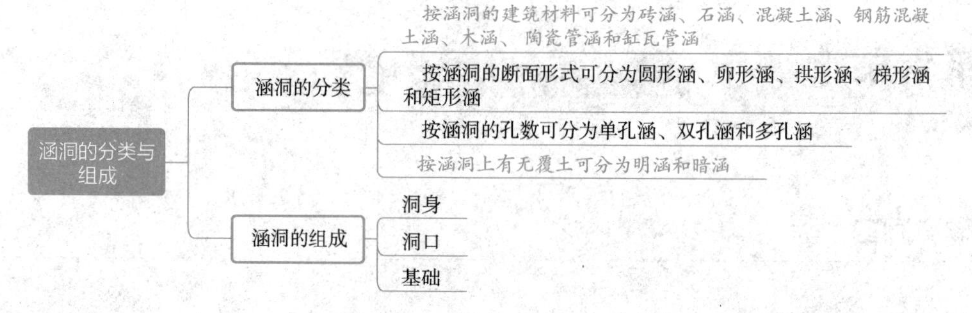

图 4-46　涵洞的分类与组成

2. 涵洞工程图的图示内容

立交涵洞以道路中心线和涵洞轴线为两个对称轴线，所以，涵洞的构造图采用半纵剖面图、半平面图和侧立面图来表示，如图 4-47 所示。

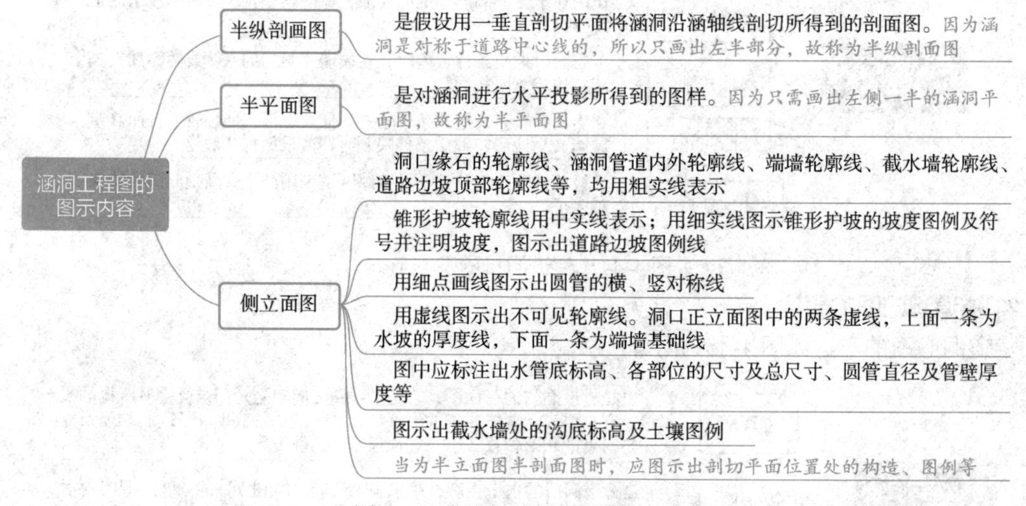

图 4-47　涵洞工程图的图示内容

3. 涵洞构造图的绘制要点

涵洞构造图的绘制要点如图 4-48 所示。

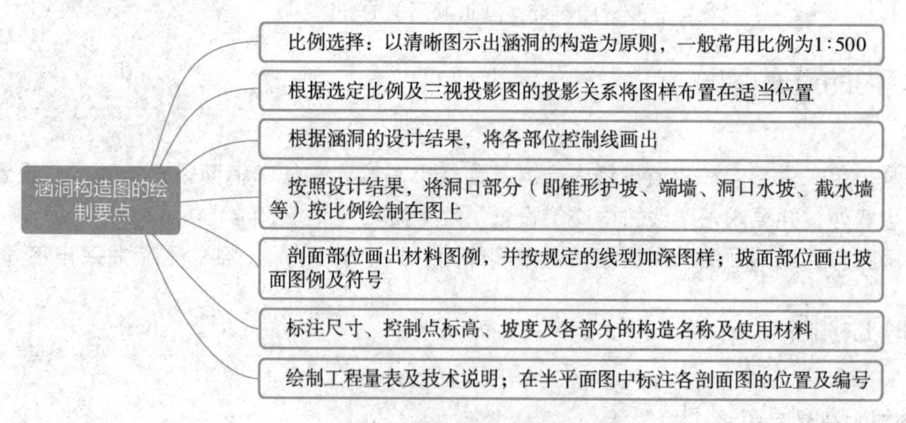

图 4-48　涵洞构造图的绘制要点

四、石拱涵

1. 石拱涵的类型

石拱涵的类型如图 4-49 所示。

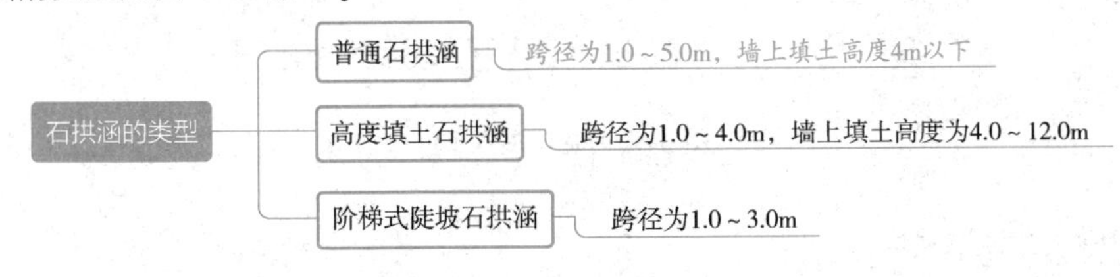

图 4-49　石拱涵的类型

2. 立面图（半纵剖面图）

沿涵洞纵向轴线进行全剖，因两端洞口结构完全相同，故只画出一侧洞口及半涵洞长。立面图表达的是洞身内部结构，包括洞高、半洞长、基础形状、截水墙等的形状和尺寸。

3. 平面图

如端墙内侧面为 4∶1 的坡面，与拱涵顶部的交线为椭圆，这一交线须按投影关系绘出。平面图表达了端墙、基础、两侧护坡、缘石等结构自上而下的形状、相对位置及各部分的尺寸。

4. 洞口立面图

立面图反映了洞身、拱顶、洞底、基础的结构、材料及尺寸，同时也表达了洞身与基础的连接方式。当石拱涵跨径较大时，多采用双孔或多孔，选取洞口立面图可以不做剖面图或者半剖面图。

第七节　市政供热与燃气工程施工图识读

一、供热管道安装图的识读

供热管道是利用热媒将热能从热源输送到热力用户，即输送热媒的管道，主要有热水和蒸汽两种热媒。热水传导和对流使自身温度降低而释放热能；蒸汽主要通过凝结放出热量。

1. 管沟敷设

根据管沟内人行通道的设置情况，管沟分为通行管沟、半通行管沟和不通行管沟，如图 4-50 所示。

2. 直埋敷设

直埋敷设是将供热管道直接埋设于土壤中的敷设方式。目前采用最多的结构形式为整体式预制保温管，即将供暖管道、保温层和保护外壳三者紧密地粘结在一起，形成一个整体。

3. 架空敷设

架空敷设所用的支架按其制成材料可分为砖砌、毛石砌、钢筋混凝土预制或现场浇灌、钢结构、木结构等类型。

按照支架的高度不同，可将支架分为低支架、中支架和高支架。

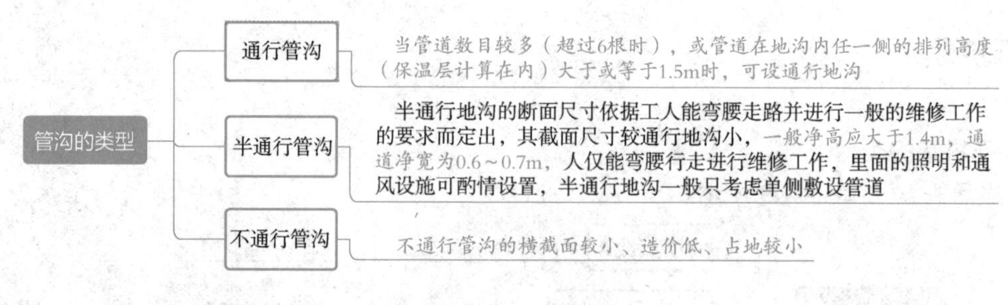

图4-50　管沟的类型

二、燃气供应与管道安装

1. 燃气管道供应

（1）市区燃气管道　市区燃气管道由气源、燃气门站及高压罐进入高中压管网，再由调压站进入低压管网和低压储气罐站。城市燃气管网按压力分类如下：低压管网为 $p \leqslant 4.9\text{kPa}$；中压管网为 $4.9\text{kPa} < p \leqslant 14.7\text{kPa}$；次高压管网为 $14.7\text{kPa} < p \leqslant 294.3\text{kPa}$；高压管网为 $294.3\text{kPa} < p \leqslant 784.8\text{kPa}$。市区燃气管道供应管网分为环状燃气管网和枝状燃气管网。

（2）小区燃气管网　由建筑群组成建筑庭院、居住小区。庭院燃气管网包括庭院内燃气管网与市区街道燃气管道相连接的联络管；庭院内燃气管网；管道上的阀门和凝水缸。

2. 钢管燃气管道的安装要点

1）管材质量、品种应符合设计与规范的有关规定。

2）管径小于 *DN*400 的管网，宜在沟槽上排管，对管焊接成 50m 左右的一段，而后用“三角架”人工下到槽内。

3. 铸铁管燃气管道的安装特点

铸铁管燃气管道的安装特点如图4-51所示。

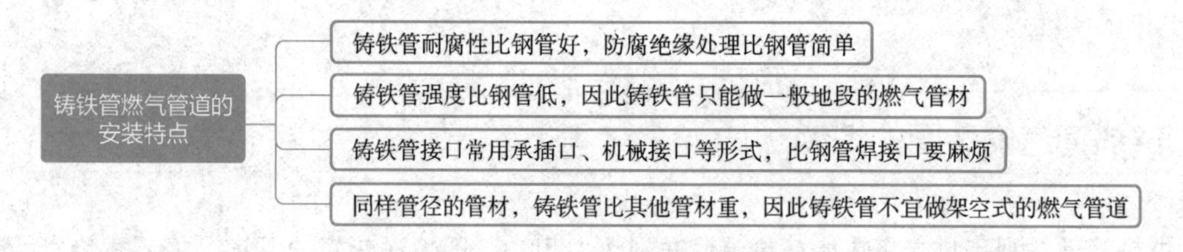

图4-51　铸铁管燃气管道的安装特点

4. 燃气管道附属设备安装

1）通过检查检漏管内有无燃气，即可鉴定套管内燃气管道的严密程度，以防燃气泄漏造成重大安全事故。

2）在输送湿燃气时，燃气管道的低点应设排水器，其构造和型号因燃气压力和凝水量不同而异。

5. 燃气管道与构筑物交叉施工

各种管道交叉时，距离要符合规范要求。地下燃气管道与建筑物、构筑物或相邻管道之间的最小水平净距见表4-10，与其他构筑物之间的最小垂直距离见表4-11。

表 4-10　地下燃气管道与建（构）筑物或相邻管道之间的最小水平净距　（单位：m）

序　　号	项　　目		地下燃气管道		
			低　　压	中　　压	次　高　压
1	建筑物的基础		2.0	3.0	4.0
2	热力管道的管沟外壁，给水管或排水管		1.0	1.0	1.5
3	电力电缆		1.0	1.0	1.0
4	通信电缆	直埋	1.0	1.0	1.0
		在导管内	1.0	1.0	1.0
5	其他燃气管道	$DN \leqslant 300$mm	0.4	0.4	0.4
		$DN > 300$mm	0.5	0.5	0.5
6	铁路钢轨		5.0	5.0	5.0
7	有轨电车道的钢轨		2.0	2.0	2.0
8	电杆（塔）的基础	≤35kV	1.0	1.0	1.0
		>35kV	5.0	5.0	5.0
9	通信、照明电杆（至电杆中心）		1.0	1.0	1.0
10	街树（至树中心）		1.2	1.2	1.2

表 4-11　地下燃气管道与其他构筑物之间的最小垂直距离　（单位：m）

序　　号	项　　目		地下燃气管道
1	给水管、排水管或其他燃气管道		0.15
2	热力管的管沟底（或顶）		0.15
3	电缆	直埋	0.50
		在导管内	0.15
4	铁路轨底		1.20

第五章 市政工程造价构成与计价

第一节 市政工程造价及分类

一、工程造价的含义

工程造价就是指工程的建设价格，是指为完成一个工程的建设，预期或实际所需的全部费用总和。

工程造价是指工程项目从投资决策开始到竣工投产所需的全部建设费用。

工程造价在工程建设的不同阶段有具体的称谓，如投资决策阶段为投资估算，设计阶段为设计概算、施工图预算，招标投标阶段为最高投标限价、投标报价、合同价，施工阶段为竣工结算等。

二、工程造价的分类

1. 工程造价的费用构成

工程造价的费用构成如图 5-1 所示。

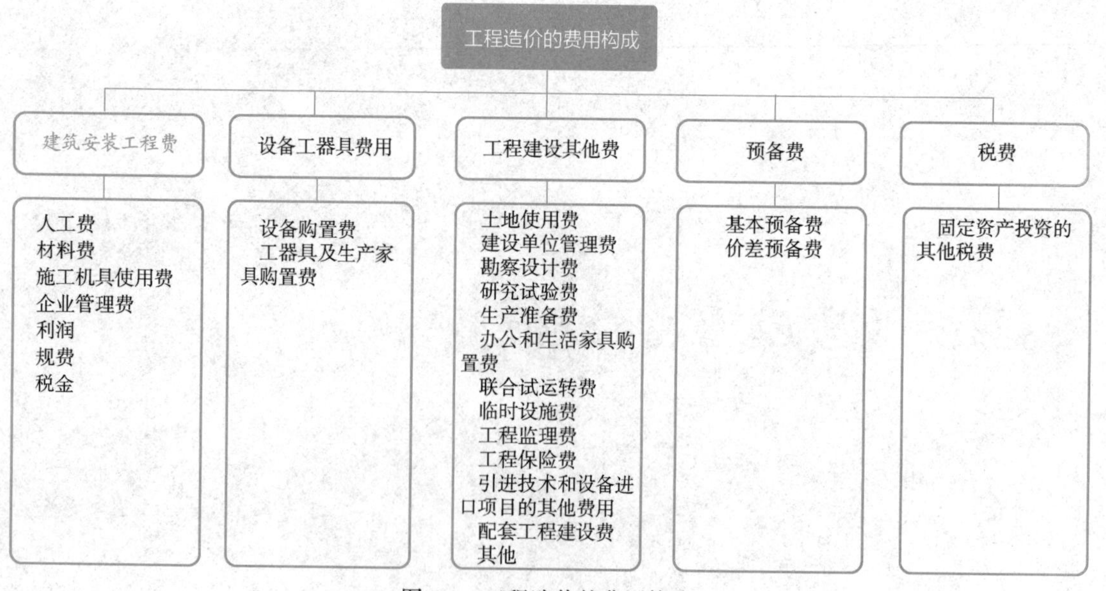

图 5-1 工程造价的费用构成

2. 按费用构成要素划分的建筑安装工程费用项目组成

建筑安装工程费如图 5-2 所示。

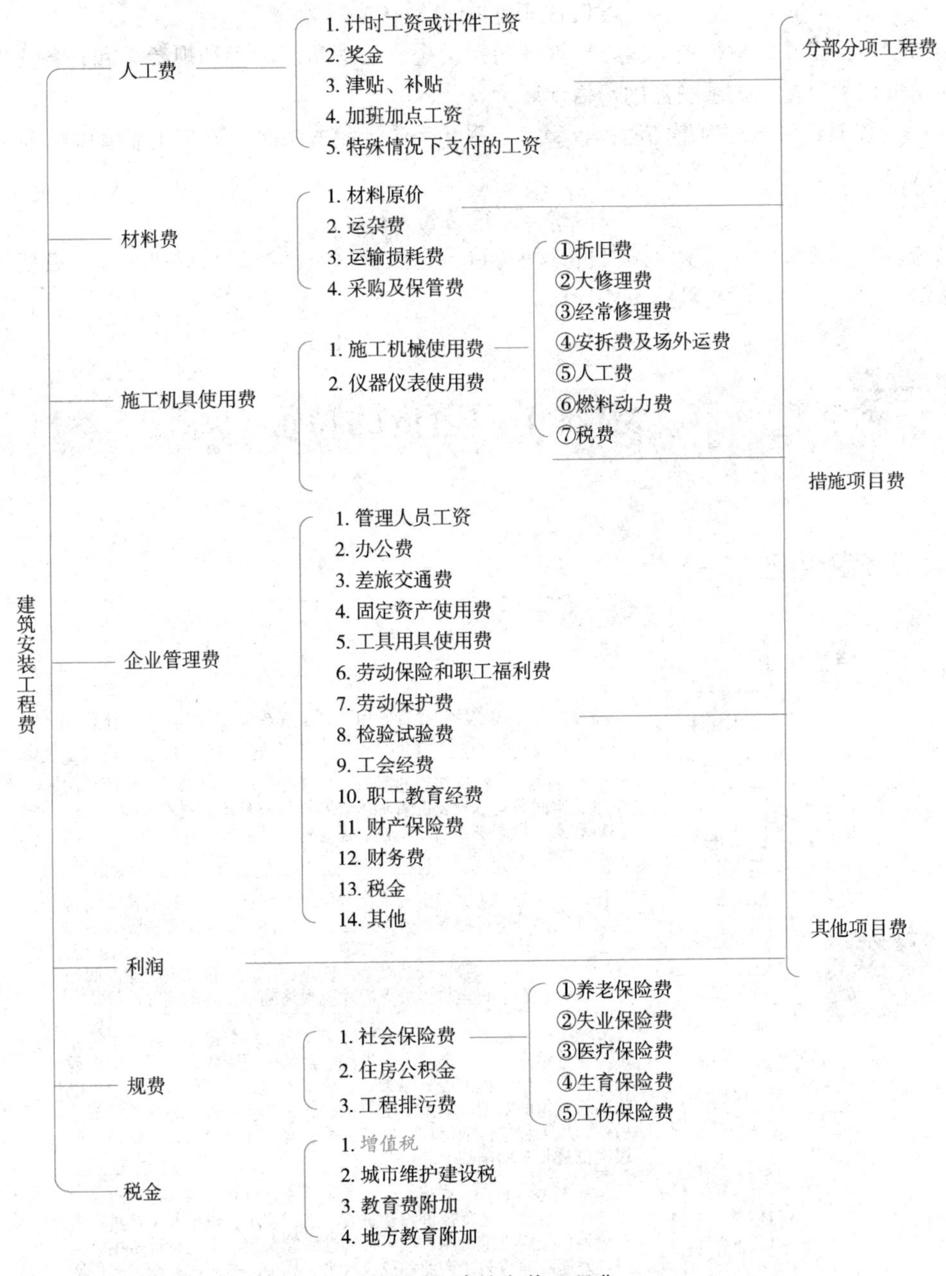

图 5-2　建筑安装工程费

3. 增值税

增值税是商品（含应税劳务）在流转过程中产生的附加值、以增值额作为计税依据而征收的一种流转税。

增值税的计税方法，包括一般计税方法和简易计税方法。一般纳税人发生应税行为适用一般计税方法计税。小规模纳税人发生应税行为适用简易计税方法计税。

（1）采用一般计税方法时增值税的计算　当采用一般计税方法时，建筑业增值税税率为9%。其计算公式为

$$增值税 = 税前造价 \times 9\%$$

税前造价为人工费、材料费、施工机具使用费、企业管理费、利润和规费之和，各费用项目均以不包含增值税可抵扣进项税额的价格计算。

（2）采用简易计税方法时增值税的计算　当采用简易计税方法时，建筑业增值税税率为3%。其计算公式为

$$增值税 = 税前造价 \times 3\%$$

税前造价为人工费、材料费、施工机具使用费、企业管理费、利润和规费之和，各费用项目均以包含增值税可抵扣进项税额的价格计算。

第二节　市政工程造价的特征

一、工程造价的特征

工程造价的特征如图5-3所示。

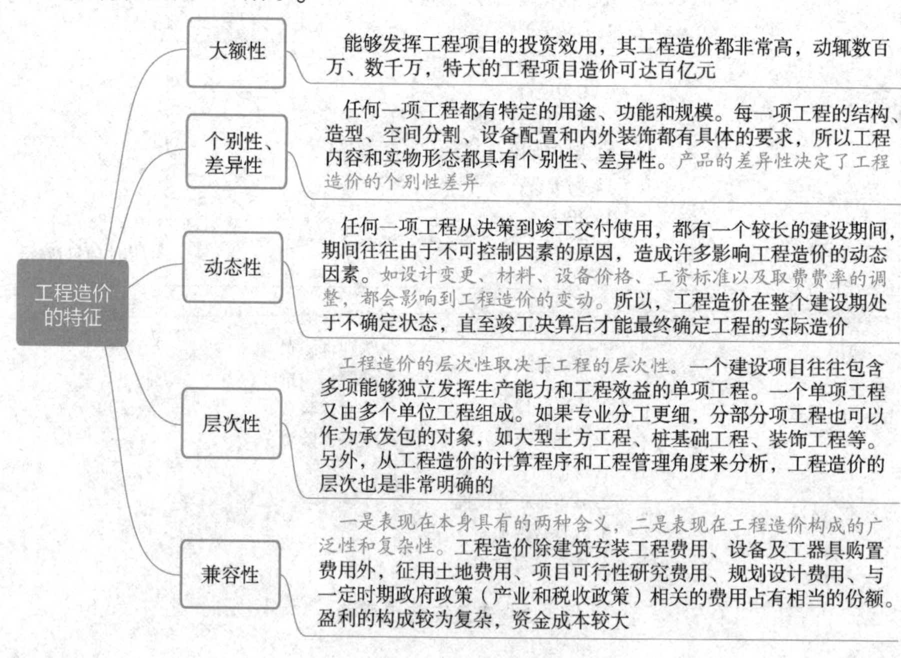

图5-3　工程造价的特征

二、工程计价的特征

工程计价的特征如图5-4所示。

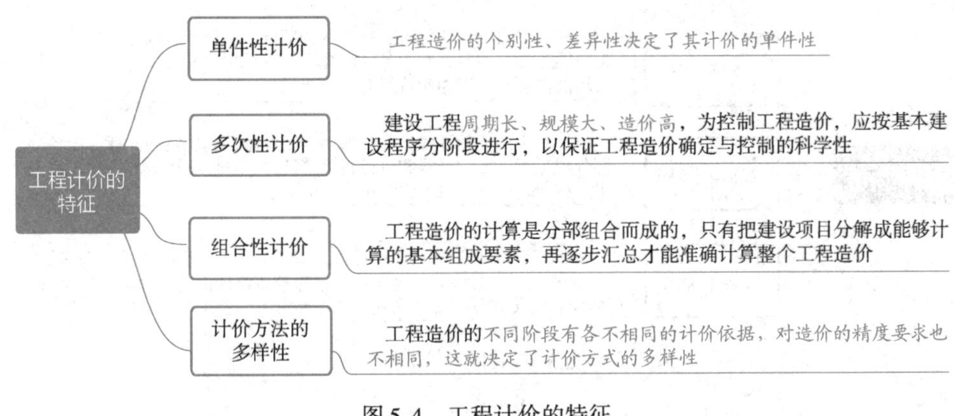

图 5-4　工程计价的特征

第三节　市政工程计价的依据与方法

一、市政工程计价的依据

工程造价计价的依据可从六个方面编制，如图 5-5 所示。

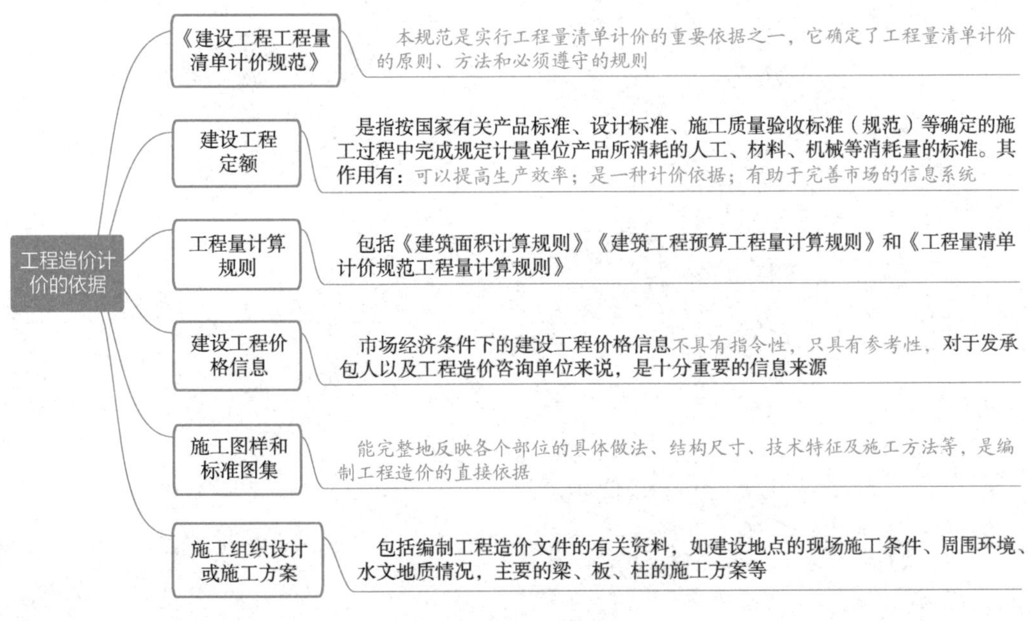

图 5-5　工程造价计价的依据

二、市政工程计价的方法

工程计价的方法可分为工料单价法、实物单价法和综合单价法，如图 5-6 所示。

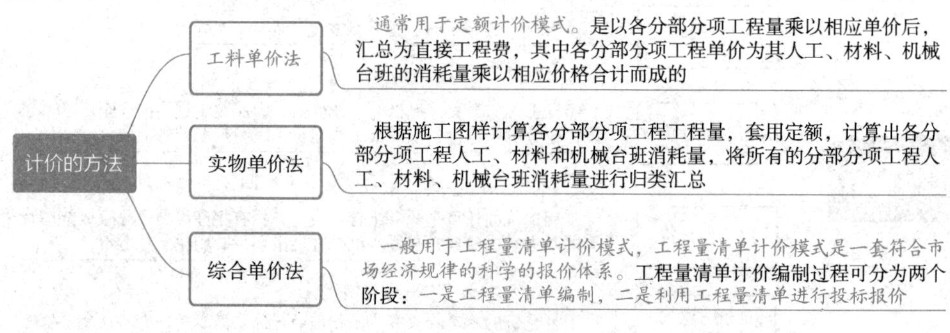
计价的方法
工料单价法
通常用于定额计价模式。是以各分部分项工程量乘以相应单价后，汇总为直接工程费，其中各分部分项工程单价为其人工、材料、机械台班的消耗量乘以相应价格合计而成的
实物单价法
根据施工图样计算各分部分项工程工程量，套用定额，计算出各分部分项工程人工、材料和机械台班消耗量，将所有的分部分项工程人工、材料、机械台班消耗量进行归类汇总
综合单价法
一般用于工程量清单计价模式，工程量清单计价模式是一套符合市场经济规律的科学的报价体系。工程量清单计价编制过程可分为两个阶段：一是工程量清单编制，二是利用工程量清单进行投标报价

图 5-6　计价的方法

第六章 市政工程工程量计算

第一节 土石方工程

一、工程量计算规则

1. 定额工程量计算规则

1）土石方工程主要包括挖土方、爆破石方、运土方、夯填等内容，同时补充了人工挖建筑垃圾，挖掘机挖淤泥、流沙，人工夯填灰土，回填砂石，静态爆破等内容。

2）干、湿土的划分以地质勘察资料为准，含水率≥25%时为湿土。挖湿土时，人工和机械乘以系数1.18。

3）工程总挖方或填方工程量少于2000m^3，平整场地面积少于5000m^2时，人工和机械乘以系数1.10，其他不变。

4）建筑垃圾装运仅适用于掺有砖、瓦、砂、石等的垃圾装运，其工程量以自然堆积方乘以系数0.8计算。

5）人工夯实土堤、机械夯实土堤执行人工填土夯实平地、机械填土夯实平地项目。

6）挖土。

① 挖掘机在垫板上作业，人工和机械乘以系数1.25，搭拆垫板的人工、材料和机械另行计算。

② 挖淤泥、流沙不含排水，不包括挖掘机场内支垫费用，发生后按实计算。

③ 回填灰土项目中黄土是虚方用量。

7）静态爆破。

① 静态爆破定额中的破碎剂是按SCA-I型考虑的。当使用其他型号时，单价可以换算，数量不变。

② 岩石划分标准：土壤及岩石分类中Ⅴ、Ⅵ类为软质岩石，Ⅶ、Ⅷ、Ⅸ、Ⅹ类为中硬质岩石，Ⅺ、Ⅻ类为硬质岩石。

③ 爆破后的清渣运距如超过150m时，执行相应运输定额。

8）土方工程量按图样尺寸计算，修建机械上下坡道土方量按施工组织设计并入土方工程量内；石方工程量按图样尺寸加允许超挖量。开挖坡面每侧允许超挖量：松、次坚石20cm，普、特坚石15cm。

9）回填灰土、砂石适用于沟槽、基坑等的回填夯实、碾压，以夯填后的密实体积计算。

10）管道回填土以管上皮50cm为界，以下范围按人工回填；以上范围按机械回填计算。回填土应扣除基础、垫层、管径200mm以上的管道和各种构筑物所占的体积。

11）管道沿线各种井室所需增加开挖的土石方工程量以井外壁为基准增加工作量。

12）挖土放坡和加宽值应按设计规定，当设计无明确规定时，可按表6-1和表6-2的规定计算。

表6-1 放坡系数

土壤类别	放坡起点深度/m	机械开挖		人工开挖
		沟、槽、坑底作业	沟、槽、坑边作业	
一、二类土	1.20	1:0.33	1:0.75	1:0.50
三类土	1.50	1:0.25	1:0.67	1:0.33
四类土	2.00	1:0.10	1:0.33	1:0.25

注：1. 机械在沟、槽、坑端头作业的放坡系数执行沟、槽、坑底作业系数。

2. 挖土交接处产生的重复工程量不扣除。如在同一断面内遇有数类土壤，其放坡系数可按各类土占全部深度的百分比加权计算。

表6-2 每侧增加工作面宽度

结构宽/cm	金属管道/cm	构筑物无防潮层、混凝土管道结构宽100cm以内/cm	构筑物有防潮层、混凝土管道结构宽250cm以内/cm
50以内	30	40	60
250以内	40		

注：1. 管道结构宽：有管座的按基础外缘，无管座的按管道外径计算。

2. 构筑物结构宽，按基础外缘，设挡土板的每侧另外增加10cm。

13）当人工挖槽、基坑，槽、基坑深超过3m时，应分层开挖。分层按深2m、层间每侧留工作台0.8m计算。

14）沟槽、基坑、平整场地和一般土石方的划分：底宽7m以内，底长大于底宽3倍以上按沟槽计算；底长小于底宽3倍以内且底面积在150m²以内按基坑计算；厚度在30cm以内就地挖、填土按平整场地计算；超过上述范围的土石方按挖土方和石方计算。

15）机械挖土方中如需人工辅助开挖（包括切边、修整底边），人工挖土占总方量的比例按施工组织设计所确定的比例计算。如无施工组织设计的分槽深按以下比例计算：沟槽2m、4m、6m、8m的比例分别为8.7%、3.7%、1.9%、1.3%。人工挖土套相应项目乘以系数1.5。

16）静态爆破。

① 钻孔装药按孔的总长度以延长米计算。每一孔长度按$L=h/\sin\theta$（h为孔的实际垂直高度，θ为孔与水平线的夹角）计算。h按施工组织设计的规定计算，也可参考下列公式计算（H为物体计划破碎高度）：

A. 软质岩石破碎及岩石切割，$h=H$。

B. 中、硬质岩石破碎，$h=1.05H$。

C. 素混凝土，$h=0.8H$。

D. 有筋混凝土，$h=0.9H$。

② 清渣工程量按破碎前物体的密实体积计算。

2. 清单计价工程量计算规则

1）土方工程工程量清单项目设置、项目特征描述的内容、计量单位及工程量计算规则，见表6-3。

表 6-3　土方工程（编码：040101）

项目编码	项目名称	项目特征	计量单位	工程量计算规则	工作内容
040101001	挖一般土方	1. 土壤类别 2. 挖土深度	m^3	按设计图示尺寸以体积计算	1. 排地表水 2. 土方开挖 3. 围护（挡土板）及拆除 4. 基底钎探 5. 场内运输
040101002	挖沟槽土方			按设计图示尺寸以基础垫层底面积乘以挖土深度计算	
040101003	挖基坑土方				
040101004	暗挖土方	1. 土壤类别 2. 平洞、斜洞（坡度） 3. 运距		按设计图示断面乘以长度以体积计算	1. 排地表水 2. 土方开挖 3. 场内运输
040101005	挖淤泥、流砂	1. 挖掘深度 2. 运距		按设计图示位置、界限以体积计算	1. 开挖 2. 运输

注：1. 沟槽、基坑、一般土方的划分为：底宽≤7m 且底长＞3 倍底宽为沟槽，底长≤3 倍底宽且底面积≤150m² 为基坑。超出上述范围则为一般土方。
2. 土壤的分类应按表 6-4 确定。
3. 当土壤类别不能准确划分时，招标人可注明为综合，由投标人根据地勘报告决定报价。
4. 土方体积应按挖掘前的天然密实体积计算。
5. 挖沟槽、基坑土方中的挖土深度，一般是指原地面标高至槽、坑底的平均高度。
6. 挖沟槽、基坑、一般土方因工作面和放坡增加的工程量，是否并入各土方工程量中，按各省、自治区、直辖市或行业建设主管部门的规定实施。如并入各土方工程量中，编制工程量清单时，可按表 6-5、表 6-6 规定计算；办理工程结算时，按经发包人认可的施工组织设计规定计算。
7. 挖沟槽、基坑、一般土方和暗挖土方清单项目的工作内容中仅包括了土方场内平衡所需的运输费用，当需土方外运时，按 040103002“余方弃置”项目编码列项。
8. 挖方出现流砂、淤泥时，如设计未明确，在编制工程量清单时，其工程数量可为暂估值。结算时，应根据实际情况由发包人与承包人双方现场签证确认工程量。
9. 挖淤泥、流沙的运距可以不描述，但应注明由投标人根据施工现场实际情况自行考虑决定报价。

表 6-4　土壤的分类

土壤分类	土壤名称	开挖方法
一、二类土	粉土、砂土（粉砂、细砂、中砂、粗砂、砾砂）、粉质黏土、弱中盐渍土、软土（淤泥质土、泥炭、泥炭质土）、软塑红黏土、冲填土	用锹，少许用镐、条锄开挖。机械能全部直接铲挖满载者
三类土	黏土、碎石土（圆砾、角砾）、混合土、可塑红黏土、硬塑红黏土、强盐渍土、素填土、压实填土	主要用镐、条锄，少许用锹开挖。机械需部分刨松方能铲挖满载者或可直接铲挖但不能满载者
四类土	碎石土（卵石、碎石、漂石、块石）、坚硬红黏土、超盐渍土、杂填土	全部用镐、条锄挖掘，少许用撬棍挖掘。机械需普遍刨松方能铲挖满载者

表 6-5　放坡系数表

土类别	放坡起点/m	人工挖土	机械挖土		
			在沟槽、坑内作业	在沟槽侧、坑边上作业	顺沟槽方向坑上作业
一、二类土	1.20	1:0.50	1:0.33	1:0.75	1:0.50
三类土	1.50	1:0.33	1:0.25	1:0.67	1:0.33
四类土	2.00	1:0.25	1:0.10	1:0.33	1:0.25

注：1. 沟槽、基坑中土的类别不同时，分别按其放坡起点、放坡系数，依不同土的厚度加权平均计算。
2. 计算放坡时，在交接处的重复工程量不予扣除，原槽、坑作基础垫层时，放坡自垫层上表面开始计算。

表6-6　管沟施工每侧所需工作面宽度计算表　（单位：mm）

管道结构宽	混凝土管道基础90°	混凝土管道基础>90°	金属管道	构筑物	
				无防潮层	有防潮层
500以内	400	400	300	400	600
1000以内	500	500	400		
2500以内	600	500	400		
2500以上	700	600	500		

注：管道结构宽：有管座按管道基础外缘，无管座按管道外径计算；构筑物按基础外缘计算。

2）石方工程工程量清单项目设置、项目特征描述的内容、计量单位及工程量计算规则，见表6-7。

表6-7　石方工程（编码：040102）

项目编码	项目名称	项目特征	计量单位	工程量计算规则	工作内容
040102001	挖一般石方	1. 岩石类别 2. 开凿深度	m^3	按设计图示尺寸以体积计算	1. 排地表水 2. 石方开凿 3. 修整底、边 4. 场内运输
040102002	挖沟槽石方			按设计图示尺寸以基础垫层底面积乘以挖石深度计算	
040102003	挖基坑石方				

注：1. 沟槽、基坑、一般石方的划分为：底宽≤7m且底长>3倍底宽为沟槽；底长≤3倍底宽且底面积≤150m^2为基坑；超出上述范围则为一般石方。

2. 岩石的分类应按表6-8确定。
3. 石方体积应按挖掘前的天然密实体积计算。
4. 挖沟槽、基坑、一般石方因工作面和放坡增加的工程量，是否并入各石方工程量中，按各省、自治区、直辖市或行业建设主管部门的规定实施。如并入各石方工程量中，编制工程量清单时，其所需增加的工程数量可为暂估值，且在清单项目中予以注明；办理工程结算时，按经发包人认可的施工组织设计规定计算。
5. 挖沟槽、基坑、一般石方清单项目的工作内容中仅包括了石方场内平衡所需的运输费用，当需石方外运时，按040103002"余方弃置"项目编码列项。
6. 石方爆破按现行国家标准《爆破工程工程量计算规范》（GB 50862—2013）相关项目编码列项。

表6-8　岩石的分类

岩石分类		代表性岩石	开挖方法
极软岩		1. 全风化的各种岩石 2. 各种半成岩	部分用手凿工具、部分用爆破法开挖
软质岩	软岩	1. 强风化的坚硬岩或较硬岩 2. 中等风化—强风化的较软岩 3. 未风化—微风化的页岩、泥岩、泥质砂岩等	用风镐和爆破法开挖
	较软岩	1. 中等风化—强风化的坚硬岩或较硬岩 2. 未风化—微风化的凝灰岩、千枚岩、泥灰岩、砂质泥岩等	用爆破法开挖
硬质岩	较硬岩	1. 微风化的坚硬岩 2. 未风化—微风化的大理岩、板岩、石灰岩、白云岩、钙质砂岩等	
	坚硬岩	未风化—微风化的花岗岩、闪长岩、辉绿岩、玄武岩、安山岩、片麻岩、石英岩、石英砂岩、硅质砾岩、硅质石灰岩等	

3）回填方及土石方运输工程量清单项目设置、项目特征描述的内容、计量单位及工程量计算规则见表6-9。

表 6-9　回填方及土石方运输（编码：040103）

项目编码	项目名称	项目特征	计量单位	工程量计算规则	工作内容
040103001	回填方	1. 密实度要求 2. 填方材料品种 3. 填方粒径要求 4. 填方来源、运距	m^3	1. 按挖方清单项目工程量加原地面线至设计要求标高间的体积，减基础、构筑物等埋入体积计算 2. 按设计图示尺寸以体积计算	1. 运输 2. 回填 3. 压实
040103002	余方弃置	1. 废弃料品种 2. 运距		按挖方清单项目工程量减利用回填方体积（正数）计算	余方点装料运输至弃置点

注：1. 填方材料品种为土时，可以不描述。
2. 填方粒径，在无特殊要求情况下，项目特征可以不描述。
3. 对于沟、槽坑等开挖后再进行回填方的清单项目，其工程量计算规则按第 1 条确定；场地填方等按第 2 条确定。其中，对工程量计算规则 1，当原地面线高于设计要求标高时，则其体积为负值。
4. 回填方总工程量中若包括场内平衡和缺方内运两部分时，应分别编码列项。
5. 余方弃置和回填方的运距可以不描述，但应注明由投标人根据施工现场实际情况自行考虑决定报价。
6. 回填方如需缺方内运，且填方材料品种为土方时，是否在综合单价中计入购买土方的费用，由投标人根据工程实际情况自行考虑决定报价。

二、工程量计算实例

某道路全长700m，路面宽度为20m。由于该段土质比较疏松，为保证路基的稳定性，对路基进行处理，通过强夯土方使土基密实（密实度大于90%），以达到规定的压实度。两侧路肩各宽1m，路基加宽值为30cm，试计算强夯土方的工程量。

【错误答案】

解：（1）定额工程量：

路基强夯土方面积：$700\times(20+1\times2+2\times0.3)m^2=15820.00m^2$

（2）清单工程量：

路基强夯土方面积：$700\times(20+1\times2+2\times0.3)m^2=15820.00m^2$

【正确答案】

解：（1）定额工程量：

路基强夯土方面积：$700\times(20+1\times2+2\times0.3)m^2=15820.00m^2$

（2）清单工程量：

路基强夯土方面积：$700\times(20+1\times2)m^2=15400.00m^2$

第二节　道路工程

一、工程量计算规则

1. 定额工程量计算规则

1）开挖路槽土方，适用于路槽挖深在50cm以内的人工开挖。

2）路床（槽）整形项目的内容，包括平均厚度10cm以内的人工挖高填低、平整路床，使其形成设计要求的纵横坡度，并经压路机碾压密实。

3）铺筑垫层项目适用于混凝土路面，其中砂垫层宽度按路面宽每侧增加5cm。

4）开挖路槽土方按宽度乘以设计中心线长度、挖深以m^3为单位计算，不扣除各种井所占的体积。在设计中明确加宽值的，按设计规定计算；设计中未明确加宽值的，可按设计路宽每侧各加25cm计算。

5）道路工程路床（槽）整形按宽度乘以设计中心线长度以m^2为单位计算，不扣除各种井所占的面积。在设计中明确加宽值的，按设计规定计算；设计中未明确加宽值的，可按设计路宽每侧各加25cm计算。

6）多合土基层中各种材料是按常用的配合比编制的，当设计配合比与之不同时，有关的材料消耗量可按配合比进行调整，但人工和机械台班的消耗量不变。

7）凡列有“每减1cm”的子目，适用于压实厚度在20cm以内的项目；设计压实厚度在20cm以上的，应按两个铺筑层计算。

8）厂拌多合土是按材料到现场摊铺点考虑的。

9）沥青混凝土、黑色碎石是按到现场摊铺点的压实体积编制的。

10）铺设沥青混凝土面层均包括了卡缝用量。

11）水泥混凝土路面是按现场搅拌机搅拌和商品混凝土分别编制的，均不包括路面刻纹，路面刻纹套用相应项目。

12）水泥混凝土路面综合考虑了前台的运输工具不同所影响的工效及有筋、无筋等不同的工效，但未包括钢筋模板制作安装，钢筋模板制作安装另套用相应项目。

13）道路面层工程量按设计中心线长度乘以设计宽度以m^2为单位计算（包括转弯面积），不扣除各类井所占的面积，扣除侧、平石所占的面积。

14）人行道板如需拼铺图案时人工乘以系数1.1。

15）各种便道砖安砌按设计面积以m^2为单位计算，不扣除井所占的面积，但扣除树池所占面积。

16）垫层按设计体积以m^3为单位计算，不扣除井所占的体积，但扣除树池所占体积。

17）侧、平石安砌按设计长度以m为单位计算，不扣除井所占的长度。

18）可竞争措施项目中的其他措施项目和不可竞争措施项目适用于除拆除工程、大型机械一次安拆及场外运输费以及各册（除隧道工程外）的土石方工程以外的项目。

19）可竞争措施项目中的其他措施项目、不可竞争措施项目以实体项目和可竞争措施项目（除其他措施项目以外）的人工费、机械费之和为计算基数。

2. 清单计价工程量计算规则

1）路基处理工程量清单项目设置、项目特征描述的内容、计量单位及工程量计算规则，见表6-10。

表6-10　路基处理（编码：040201）

项目编码	项目名称	项目特征	计量单位	工程量计算规则	工程内容
040201001	预压地基	1. 排水竖井种类、断面尺寸、排列方式、间距、深度 2. 预压方法 3. 预压荷载、时间 4. 砂垫层厚度	m^2	按设计图示尺寸以加固面积计算	1. 设置排水竖井、盲沟、滤水管 2. 铺设砂垫层、密封膜 3. 堆载、卸载或抽气设备安拆、抽真空 4. 材料运输

（续）

项目编码	项目名称	项目特征	计量单位	工程量计算规则	工程内容
040201002	强夯地基	1. 夯击能量 2. 夯击遍数 3. 地耐力要求 4. 夯填材料种类	m^2	按设计图示尺寸以加固面积计算	1. 铺设夯填材料 2. 强夯 3. 夯填材料运输
040201003	振冲密实（不填料）	1. 地层情况 2. 振密深度 3. 孔距 4. 振冲器功率			1. 振冲加密 2. 泥浆运输
040201004	掺石灰	含灰量	m^3	按设计图示尺寸以体积计算	1. 掺石灰 2. 夯实
040201005	掺干土	1. 密实度 2. 掺土率			1. 掺干土 2. 夯实
040201006	掺石	1. 材料品种、规格 2. 掺石率			1. 掺石 2. 夯实
040201007	抛石挤淤	材料品种、规格			1. 抛石挤淤 2. 填塞垫平、压实
040201008	袋装砂井	1. 直径 2. 填充料品种 3. 深度	m	按设计图示尺寸以长度计算	1. 制作砂袋 2. 定位沉管 3. 下砂袋 4. 拔管
040201009	塑料排水板	材料品种、规格			1. 安装排水板 2. 沉管插板 3. 拔管
040201010	振冲桩（填料）	1. 地层情况 2. 空桩长度、桩长 3. 桩径 4. 填充材料种类	1. m 2. m^3	1. 以m计量，按设计图示尺寸以桩长计算 2. 以m^3计量，按设计桩截面乘以桩长以体积计算	1. 振冲成孔、填料、振实 2. 材料运输 3. 泥浆运输
040201011	砂石桩	1. 地层情况 2. 空桩长度、桩长 3. 桩径 4. 成孔方法 5. 材料种类、级配		1. 以m计量，按设计图示尺寸以桩长（包括桩尖）计算 2. 以m^3计量，按设计桩截面乘以桩长（包括桩尖）以体积计算	1. 成孔 2. 填充、振实 3. 材料运输
040201012	水泥粉煤灰碎石桩	1. 地层情况 2. 空桩长度、桩长 3. 桩径 4. 成孔方法 5. 混合料强度等级	m	按设计图示尺寸以桩长（包括桩尖）计算	1. 成孔 2. 混合料制作、灌注、养护 3. 材料运输

（续）

项目编码	项目名称	项目特征	计量单位	工程量计算规则	工程内容
040201013	深层水泥搅拌桩	1. 地层情况 2. 空桩长度、桩长 3. 桩截面尺寸 4. 水泥强度等级、掺量	m	按设计图示尺寸以桩长计算	1. 预搅下钻、水泥浆制作、喷浆搅拌提升成桩 2. 材料运输
040201014	粉喷桩	1. 地层情况 2. 空桩长度、桩长 3. 桩径 4. 粉体种类、掺量 5. 水泥强度等级、石灰粉要求			1. 预搅下钻、喷粉搅拌提升成桩 2. 材料运输
040201015	高压水泥旋喷桩	1. 地层情况 2. 空桩长度、桩长 3. 桩截面 4. 旋喷类型、方法 5. 水泥强度等级、掺量			1. 成孔 2. 水泥浆制作、高压旋喷注浆 3. 材料运输
040201016	石灰桩	1. 地层情况 2. 空桩长度、桩长 3. 桩径 4. 成孔方法 5. 掺合料种类、配合比		按设计图示尺寸以桩长（包括桩尖）计算	1. 成孔 2. 混合料制作、运输、夯填
040201017	灰土（土）挤密桩	1. 地层情况 2. 空桩长度、桩长 3. 桩径 4. 成孔方法 5. 灰土级配			1. 成孔 2. 灰土拌和、运输、填充、夯实
040201018	柱锤冲扩桩	1. 地层情况 2. 空桩长度、桩长 3. 桩径 4. 成孔方法 5. 桩体材料种类、配合比		按设计图示尺寸以桩长计算	1. 安拔套管 2. 冲孔、填料、夯实 3. 桩体材料制作、运输
040201019	地基注浆	1. 地层情况 2. 成孔深度、间距 3. 浆液种类及配合比 4. 注浆方法 5. 水泥强度等级、用量	1. m 2. m^3	1. 以m计量，按设计图示尺寸以深度计算 2. 以m^3计量，按设计图示尺寸以加固体积计算	1. 成孔 2. 注浆导管制作、安装 3. 浆液制作、压浆 4. 材料运输

（续）

项目编码	项目名称	项目特征	计量单位	工程量计算规则	工程内容
040201020	褥垫层	1. 厚度 2. 材料品种、规格及比例	1. m^2 2. m^3	1. 以 m^2 计量，按设计图示尺寸以铺设面积计算 2. 以 m^3 计量，按设计图示尺寸以铺设体积计算	1. 材料拌和、运输 2. 铺设 3. 压实
040201021	土工合成材料	1. 材料品种、规格 2. 搭接方式	m^2	按设计图示尺寸以面积计算	1. 基层整平 2. 铺设 3. 固定
040201022	排水沟、截水沟	1. 断面尺寸 2. 基础、垫层：材料品种、厚度 3. 砌体材料 4. 砂浆强度等级 5. 伸缩缝填塞 6. 盖板材质、规格	m	按设计图示以长度计算	1. 模板制作、安装、拆除 2. 基础、垫层铺筑 3. 混凝土拌和、运输、浇筑 4. 侧墙浇捣或砌筑 5. 勾缝、抹面 6. 盖板安装
040201023	盲沟	1. 材料品种、规格 2. 断面尺寸			铺筑

注：1. 地层情况按表6-4和表6-8的规定，并根据岩土工程勘察报告按单位工程各地层所占比例（包括范围值）进行描述。对无法准确描述的地层情况，可注明由投标人根据岩土工程勘察报告自行决定报价。

2. 项目特征中的桩长应包括桩尖，空桩长度 = 孔深 − 桩长，孔深为自然地面至设计桩底的深度。

3. 当采用碎石、粉煤灰、砂等作为路基处理的填方材料时，应按第一节“土石方工程”中回填方项目编码列项。

4. 排水沟、截水沟清单项目中，当侧墙为混凝土时，还应描述侧墙的混凝土强度等级。

2）道路基层工程量清单项目设置、项目特征描述的内容、计量单位及工程量计算规则，见表6-11。

表6-11　道路基层（编码：040202）

项目编码	项目名称	项目特征	计量单位	工程量计算规则	工程内容
040202001	路床（槽）整形	1. 部位 2. 范围	m^2	按设计道路底基层图示尺寸以面积计算，不扣除各类井所占面积	1. 放样 2. 整修路拱 3. 碾压成型
040202002	石灰稳定土	1. 含灰量 2. 厚度		按设计图示尺寸以面积计算，不扣除各类井所占面积	1. 拌和 2. 运输 3. 铺筑 4. 找平 5. 碾压 6. 养护
040202003	水泥稳定土	1. 水泥含量 2. 厚度			
040202004	石灰、粉煤灰、土	1. 配合比 2. 厚度			
040202005	石灰、碎石、土	1. 配合比 2. 碎石规格 3. 厚度			
040202006	石灰、粉煤灰、碎（砾）石	1. 配合比 2. 碎（砾）石规格 3. 厚度			
040202007	粉煤灰	厚度			
040202008	矿渣				

（续）

项目编码	项目名称	项目特征	计量单位	工程量计算规则	工程内容
040202009	砂砾石	1. 石料规格 2. 厚度	m^2	按设计图示尺寸以面积计算，不扣除各类井所占面积	1. 拌和 2. 运输 3. 铺筑 4. 找平 5. 碾压 6. 养护
040202010	卵石				
040202011	碎石				
040202012	块石				
040202013	山皮石				
040202014	粉煤灰三渣	1. 配合比 2. 厚度			
040202015	水泥稳定碎（砾）石	1. 水泥含量 2. 石料规格 3. 厚度			
040202016	沥青稳定碎石	1. 沥青品种 2. 石料规格 3. 厚度			

注：1. 道路工程厚度应以压实后为准。

2. 道路基层设计截面如为梯形时，应按其截面平均宽度计算面积，并在项目特征中对截面参数加以描述。

3）道路面层工程量清单项目设置、项目特征描述的内容、计量单位及工程量计算规则，见表6-12。

表6-12　道路面层（编码：040203）

项目编码	项目名称	项目特征	计量单位	工程量计算规则	工程内容
040203001	沥青表面处治	1. 沥青品种 2. 层数	m^2	按设计图示尺寸以面积计算，不扣除各种井所占面积，带平石的面层应扣除平石所占面积	1. 喷油、布料 2. 碾压
040203002	沥青贯入式	1. 沥青品种 2. 石料规格 3. 厚度			1. 摊铺碎石 2. 喷油、布料 3. 碾压
040203003	透层、粘层	1. 材料品种 2. 喷油量			1. 清理下承面 2. 喷油、布料
040203004	封层	1. 材料品种 2. 喷油量 3. 厚度			1. 清理下承面 2. 喷油、布料 3. 压实
040203005	黑色碎石	1. 材料品种 2. 石料规格 3. 厚度			1. 清理下承面 2. 拌和、运输 3. 摊铺、整型 4. 压实
040203006	沥青混凝土	1. 沥青品种 2. 沥青混凝土种类 3. 石料粒径 4. 掺合料 5. 厚度			

（续）

项目编码	项目名称	项目特征	计量单位	工程量计算规则	工程内容
040203007	水泥混凝土	1. 混凝土强度等级 2. 掺合料 3. 厚度 4. 嵌缝材料	m^2	按设计图示尺寸以面积计算，不扣除各种井所占面积，带平石的面层应扣除平石所占面积	1. 模板制作、安装、拆除 2. 混凝土拌和、运输、浇筑 3. 拉毛 4. 压痕或刻防滑槽 5. 伸缝 6. 缩缝 7. 锯缝、嵌缝 8. 路面养护
040203008	块料面层	1. 块料品种、规格 2. 垫层：材料品种、厚度、强度等级			1. 铺筑垫层 2. 铺砌块料 3. 嵌缝、勾缝
040203009	弹性面层	1. 材料品种 2. 厚度			1. 配料 2. 铺贴

注：水泥混凝土路面中传力杆和拉杆的制作、安装应按第六节“钢筋工程”中相关项目编码列项。

4）人行道及其他工程量清单项目设置、项目特征描述的内容、计量单位及工程量计算规则，见表6-13。

表 6-13　人行道及其他（编号：040204）

项目编码	项目名称	项目特征	计量单位	工程量计算规则	工程内容
040204001	人行道整形碾压	1. 部位 2. 范围	m^2	按设计人行道图示尺寸以面积计算，不扣除侧石、树池和各类井所占面积	1. 放样 2. 碾压
040204002	人行道块料铺设	1. 块料品种、规格 2. 基础、垫层：材料品种、厚度 3. 图形		按设计图示尺寸以面积计算，不扣除各类井所占面积，但应扣除侧石、树池所占面积	1. 基础、垫层铺筑 2. 块料铺设
040204003	现浇混凝土人行道及进门坡	1. 混凝土强度等级 2. 厚度 3. 基础、垫层：材料品种、厚度			1. 模板制作、安装、拆除 2. 基础、垫层铺筑 3. 混凝土拌和、运输、浇筑
040204004	安砌侧（平、缘）石	1. 材料品种、规格 2. 基础、垫层：材料品种、厚度	m	按设计图示中心线长度计算	1. 开槽 2. 基础、垫层铺筑 3. 侧（平、缘）石安砌
040204005	现浇侧（平、缘）石	1. 材料品种 2. 尺寸 3. 形状 4. 混凝土强度等级 5. 基础、垫层：材料品种、厚度			1. 模板制作、安装、拆除 2. 开槽 3. 基础、垫层铺筑 4. 混凝土拌和、运输、浇筑
040204006	检查井升降	1. 材料品种 2. 检查井规格 3. 平均升（降）高度	座	按设计图示路面标高与原有的检查井发生正负高差的检查井的数量计算	1. 提升 2. 降低

（续）

项目编码	项目名称	项目特征	计量单位	工程量计算规则	工程内容
040204007	树池砌筑	1. 材料品种、规格 2. 树池尺寸 3. 树池盖面材料品种	个	按设计图示数量计算	1. 基础、垫层铺筑 2. 树池砌筑 3. 盖面材料运输、安装
040204008	预制电缆沟铺设	1. 材料品种 2. 规格尺寸 3. 基础、垫层：材料品种、厚度 4. 盖板品种、规格	m	按设计图示中心线长度计算	1. 基础、垫层铺筑 2. 预制电缆沟安装 3. 盖板安装

5）交通管理设施工程量清单项目设置、项目特征描述的内容、计量单位及工程量计算规则，见表6-14。

表6-14　交通管理设施（编号：040205）

项目编码	项目名称	项目特征	计量单位	工程量计算规则	工程内容
040205001	人（手）孔井	1. 材料品种 2. 规格尺寸 3. 盖板材质、规格 4. 基础、垫层：材料品种、厚度	座	按设计图示数量计算	1. 基础、垫层铺筑 2. 井身砌筑 3. 勾缝（抹面） 4. 井盖安装
040205002	电缆保护管	1. 材料品种 2. 规格	m	按设计图示以长度计算	敷设
040205003	标杆	1. 类型 2. 材质 3. 规格尺寸 4. 基础、垫层：材料品种、厚度 5. 油漆品种	根	按设计图示数量计算	1. 基础、垫层铺筑 2. 制作 3. 喷漆或镀锌 4. 底盘、拉盘、卡盘及杆件安装
040205004	标志板	1. 类型 2. 材质、规格尺寸 3. 板面反光膜等级	块		制作、安装
040205005	视线诱导器	1. 类型 2. 材料品种	只		安装
040205006	标线	1. 材料品种 2. 工艺 3. 线型	1. m 2. m^2	1. 以m计量，按设计图示以长度计算 2. 以m^2计量，按设计图示尺寸以面积计算	1. 清扫 2. 放样 3. 画线 4. 护线
040205007	标记	1. 材料品种 2. 类型 3. 规格尺寸	1. 个 2. m^2	1. 以个计量，按设计图示数量计算 2. 以m^2计量，按设计图示尺寸以面积计算	
040205008	横道线	1. 材料品种 2. 形式	m^2	按设计图示尺寸以面积计算	
040205009	清除标线	清除方法			清除

（续）

项目编码	项目名称	项目特征	计量单位	工程量计算规则	工程内容
040205010	环形检测线圈	1. 类型 2. 规格、型号	个	按设计图示数量计算	1. 安装 2. 调试
040205011	值警亭	1. 类型 2. 规格 3. 基础、垫层：材料品种、厚度	座	按设计图示数量计算	1. 基础、垫层铺筑 2. 安装
040205012	隔离护栏	1. 类型 2. 规格、型号 3. 材料品种 4. 基础、垫层：材料品种、厚度	m	按设计图示以长度计算	1. 基础、垫层铺筑 2. 制作、安装
040205013	架空走线	1. 类型 2. 规格、型号			架线
040205014	信号灯	1. 类型 2. 灯架材质、规格 3. 基础、垫层：材料品种、厚度 4. 信号灯规格、型号、组数	套	按设计图示数量计算	1. 基础、垫层铺筑 2. 灯架制作、镀锌、喷漆 3. 底盘、拉盘、卡盘及杆件安装 4. 信号灯安装、调试
040205015	设备控制机箱	1. 类型 2. 材质、规格尺寸 3. 基础、垫层：材料品种、厚度 4. 配置要求	台		1. 基础、垫层铺筑 2. 安装 3. 调试
040205016	管内配线	1. 类型 2. 材质 3. 规格、型号	m	按设计图示以长度计算	配线
040205017	防撞筒（墩）	1. 材料品种 2. 规格、型号	个	按设计图示数量计算	制作、安装
040205018	警示柱	1. 类型 2. 材料品种 3. 规格、型号	根		
040205019	减速垄	1. 材料品种 2. 规格、型号	m	按设计图示以长度计算	
040205020	监控摄像机	1. 类型 2. 规格、型号 3. 支架形式 4. 防护罩要求	台	按设计图示数量计算	1. 安装 2. 调试

（续）

项目编码	项目名称	项目特征	计量单位	工程量计算规则	工程内容
040205021	数码相机	1. 规格、型号 2. 立杆材质、形式 3. 基础、垫层：材料品种、厚度	套	按设计图示数量计算	1. 基础、垫层铺筑 2. 安装 3. 调试
040205022	道闸机	1. 类型 2. 规格、型号 3. 基础、垫层：材料品种、厚度			
040205023	可变信息情报板	1. 类型 2. 规格、型号 3. 立（横）杆材质、形式 4. 配置要求 5. 基础、垫层：材料品种、厚度			
040205024	交通智能系统调试	系统类别	系统		系统调试

注：1. 本节清单项目如发生破除混凝土路面、土石方开挖、回填夯实等，应分别按第八节“拆除工程”及第一节“土石方工程”中相关项目编码列项。

2. 除清单项目特殊注明外，各类垫层应按《市政工程工程量计算规范》（GB 50857—2013）附录中相关项目编码列项。

3. 立电杆按第八节“路灯工程”中相关项目编码列项。

4. 值警亭按半成品现场安装考虑，实际采用砖砌等形式的，按现行国家标准《房屋建筑与装饰工程工程量计算规范》（GB 50854—2013）中相关项目编码列项。

5. 与标杆相连的，用于安装标志板的配件应计入标志板清单项目内。

二、工程量计算实例

某城市郊区道路路长为1600m，路面宽度为12m，路肩宽度为1m，路基加宽值为30cm。路面采用沥青混凝土，路基采用沥青稳定碎石，道路结构图如图6-1所示，试计算沥青稳定碎石基层的工程量。

【错误答案】

解：（1）定额工程量：

沥青稳定碎石面积：$1600\text{m}\times(0.04+0.06+0.1+0.07)\text{m}=432\text{m}^2$

（2）清单工程量：

沥青稳定碎石面积：$1600\text{m}\times(12+1\times2+2\times0.3)\text{m}=23360\text{m}^2$

【正确答案】

解：（1）定额工程量：

沥青稳定碎石面积：$1600\text{m}\times(12+1\times2+2\times0.3)\text{m}=23360.00\text{m}^2$

（2）清单工程量：

沥青稳定碎石面积：$1600\text{m}\times12\text{m}=19200.00\text{m}^2$

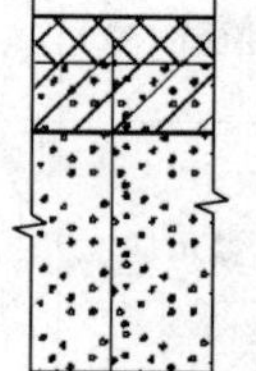

图6-1 道路结构图

第三节　桥涵工程

一、工程量计算规则

1. 定额工程量计算规则

1）定额中的预制混凝土及钢筋混凝土构件，不适用于独立核算、执行产品出厂价格的构件厂所生产的构件。

2）定额适用于提升高度（按原地标高至梁底标高）8m以内、河道水深3m以内的桥涵工程。

3）定额中均未包括各类操作脚手架，发生时按“通用项目”相应项目执行。

4）定额中混凝土全部按普通混凝土考虑，如采用水下混凝土，可以换算。

5）定额中钢筋制作安装项目不包括施工过程中使用的支撑用钢筋或铁件，应按设计图或施工组织设计另行计算。

6）灌注桩、打桩不包括荷载试验。

7）土质类别按一、二类土考虑。当实际土质为三、四类土时，人工、机械均乘以系数1.43。

8）该工程均为打直桩，如打斜桩（包括俯打、仰打），斜率在1∶6以内时，人工乘以系数1.33，机械乘以系数1.43。

9）考虑了在支架平台上的操作，但不包括支架平台的费用。

10）陆上打桩采用履带式柴油打桩机时，不计陆上工作平台费，可计20cm碎石垫层，面积按陆上工作平台面积计算。

11）船上打桩项目按两艘船只拼搭、捆绑考虑。

12）打板桩项目中，均已包括打、拔导向桩内容，不得重复计算。

13）陆上、支架上、船上打桩项目中均未包括送桩。

14）送桩项目按送4m为界，当实际超过4m时，乘以表6-15中的调整系数。

15）钢筋混凝土方桩、板桩按桩长度（包括桩尖长度）乘以桩横断面面积计算。

16）钢筋混凝土管桩按桩长度（包括桩尖长度）乘以桩横断面面积，减去空心部分体积计算。

表6-15　调整系数

送桩长度	5m以内	6m以内	7m以内	8m以内	9m以内	10m以内
调整系数	1.2	1.5	2.0	2.75	3.5	4.25

17）送桩：陆上打桩时，以原地面平均标高增加1m为界线，界线以下至设计桩顶标高之间的打桩实体积为送桩工程量；支架上打桩时，以当地施工期间的最高潮水位增加0.5m为界，界线以下至设计桩顶标高之间的打桩实体积为送桩工程量；船上打桩时，以当地施工期间的平均水位增加1m为界线，界线以下至设计桩顶标高之间的打桩实体积为送桩工程量。

18）埋设钢护筒项目中钢护筒是按摊销量计算，若在深水作业，钢护筒无法拔出，经建设单位签证后，可按钢护筒实际用量减去子目数量一次增列计算。

19）机械成孔工程量按入土深度计算。定额项目中的深度是指护筒顶至桩底的深度。

20）人工挖桩孔土方工程量按护壁外缘的断面面积乘以设计深度以m^3为单位计算。

21）灌注桩混凝土按设计桩长（包括加灌长度）乘以断面面积以m^3为单位计算，水下混凝土按设计桩长加1m乘以断面面积以m^3为单位计算。

22）计算人工挖孔桩、机械成孔桩的工程量时，应扣除护筒所占的体积、长度。

23）埋设钢护筒按施工组织设计确定的长度计算。

24）砌筑工程量按设计尺寸以 m^3 为单位计算，不扣除嵌入砌体中的钢管、沉降缝、伸缩缝以及单孔面积在0.3m^2 以内的预留孔洞所占的体积。

25）压浆管道项目中的薄钢板管、波纹管均已包括三通管安装费用，三通管费用可据实计算。

26）钢筋按设计图尺寸以 t 为单位计算，钢筋接头按设计图规定计算，设计图没有规定的按以下方法计算：水平钢筋通长搭接量，直径25mm 以内者按8m 长一个接头；直径25mm 以上者按6m 长一个接头，搭接长度按规范及设计规定计算。竖向钢筋通长搭接量按以上规定计算，但层高小于规定接头间距的竖向钢筋接头，按每一个自然层一个接头计算。

27）锚具工程量按设计用量乘以下列系数计算：锥形锚，1.05；OVM 锚，1.05；镦头锚，1.00。

28）混凝土工程量按设计尺寸以实体积计算（扣除空心板、梁的空心体积），不扣除钢筋、铁件、预留压浆孔道和螺栓及单孔面积在0.3m^2 以内的孔洞所占体积。

29）预制桩工程量按桩长度（包括桩尖长度）乘以桩横断面面积计算。

30）预制空心构件按设计图尺寸扣除空心体积，以实体积计算。空心板梁的堵头板体积不计入工程量内，其消耗量已在项目中考虑。

31）预制空心板梁，凡采用橡胶囊做内模的，考虑其压缩变形因素，可增加混凝土数量。当梁长在16m 以内时，可按设计计算体积增加7%；当梁长大于16m 时，则增加9%计算。如设计图已注明考虑橡胶囊变形，则不再增加。

32）预应力混凝土构件的封锚混凝土数量按设计数量以实体积计算。

33）箱涵顶进土质是按一、二类土考虑的。

34）箱涵顶进项目所指的自重是指顶进箱涵的全部自重。

35）箱涵内挖土，定额中是按不同挖运方式分列子目的。实际施工时，应按不同作业方式套用子目。

36）箱涵顶进分空顶、无中继间实土顶和有中继间实土顶三类，其工程量计算如下：空顶工程量按空顶的单节箱涵重量乘以箱涵位移距离计算；实土顶工程量按实顶的单节箱涵重量乘以箱涵位移距离计算（箱涵位移是指箱涵浇筑位置的尾端至最后顶进就位后尾端之间的距离）。

37）箱涵内挖土按箱涵外侧断面面积乘以顶进长度以体积计算。

38）金属顶柱、中继间护套、千斤顶支架、挖土支架、刃脚制作的工程量按箱涵顶进子目计算出的数量作为工程量。

39）箱涵混凝土工程量，按设计尺寸以实体积计算，不扣除钢筋、铁件、单孔面积0.3m^2 以内的预留孔洞所占体积。

40）除金属面油漆按金属构件质量以 t 为单位计算外，其余项目均按装饰面积计算，不扣除分格线、空格、单孔面积在0.3m^2 以内的孔洞所占面积，侧壁抹灰不再增加。

41）支架平台分为陆上、水上两类，其划分范围如下：

① 水上支架平台：凡河道原有河岸线向陆地延伸2.50m 范围内的，均可套用水上支架平台。

② 陆上支架平台：除水上支架范围以外的陆地部分均属陆上支架平台范围，但不包括坑洼地段。

42）桥涵拱盔、支架空间体积计算：桥涵拱盔体积按起拱线以上弓形面积乘以（桥宽 +2m）计算。桥涵支架体积按结构底至原地面（水上支架为水上支架平台顶面）平均标高乘以纵向距离再乘以（桥宽 +2m）计算。

43）挂篮安装按挂篮质量计算（不包括压重材料质量）。挂篮推移按挂篮质量乘以推移长度计算。

44）筑、拆胎，地模按施工组织设计确定的数量以面积计算。

45）顶进后背按施工组织设计确定的数量计算。

46）构件运输的工程量按构件混凝土实体积（不包括空心部分）计算。

2. 清单计价工程量计算规则

1）桩基工程量清单项目设置、项目特征描述的内容、计量单位及工程量计算规则，见表6-16。

表6-16　桩基（编码：040301）

项目编码	项目名称	项目特征	计量单位	工程量计算规则	工程内容
040301001	预制钢筋混凝土方桩	1. 地层情况 2. 送桩深度、桩长 3. 桩截面 4. 桩倾斜度 5. 混凝土强度等级	1. m 2. m^3 3. 根	1. 以m计量，按设计图示尺寸以桩长（包括桩尖）计算 2. 以m^3计量，按设计图示桩长（包括桩尖）乘以桩的断面面积计算 3. 以根计量，按设计图示数量计算	1. 工作平台搭拆 2. 桩就位 3. 桩机移位 4. 沉桩 5. 接桩 6. 送桩
040301002	预制钢筋混凝土管桩	1. 地层情况 2. 送桩深度、桩长 3. 桩外径、壁厚 4. 桩倾斜度 5. 桩尖设置及类型 6. 混凝土强度等级 7. 填充材料种类			1. 工作平台搭拆 2. 桩就位 3. 桩机移位 4. 桩尖安装 5. 沉桩 6. 接桩 7. 送桩 8. 桩芯填充
040301003	钢管桩	1. 地层情况 2. 送桩深度、桩长 3. 材质 4. 管径、壁厚 5. 桩倾斜度 6. 填充材料种类 7. 防护材料种类	1. t 2. 根	1. 以t计量，按设计图示尺寸以质量计算 2. 以根计量，按设计图示数量计算	1. 工作平台搭拆 2. 桩就位 3. 桩机移位 4. 沉桩 5. 接桩 6. 送桩 7. 切割钢管、精割盖帽 8. 管内取土、余土弃置 9. 管内填芯、刷防护材料
040301004	泥浆护壁成孔灌注桩	1. 地层情况 2. 空桩长度、桩长 3. 桩径 4. 成孔方法 5. 混凝土种类、强度等级	1. m 2. m^3 3. 根	1. 以m计量，按设计图示尺寸以桩长（包括桩尖）算 2. 以m^3计量，按不同截面在桩长范围内以体积计算 3. 以根计量，按设计图示数量计算	1. 工作平台搭拆 2. 桩机移位 3. 护筒埋设 4. 成孔、固壁 5. 混凝土制作、运输、灌注、养护 6. 土方、废浆外运 7. 打桩场地硬化及泥浆池、泥浆沟
040301005	沉管灌注桩	1. 地层情况 2. 空桩长度、桩长 3. 复打长度 4. 桩径 5. 沉管方法 6. 桩尖类型 7. 混凝土种类、强度等级		1. 以m计量，按设计图示尺寸以桩长（包括桩尖）计算 2. 以m^3计量，按设计图示桩长（包括桩尖）乘以桩的断面面积计算 3. 以根计量，按设计图示数量计算	1. 工作平台搭拆 2. 桩机移位 3. 打（沉）拔钢管 4. 桩尖安装 5. 混凝土拌和、运输、灌注、养护
040301006	干作业成孔灌注桩	1. 地层情况 2. 空桩长度、桩长 3. 桩径 4. 扩孔直径、高度 5. 成孔方法 6. 混凝土种类、强度等级			1. 工作平台搭拆 2. 桩机移位 3. 成孔、扩孔 4. 混凝土制作、运输、灌注、振捣、养护

（续）

项目编码	项目名称	项目特征	计量单位	工程量计算规则	工程内容
040301007	挖孔桩土（石）方	1. 土（石）类别 2. 挖孔深度 3. 弃土（石）运距	m^3	按设计图示尺寸（含护壁）截面面积乘以挖孔深度以立方米计算	1. 排地表水 2. 挖土、凿石 3. 基底钎探 4. 土（石）方外运
040301008	人工挖孔灌注桩	1. 桩芯长度 2. 桩芯直径、扩底直径、扩底高度 3. 护壁厚度、高度 4. 护壁材料种类、强度等级 5. 桩芯混凝土种类、强度等级	1. m^3 2. 根	1. 以 m^3 计量，按桩芯混凝土体积计算 2. 以根计量，按设计图示数量计算	1. 护壁制作、安装 2. 混凝土制作、运输、灌注、振捣、养护
040301009	钻孔压浆桩	1. 地层情况 2. 桩长 3. 钻孔直径 4. 骨料品种、规格 5. 水泥强度等级	1. m 2. 根	1. 以 m 计量，按设计图示尺寸以桩长计算 2. 以根计量，按设计图示数量计算	1. 钻孔、下注浆管、投放骨料 2. 浆液制作、运输、压浆
040301010	灌注桩后注浆	1. 注浆导管材料、规格 2. 注浆导管长度 3. 单孔注浆量 4. 水泥强度等级	孔	按设计图示以注浆孔数计算	1. 注浆导管制作、安装 2. 浆液制作、运输、压浆
040301011	截桩头	1. 桩类型 2. 桩头截面、高度 3. 混凝土强度等级 4. 有无钢筋	1. m^3 2. 根	1. 以 m^3 计量，按设计桩截面面积乘以桩头长度以体积计算 2. 以根计量，按设计图示数量计算	1. 截桩头 2. 凿平 3. 废料外运
040301012	声测管	1. 材质 2. 规格型号	1. t 2. m	1. 按设计图示尺寸以质量计算 2. 按设计图示尺寸以长度计算	1. 检测管截断、封头 2. 套管制作、焊接 3. 定位、固定

注：1. 地层情况按表6-4和表6-8的规定，并根据岩土工程勘察报告按单位工程各地层所占比例（包括范围值）进行描述。对无法准确描述的地层情况，可注明由投标人根据岩土工程勘察报告自行决定报价。
2. 各类混凝土预制桩以成品桩考虑，应包括成品桩购置费，如果用现场预制，应包括现场预制桩的所有费用。
3. 项目特征中的桩截面、混凝土强度等级、桩类型等可直接用标准图代号或设计桩型进行描述。
4. 打试验桩和打斜桩应按相应项目编码单独列项，并应在项目特征中注明试验桩或斜桩（斜率）。
5. 项目特征中的桩长应包括桩尖，空桩长度 = 孔深 − 桩长，孔深为自然地面至设计桩底的深度。
6. 泥浆护壁成孔灌注桩是指在泥浆护壁条件下成孔，采用水下灌注混凝土的桩。其成孔方法包括冲击钻成孔、冲抓锥成孔、回旋钻成孔、潜水钻成孔、泥浆护壁的旋挖成孔等。
7. 沉管灌注桩的沉管方法包括锤击沉管法、振动沉管法、振动冲击沉管法、内夯沉管法等。
8. 干作业成孔灌注桩是指不用泥浆护壁和套管护壁的情况下，用钻机成孔后，下钢筋笼，灌注混凝土的桩，适用于地下水位以上的土层作用。其成孔方法包括螺旋钻成孔、螺旋钻成孔扩底、干作业的旋挖成孔等。
9. 混凝土灌注桩的钢筋笼制作、安装，按第六节“钢筋工程”中相关项目编码列项。
10. 本表工作内容未含桩基础的承载力检测、桩身完整性检测。

2）基坑与边坡支护工程量清单项目设置、项目特征描述的内容、计量单位及工程量计算规则，见表6-17。

表6-17　基坑与边坡支护（编码：040302）

项目编码	项目名称	项目特征	计量单位	工程量计算规则	工程内容
040302001	圆木桩	1. 地层情况 2. 桩长 3. 材质 4. 尾径 5. 桩倾斜度	1. m 2. 根	1. 以m计量，按设计图示尺寸以桩长（包括桩尖）计算 2. 以根计量，按设计图示数量计算	1. 工作平台搭拆 2. 桩机移位 3. 桩制作、运输、就位 4. 桩靴安装 5. 沉桩
040302002	预制钢筋混凝土板桩	1. 地层情况 2. 送桩深度、桩长 3. 桩截面 4. 混凝土强度等级	1. m^3 2. 根	1. 以m^3计量，按设计图示桩长（包括桩尖）乘以桩的断面面积计算 2. 以根计量，按设计图示数量计算	1. 工作平台搭拆 2. 桩就位 3. 桩机移位 4. 沉桩 5. 接桩 6. 送桩
040302003	地下连续墙	1. 地层情况 2. 导墙类型、截面 3. 墙体厚度 4. 成槽深度 5. 混凝土种类、强度等级 6. 接头形式	m^3	按设计图示墙中心线长乘以厚度乘以槽深，以体积计算	1. 导墙挖填、制作、安装、拆除 2. 挖土成槽、固壁、清底置换 3. 混凝土制作、运输、灌注、养护 4. 接头处理 5. 土方、废浆外运 6. 打桩场地硬化及泥浆池、泥浆沟
040302004	咬合灌注桩	1. 地层情况 2. 桩长 3. 桩径 4. 混凝土种类、强度等级 5. 部位	1. m 2. 根	1. 以m计量，按设计图示尺寸以桩长计算 2. 以根计量，按设计图示数量计算	1. 桩机移位 2. 成孔、固壁 3. 混凝土制作、运输、灌注、养护 4. 套管压拔 5. 土方、废浆外运 6. 打桩场地硬化及泥浆池、泥浆沟
040302005	型钢水泥土搅拌墙	1. 深度 2. 桩径 3. 水泥掺量 4. 型钢材质、规格 5. 是否拔出	m^3	按设计图示尺寸以体积计算	1. 钻机移位 2. 钻进 3. 浆液制作、运输、压浆 4. 搅拌、成桩 5. 型钢插拔 6. 土方、废浆外运

（续）

项目编码	项目名称	项目特征	计量单位	工程量计算规则	工程内容
040302006	锚杆（索）	1. 地层情况 2. 锚杆（索）类型、部位 3. 钻孔直径、深度 4. 杆体材料品种、规格、数量 5. 是否预应力 6. 浆液种类、强度等级	1. m 2. 根	1. 以m计量，按设计图示尺寸以钻孔深度计算 2. 以根计量，按设计图示数量计算	1. 钻孔、浆液制作、运输、压浆 2. 锚杆（索）制作、安装 3. 张拉锚固 4. 锚杆（索）施工平台搭设、拆除
040302007	土钉	1. 地层情况 2. 钻孔直径、深度 3. 置入方法 4. 杆体材料品种、规格、数量 5. 浆液种类、强度等级			1. 钻孔、浆液制作、运输、压浆 2. 土钉制作、安装 3. 土钉施工平台搭设、拆除
040302008	喷射混凝土	1. 部位 2. 厚度 3. 材料种类 4. 混凝土类别、强度等级	m^2	按设计图示尺寸以面积计算	1. 修整边坡 2. 混凝土制作、运输、喷射、养护 3. 钻排水孔、安装排水管 4. 喷射施工平台搭设、拆除

注：1. 地层情况按表6-4和表6-8的规定，并根据岩土工程勘察报告按单位工程各地层所占比例（包括范围值）进行描述。对无法准确描述的地层情况，可注明由投标人根据岩土工程勘察报告自行决定报价。

2. 地下连续墙和喷射混凝土的钢筋网制作、安装，按第六节“钢筋工程”中相关项目编码列项。基坑与边坡支护的排桩按表6-16中相关项目编码列项。水泥土墙、坑内加固按表6-10中相关项目编码列项。混凝土挡土墙、桩顶冠梁、支撑体系按第四节“隧道工程”中相关项目编码列项。

3）现浇混凝土构件工程量清单项目设置、项目特征描述的内容、计量单位及工程量计算规则，见表6-18。

表6-18　现浇混凝土构件（编码：040303）

项目编码	项目名称	项目特征	计量单位	工程量计算规则	工程内容
040303001	混凝土垫层	混凝土强度等级	m^3	按设计图示尺寸以体积计算	1. 模板制作、安装、拆除 2. 混凝土拌和、运输、浇筑 3. 养护
040303002	混凝土基础	1. 混凝土强度等级 2. 嵌料（毛石）比例			
040303003	混凝土承台	混凝土强度等级			
040303004	混凝土墩（台）帽	1. 部位 2. 混凝土强度等级			
040303005	混凝土墩（台）身				
040303006	混凝土支撑梁及横梁				
040303007	混凝土墩（台）盖梁				

（续）

项目编码	项目名称	项目特征	计量单位	工程量计算规则	工程内容
040303008	混凝土拱桥拱座	混凝土强度等级	m^3	按设计图示尺寸以体积计算	1. 模板制作、安装、拆除 2. 混凝土拌和、运输、浇筑 3. 养护
040303009	混凝土拱桥拱肋				
040303010	混凝土拱上构件	1. 部位 2. 混凝土强度等级			
040303011	混凝土箱梁				
040303012	混凝土连续板	1. 部位 2. 结构形式 3. 混凝土强度等级			
040303013	混凝土板梁				
040303014	混凝土板拱	1. 部位 2. 混凝土强度等级			
040303015	混凝土挡墙墙身	1. 混凝土强度等级 2. 泄水孔材料品种、规格 3. 滤水层要求 4. 沉降缝要求			1. 模板制作、安装、拆除 2. 混凝土拌和、运输、浇筑 3. 养护 4. 抹灰 5. 泄水孔制作、安装 6. 滤水层铺筑 7. 沉降缝
040303016	混凝土挡墙压顶	1. 混凝土强度等级 2. 沉降缝要求			
040303017	混凝土楼梯	1. 结构形式 2. 底板厚度 3. 混凝土强度等级	1. m^2 2. m^3	1. 以 m^2 计量，按设计图示尺寸以水平投影面积计算 2. 以 m^3 计量，按设计图示尺寸以体积计算	1. 模板制作、安装、拆除 2. 混凝土拌和、运输、浇筑 3. 养护
040303018	混凝土 防撞护栏	1. 断面 2. 混凝土强度等级	m	按设计图示尺寸以长度计算	
040303019	桥面铺装	1. 混凝土强度等级 2. 沥青品种 3. 沥青混凝土种类 4. 厚度 5. 配合比	m^2	按设计图示尺寸以面积计算	1. 模板制作、安装、拆除 2. 混凝土拌和、运输、浇筑 3. 养护 4. 沥青混凝土铺装 5. 碾压
040303020	混凝土桥头搭板	混凝土强度等级	m^3	按设计图示尺寸以体积计算	1. 模板制作、安装、拆除 2. 混凝土拌和、运输、浇筑 3. 养护
040303021	混凝土搭板枕梁				
040303022	混凝土桥塔身	1. 形状 2. 混凝土强度等级			
040303023	混凝土连系梁				
040303024	混凝土 其他构件	1. 名称、部位 2. 混凝土强度等级			
040303025	钢管拱混凝土	混凝土强度等级			混凝土拌和、运输、压注

注：台帽、台盖梁均应包括耳墙、背墙。

4）预制混凝土构件工程量清单项目设置、项目特征描述的内容、计量单位及工程量计算规则，见表6-19。

表6-19　预制混凝土构件（编码：040304）

项目编码	项目名称	项目特征	计量单位	工程量计算规则	工程内容
040304001	预制混凝土梁	1. 部位 2. 图集、图样名称 3. 构件代号、名称 4. 混凝土强度等级 5. 砂浆强度等级	m^3	按设计图示尺寸以体积计算	1. 模板制作、安装、拆除 2. 混凝土拌和、运输、浇筑 3. 养护 4. 构件安装 5. 接头灌缝 6. 砂浆制作 7. 运输
040304002	预制混凝土柱				
040304003	预制混凝土板				
040304004	预制混凝土挡土墙墙身	1. 图集、图样名称 2. 构件代号、名称 3. 结构形式 4. 混凝土强度等级 5. 泄水孔材料种类、规格 6. 滤水层要求 7. 砂浆强度等级			1. 模板制作、安装、拆除 2. 混凝土拌和、运输、浇筑 3. 养护 4. 构件安装 5. 接头灌缝 6. 泄水孔制作、安装 7. 滤水层铺设 8. 砂浆制作 9. 运输
040304005	预制混凝土其他构件	1. 部位 2. 图集、图样名称 3. 构件代号、名称 4. 混凝土强度等级 5. 砂浆强度等级			1. 模板制作、安装、拆除 2. 混凝土拌和、运输、浇筑 3. 养护 4. 构件安装 5. 接头灌浆 6. 砂浆制作 7. 运输

5）砌筑工程量清单项目设置、项目特征描述的内容、计量单位及工程量计算规则见表6-20。

表6-20　砌筑（编码：040305）

项目编码	项目名称	项目特征	计量单位	工程量计算规则	工程内容
040305001	垫层	1. 材料品种、规格 2. 厚度	m^3	按设计图示尺寸以体积计算	垫层铺筑
040305002	干砌块料	1. 部位 2. 材料品种、规格 3. 泄水孔材料品种、规格 4. 滤水层要求 5. 沉降缝要求			1. 砌筑 2. 砌体勾缝 3. 砌体抹面 4. 泄水孔制作、安装 5. 滤层铺设 6. 沉降缝
040305003	浆砌块料	1. 部位 2. 材料品种、规格 3. 砂浆强度等级 4. 泄水孔材料品种、规格 5. 滤水层要求 6. 沉降缝要求			
040305004	砖砌体				

（续）

项目编码	项目名称	项目特征	计量单位	工程量计算规则	工程内容
040305005	护坡	1. 材料品种 2. 结构形式 3. 厚度 4. 砂浆强度等级	m^2	按设计图示尺寸以面积计算	1. 修整边坡 2. 砌筑 3. 砌体勾缝 4. 砌体抹面

注：1. 干砌块料、浆砌块料和砖砌体应根据工程部位不同，分别设置清单编码。

2. 本节清单项目中“垫层”是指碎石、块石等非混凝土类垫层。

6）立交箱涵工程量清单项目设置、项目特征描述的内容、计量单位及工程量计算规则，见表6-21。

表6-21　立交箱涵（编码：040306）

项目编码	项目名称	项目特征	计量单位	工程量计算规则	工程内容
040306001	透水管	1. 材料品种、规格 2. 管道基础形式	m	按设计图示尺寸以长度计算	1. 基础铺筑 2. 管道铺设、安装
040306002	滑板	1. 混凝土强度等级 2. 石蜡层要求 3. 塑料薄膜品种、规格	m^3	按设计图示尺寸以体积计算	1. 模板制作、安装、拆除 2. 混凝土拌和、运输、浇筑 3. 养护 4. 涂石蜡层 5. 铺塑料薄膜
040306003	箱涵底板	1. 混凝土强度等级 2. 混凝土抗渗要求 3. 防水层工艺要求			1. 模板制作、安装、拆除 2. 混凝土拌和、运输、浇筑 3. 养护 4. 防水层铺涂
040306004	箱涵侧墙				1. 模板制作、安装、拆除 2. 混凝土拌和、运输、浇筑 3. 养护 4. 防水砂浆 5. 防水层铺涂
040306005	箱涵顶板				
040306006	箱涵顶进	1. 断面 2. 长度 3. 弃土运距	kt · m	按设计图示尺寸以被顶箱涵的质量，乘以箱涵的位移距离分节累计计算	1. 顶进设备安装、拆除 2. 气垫安装、拆除 3. 气垫使用 4. 钢刃角制作、安装、拆除 5. 挖土实顶 6. 土方场内外运输 7. 中继间安装、拆除
040306007	箱涵接缝	1. 材质 2. 工艺要求	m	按设计图示止水带长度计算	接缝

注：除箱涵顶进土方外，顶进工作坑等土方应按第一节“土石方工程”中相关项目编码列项。

7）钢结构工程量清单项目设置、项目特征描述的内容、计量单位及工程量计算规则，见表6-22。

表6-22 钢结构（编码：040307）

<table>
<tr><th>项目编码</th><th>项目名称</th><th>项目特征</th><th>计量单位</th><th>工程量计算规则</th><th>工程内容</th></tr>
<tr><td>040307001</td><td>钢箱梁</td><td rowspan="7">1. 材料品种、规格
2. 部位
3. 探伤要求
4. 防火要求
5. 补刷油漆品种、色彩、工艺要求</td><td rowspan="9">t</td><td rowspan="7">按设计图示尺寸以质量计算。不扣除孔眼的质量，焊条、铆钉、螺栓等不另增加质量</td><td rowspan="7">1. 拼装
2. 安装
3. 探伤
4. 涂刷防火涂料
5. 补刷油漆</td></tr>
<tr><td>040307002</td><td>钢板梁</td></tr>
<tr><td>040307003</td><td>钢桁梁</td></tr>
<tr><td>040307004</td><td>钢拱</td></tr>
<tr><td>040307005</td><td>劲性钢结构</td></tr>
<tr><td>040307006</td><td>钢结构叠合梁</td></tr>
<tr><td>040307007</td><td>其他钢构件</td></tr>
<tr><td>040307008</td><td>悬（斜拉）索</td><td rowspan="2">1. 材料品种、规格
2. 直径
3. 抗拉强度
4. 防护方式</td><td rowspan="2">按设计图示尺寸以质量计算</td><td>1. 拉索安装
2. 张拉、索力调整、锚固
3. 防护壳制作、安装</td></tr>
<tr><td>040307009</td><td>钢拉杆</td><td>1. 连接、紧锁件安装
2. 钢拉杆安装
3. 钢拉杆防腐
4. 钢拉杆防护壳制作、安装</td></tr>
</table>

8）装饰工程量清单项目设置、项目特征描述的内容、计量单位及工程量计算规则，见表6-23。

表6-23 装饰（编码：040308）

<table>
<tr><th>项目编码</th><th>项目名称</th><th>项目特征</th><th>计量单位</th><th>工程量计算规则</th><th>工程内容</th></tr>
<tr><td>040308001</td><td>水泥砂浆抹面</td><td>1. 砂浆配合比
2. 部位
3. 厚度</td><td rowspan="5">m^2</td><td rowspan="5">按设计图示尺寸以面积计算</td><td>1. 基层清理
2. 砂浆抹面</td></tr>
<tr><td>040308002</td><td>剁斧石饰面</td><td>1. 材料
2. 部位
3. 形式
4. 厚度</td><td>1. 基层清理
2. 饰面</td></tr>
<tr><td>040308003</td><td>镶贴面层</td><td>1. 材质
2. 规格
3. 厚度
4. 部位</td><td>1. 基层清理
2. 镶贴面层
3. 勾缝</td></tr>
<tr><td>040308004</td><td>涂料</td><td>1. 材料品种
2. 部位</td><td>1. 基层清理
2. 涂料涂刷</td></tr>
<tr><td>040308005</td><td>油漆</td><td>1. 材料品种
2. 部位
3. 工艺要求</td><td>1. 除锈
2. 刷油漆</td></tr>
</table>

注：当遇本清单项目缺项时，可按现行国家标准《房屋建筑与装饰工程工程量计算规范》（GB 50854—2013）中相关项目编码列项。

9）其他工程量清单项目设置、项目特征描述的内容、计量单位及工程量计算规则，见表6-24。

表 6-24 其他（编码：040309）

项目编码	项目名称	项目特征	计量单位	工程量计算规则	工程内容
040309001	金属栏杆	1. 栏杆材质、规格 2. 油漆品种、工艺要求	1. t 2. m	1. 按设计图示尺寸以质量计算 2. 按设计图示尺寸以延长米计算	1. 制作、运输、安装 2. 除锈、刷油漆
040309002	石质栏杆	材料品种、规格	m	按设计图示尺寸以长度计算	制作、运输、安装
040309003	混凝土栏杆	1. 混凝土强度等级 2. 规格尺寸			
040309004	橡胶支座	1. 材质 2. 规格、型号 3. 形式	个	按设计图示数量计算	支座安装
040309005	钢支座	1. 规格、型号 2. 形式			
040309006	盆式支座	1. 材质 2. 承载力			
040309007	桥梁伸缩装置	1. 材料品种 2. 规格、型号 3. 混凝土种类 4. 混凝土强度等级	m	以 m 计量，按设计图示尺寸以延长米计算	1. 制作、安装 2. 混凝土拌和、运输、浇筑
040309008	隔声屏障	1. 材料品种 2. 结构形式 3. 油漆品种、工艺要求	m^2	按设计图示尺寸以面积计算	1. 制作、安装 2. 除锈、刷油漆
040309009	桥面排（泄）水管	1. 材料品种 2. 管径	m	按设计图示以长度计算	进水口、排（泄）水管制作、安装
040309010	防水层	1. 部位 2. 材料品种、规格 3. 工艺要求	m^2	按设计图示尺寸以面积计算	防水层铺涂

注：支座垫石混凝土按表 6-18 混凝土基础项目编码列项。

二、工程量计算实例

某桥采用现场灌注混凝土桩共 75 根，如图 6-2 所示，用柴油打桩机打孔，钢管外径为 600mm，桩深 10m，采用扩大桩复打一次。试计算灌注混凝土桩的工程量。

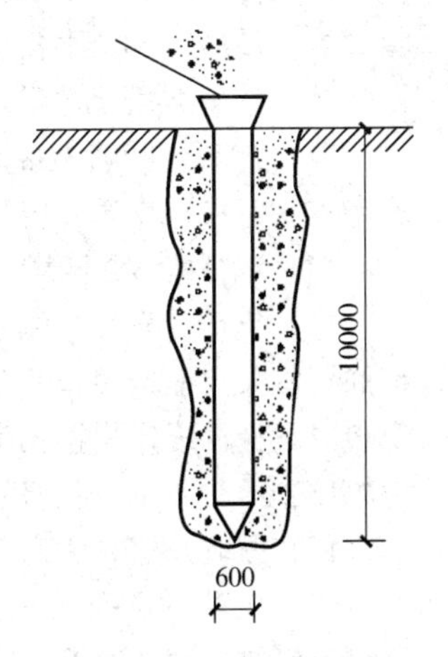

图 6-2 灌注混凝土桩

【错误答案】

解：(1) 定额工程量：

灌注混凝土桩的工程量 $=(3.14\times0.6^2\times10\times75\times2)\text{m}^3=1695.6\text{m}^3$

(2) 清单工程量：

灌注混凝土桩的工程量 $=(10\times75\times2)\text{m}=1500\text{m}$

【正确答案】

解：(1) 定额工程量：

灌注混凝土桩的工程量 $=\left(\frac{1}{4}\times3.14\times0.6^2\times10\times75\times2\right)\text{m}^3=423.9\text{m}^3$

(2) 清单工程量：

灌注混凝土桩的工程量 $=10\times75\text{m}=750\text{m}$

第四节 隧道工程

一、工程量计算规则

1. 定额工程量计算规则

1）定额中除岩石隧道井下掘进按每工日7h，软土隧道盾构掘进、垂直顶升按每工日6h外，其他均按每工日8h工作制计算。

2）隧道掘进下井津贴未列入定额中。

3）岩石隧道洞内其他工程，若采用其他分册或其他定额的项目，其人工、机械乘以系数1.2。

4）开挖项目均按光面爆破制订，当采用一般爆破开挖时，其基价应乘以系数0.935。

5）定额是按无地下水制订的（不含施工湿式作业积水），当施工出现地下水时，积水的排水费和施工的防水措施费另行计算。

6）各开挖项目（不包括土质隧道）是按电力起爆编制的，当采用火雷管导火索起爆时，可按如下规定换算：电雷管换为火雷管，数量不变，将子目中的两种导线扣除，换为导火索，导火索的长度按每个雷管2.12m计算。

7）隧道的平洞、斜井和竖井开挖工程量，按设计图开挖断面尺寸，另加允许超挖量以m^3为单位计算。光面爆破允许超挖量：拱部为15cm，边墙为10cm。若采用一般爆破，其允许超挖量：拱部为20cm，边墙为15cm。

8）现浇混凝土及钢筋混凝土边墙，拱部均考虑了施工操作平台，竖井采用的脚手架已综合考虑在相应项目内，不另计算。喷射混凝土项目中未考虑喷射操作平台费用，当施工中需搭设操作平台时，执行喷射平台项目。

9）混凝土及钢筋混凝土边墙、拱部衬砌，已综合了先拱后墙、先墙后拱的衬砌比例，因素不同时，不另计算。边墙如为弧形时，其弧形段每$10m^3$衬砌体积按相应项目增加人工1.3工日。

10）隧道内衬现浇混凝土和石料衬砌的工程量，按施工图所示尺寸加允许超挖量以m^3为单位计算，混凝土部分不扣除单孔面积在$0.3m^2$以内孔洞所占体积。

11）喷射混凝土数量及厚度按设计图计算，不另增加超挖、填平补齐的数量。

12）混凝土初喷5cm为基本层，每增5cm按每增5cm子目计算，不足5cm按5cm计算，若做临时支护可按一个基本层计算。

13）锚杆按$\phi22$计算，实际不同时，定额人工、机械应按系数调整，锚杆按净重计算不加损耗。

14）钢筋工程量按图示尺寸以t为单位计算。现浇混凝土中固定钢筋位置的支撑钢筋、双层钢筋用的架立筋（铁马），伸出构件的锚固钢筋均按钢筋计算，并入钢筋工程量内。钢筋的搭接用量：设计已规定搭接长度的，按规定搭接长度计算。

15）不排水潜水员吸泥下沉，不包括潜水机组人员费用，如发生按实际结算。

16）基坑开挖的底部尺寸，按沉井外壁每侧加宽2.0m计算，执行通用项目中的基坑挖土项目。

17）沉井下沉的土方工程量，按沉井外壁所围的面积乘以下沉深度（预制时刃脚底面至下沉后设计刃脚底面的高度），并分别乘以土方回淤系数计算。回淤系数：排水下沉深度大于10m为1.05；不排水下沉深度大于15m为1.02。

18）分层注浆加固的扩散半径为0.8m，压密注浆加固半径为0.75m，双重管、三重管高压旋喷的固结半径分别为0.4m、0.6m。浆体材料（水泥、粉煤灰、外加剂等）用量按设计含量计算，当设计未提供含量要求时，按施工组织设计计算。检测手段只提供注浆前后N值的变化。

19）地基注浆加固以孔为单位的子目，按全区域加固编制，当加固深度与子目不同时可内插计算；若采取局部区域加固，则人工和钻机台班不变，材料（注浆阀管除外）和其他机械台班按加固深度与定额同比例调减。

20）地基注浆加固以m^3为单位的项目，已按各种深度综合取定，工程量按加固土体的体积计算。

21）金属构件的工程量按设计图的主材（型钢，钢板，方、圆钢等）质量以t为单位计算，不扣除孔眼、缺角、切肢、切边的质量。圆形和多边形的钢板按最小外接矩形面积计算。

22）通风、供水、压风、照明、动力管线以及轻便轨道线路按年摊销量计算，一年内不足一年按一年计算，超过一年按每增一季项目增加，不足一季（3个月）按一季计算（不分月）。

23）斜井出渣项目是按向上出渣制订的，当采用向下出渣时，可执行本项目；当从斜井底通过平洞出渣时，其平洞段的运输应执行相应的平洞出渣项目。

24）斜井和竖井出渣项目，均包括洞口外50m内的人工推斗车运输，当出洞口后运距超过50m，运输方式也与本运输方式相同时，超过部分可执行平洞出渣、轻轨平车运输每增加50m运距的子目。若出洞后，改变了运输方式，应执行相应的运输项目。

25）隧道内地沟的出渣工程量，按设计断面尺寸以m^3为单位计算，不得另行计算允许超挖量。

26）平洞出渣的运距，按装渣重心至卸渣重心的直线距离计算，当平洞的轴线为曲线时，洞内段的运距按相应的轴线长度计算。

27）斜井出渣的运距，按装渣重心至斜井口摘钩点的斜距离计算。

28）竖井的提升运距，按装渣重心至井口吊斗摘钩点的垂直距离计算。

2. 清单计价工程量计算规则

1）隧道岩石开挖工程量清单项目设置、项目特征描述的内容、计量单位及工程量计算规则，见表6-25。

表6-25　隧道岩石开挖（编码：040401）

<table>
<tr><th>项目编码</th><th>项目名称</th><th>项目特征</th><th>计量单位</th><th>工程量计算规则</th><th>工程内容</th></tr>
<tr><td>040401001</td><td>平洞开挖</td><td rowspan="3">1. 岩石类别
2. 开挖断面
3. 爆破要求
4. 弃渣运距</td><td rowspan="4">m^3</td><td rowspan="4">按设计图示结构断面尺寸乘以长度以体积计算</td><td rowspan="4">1. 爆破或机械开挖
2. 施工面排水
3. 出渣
4. 弃渣场内堆放、运输
5. 弃渣外运</td></tr>
<tr><td>040401002</td><td>斜井开挖</td></tr>
<tr><td>040401003</td><td>竖井开挖</td></tr>
<tr><td>040401004</td><td>地沟开挖</td><td>1. 断面尺寸
2. 岩石类别
3. 爆破要求
4. 弃渣运距</td></tr>
<tr><td>040401005</td><td>小导管</td><td rowspan="2">1. 类型
2. 材料品种
3. 管径、长度</td><td rowspan="2">m</td><td rowspan="2">按设计图示尺寸以长度计算</td><td rowspan="2">1. 制作
2. 布眼
3. 钻孔
4. 安装</td></tr>
<tr><td>040401006</td><td>管棚</td></tr>
<tr><td>040401007</td><td>注浆</td><td>1. 浆液种类
2. 配合比</td><td>m^3</td><td>按设计注浆量以体积计算</td><td>1. 浆液制作
2. 钻孔注浆
3. 堵孔</td></tr>
</table>

注：弃碴运距可以不描述，但应注明由投标人根据施工现场实际情况自行考虑决定报价。

2）岩石隧道衬砌工程量清单项目设置、项目特征描述的内容、计量单位及工程量计算规则，见表6-26。

表6-26　岩石隧道衬砌（编码：040402）

项目编码	项目名称	项目特征	计量单位	工程量计算规则	工程内容
040402001	混凝土仰拱衬砌	1. 拱跨径 2. 部位 3. 厚度 4. 混凝土强度等级	m^3	按设计图示尺寸以体积计算	1. 模板制作、安装、拆除 2. 混凝土拌和、运输、浇筑 3. 养护
040402002	混凝土顶拱衬砌				
040402003	混凝土边墙衬砌	1. 部位 2. 厚度 3. 混凝土强度等级			
040402004	混凝土竖井衬砌	1. 厚度 2. 混凝土强度等级			
040402005	混凝土沟道	1. 断面尺寸 2. 混凝土强度等级			
040402006	拱部喷射混凝土	1. 结构形式 2. 厚度 3. 混凝土强度等级 4. 掺加材料品种、用量	m^2	按设计图示尺寸以面积计算	1. 清洗基层 2. 混凝土拌和、运输、浇筑、喷射 3. 收回弹料 4. 喷射施工平台搭设、拆除
040402007	边墙喷射混凝土				
040402008	拱圈砌筑	1. 断面尺寸 2. 材料品种、规格 3. 砂浆强度等级	m^3	按设计图示尺寸以体积计算	1. 砌筑 2. 勾缝 3. 抹灰
040402009	边墙砌筑	1. 厚度 2. 材料品种、规格 3. 砂浆强度等级			
040402010	砌筑沟道	1. 断面尺寸 2. 材料品种、规格 3. 砂浆强度等级			
040402011	洞门砌筑	1. 形状 2. 材料品种、规格 3. 砂浆强度等级			
040402012	锚杆	1. 直径 2. 长度 3. 锚杆类型 4. 砂浆强度等级	t	按设计图示尺寸以质量计算	1. 钻孔 2. 锚杆制作、安装 3. 压浆
040402013	充填压浆	1. 部位 2. 浆液成分强度	m^3	按设计图示尺寸以体积计算	1. 打孔、安装 2. 压浆
040402014	仰拱填充	1. 填充材料 2. 规格 3. 强度等级		按设计图示回填尺寸以体积计算	1. 配料 2. 填充

（续）

项目编码	项目名称	项目特征	计量单位	工程量计算规则	工程内容
040402015	透水管	1. 材质 2. 规格	m	按设计图示尺寸以长度计算	安装
040402016	沟道盖板	1. 材质 2. 规格尺寸 3. 强度等级			制作、安装
040402017	变形缝	1. 类别 2. 材料品种、规格 3. 工艺要求			
040402018	施工缝				
040402019	柔性防水层	材料品种、规格	m^2	按设计图示尺寸以面积计算	铺设

注：遇本节清单项目未列的砌筑构筑物时，应按第三节“桥涵工程”中相关项目编码列项。

3）盾构掘进工程量清单项目设置、项目特征描述的内容、计量单位及工程量计算规则，见表 6-27。

表 6-27　盾构掘进（编码：040403）

项目编码	项目名称	项目特征	计量单位	工程量计算规则	工程内容
040403001	盾构吊装及吊拆	1. 直径 2. 规格型号 3. 始发方式	台·次	按设计图示数量计算	1. 盾构机安装、拆除 2. 车架安装、拆除 3. 管线连接、调试、拆除
040403002	盾构掘进	1. 直径 2. 规格 3. 形式 4. 掘进施工段类别 5. 密封舱材料品种 6. 弃土（浆）运距	m	按设计图示掘进长度计算	1. 掘进 2. 管片拼装 3. 密封舱添加材料 4. 负环管片拆除 5. 隧道内管线路铺设、拆除 6. 泥浆制作 7. 泥浆处理 8. 土方、废浆外运
040403003	衬砌壁后压浆	1. 浆液品种 2. 配合比	m^3	按管片外径和盾构壳体外径所形成的充填体积计算	1. 制浆 2. 送浆 3. 压浆 4. 封堵 5. 清洗 6. 运输
040403004	预制钢筋混凝土管片	1. 直径 2. 厚度 3. 宽度 4. 混凝土强度等级	m^3	按设计图示尺寸以体积计算	1. 运输 2. 试拼装 3. 安装
040403005	管片设置密封条	1. 管片直径、宽度、厚度 2. 密封条材料 3. 密封条规格	环	按设计图示数量计算	密封条安装

（续）

项目编码	项目名称	项目特征	计量单位	工程量计算规则	工程内容
040403006	隧道洞口柔性接缝环	1. 材料 2. 规格 3. 部位 4. 混凝土强度等级	m	按设计图示以隧道管片外径周长计算	1. 制作、安装临时防水环板 2. 制作、安装、拆除临时止水缝 3. 拆除临时钢环板
040403007	管片嵌缝	1. 直径 2. 材料 3. 规格	环	按设计图示数量计算	1. 管片嵌缝槽表面处理、配料嵌缝 2. 管片手孔封堵
040403008	盾构机调头	1. 直径 2. 规格型号 3. 始发方式	台·次	按设计图示数量计算	1. 钢板、基座铺设 2. 盾构拆卸 3. 盾构调头、平行移运定位 4. 盾构拼装 5. 连接管线、调试
040403009	盾构机转场运输				1. 盾构机安装、拆除 2. 车架安装、拆除 3. 盾构机、车架转场运输
040403010	盾构基座	1. 材质 2. 规格 3. 部位	t	按设计图示尺寸以质量计算	1. 制作 2. 安装 3. 拆除

注：1. 衬砌壁后压浆清单项目在编制工程量清单时，其工程数量可为暂估量，结算时按现场签证数量计算。
2. 盾构基座是指常用的钢结构，如果是钢筋混凝土结构，应按表6-30中相关项目进行列项。
3. 钢筋混凝土管片按成品编制，购置费用应计入综合单价中。

4）管节顶升、旁通道工程量清单项目设置、项目特征描述的内容、计量单位及工程量计算规则，见表6-28。

表6-28 管节顶升、旁通道（编码：040404）

项目编码	项目名称	项目特征	计量单位	工程量计算规则	工程内容
040404001	钢筋混凝土顶升管节	1. 材质 2. 混凝土强度等级	m^3	按设计图示尺寸以体积计算	1. 钢模板制作 2. 混凝土拌和、运输、浇筑 3. 养护 4. 管节试拼装 5. 管节场内外运输
040404002	垂直顶升设备安装、拆除	规格、型号	套	按设计图示数量计算	1. 基座制作和拆除 2. 车架、设备吊装就位 3. 拆除、堆放
040404003	管节垂直顶升	1. 断面 2. 强度 3. 材质	m	按设计图示以顶升长度计算	1. 管节吊运 2. 首节顶升 3. 中间节顶升 4. 尾节顶升
040404004	安装止水框、连系梁	材质	t	按设计图示尺寸以质量计算	制作、安装

（续）

项目编码	项目名称	项目特征	计量单位	工程量计算规则	工程内容
040404005	阴极保护装置	1. 型号 2. 规格	组	按设计图示数量计算	1. 恒电位仪安装 2. 阳极安装 3. 阴极安装 4. 参变电极安装 5. 电缆敷设 6. 接线盒安装
040404006	安装取、排水头	1. 部位 2. 尺寸	个	按设计图示数量计算	1. 顶升口揭顶盖 2. 取排水头部安装
040404007	隧道内旁通道开挖	1. 土壤类别 2. 土体加固方式	m^3	按设计图示尺寸以体积计算	1. 土体加固 2. 支护 3. 土方暗挖 4. 土方运输
040404008	旁通道结构混凝土	1. 断面 2. 混凝土强度等级	m^3	按设计图示尺寸以体积计算	1. 模板制作、安装 2. 混凝土拌和、运输、浇筑 3. 洞门接口防水
040404009	隧道内集水井	1. 部位 2. 材料 3. 形式	座	按设计图示数量计算	1. 拆除管片建集水井 2. 不拆管片建集水井
040404010	防爆门	1. 形式 2. 断面	扇	按设计图示数量计算	1. 防爆门制作 2. 防爆门安装
040404011	钢筋混凝土复合管片	1. 图集、图样名称 2. 构件代号、名称 3. 材质 4. 混凝土强度等级	m^3	按设计图示尺寸以体积计算	1. 构件制作 2. 试拼装 3. 运输、安装
040404012	钢管片	1. 材质 2. 探伤要求	t	按设计图示以质量计算	1. 钢管片制作 2. 试拼装 3. 探伤 4. 运输、安装

5）隧道沉井工程量清单项目设置、项目特征描述的内容、计量单位及工程量计算规则，见表6-29。

表6-29　隧道沉井（编码：040405）

项目编码	项目名称	项目特征	计量单位	工程量计算规则	工程内容
040405001	沉井井壁混凝土	1. 形状 2. 规格 3. 混凝土强度等级	m^3	按设计尺寸以外围井筒混凝土体积计算	1. 模板制作、安装、拆除 2. 刃脚、框架、井壁混凝土浇筑 3. 养护

（续）

项目编码	项目名称	项目特征	计量单位	工程量计算规则	工程内容
040405002	沉井下沉	1. 下沉深度 2. 弃土运距	m^3	按设计图示井壁外围面积乘以下沉深度以体积计算	1. 垫层凿除 2. 排水挖土下沉 3. 不排水下沉 4. 触变泥浆制作、输送 5. 弃土外运
040405003	沉井混凝土封底	混凝土强度等级		按设计图示尺寸以体积计算	1. 混凝土干封底 2. 混凝土水下封底
040405004	沉井混凝土底板				1. 模板制作、安装、拆除 2. 混凝土拌和、运输、浇筑 3. 养护
040405005	沉井填心	材料品种			1. 排水沉井填心 2. 不排水沉井填心
040405006	沉井混凝土隔墙	混凝土强度等级			1. 模板制作、安装、拆除 2. 混凝土拌和、运输、浇筑 3. 养护
040405007	钢封门	1. 材质 2. 尺寸	t	按设计图示尺寸以质量计算	1. 钢封门安装 2. 钢封门拆除

注：沉井垫层按第三节“桥涵工程”中相关项目编码列项。

6）混凝土结构工程量清单项目设置、项目特征描述的内容、计量单位及工程量计算规则，见表6-30。

表6-30　混凝土结构（编码：040406）

项目编码	项目名称	项目特征	计量单位	工程量计算规则	工程内容
040406001	混凝土地梁	1. 类别、部位 2. 混凝土强度等级	m^3	按设计图示尺寸以体积计算	1. 模板制作、安装、拆除 2. 混凝土拌和、运输、浇筑 3. 养护
040406002	混凝土底板	1. 类别、部位 2. 混凝土强度等级			
040406003	混凝土柱				
040406004	混凝土墙				
040406005	混凝土梁				
040406006	混凝土平台、顶板				
040406007	圆隧道内架空路面	1. 厚度 2. 混凝土强度等级			
040406008	隧道内其他结构混凝土	1. 部位、名称 2. 混凝土强度等级			

注：1. 隧道洞内道路路面铺装应按第二节“道路工程”相关清单项目编码列项。

2. 隧道洞内顶部和边墙内衬的装饰应按第三节“桥涵工程”相关清单项目编码列项。

3. 隧道内其他结构混凝土包括楼梯、电缆沟、车道侧石等。

4. 垫层、基础应按第三节“桥涵工程”相关清单项目编码列项。

5. 隧道内衬弓形底板、侧墙、支承墙应按本表混凝土底板、混凝土墙的相关清单项目编码列项，并在项目特征中描述其类别、部位。

7）沉管隧道工程量清单项目设置、项目特征描述的内容、计量单位及工程量计算规则，见表6-31。

表6-31　沉管隧道（编码：040407）

项目编码	项目名称	项目特征	计量单位	工程量计算规则	工程内容
040407001	预制沉管底垫层	1. 材料品种、规格 2. 厚度	m^3	按设计图示沉管底面积乘以厚度以体积计算	1. 场地平整 2. 垫层铺设
040407002	预制沉管钢底板	1. 材质 2. 厚度	t	按设计图示尺寸以质量计算	钢底板制作、铺设
040407003	预制沉管混凝土板底	混凝土强度等级	m^3	按设计图示尺寸以体积计算	1. 模板制作、安装、拆除 2. 混凝土拌和、运输、浇筑 3. 养护 4. 底板预埋注浆管
040407004	预制沉管混凝土侧墙	混凝土强度等级			1. 模板制作、安装、拆除 2. 混凝土拌和、运输、浇筑 3. 养护
040407005	预制沉管混凝土顶板				
040407006	沉管外壁防锚层	1. 材质品种 2. 规格	m^2	按设计图示尺寸以面积计算	铺设沉管外壁防锚层
040407007	鼻托垂直剪力键	材质	t	按设计图示尺寸以质量计算	1. 钢剪力键制作 2. 剪力键安装
040407008	端头钢壳	1. 材质、规格 2. 强度			1. 端头钢壳制作 2. 端头钢壳安装 3. 混凝土浇筑
040407009	端头钢封门	1. 材质 2. 尺寸			1. 端头钢封门制作 2. 端头钢封门安装 3. 端头钢封门拆除
040407010	沉管管段浮运临时供电系统	规格	套	按设计图示管段数量计算	1. 发电机安装、拆除 2. 配电箱安装、拆除 3. 电缆安装、拆除 4. 灯具安装、拆除
040407011	沉管管段浮运临时给水排水系统				1. 泵阀安装、拆除 2. 管路安装、拆除
040407012	沉管管段浮运临时通风系统				1. 进排风机安装、拆除 2. 风管路安装、拆除
040407013	航道疏浚	1. 河床土质 2. 工况等级 3. 疏浚深度	m^3	按河床原断面与管段浮运时设计断面之差以体积计算	1. 挖泥船开收开 2. 航道疏浚挖泥 3. 土方驳运、卸泥
040407014	沉管河床基槽开挖	1. 河床土质 2. 工况等级 3. 挖土深度		按河床原断面与槽设计断面之差以体积计算	1. 挖泥船开收工 2. 沉管基槽挖泥 3. 沉管基槽清淤 4. 土方驳运、卸泥

（续）

项目编码	项目名称	项目特征	计量单位	工程量计算规则	工程内容
040407015	钢筋混凝土块沉石	1. 工况等级 2. 沉石深度	m^3	按设计图示尺寸以体积计算	1. 预制钢筋混凝土块 2. 装船、驳运、定位沉石 3. 水下铺平石块
040407016	基槽抛铺碎石	1. 工况等级 2. 石料厚度 3. 沉石深度			1. 石料装运 2. 定位抛石、水下铺平石块
040407017	沉管管节浮运	1. 单节管段质量 2. 管段浮运距离	kt · m	按设计图示尺寸和要求以沉管管节质量和浮运距离的复合单位计算	1. 干坞放水 2. 管段起浮定位 3. 管段浮运 4. 加载水箱制作、安装、拆除 5. 系缆柱制作、安装、拆除
040407018	管段沉放连接	1. 单节管段重量 2. 管段下沉深度	节	按设计图示数量计算	1. 管段定位 2. 管段压水下沉 3. 管段端面对接 4. 管节拉合
040407019	砂肋软体排覆盖	1. 材料品种 2. 规格	m^2	按设计图示尺寸以沉管顶面积加侧面外表面积计算	水下覆盖软体排
040407020	沉管水下压石		m^3	按设计图示尺寸以顶、侧压石的体积计算	1. 装石船开收工 2. 定位抛石、卸石 3. 水下铺石
040407021	沉管接缝处理	1. 接缝连接形式 2. 接缝长度	条	按设计图示数量计算	1. 按缝拉合 2. 安装止水带 3. 安装止水钢板 4. 混凝土拌和、运输、浇筑
040407022	沉管底部压浆固封充填	1. 压浆材料 2. 压浆要求	m^3	按设计图示尺寸以体积计算	1. 制浆 2. 管底压浆 3. 封孔

二、工程量计算实例

某隧道工程，其断面图如图6-3所示。本隧道为平洞开挖，光面爆破，长500m，施工段无地下水，岩石类别为特坚石，线路纵坡为2.0%，设计开挖断面面积为68.84m^2。要求挖出的石渣运至洞口外1200m处，试计算其工程量。

【错误答案】

解：（1）定额工程量：

管道防腐为150m，水泥砂浆接口（180°）。

混凝土管道铺设工程量为150m。

（2）清单工程量：同定额工程量。

【正确答案】

解：清单工程量：

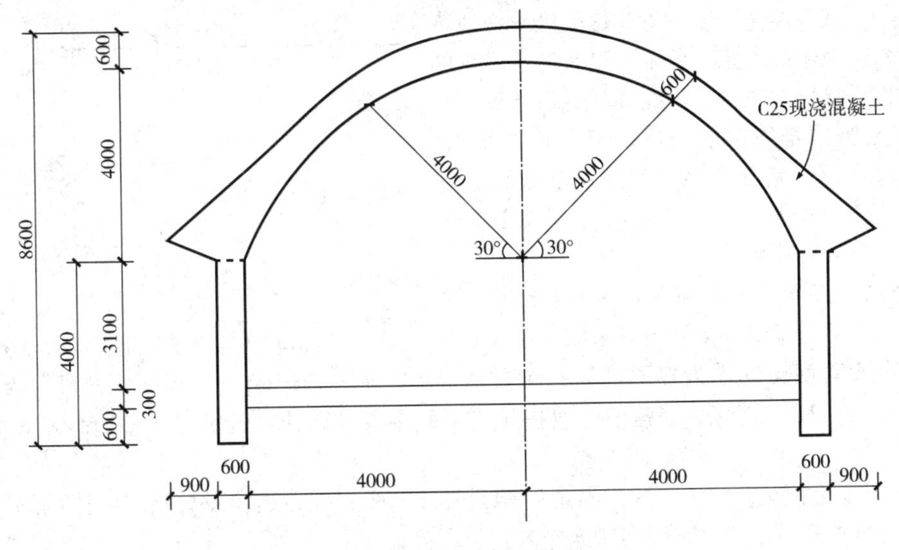

图 6-3　隧道断面图

平洞开挖工程量 $=68.84\times500\text{m}^3=34420\text{m}^3$

第五节　管网工程

一、工程量计算规则

1. 定额工程量计算规则

（1）给水工程

1）定额中管道、管件安装均按沟深 3m 内考虑。

2）定额中砖砌井（排泥湿井除外）按无地下水考虑，钢筋混凝土井按有地下水考虑。

3）以下与给水相关的工程项目，执行相应册的有关项目。

① 给水管道沟槽和给水构筑物的土石方工程、打拔工具桩、围堰工程、支撑工程、脚手架工程、拆除工程、井点降水、临时便桥等项目执行“通用项目”有关项目。

② 取水头工程中的打桩工程、桥管基础、承台、混凝土桩及钢筋的制作安装等项目执行“桥涵工程”有关项目。

③ 给水工程中的沉井工程、构筑物工程、顶管工程、给水专用机械设备安装等项目，执行“排水工程”有关项目。

④ 碳钢管及钢板卷管安装、钢管件制作安装、法兰安装、阀门安装等项目，执行“燃气与集中供热工程”有关项目。

4）当水质达不到饮用水标准，消毒冲洗水量不足时，可按实调整，其他不变。

5）新旧管线连接项目所指的管径是指新旧管中最大的管径。

6）铸铁管新旧管连接示意图如图 6-4 所示。

7）本规定不包括以下内容：

① 管道试压、消毒冲洗、新旧管道连接的排水工作内容，按批准的施工组织设计另计。考虑

到管道试压、消毒冲洗、新旧管连接的排水方法不尽相同，水量也不好确定，所以，没有考虑排水的工作内容，应按批准的施工组织设计另行计算。

② 新旧管连接所需的工作坑及工作坑垫层、抹灰、马鞍卡子、盲板安装：工作坑及工作坑垫层、抹灰执行“排水工程”有关项目；马鞍卡子、盲板安装执行有关项目。

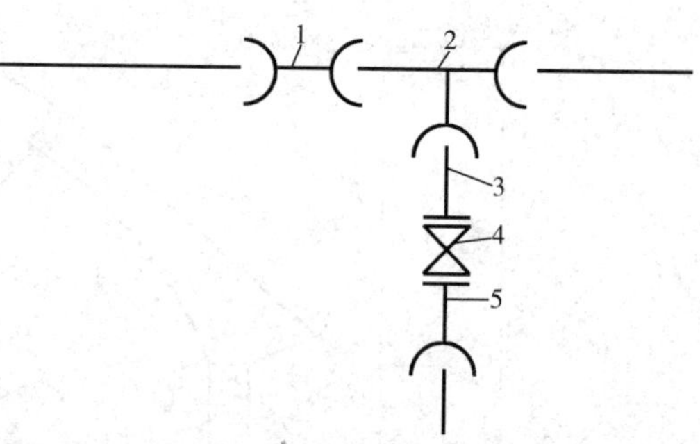

图 6-4　铸铁管新旧管连接示意图

1—接轮　2—三通　3—短管乙　4—闸门　5—短管甲

8）管道安装均按施工图中心线长度计算（支管长度从主管中心开始计算到支管末端交接处的中心，遇有带弯管底座的消火栓时计算到弯管底座处），管件、阀门、法兰所占长度已在管道施工损耗中综合考虑，计算工程量时均不扣除其所占长度。

9）新旧管连接时，管道安装工程量计算到碰头的阀门处，阀门及与阀门相连的承（插）盘短管、法兰盘的安装均包括在新旧管连接内，不再另计。

10）管道内防腐按施工图中心线长度计算，计算工程量时不扣除管件、阀门、法兰所占的长度，但管件的内防腐也不另行计算。如有补口补伤，管道内防腐应扣除其长度。

11）铸铁管件安装适用于铸铁三通、弯头、套管、乙字管、渐缩管、短管的安装，并综合考虑了承口、插口、带盘的接口，但与盘连接的阀门或法兰应另计。同样，塑料管件安装也综合考虑了各种管件口数，适用于各种塑料管件的安装。

12）马鞍卡子安装所列直径是指主管直径。

13）管件、分水栓、马鞍卡子、二合三通、水表的安装按施工图数量以个或组为单位计算。

14）砖砌圆形阀门井、钢筋混凝土矩形阀门井、砖砌矩形水表井、钢筋混凝土矩形水表井、排泥湿井是按国家建筑设计标准图集05S502编制的。消火栓井是按国家建筑设计标准图集15S202编制的。

15）井深是指井底混凝土顶面至铸铁井盖顶面的距离。

16）各种井均按施工图数量以座为单位计算。

17）防水套管制作安装按施工图数量以个为单位计算。

18）井深及井筒调增按实际发生数量以座为单位计算。

19）管道支墩按施工图以实体积计算，不扣除钢筋、铁件所占的体积。

（2）排水工程

1）钢丝网水泥砂浆抹带接口均是按管座120°和180°编制的。若管座角度不同，则按表6-32进行调整。

表 6-32　管道接口调整表

序号	项目名称	实做角度	调整基数或材料	调整系数
1	钢丝网水泥砂浆抹带接口	90°	120°项目基价	1.330
2	钢丝网水泥砂浆抹带接口	135°	120°项目基价	0.890

2）各种角度的砂基础、混凝土基础、混凝土管、缸瓦管铺设工程量，按井中至井中的中心线扣除井的长度以延长米计算。

3）管道闭水试验，以实际闭水长度计算，不扣除各种井所占的长度。

4）凡井深大于1.5m的井，均不包括井字架的搭拆费用。

5）各类井的井深是指井盖上皮到井基础或混凝土底板上皮的距离，没有基础的到井垫层上皮。

6）各项目均不包括脚手架，当井深超过1.5m，执行井字脚手架项目。

7）检查井筒的砌筑适用于井深不同的调整和方沟井筒的砌筑，区分高度以座为单位计算，高度不同时采用每增减0.2m计算。

8）方沟闭水试验的工程量，按实际闭水长度乘以断面面积以m^3为单位计算。

9）工作坑挖土方是按土壤类别综合计算的，土壤类别不同，不再调整。工作坑回填土、机械挖工作坑、支撑安装拆除，执行《全国统一市政工程预算定额》中第一册“通用项目”的有关项目。

10）钢板内、外套环接口项目，仅适用于设计所要求的永久性套环管口。顶进中为防止错口，在管内接口处所设置的工具式临时性钢胀圈不得套用。

11）工作坑土方区分挖土深度，按施工组织设计确定挖土体积以m^3为单位计算。

12）各种材质管道的顶管工程量，按设计顶进长度以延长米计算。

13）沉井工程是按深度12m以内、陆上排水沉井考虑的。沉井下沉项目中已考虑了沉井下沉的纠偏因素，但不包括压重助沉措施，若发生可另行计算。

14）防水工程。

① 各种防水层按设计面积以m^2为单位计算，不扣除单个面积0.3m^2以内孔洞所占面积。

② 平面与立面交接处的防水层，其上卷高度超过500mm时，按立面防水层计算。

15）设备安装工作内容。

① 设备、材料及机具的搬运，设备开箱点件、外观检查，配合基础验收，起重机具的领用、搬运、装、拆、清洗、退库。

② 画线定位、铲麻面、吊装、组装、连接、放置垫铁及地脚螺栓、找正、找平、精平、焊接、固定、灌浆。

③ 施工及验收规范中规定的调整、试验及无负荷试运转。

④ 工种间交叉配合的停歇时间、配合质量检查、交工验收、收尾结束工作。

⑤ 设备本体带有的物体、机件等附件的安装。

16）一般起重机具的摊销费，按所安装设备的净重量（包括设备底座、辅机）每吨12元计取。

17）投药、消毒设备。

① 管式药液混合器以两节为准，若为三节，乘以系数1.3。

② 水射器安装以法兰式连接为准，不包括法兰及短管的焊接安装。

③ 加氯机为膨胀螺栓固定安装。

④ 溶药搅拌设备以混凝土基础为准考虑。

18）闸门及驱动装置。

① 铸铁圆闸门包括升杆式和暗杆式，其安装深度按6m以内考虑。

② 铸铁方闸门以带门框座为准，其安装深度按6m以内考虑。

③ 铸铁堰门安装深度按3m以内考虑。

④ 螺杆启闭机安装深度按手轮式为3m、手摇式为4.5m、电动式为6m、汽动式为3m以内考虑。

19）集水槽制作安装。

① 集水槽制作项目中已包括了钻孔或铣孔的用工和机械，执行时不得再另计。

② 碳钢集水槽制作和安装中已包括了除锈和刷一遍防锈漆、两遍调和漆的人工和材料，不得再另计除锈刷油费用。但如果油漆种类不同，油漆的单价可以换算，其他不变。

20）堰板制作安装。

① 碳钢齿型堰板的安装方法是按有连接板考虑的，非金属堰板的安装方法是按无连接板考虑的。

② 不锈钢堰板安装按碳钢堰板安装相应项目基价乘以系数1.2，主材另计，其他不变。

③ 非金属堰板安装项目适用于玻璃钢和塑料堰板。

21）格栅除污机、滤网清污机、搅拌机械、曝气机、生物转盘、带式压滤机均区分设备量，以台为单位计算，设备重量均包括设备带有的电动机的重量在内。

22）集水槽制作、安装按设计断面周长尺寸乘以相应长度以m^2为单位计算，断面尺寸应包括需要折边的长度，不扣除出水孔所占面积。

23）齿型堰板制作安装按堰板的设计宽度乘以长度以m^2为单位计算，不扣除齿型间隙空隙所占面积。

24）后张法钢筋的锚固是按钢筋绑条焊、U形插垫编制的，若采用其他方法锚固，应另行计算。

25）非预应力钢筋不包括冷加工，设计要求冷加工时，另行计算。

26）钢筋工程应区别现浇、预制分别按设计图尺寸以t为单位计算。

（3）燃气与集中供热工程

1）铸铁管安装各种燃气管道的输送压力（p）按中压B级及低压考虑，热力管道按低压考虑。若安装中压A级煤气管道和高压煤气管道、中压集中供热管道，人工乘以系数1.3。钢管及其管件安装按低压、中压、高压综合考虑。

① 燃气工程压力p（MPa）划分范围如下：

A. 高压：A级，$0.8\text{MPa} < p \leq 1.6\text{MPa}$；B级，$0.4\text{MPa} < p \leq 0.8\text{MPa}$。

B. 中压：A级，$0.2\text{MPa} < p < 0.4\text{MPa}$；B级，$0.005\text{MPa} < p \leq 0.2\text{MPa}$。

C. 低压：$p \leq 0.005\text{MPa}$。

② 集中供热工程压力p（MPa）划分范围如下：

A. 低压：$p \leq 1.6\text{MPa}$。

B. 中压：$1.6\text{MPa} < p \leq 2.5\text{MPa}$。

2）集中供热工程的系统调试费用应另计。

3）管道安装中均不包括压力试验，应按相应项目执行。

4）各种管道安装的工程量均按设计管道中心线长度以延长米计算，不扣除管件、阀门、法兰、煤气调长器所占的长度。

5）三通、异径管的制作、安装以大口径为准，长度已综合取定。异径管制作，不分同心偏心，均执行同一项目。

6）盲板安装不包括螺栓用量，螺栓数量按螺栓用量表计算。

7）45°、60°焊接弯头制作应按设计度数选用对应的主材数量。

8）弯头、异径管、三通的制作、安装按设计图数量以个为单位计算。

9）挖眼接管以支管管径为准，按接管个数计算。

10）支架制作安装按设计图质量以kg为单位计算，其中钢板按最小外接矩形面积计算，不扣除$0.1m^2$以内的孔洞面积所占质量。

11）电动阀门安装不包括电动机的安装。

12）阀门解体、检查和研磨已包括一次试压。供水、供热、燃气应按相应规范和图样设计规定进行阀门解体、检查和研磨以及水压试验，按实际发生数量以个为单位计算。

13）法兰、阀门安装以低压考虑，中压法兰、阀门安装执行低压相应项目，其人工乘以系数1.2。

14）法兰、阀门安装按设计图数量以副、个为单位计算。

15）各种法兰、阀门安装，项目中只包括一个垫片，不包括螺栓使用量，螺栓用量按“综合基价”中的说明附表计算。

16）阀门水压试验、解体检查按实际发生数量以个为单位计算。

17）管道总试压，试压水如需加温，热源费用及排水费用另行计算。

18）强度试验、气密性试验分段试验合格后，当需管道吹扫、总体试压和发生两次或两次以上试压时，应再套用管道吹扫或管道总试压计算。

2. 清单工程量计算规则

1）管道敷设工程量清单项目设置、项目特征描述的内容、计量单位及工程量计算规则，见表6-33。

表6-33　管道敷设（编码：040501）

<table>
<tr><th>项目编码</th><th>项目名称</th><th>项目特征</th><th>计量单位</th><th>工程量计算规则</th><th>工程内容</th></tr>
<tr><td>040501001</td><td>混凝土管</td><td>1. 垫层、基础材质及厚度
2. 管座材质
3. 规格
4. 接口方式
5. 敷设深度
6. 混凝土强度等级
7. 管道检验及试验要求</td><td rowspan="5">m</td><td rowspan="5">按设计图示中心线长度以延长米计算。不扣除附属构筑物、管件及阀门等所占长度</td><td>1. 垫层、基础铺筑及养护
2. 模板制作、安装、拆除
3. 混凝土拌和、运输、浇筑、养护
4. 预制管枕安装
5. 管道敷设
6. 管道接口
7. 管道检验及试验</td></tr>
<tr><td>040501002</td><td>钢管</td><td rowspan="2">1. 垫层、基础材质及厚度
2. 材质及规格
3. 接口方式
4. 敷设深度
5. 管道检验及试验要求
6. 集中防腐运距</td><td rowspan="2">1. 垫层、基础铺筑及养护
2. 模板制作、安装、拆除
3. 混凝土拌和、运输、浇筑、养护
4. 管道敷设
5. 管道检验及试验
6. 集中防腐运输</td></tr>
<tr><td>040501003</td><td>铸铁管</td></tr>
<tr><td>040501004</td><td>塑料管</td><td>1. 垫层、基础材质及厚度
2. 材质及规格
3. 连接形式
4. 敷设深度
5. 管道检验及试验要求</td><td>1. 垫层、基础铺筑及养护
2. 模板制作、安装、拆除
3. 混凝土拌和、运输、浇筑、养护
4. 管道敷设
5. 管道检验及试验要求</td></tr>
<tr><td>040501005</td><td>直埋式预制保温管</td><td>1. 垫层材质及厚度
2. 材质及规格
3. 接口方式
4. 敷设深度
5. 管道检验及试验的要求</td><td>1. 垫层铺筑及养护
2. 管道敷设
3. 接口处保温
4. 管道检验及试验</td></tr>
</table>

（续）

项目编码	项目名称	项目特征	计量单位	工程量计算规则	工程内容
040501006	管道架空跨越	1. 管道架设高度 2. 管道材质及规格 3. 接口方式 4. 管道检验及试验要求 5. 集中防腐运距	m	按设计图示中心线长度以延长米计算。不扣除管件及阀门等所占长度	1. 管道架设 2. 管道检验及试验 3. 集中防腐运输
040501007	隧道（沟、管）内管道	1. 基础材质及厚度 2. 混凝土强度等级 3. 材质及规格 4. 接口方式 5. 管道检验及试验要求 6. 集中防腐运距		按设计图示中心线长度以延长米计算。不扣除附属构筑物、管件及阀门等所占长度	1. 基础铺筑、养护 2. 模板制作、安装、拆除 3. 混凝土拌和、运输、浇筑、养护 4. 管道敷设 5. 管道检测及试验 6. 集中防腐运输
040501008	水平导向钻进	1. 土壤类别 2. 材质及规格 3. 一次成孔长度 4. 接口方式 5. 泥浆要求 6. 管道检验及试验要求 7. 集中防腐运距		按设计图示长度以延长米计算。扣除附属构筑物（检查井）所占长度	1. 设备安装、拆除 2. 定位、成孔 3. 管道接口 4. 拉管 5. 纠偏、监测 6. 泥浆制作、注浆 7. 管道检测及试验 8. 集中防腐运输 9. 泥浆、土方外运
040501009	夯管	1. 土壤类别 2. 材质及规格 3. 一次夯管长度 4. 接口方式 5. 管道检验及试验要求 6. 集中防腐运距		按设计图示长度以延长米计算。扣除附属构筑物（检查井）所占长度	1. 设备安装、拆除 2. 定位、夯管 3. 管道接口 4. 纠偏、监测 5. 管道检测及试验 6. 集中防腐运输 7. 土方外运
040501010	顶（夯）管工作坑	1. 土壤类别 2. 工作坑平面尺寸及深度 3. 支撑、围护方式 4. 垫层、基础材质及厚度 5. 混凝土强度等级 6. 设备、工作台主要技术要求	座	按设计图示数量计算	1. 支撑、围护 2. 模板制作、安装、拆除 3. 混凝土拌和、运输、浇筑、养护 4. 工作坑内设备、工作台安装及拆除
040501011	预制混凝土工作坑	1. 土壤类别 2. 工作坑平面尺寸及深度 3. 垫层、基础材质及厚度 4. 混凝土强度等级 5. 设备、工作台主要技术要求 6. 混凝土构件运距			1. 混凝土工作坑制作 2. 下沉、定位 3. 模板制作、安装、拆除 4. 混凝土拌和、运输、浇筑、养护 5. 工作坑内设备、工作台安装及拆除 6. 混凝土构件运输

（续）

项目编码	项目名称	项目特征	计量单位	工程量计算规则	工程内容
040501012	顶管	1. 土壤类别 2. 顶管工作方式 3. 管道材质及规格 4. 中继间规格 5. 工具管材质及规格 6. 触变泥浆要求 7. 管道检验及试验要求 8. 集中防腐运距	m	按设计图示长度以延长米计算。扣除附属构筑物（检查井）所占长度	1. 管道顶进 2. 管道接口 3. 中继间、工具管及附属设备安装拆除 4. 管内挖、运土及土方提升 5. 机械顶管设备调向 6. 纠偏、监测 7. 触变泥浆制作、注浆 8. 洞口止水 9. 管道检测及试验 10. 集中防腐运输 11. 泥浆、土方外运
040501013	土壤加固	1. 土壤类别 2. 加固填充材料 3. 加固方式	1. m 2. m^3	1. 按设计图示加固段长度以延长米计算 2. 按设计图示加固段体积以 m^3 计算	打孔、调浆、灌注
040501014	新旧管连接	1. 材质及规格 2. 连接方式 3. 带（不带）介质连接	处	按设计图示数量计算	1. 切管 2. 钻孔 3. 连接
040501015	临时放水管线	1. 材质及规格 2. 敷设方式 3. 接口形式	m	按放水管线长度以延长米计算，不扣除管件、阀门所占长度	管线敷设、拆除
040501016	砌筑方沟	1. 断面规格 2. 垫层、基础材质及厚度 3. 砌筑材料品种、规格、强度等级 4. 混凝土强度等级 5. 砂浆强度等级、配合比 6. 勾缝、抹面要求 7. 盖板材质及规格 8. 伸缩缝（沉降缝）要求 9. 防渗、防水要求 10. 混凝土构件运距	m	按设计图示尺寸以延长米计算	1. 模板制作、安装、拆除 2. 混凝土拌和、运输、浇筑、养护 3. 砌筑 4. 勾缝、抹面 5. 盖板安装 6. 防水、止水 7. 混凝土构件运输
040501017	混凝土方沟	1. 断面规格 2. 垫层、基础材质及厚度 3. 混凝土强度等级 4. 伸缩缝（沉降缝）要求 5. 盖板材质、规格 6. 防渗、防水要求 7. 混凝土构件运距			1. 模板制作、安装、拆除 2. 混凝土拌和、运输、浇筑、养护 3. 盖板安装 4. 防水、止水 5. 混凝土构件运输

（续）

项目编码	项目名称	项目特征	计量单位	工程量计算规则	工程内容
040501018	砌筑渠道	1. 断面规格 2. 垫层、基础材质及厚度 3. 砌筑材料品种、规格、强度等级 4. 混凝土强度等级 5. 砂浆强度等级、配合比 6. 勾缝、抹面要求 7. 伸缩缝（沉降缝）要求 8. 防渗、防水要求	m	按设计图示尺寸以延长米计算	1. 模板制作、安装、拆除 2. 混凝土拌和、运输、浇筑、养护 3. 渠道砌筑 4. 勾缝、抹面 5. 防水、止水
040501019	混凝土渠道	1. 断面规格 2. 垫层、基础材质及厚度 3. 混凝土强度等级 4. 伸缩缝（沉降缝）要求 5. 防渗、防水要求 6. 混凝土构件运距			1. 模板制作、安装、拆除 2. 混凝土拌和、运输、浇筑、养护 3. 防水、止水 4. 混凝土构件运输
040501020	警示（示踪）带敷设	规格		按敷设长度以延长米计算	

注：1. 管道架空跨越敷设的支架制作、安装及支架基础、垫层应按表6-35支架制作及安装相关清单项目编码列项。
2. 管道敷设项目中的做法如为标准设计，也可在项目特征中标注标准图集号。

2）管件、阀门及附件安装工程量清单项目设置、项目特征描述的内容、计量单位及工程量计算规则，见表6-34。

表6-34　管件、阀门及附件安装（编码：040502）

项目编码	项目名称	项目特征	计量单位	工程量计算规则	工程内容
040502001	铸铁管管件	1. 种类 2. 材质及规格 3. 接口形式	个	按设计图示数量计算	安装
040502002	钢管管件制作、安装				制作、安装
040502003	塑料管管件	1. 种类 2. 材质及规格 3. 连接方式			安装
040502004	转换件	1. 材质及规格 2. 接口形式			
040502005	阀门	1. 种类 2. 材质及规格 3. 连接方式 4. 试验要求			
040502006	法兰	1. 材质、规格、结构形式 2. 连接方式 3. 焊接方式 4. 垫片材质			
040502007	盲堵板制作、安装	1. 材质及规格 2. 连接方式			制作、安装

（续）

项目编码	项目名称	项目特征	计量单位	工程量计算规则	工程内容
040502008	套管制作、安装	1. 形式、材质及规格 2. 管内填料材质	个	按设计图示数量计算	制作、安装
040502009	水表	1. 规格 2. 安装方式			安装
040502010	消火栓	1. 规格 2. 安装部位、方式			
040502011	补偿器（波纹管）	1. 规格 2. 安装方式			
040502012	除污器组成、安装		套		组成、安装
040502013	凝水井	1. 材料品种 2. 型号及规格 3. 连接方式	组		1. 制作 2. 安装
040502014	调压器	1. 规格 2. 型号 3. 连接方式			安装
040502015	过滤器				
040502016	分离器				
040502017	安全水封	规格			
040502018	检漏（水）管				

注：040502013 项目的凝水井应按表 6-36 管道附属构筑物中相关清单项目编码列项。

3）支架制作及安装工程量清单项目设置、项目特征描述的内容、计量单位及工程量计算规则，见表 6-35。

表 6-35　支架制作及安装（编码：040503）

项目编码	项目名称	项目特征	计量单位	工程量计算规则	工程内容
040503001	砌筑支墩	1. 垫层材质、厚度 2. 混凝土强度等级 3. 砌筑材料、规格、强度等级 4. 砂浆强度等级、配合比	m^3	按设计图示尺寸以体积计算	1. 模板制作、安装、拆除 2. 混凝土拌和、运输、浇筑、养护 3. 砌筑 4. 勾缝、抹面
040503002	混凝土支墩	1. 垫层材质、厚度 2. 混凝土强度等级 3. 预制混凝土构件运距			1. 模板制作、安装、拆除 2. 混凝土拌和、运输、浇筑、养护 3. 预制混凝土支墩安装 4. 混凝土构件运输
040503003	金属支架制作、安装	1. 垫层、基础材质及厚度 2. 混凝土强度等级 3. 支架材质 4. 支架形式 5. 预埋件材质及规格	t	按设计图示质量计算	1. 模板制作、安装、拆除 2. 混凝土拌和、运输、浇筑、养护 3. 支架制作、安装
040503004	金属吊架制作、安装	1. 吊架形式 2. 吊架材质 3. 预埋件材质及规格			制作、安装

4）管道附属构筑物工程量清单项目设置、项目特征描述的内容、计量单位及工程量计算规则，见表6-36。

表6-36　管道附属构筑物（编码：040504）

<table>
<tr><th>项目编码</th><th>项目名称</th><th>项目特征</th><th>计量单位</th><th>工程量计算规则</th><th>工程内容</th></tr>
<tr><td>040504001</td><td>砌筑井</td><td>1. 垫层、基础材质及厚度
2. 砌筑材料品种、规格、强度等级
3. 勾缝、抹面要求
4. 砂浆强度等级、配合比
5. 混凝土强度等级
6. 盖板材质、规格
7. 井盖、井圈材质及规格
8. 踏步材质、规格
9. 防渗、防水要求</td><td rowspan="3">座</td><td rowspan="3">按设计图示数量计算</td><td>1. 垫层铺筑
2. 模板制作、安装、拆除
3. 混凝土拌和、运输、浇筑、养护
4. 砌筑、勾缝、抹面
5. 井圈、井盖安装
6. 盖板安装
7. 踏步安装
8. 防水、止水</td></tr>
<tr><td>040504002</td><td>混凝土井</td><td>1. 垫层、基础材质及厚度
2. 混凝土强度等级
3. 盖板材质、规格
4. 井盖、井圈材质及规格
5. 踏步材质、规格
6. 防渗、防水要求</td><td>1. 垫层铺筑
2. 模板制作、安装、拆除
3. 混凝土拌和、运输、浇筑、养护
4. 井圈、井盖安装
5. 盖板安装
6. 踏步安装
7. 防水、止水</td></tr>
<tr><td>040504003</td><td>塑料检查井</td><td>1. 垫层、基础材质及厚度
2. 检查井材质、规格
3. 井筒、井盖、井圈材质及规格</td><td>1. 垫层铺筑
2. 模板制作、安装、拆除
3. 混凝土拌和、运输、浇筑、养护
4. 检查井安装
5. 井筒、井圈、井盖安装</td></tr>
<tr><td>040504004</td><td>砖砌井筒</td><td>1. 井筒规格
2. 砌筑材料品种、规格
3. 砌筑、勾缝、抹面要求
4. 砂浆强度等级、配合比
5. 踏步材质、规格
6. 防渗、防水要求</td><td rowspan="2">m</td><td rowspan="2">按设计图示尺寸以延长米计算</td><td>1. 砌筑、勾缝、抹面
2. 踏步安装</td></tr>
<tr><td>040504005</td><td>预制混凝土井筒</td><td>1. 井筒规格
2. 踏步规格</td><td>1. 运输
2. 安装</td></tr>
<tr><td>040504006</td><td>砌体出水口</td><td>1. 垫层、基础材质及厚度
2. 砌筑材料品种、规格
3. 砌筑、勾缝、抹面要求
4. 砂浆强度等级及配合比</td><td>座</td><td>按设计图示数量计算</td><td>1. 垫层铺筑
2. 模板制作、安装、拆除
3. 混凝土拌和、运输、浇筑、养护
4. 砌筑、勾缝、抹面</td></tr>
</table>

（续）

项目编码	项目名称	项目特征	计量单位	工程量计算规则	工程内容
040504007	混凝土出水口	1. 垫层、基础材质及厚度 2. 混凝土强度等级	座	按设计图示数量计算	1. 垫层铺筑 2. 模板制作、安装、拆除 3. 混凝土拌和、运输、浇筑、养护
040504008	整体化粪池	1. 材质 2. 型号、规格			安装
040504009	雨水口	1. 雨水箅子及圈口材质、型号、规格 2. 垫层、基础材质及厚度 3. 混凝土强度等级 4. 砌筑材料品种、规格 5. 砂浆强度等级及配合比			1. 垫层铺筑 2. 模板制作、安装、拆除 3. 混凝土拌和、运输、浇筑、养护 4. 砌筑、勾缝、抹面 5. 雨水箅子安装

注：管道附属构筑物为标准定型附属构筑物时，在项目特征中应标注标准图集编号及页码。

二、工程量计算实例

在某街道新建排水工程中，污水管采用钢筋混凝土管，使用180°混凝土基础，管基断面如图6-5所示，试计算混凝土管道铺设工程量。

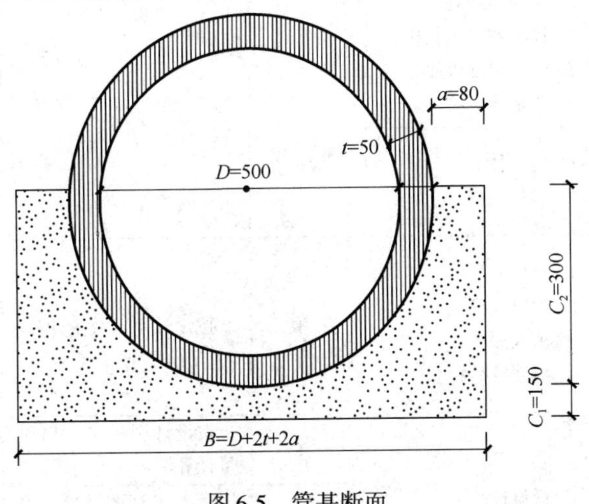

图6-5　管基断面

解：

（1）定额工程量：

管道防腐为150m，水泥砂浆接口（180°），每段2m，$\left(\frac{150}{2}-1\right)$个 = 74 个

混凝土管道敷设工程量为150m。

（2）清单工程量：同定额工程量。

第六节 钢筋工程

一、工程量计算规则

钢筋工程工程量清单项目设置、项目特征描述的内容、计量单位及工程量计算规则，见表6-37。

表6-37 钢筋工程（编码：040901）

<table>
<tr><th>项目编码</th><th>项目名称</th><th>项目特征</th><th>计量单位</th><th>工程量计算规则</th><th>工程内容</th></tr>
<tr><td>040901001</td><td>现浇构件钢筋</td><td rowspan="4">1. 钢筋种类
2. 钢筋规格</td><td rowspan="7">t</td><td rowspan="7">按设计图示尺寸以质量计算</td><td rowspan="4">1. 制作
2. 运输
3. 安装</td></tr>
<tr><td>040901002</td><td>预制构件钢筋</td></tr>
<tr><td>040901003</td><td>钢筋网片</td></tr>
<tr><td>040901004</td><td>钢筋笼</td></tr>
<tr><td>040901005</td><td>先张法预应力钢筋（钢丝、钢绞线）</td><td>1. 部位
2. 预应力筋种类
3. 预应力筋规格</td><td>1. 张拉台座制作、安装、拆除
2. 预应力筋制作、张拉</td></tr>
<tr><td>040901006</td><td>后张法预应力钢筋（钢丝束、钢绞线）</td><td>1. 部位
2. 预应力筋种类
3. 预应力筋规格
4. 锚具种类、规格
5. 砂浆强度等级
6. 压浆管材质、规格</td><td>1. 预应力筋孔道制作、安装
2. 锚具安装
3. 预应力筋制作、张拉
4. 安装压浆管道
5. 孔道压浆</td></tr>
<tr><td>040901007</td><td>型钢</td><td>1. 材料种类
2. 材料规格</td><td>1. 制作
2. 运输
3. 安装、定位</td></tr>
<tr><td>040901008</td><td>植筋</td><td>1. 材料种类
2. 材料规格
3. 植入深度
4. 植筋胶品种</td><td>根</td><td>按设计图示数量计算</td><td>1. 定位、钻孔、清孔
2. 钢筋加工成型
3. 注胶、植筋
4. 抗拔试验
5. 养护</td></tr>
<tr><td>040901009</td><td>预埋件</td><td rowspan="2">1. 材料种类
2. 材料规格</td><td>t</td><td>按设计图示尺寸以质量计算</td><td rowspan="2">1. 制作
2. 运输
3. 安装</td></tr>
<tr><td>040901010</td><td>高强螺栓</td><td>1. t
2. 套</td><td>1. 按设计图示尺寸以质量计算
2. 按设计图示数量计算</td></tr>
</table>

注：1. 现浇构件中伸出构件的锚固钢筋、预制构件的吊钩和固定位置的支撑钢筋等，应并入钢筋工程量内。除设计标明的搭接外，其他施工搭接不计算工程量，由投标人在报价中综合考虑。

2. 钢筋工程所列“型钢”是指劲性骨架的型钢部分。

3. 凡型钢与钢筋组合（除预埋件外）的钢格栅，应分别列项。

二、工程量计算实例

根据图6-6计算基础插筋的长度、−2层基础纵筋长度、1层箍筋的根数、中柱顶层纵筋长度、边柱顶层纵筋长度。

此柱子直接插在基础底板上，基础底板厚1000mm，柱子和基础底板混凝土强度等级均为C30，顶层梁截面尺寸为300mm×1000mm，其余层梁截面尺寸均为300mm×600mm，基础保护层厚度为40mm，梁柱保护层厚度为25mm，柱子纵筋均采用焊接形式。

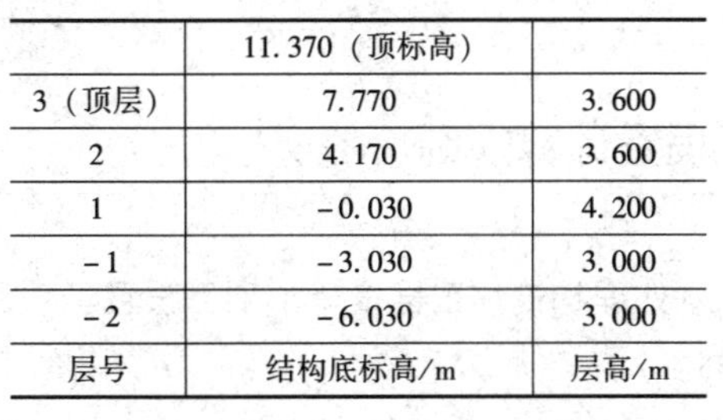

	11.370（顶标高）	
3（顶层）	7.770	3.600
2	4.170	3.600
1	−0.030	4.200
−1	−3.030	3.000
−2	−6.030	3.000
层号	结构底标高/m	层高/m

解：

（1）基础插筋的长度：

$1000\text{mm}-40\text{mm}=960\text{mm}>0.8\times34\times25\text{mm}=680\text{mm}$

$[(3000-600)/3+1000-40+\max(6d,150)]\text{mm}=1910\text{mm}$

（2）−2层基础纵筋长度：

$[3000-2400/3+\max(2400/6,750,500)]\text{mm}=(3000-800+750)\text{mm}=2950\text{mm}$

（3）1层箍筋的根数：

非连接区长度 $=[(4200-600)/3]\text{mm}=1200\text{mm}$

非连接区箍筋根数 $=[(1200-50)/100+1]$根 $=13$根

梁下加密区箍筋根数 $=(750/100+1)$根 $=9$根

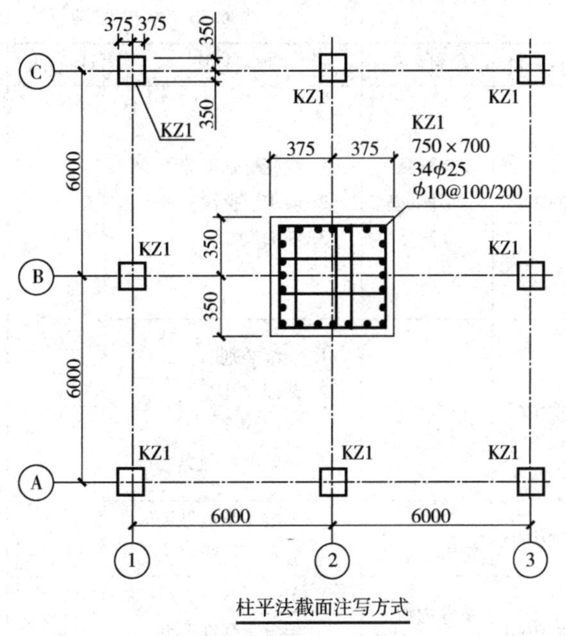

柱平法截面注写方式

图6-6　柱配筋示意图

梁内加密区箍筋根数 $=(600/100)$根 $=6$根

非加密区箍筋根数 $=[(4200-1200-750-600)/200-1]$根 $=8$根

箍筋根数 $=(13+9+6+8)$根 $=36$根

（4）中柱顶层纵筋长度：

因为 $1000\text{mm}-25\text{mm}=975\text{mm}>34\times25\text{mm}=850\text{mm}$，纵筋采用直锚形式

所以，3层纵筋长度 $=\{3600-\max[(3600-1000)/6,750,500]-1000+1000-25\}\text{mm}=2825\text{mm}$

（5）边柱顶层纵筋长度：

一个边的65% $=7\times0.65=4.55=5$ 根，5根钢筋锚固1.5倍的锚固长度

纵筋长度 $=[3600-\max(2600/6,750,500)-1000+1.5\times34d]\text{mm}=3125\text{mm}$（5根）

下弯 $8d$ 长度：2根

下弯 $8d$ 长度 $=[3600-\max(2600/6,750,500)-1000+1000-25+700-25\times2+8\times25]\text{mm}$
$=3675\text{mm}$

其他钢筋长度 = 2825(同中柱)，根数 = (24 − 7)根 = 17根

第七节 水处理工程

一、工程量计算规则

1）水处理构筑物工程量清单项目设置、项目特征描述的内容、计量单位及工程量计算规则，见表6-38。

表6-38 水处理构筑物（编码：040601）

项目编码	项目名称	项目特征	计量单位	工程量计算规则	工程内容
040601001	现浇混凝土沉井井壁及隔墙	1. 混凝土强度等级 2. 防水、抗渗要求 3. 断面尺寸	m^3	按设计图示尺寸以体积计算	1. 垫木铺设 2. 模板制作、安装、拆除 3. 混凝土拌和、运输、浇筑 4. 养护 5. 预留孔封口
040601002	沉井下沉	1. 土壤类别 2. 断面尺寸 3. 下沉深度 4. 减阻材料种类		按自然面标高至设计垫层底标高间的高度乘以沉井外壁最大断面面积以体积计算	1. 垫木拆除 2. 挖土 3. 沉井下沉 4. 填充减阻材料 5. 余方弃置
040601003	沉井混凝土底板	1. 混凝土强度等级 2. 防水、抗渗要求		按设计图示尺寸以体积计算	1. 模板制作、安装、拆除 2. 混凝土拌和、运输、浇筑 3. 养护
040601004	沉井内地下混凝土结构	1. 部位 2. 混凝土强度等级 3. 防水、抗渗要求			
040601005	沉井混凝土顶板	1. 混凝土强度等级 2. 防水、抗渗要求			
040601006	现浇混凝土池底				
040601007	现浇混凝土池壁（隔墙）				
040601008	现浇混凝土池柱				
040601009	现浇混凝土池梁				
040601010	现浇混凝土池盖板				

（续）

项目编码	项目名称	项目特征	计量单位	工程量计算规则	工程内容
040601011	现浇 混凝土板	1. 名称、规格 2. 混凝土强度等级 3. 防水、抗渗要求	m^3	按设计图示尺寸以体积计算	1. 模板制作、安装、拆除 2. 混凝土拌和、运输、浇筑 3. 养护
040601012	池槽	1. 混凝土强度等级 2. 防水、抗渗要求 3. 池槽断面尺寸 4. 盖板材质	m	按设计图示尺寸以长度计算	1. 模板制作、安装、拆除 2. 混凝土拌和、运输、浇筑 3. 养护 4. 盖板安装 5. 其他材料铺设
040601013	砌筑 导流壁、筒	1. 砌体材料、规格 2. 断面尺寸 3. 砌筑、勾缝、抹面砂浆强度等级	m^3	按设计图示尺寸以体积计算	1. 砌筑 2. 抹面 3. 勾缝
040601014	混凝土 导流壁、筒	1. 混凝土强度等级 2. 防水、抗渗要求 3. 断面尺寸			1. 模板制作、安装、拆除 2. 混凝土拌和、运输、浇筑 3. 养护
040601015	混凝土楼梯	1. 结构形式 2. 底板厚度 3. 混凝土强度等级	1. m^2 2. m^3	1. 以 m^2 计量，按设计图示尺寸以水平投影面积计算 2. 以 m^3 计量，按设计图示尺寸以体积计算	1. 模拟制作、安装、拆除 2. 混凝土拌和、运输、浇筑或预制 3. 养护 4. 楼梯安装
040601016	金属 扶梯、栏杆	1. 材质 2. 规格 3. 防腐刷油材质、工艺要求	1. t 2. m	1. 以 t 计量，按设计图示尺寸以质量计算 2. 以 m 计量，按设计图示尺寸以长度计算	1. 制作、安装 2. 除锈、防腐、刷油
040601017	其他现浇 混凝土构件	1. 构件名称、规格 2. 混凝土强度等级	m^3	按设计图示尺寸以体积计算	1. 模板制作、安装、拆除 2. 混凝土拌和、运输、浇筑 3. 养护
040601018	预制 混凝凝土板	1. 图集、图样名称 2. 构件代号、名称 3. 混凝土强度等级 4. 防水、抗渗要求			1. 模板制作、安装、拆除 2. 混凝土拌和、运输、浇筑 3. 养护 4. 构件安装 5. 接头灌浆 6. 砂浆制作 7. 运输
040601019	预制 混凝土槽				
040601020	预制 混凝土支墩				
040601021	其他预制 混凝土构件	1. 部位 2. 图集、图样名称 3. 构件代号、名称 4. 混凝土强度等级 5. 防水、抗渗要求			

（续）

项目编码	项目名称	项目特征	计量单位	工程量计算规则	工程内容
040601022	滤板	1. 材质 2. 规格 3. 厚度 4. 部位	m^2	按设计图示尺寸以面积计算	1. 制作 2. 安装
040601023	折板				
040601024	壁板				
040601025	滤料铺设	1. 滤料品种 2. 滤料规格	m^3	按设计图示尺寸以体积计算	铺设
040601026	尼龙网板	1. 材料品种 2. 材料规格	m^2	按设计图示尺寸以面积计算	1. 制作 2. 安装
040601027	刚性防水	1. 工艺要求 2. 材料品种、规格			1. 配料 2. 铺筑
040601028	柔性防水				涂、贴、粘、刷防水材料
040601029	沉降（施工）缝	1. 材料品种 2. 沉降缝规格 3. 沉降缝部位	m	按设计图示尺寸以长度计算	铺、嵌沉降（施工）缝
040601030	井、池渗漏试验	构筑物名称	m^3	按设计图示储水尺寸以体积计算	渗漏试验

注：1. 沉井混凝土地梁工程量，应并入底板内计算。
2. 各类垫层应按第三节“桥涵工程”相关编码列项。

2）水处理设备工程量清单项目设置、项目特征描述的内容、计量单位及工程量计算规则，见表6-39。

表6-39　水处理设备（编码：040602）

项目编码	项目名称	项目特征	计量单位	工程量计算规则	工程内容
040602001	格栅	1. 材质 2. 防腐材料 3. 规格	1. t 2. 套	1. 以t计量，按设计图示尺寸以质量计算 2. 以套计量，按设计图示数量计算	1. 制作 2. 防腐 3. 安装
040602002	格栅除污机	1. 类型 2. 材质 3. 规格、型号 4. 参数	台	按设计图示数量计算	1. 安装 2. 无负荷试运转
040602003	滤网清污机				
040602004	压榨机				
040602005	刮砂机				
040602006	吸砂机				
040602007	刮泥机				
040602008	吸泥机				
040602009	刮吸泥机	1. 类型 2. 材质 3. 规格、型号 4. 参数	台	按设计图示数量计算	1. 安装 2. 无负荷试运转
040602010	撇渣机				
040602011	砂（泥）水分离器				
040602012	曝气机				
040602013	曝气器		个		
040602014	布气管	1. 材质 2. 直径	m	按设计图示以长度计算	1. 钻孔 2. 安装

（续）

项目编码	项目名称	项目特征	计量单位	工程量计算规则	工程内容
040602015	滗水器	1. 类型 2. 材质 3. 规格、型号 4. 参数	套	按设计图示数量计算	1. 安装 2. 无负荷试运转
040602016	生物转盘				
040602017	搅拌机		台		
040602018	推进器				
040602019	加药设备	1. 类型 2. 材质 3. 规格、型号 4. 参数	套		
040602020	加氯机				
040602021	氯吸收装置				
040602022	水射器	1. 材质 2. 公称直径	个		
040602023	管式混合器				
040602024	冲洗装置	1. 类型 2. 材质 3. 规格、型号 4. 参数	套	按设计图示数量计算	1. 安装 2. 无负荷试运转
040602025	带式压滤机		台		
040602026	污泥脱水机				
040602027	污泥浓缩机				
040602028	污泥浓缩脱水一体机				
040602029	污泥输送机				
040602030	污泥切割机				
040602031	闸门	1. 类型 2. 材质 3. 形式 4. 规格、型号	1. 座 2. t	1. 以座计量，按设计图示数最计算 2. 以 t 计量，按设计图示尺寸以质量计算	1. 安装 2. 操纵装置安装 3. 调试
040602032	旋转门				
040602033	堰门				
040602034	拍门				
040602035	启闭机	1. 类型 2. 材质 3. 形式 4. 规格、型号	台	按设计图示数量计算	
040602036	升杆式铸铁泥阀	公称直径	座		
040602037	平底盖闸				
040602038	集水槽	1. 材质 2. 厚度 3. 形式 4. 防腐材料	m^2	按设计图示尺寸以面积计算	1. 安装 2. 操纵装置安装 3. 调试
040602039	堰板				
040602040	斜板	1. 材料品种 2. 厚度			1. 制作 2. 安装
040602041	斜管	1. 斜管材料品种 2. 斜管规格	m	按设计图示以长度计算	
040602042	紫外线消毒设备	1. 类型 2. 材质 3. 规格、型号 4. 参数	套	按设计图示数量计算	1. 安装 2. 无负荷试运转
040602043	臭氧消毒设备				
040602044	除臭设备				
040602045	膜处理设备				
040602046	在线水质检测设备				

二、工程量计算实例

某给水排水工程中给水排水构筑物现浇钢筋混凝土半地下室水池（水池为圆形）剖面图如图6-7所示，试计算其工程量。

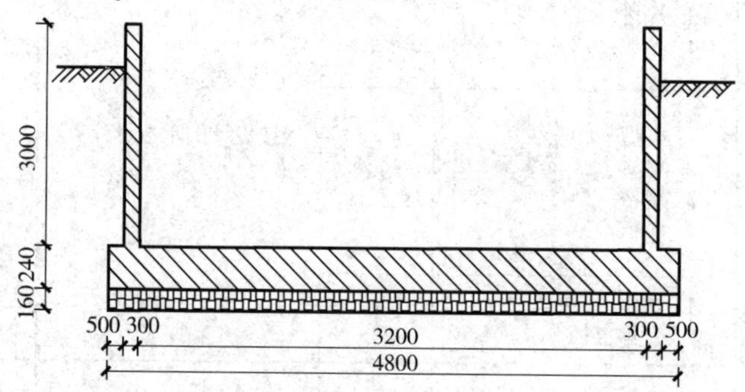

图6-7　某水池剖面图

解：清单工程量计算表见表6-40。

表6-40　清单工程量计算表

序号	清单项目编码	清单项目名称	计算式	工程量合计	计量单位
1	040601006001	现浇混凝土池底	1. 垫层铺筑：垫层厚0.16m，因为是一个圆柱，底边半径为$\frac{4.8}{2}$m = 2.4m，则工程量为：$2.4^2\times0.16\pi m^3$ 2. 混凝土浇筑：混凝土池底厚0.24m，底面半径为2.4m，则工程量为：$2.4^2\times0.24\pi m^3$	4.34	m^3
2	040601007001	现浇混凝土池壁（隔墙）	池壁厚0.3m，则内壁半径为$\frac{3.2}{2}$m = 1.6m，外壁半径为$\left(\frac{3.2}{2}+0.3\right)$m 池壁工程量为：$(1.9^2\pi-1.5^2\pi)\times3$	12.81	m^3

第八节　路灯工程及拆除工程

一、工程量计算规则

1）变配电设备工程工程量清单项目设置、项目特征描述的内容、计量单位及工程量计算规则，见表6-41。

表6-41　变配电设备工程（编码：040801）

项目编码	项目名称	项目特征	计量单位	工程量计算规则	工程内容
040801001	杆上变压器	1. 名称 2. 型号 3. 容量（kV·A） 4. 电压（kV） 5. 支架材质、规格 6. 网门、保护门材质、规格 7. 油过滤要求 8. 干燥要求	台	按设计图示数量计算	1. 支架制作、安装 2. 本体安装 3. 油过滤 4. 干燥 5. 网门、保护门制作、安装 6. 补刷（喷）油漆 7. 接地

（续）

<table>
<tr><th>项目编码</th><th>项目名称</th><th>项目特征</th><th>计量单位</th><th>工程量计算规则</th><th>工程内容</th></tr>
<tr><td>040801002</td><td>地上变压器</td><td>1. 名称
2. 型号
3. 容量（kV·A）
4. 电压（kV）
5. 基础形式、材质、规格
6. 网门、保护门材质、规格
7. 油过滤要求
8. 干燥要求</td><td rowspan="6">台</td><td rowspan="6">按设计图示数量计算</td><td>1. 基础制作、安装
2. 本体安装
3. 油过滤
4. 干燥
5. 网门、保护门制作、安装
6. 补刷（喷）油漆
7. 接地</td></tr>
<tr><td>040801003</td><td>组合型成套箱式变电站</td><td>1. 名称
2. 型号
3. 容量（kV·A）
4. 电压（kV）
5. 组合形式
6. 基础形式、材质、规格</td><td>1. 基础制作、安装
2. 本体安装
3. 进箱母线安装
4. 补刷（喷）油漆
5. 接地</td></tr>
<tr><td>040801004</td><td>高压成套配电柜</td><td>1. 名称
2. 型号
3. 规格
4. 母线配置方式
5. 种类
6. 基础形式、材质、规格</td><td>1. 基础制作、安装
2. 本体安装
3. 补刷（喷）油漆
4. 接地</td></tr>
<tr><td>040801005</td><td>低压成套控制柜</td><td>1. 名称
2. 型号
3. 规格
4. 种类
5. 基础形式、材质、规格
6. 接线端子材质、规格
7. 端子板外部接线材质、规格</td><td rowspan="2">1. 基础制作、安装
2. 本体安装
3. 附件安装
4. 焊、压接线端子
5. 端子接线
6. 补刷（喷）油漆
7. 接地</td></tr>
<tr><td>040801006</td><td>落地式控制箱</td><td>1. 名称
2. 型号
3. 规格
4. 基础形式、材质、规格
5. 回路
6. 附件种类、规格
7. 接线端子材质、规格
8. 端子板外部接线材质、规格</td></tr>
<tr><td>040801007</td><td>杆上控制箱</td><td>1. 名称
2. 型号
3. 规格
4. 回路
5. 附件种类、规格
6. 支架材质、规格
7. 进出线管管架材质、规格、安装高度
8. 接线端子材质、规格
9. 端子板外部接线材质、规格</td><td>1. 支架制作、安装
2. 本体安装
3. 附件安装
4. 焊、压接线端子
5. 端子接线
6. 进出线管管架安装
7. 补刷（喷）油漆
8. 接地</td></tr>
</table>

（续）

<table>
<tr><th>项目编码</th><th>项目名称</th><th>项目特征</th><th>计量单位</th><th>工程量计算规则</th><th>工程内容</th></tr>
<tr><td>040801008</td><td>杆上配电箱</td><td rowspan="2">1. 名称
2. 型号
3. 规格
4. 安装方式
5. 支架材质、规格
6. 接线端子材质、规格
7. 端子板外部接线材质、规格</td><td rowspan="7">台</td><td rowspan="7">按设计图示数量计算</td><td rowspan="2">1. 支架制作、安装
2. 本体安装
3. 焊、压接线端子
4. 端子接线
5. 补刷（喷）油漆
6. 接地</td></tr>
<tr><td>040801009</td><td>悬挂嵌入式配电箱</td></tr>
<tr><td>040801010</td><td>落地式配电箱</td><td>1. 名称
2. 型号
3. 规格
4. 某础形式、材质、规格
5. 接线端子材质、规格
6. 端子板外部接线材质、规格</td><td>1. 基础制作、安装
2. 本体安装
3. 焊、压接线端子
4. 端子接线
5. 补刷（喷）油漆
6. 接地</td></tr>
<tr><td>040801011</td><td>控制屏</td><td rowspan="3">1. 名称
2. 型号
3. 规格
4. 种类
5. 基础形式、材质、规格
6. 接线端子材质、规格
7. 端子板外部接线材质、规格
8. 小母线材质、规格
9. 屏边规格</td><td rowspan="2">1. 基础制作、安装
2. 本体安装
3. 端子板安装
4. 焊、压接线端子
5. 盘柜配线、端子接线
6. 小母线安装
7. 屏边安装
8. 补刷（喷）油漆
9. 接地</td></tr>
<tr><td>040801012</td><td>继电、信号屏</td></tr>
<tr><td>040801013</td><td>低压开关柜（配电屏）</td><td>1. 基础制作、安装
2. 本体安装
3. 端子板安装
4. 焊、压接线端子
5. 盘柜配线、端子接线
6. 屏边安装
7. 补刷（喷）油漆
8. 接地</td></tr>
<tr><td>040801014</td><td>弱电控制返回屏</td><td>1. 名称
2. 型号
3. 规格
4. 种类
5. 基础形式、材质、规格
6. 接线端子材质规格
7. 端子板外部接线材质、规格
8. 小母线材质、规格
9. 屏边规格</td><td>1. 基础制作、安装
2. 本体安装
3. 端子板安装
4. 焊、压接线端子
5. 盘柜配线、端子接线
6. 小母线安装
7. 屏边安装
8. 补刷（喷）油漆
9. 接地</td></tr>
</table>

（续）

<table>
<tr><th>项目编码</th><th>项目名称</th><th>项目特征</th><th>计量单位</th><th>工程量计算规则</th><th>工程内容</th></tr>
<tr><td>040801015</td><td>控制台</td><td>1. 名称
2. 型号
3. 规格
4. 种类
5. 基础形式、材质、规格
6. 接线端子材质、规格
7. 端子板外部接线材质、规格
8. 小母线材质、规格</td><td>台</td><td rowspan="12">按设计图示数量计算</td><td>1. 基础制作、安装
2. 本体安装
3. 端子板安装
4. 焊、压接线端子
5. 盘柜配线、端子接线
6. 小母线安装
7. 补刷（喷）油漆
8. 接地</td></tr>
<tr><td>040801016</td><td>电力电容器</td><td>1. 名称
2. 型号
3. 规格
4. 质量</td><td>个</td><td rowspan="2">1. 本体安装、调试
2. 接线
3. 接地</td></tr>
<tr><td>040801017</td><td>跌落式熔断器</td><td>1. 名称
2. 型号
3. 规格
4. 安装部位</td><td rowspan="2">组</td></tr>
<tr><td>040801018</td><td>避雷器</td><td>1. 名称
2. 型号
3. 规格
4. 电压（kV）
5. 安装部位</td><td>1. 本体安装、调试
2. 接线
3. 补刷（喷）油漆
4. 接地</td></tr>
<tr><td>040801019</td><td>低压熔断器</td><td>1. 名称
2. 型号
3. 规格
4. 接线端子材质、规格</td><td>个</td><td>1. 本体安装
2. 焊、压接线端子
3. 接线</td></tr>
<tr><td>040801020</td><td>隔离开关</td><td rowspan="3">1. 名称
2. 型号
3. 容量（A）
4. 电压（kV）
5. 安装条件
6. 操作机构名称、型号
7. 接线端子材质、规格</td><td rowspan="2">组</td><td rowspan="3">1. 本体安装、调试
2. 接线
3. 补刷（喷）油漆
4. 接地</td></tr>
<tr><td>040801021</td><td>负荷开关</td></tr>
<tr><td>040801022</td><td>真空断路器</td><td>台</td></tr>
<tr><td>040801023</td><td>限位开关</td><td rowspan="4">1. 名称
2. 型号
3. 规格
4. 接线端子材质、规格</td><td>个</td><td rowspan="4">1. 本体安装
2. 焊、压接线端子
3. 接线</td></tr>
<tr><td>040801024</td><td>控制器</td><td rowspan="3">台</td></tr>
<tr><td>040801025</td><td>接触器</td></tr>
<tr><td>040801026</td><td>磁力启动器</td></tr>
</table>

（续）

项目编码	项目名称	项目特征	计量单位	工程量计算规则	工程内容
040801027	分流器	1. 名称 2. 型号 3. 规格 4. 容量（A） 5. 接线端子材质、规格	个	按设计图示数量计算	1. 本体安装 2. 焊、压接线端子 3. 接线
040801028	小电器	1. 名称 2. 型号 3. 规格 4. 接线端子材质、规格	个 （套、台）		
040801029	照明开关	1. 名称 2. 材质 3. 规格 4. 安装方式	个		1. 本体安装 2. 接线
040801030	插座				
040801031	线缆断线报警装置	1. 名称 2. 型号 3. 规格 4. 参数	套		1. 本体安装、调试 2. 接线
040801032	铁构件制作、安装	1. 名称 2. 材质 3. 规格	kg	按设计图示尺寸以质量计算	1. 制作 2. 安装 3. 补刷（喷）油漆
040801033	其他电器	1. 名称 2. 型号 3. 规格 4. 安装方式	个 （套、台）	按设计图示数量计算	1. 本体安装 2. 接线

注：1. 小电器包括按钮、测量表计、继电器、电磁锁、屏上辅助设备、辅助电压互感器、小型安全变压器等。
2. 其他电器安装是指本节未列的电器项目，必须根据电器实际名称确定项目名称。明确描述项目特征、计量单位、工程量计算规则、工作内容。
3. 铁构件制作、安装适用于路灯工程的各种支架、铁构件的制作、安装。
4. 设备安装未包括地脚螺栓安装、浇筑（二次灌浆、抹面），如需安装应按现行国家标准《房屋建筑与装饰工程工程量计算规范》（GB 50854—2013）中相关项目编码列项。
5. 盘、箱、柜的外部进出线预留长度见《市政工程工程量计算规范》（GB 50857—2013）表 H. 8. 4-1。

2）10kV 以下架空线路工程工程量清单项目设置、项目特征描述的内容、计量单位及工程量计算规则，见表 6-42。

表 6-42　10kV 以下架空线路工程（编码：040802）

项目编码	项目名称	项目特征	计量单位	工程量计算规则	工程内容
040802001	电杆组立	1. 名称 2. 规格 3. 材质 4. 类型 5. 地形 6. 土质 7. 底盘、拉盘、卡盘规格 8. 拉线材质、规格、类型 9. 引下线支架安装高度 10. 垫层、基础：厚度、材料品种、强度等级 11. 电杆防腐要求	根	按设计图示数量计算	1. 工地运输 2. 垫层、基础浇筑 3. 底盘、拉盘、卡盘安装 4. 电杆组立 5. 电杆防腐 6. 拉线制作、安装 7. 引下线支架安装

（续）

项目编码	项目名称	项目特征	计量单位	工程量计算规则	工程内容
040802002	横担组装	1. 名称 2. 规格 3. 材质 4. 类型 5. 安装方式 6. 电压（kV） 7. 瓷瓶型号、规格 8. 金具型号、规格	组	按设计图示数量计算	1. 横担安装 2. 瓷瓶、金具组装
040802003	导线架设	1. 名称 2. 型号 3. 规格 4. 地形 5. 导线跨越类型	km	按设计图示尺寸另加预留量以单线长度计算	1. 工地运输 2. 导线架设 3. 导线跨越及进户线架设

注：导线架设预留长度见《市政工程工程量计算规范》（GB 50857—2013）表 H. 8. 4-2。

3）电缆工程工程量清单项目设置、项目特征描述的内容、计量单位及工程量计算规则，见表6-43。

表 6-43　电缆工程（编码：040803）

<table>
<tr><th>项目编码</th><th>项目名称</th><th>项目特征</th><th>计量单位</th><th>工程量计算规则</th><th>工程内容</th></tr>
<tr><td>040803001</td><td>电缆</td><td>1. 名称
2. 型号
3. 规格
4. 材质
5. 敷设方式、部位
6. 电压（kV）
7. 地形</td><td rowspan="4">m</td><td>按设计图示尺寸另加预留及附加量以长度计算</td><td>1. 揭（盖）盖板
2. 电缆敷设</td></tr>
<tr><td>040803002</td><td>电缆保护管</td><td>1. 名称
2. 型号
3. 规格
4. 材质
5. 敷设方式
6. 过路管加固要求</td><td rowspan="3">按设计图示尺寸以长度计算</td><td>1. 保护管敷设
2. 过路管加固</td></tr>
<tr><td>040803003</td><td>电缆排管</td><td>1. 名称
2. 型号
3. 规格
4. 材质
5. 垫层、基础：厚度、材料品种、强度等级
6. 排管排列形式</td><td>1. 垫层、基础浇筑
2. 排管敷设</td></tr>
<tr><td>040803004</td><td>管道包封</td><td>1. 名称
2. 规格
3. 混凝土强度等级</td><td>1. 灌注
2. 养护</td></tr>
</table>

（续）

项目编码	项目名称	项目特征	计量单位	工程量计算规则	工程内容
040803005	电缆终端头	1. 名称 2. 型号 3. 规格 4. 材质、类型 5. 安装部位 6. 电压（kV）	个	按设计图示数量计算	1. 制作 2. 安装 3. 接地
040803006	电缆中间头	1. 名称 2. 型号 3. 规格 4. 材质、类型 5. 安装方式 6. 电压（kV）			
040803007	铺砂、盖保护板（砖）	1. 种类 2. 规格	m	按设计图示尺寸以长度计算	1. 铺砂 2. 盖保护板（砖）

注：1. 电缆穿刺线夹按电缆中间头编码列项。
2. 电缆保护管敷设方式清单项目特征描述时应区分直埋保护管、过路保护管。
3. 顶管敷设应按表6-33中相关项目编码列项。
4. 电缆井应按表6-36中相关项目编码列项，如有防盗要求的应在项目特征中描述。
5. 电缆敷设预留量及附加长度见《市政工程工程量计算规范》（GB 50857—2013）表H.8.4-3。

4）配管、配线工程工程量清单项目设置、项目特征描述的内容、计量单位及工程量计算规则，见表6-44。

表6-44　配管、配线工程（编码：040804）

项目编码	项目名称	项目特征	计量单位	工程量计算规则	工程内容
040804001	配管	1. 名称 2. 材质 3. 规格 4. 配置形式 5. 钢索材质、规格 6. 接地要求	m	按设计图示尺寸以长度计算	1. 预留沟槽 2. 钢索架设（拉紧装置安装） 3. 电线管路敷设 4. 接地
040804002	配线	1. 名称 2. 配线形式 3. 型号 4. 规格 5. 材质 6. 配线部位 7. 配线线制 8. 钢索材质、规格		按设计图示尺寸另加预留量以单线长度计算	1. 钢索架设（拉紧装置安装） 2. 支持体（绝缘子等）安装 3. 配线
040804003	接线箱	1. 名称 2. 规格 3. 材质 4. 安装形式	个	按设计图示数量计算	本体安装
040804004	接线盒				

（续）

项目编码	项目名称	项目特征	计量单位	工程量计算规则	工程内容
040804005	带形母线	1. 名称 2. 型号 3. 规格 4. 材质 5. 绝缘子类型、规格 6. 穿通板材质、规格 7. 引下线材质、规格 8. 伸缩节、过渡板材质、规格 9. 分相漆品种	m	按设计图示尺寸另加预留量以单相长度计算	1. 支持绝缘子安装及耐压试验 2. 穿通板制作、安装 3. 母线安装 4. 引下线安装 5. 伸缩节安装 6. 过渡板安装 7. 拉紧装置安装 8. 刷分相漆

注：1. 配管安装不扣除管路中间的接线箱（盒）、灯头盒、开关盒所占长度。
2. 配管名称是指电线管、钢管、塑料管等。
3. 配管配置形式是指明配、暗配、钢结构支架、钢索配管、埋地敷设、水下敷设、砌筑沟内敷设等。
4. 配线名称是指管内穿线、塑料护套配线等。
5. 配线形式是指照明线路、木结构、砖、混凝土结构、沿钢索等。
6. 配线进入箱、柜、板的预留长度见《市政工程工程量计算规范》（GB 50857—2013）表 H. 8. 4-4，母线配置安装的预留长度见《市政工程工程量计算规范》（GB 50857—2013）表 H. 8. 4-5。

5）照明器具安装工程工程量清单项目设置、项目特征描述的内容、计量单位及工程量计算规则，见表 6-45。

表 6-45　照明器具安装工程（编码：040805）

项目编码	项目名称	项目特征	计量单位	工程量计算规则	工程内容
040805001	常规照明灯	1. 名称 2. 型号 3. 灯杆材质、高度 4. 灯杆编号 5. 灯架形式及臂长 6. 光源数量 7. 附件配置 8. 垫层、基础：厚度、材料品种、强度等级 9. 杆座形式、材质、规格 10. 接线端子材质、规格 11. 编号要求 12. 接地要求	套	按设计图示数量计算	1. 垫层铺筑 2. 基础制作、安装 3. 立灯杆 4. 杆座制作、安装 5. 灯架制作、安装 6. 灯具附件安装 7. 焊、压接线端子 8. 接线 9. 补刷（喷）油漆 10. 灯杆编号 11. 接地 12. 试灯
040805002	中杆照明灯				
040805003	高杆照明灯				
040805004	景观照明灯	1. 名称 2. 型号 3. 规格 4. 安装形式 5. 接地要求	1. 套 2. m	1. 以套计量，按设计图示数量计算 2. 以 m 计量，按设计图示尺寸以延长米计算	1. 灯具安装 2. 焊、压接线端子 3. 接线 4. 补刷（喷）油漆 5. 接地 6. 试灯
040805005	桥栏杆照明灯		套	按设计图示数量计算	
040805006	地道涵洞照明灯				

注：1. 常规照明灯是指安装在高度≤15m 的灯杆上的照明器具。
2. 中杆照明灯是指安装在高度≤19m 的灯杆上的照明器具。
3. 高杆照明灯是指安装在高度>19m 的灯杆上的照明器具。
4. 景观照明灯是指利用不同的造型、相异的光色与亮度来造景的照明器具。

6）防雷接地装饰工程工程量清单项目设置、项目特征描述的内容、计量单位及工程量计算规则，见表6-46。

表6-46　防雷接地装饰工程（编码：040806）

项目编码	项目名称	项目特征	计量单位	工程量计算规则	工程内容
040806001	接地极	1. 名称 2. 材质 3. 规格 4. 土质 5. 基础接地形式	根（块）	按设计图示数量计算	1. 接地极（板、桩）制作、安装 2. 补刷（喷）油漆
040806002	接地母线	1. 名称 2. 材质 3. 规格	m	按设计图示尺寸另加附加量以长度计算	1. 接地母线制作、安装 2. 补刷（喷）油漆
040806003	避雷引下线	1. 名称 2. 材质 3. 规格 4. 安装高度 5. 安装形式 6. 断接卡子、箱材质、规格			1. 避雷引下线制作、安装 2. 断接卡子、箱制作、安装 3. 补刷（喷）油漆
040806004	避雷针	1. 名称 2. 材质 3. 规格 4. 安装高度 5. 安装形式	套（基）	按设计图示数量计算	1. 本体安装 2. 跨接 3. 补刷（喷）油漆
040806005	降阻剂	名称	kg	按设计图示数量以质量计算	施放降阻剂

注：接地母线、引下线附加长度见《市政工程工程量计算规范》（GB 50857—2013）表H.8-5。

7）电气调整试验工程量清单项目设置、项目特征描述的内容、计量单位及工程量计算规则，见表6-47。

表6-47　电气调整试验工程（编码：040807）

项目编码	项目名称	项目特征	计量单位	工程量计算规则	工程内容
040807001	变压器系统调试	1. 名称 2. 型号 3. 容量（kV·A）	系统	按设计图示数量计算	系统调试
040807002	供电系统调试	1. 名称 2. 型号 3. 电压（kV）			
040807003	接地装置调试	1. 名称 2. 类别	系统（组）		接地电阻测试
040807004	电缆试验	1. 名称 2. 电压（kV）	次（根、点）		试验

8）拆除工程工程量清单项目设置、项目特征描述的内容、计量单位及工程量计算规则，见表6-48。

表 6-48　拆除工程（编码：041001）

项目编码	项目名称	项目特征	计量单位	工程量计算规则	工程内容
041001001	拆除路面	1. 材质 2. 厚度	m^2	按拆除部位以面积计算	1. 拆除、清理 2. 运输
041001002	拆除人行道				
041001003	拆除基层	1. 材质 2. 厚度 3. 部位			
041001004	铣刨路面	1. 材质 2. 结构形式 3. 厚度			
041001005	拆除侧、平（缘）石	材质	m	按拆除部位以延长米计算	
041001006	拆除管道	1. 材质 2. 管径			
041001007	拆除砖石结构	1. 结构形式 2. 强度等级	m^3	按拆除部位以体积计算	
041001008	拆除混凝土结构				
041001009	拆除井	1. 结构形式 2. 规格尺寸 3. 强度等级	座	按拆除部位以数量计算	
041001010	拆除电杆	1. 结构形式 2. 规格尺寸	根		
041001011	拆除管片	1. 材质 2. 部位	处		

注：1. 拆除路面、人行道及管道清单项目的工作内容中均不包括基础及垫层拆除，发生时按本节相应清单项目编码列项。

2. 伐树、挖树蔸应按现行国家标准《园林绿化工程工程量计算规范》（GB 50858—2013）中相应清单项目编码列项。

二、工程量计算实例

某市政水池平面图如图 6-8 所示，长 9m，宽 6m，围护高度为 900mm，厚度为 240mm，水池底层是 C10 混凝土垫层 100mm，试计算该拆除工程量。

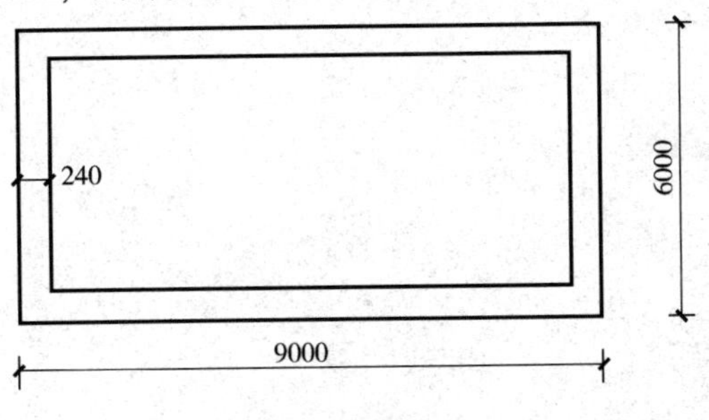

图 6-8　某市政水池平面图

【错误答案】

解：

拆除水池砖砌体工程量 = $[(9+6)\times 2\times 0.24\times 0.9]m^3 = 6.48m^3$

拆除水池 C10混凝土垫层的工程量 = $(9\times 6\times 0.1)m^3 = 5.4m^3$

拆除水池砌体：残渣外运工程量 = $6.48m^3$

拆除水池 C10 混凝土垫层，残渣外运工量 = $5.4m^3$

【正确答案】

解：

拆除水池砖砌体工程量 = $[(9+6)\times 2\times 0.24\times 0.9]m^3 = 6.48m^3$

拆除水池 C10混凝土垫层的工程量 = $[(9-0.24\times 2)\times(6-0.24\times 2)\times 0.1]m^3 = 4.70m^3$

拆除水池砌体：残渣外运工程量 = $6.48m^3$

拆除水池 C10 混凝土垫层，残渣外运工量 = $4.70m^3$

第七章 市政工程定额计价

第一节 市政工程定额概述

一、市政工程定额的概念

市政工程定额是指在正常的施工生产条件下，用科学方法制定出生产质量合格的单位建筑产品所需要消耗的劳动力、材料和机械台班等的数量标准。

二、市政工程定额的特点

市政工程定额的特点，主要表现在多个方面，如图 7-1 所示。

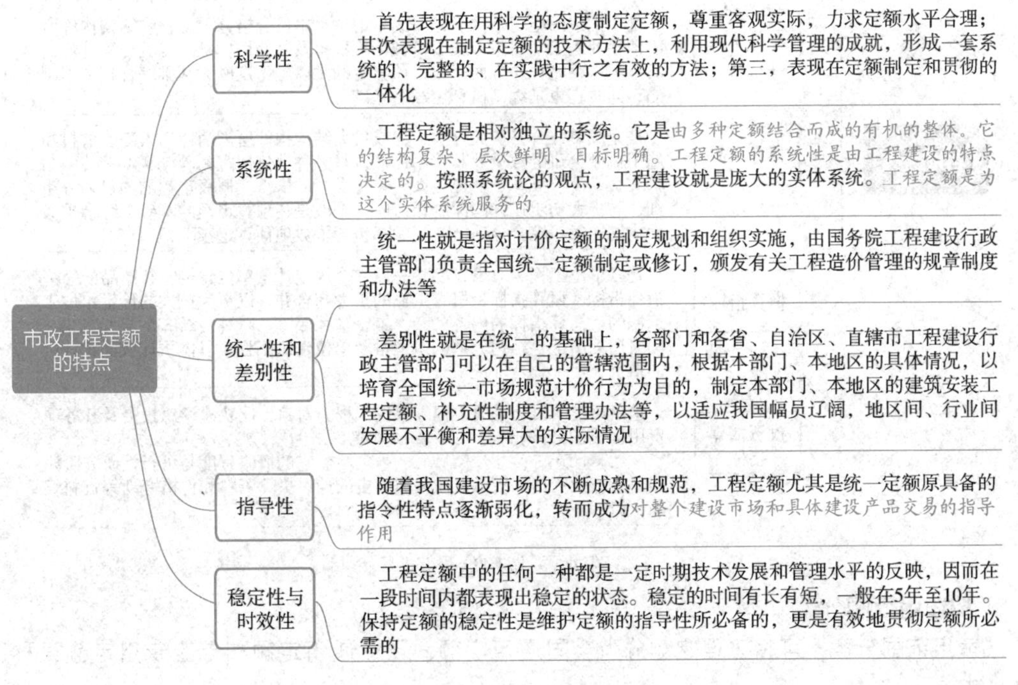

图 7-1 市政工程定额的特点

三、市政工程定额的分类

1. 按定额反映的生产要素消耗内容分类

按生产要素分类，可将工程定额划分为劳动消耗定额、机械消耗定额和材料消耗定额三种，如图 7-2 所示。

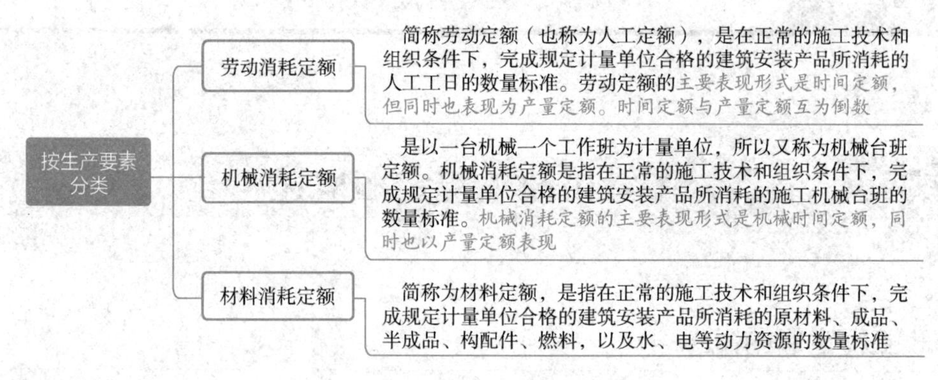

图 7-2　按生产要素分类

2. 按定额的用途分类

按用途分类，可将工程定额分为施工定额、预算定额、概算定额、概算指标、投资估算指标五种，如图 7-3 所示。

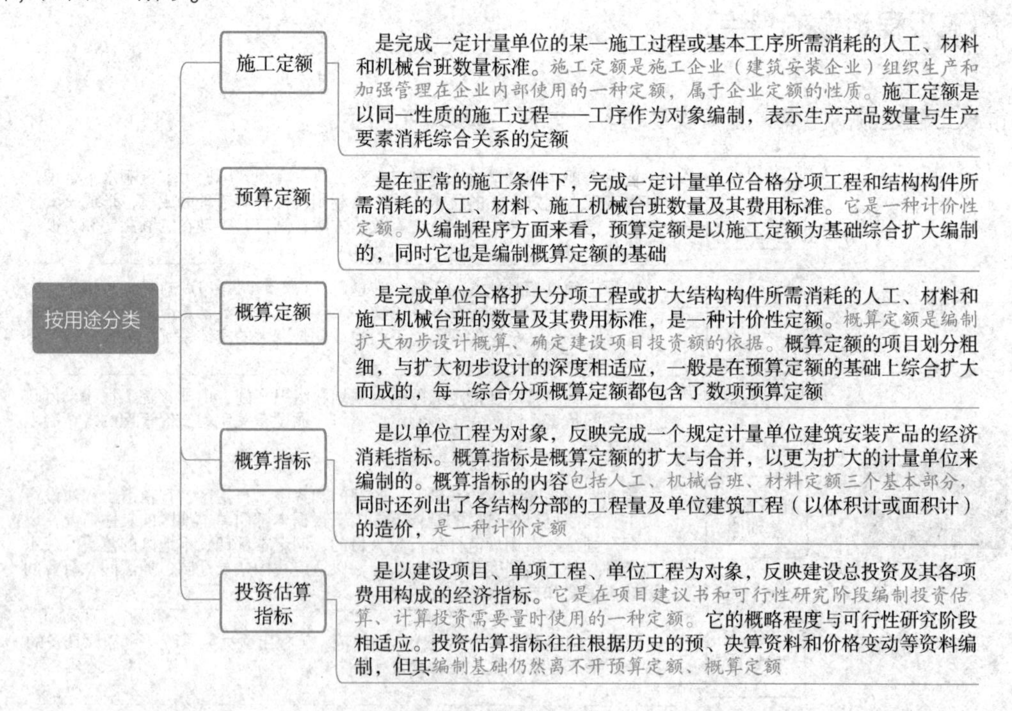

图 7-3　按用途分类

3. 按适用范围分类

按适用范围分类，可将工程定额分为全国通用定额、行业通用定额和专业专用定额三种，如图 7-4 所示。

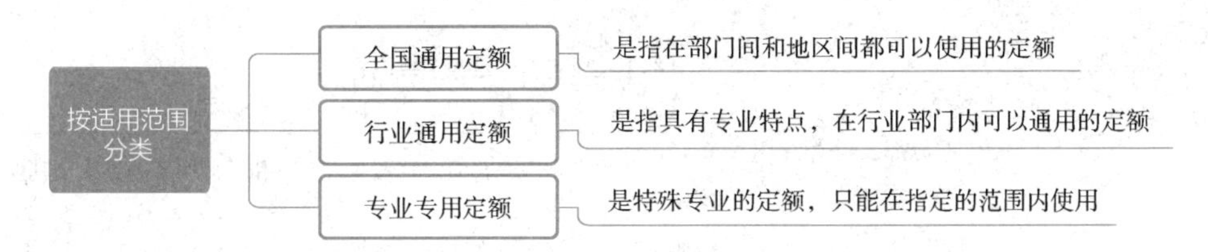

图 7-4　按适用范围分类

4. 按主编单位和管理权限分类

按主编单位和管理权限分类，可将工程定额可以分为全国统一定额、行业统一定额、地区统一定额、企业定额、补充定额五种，如图 7-5 所示。

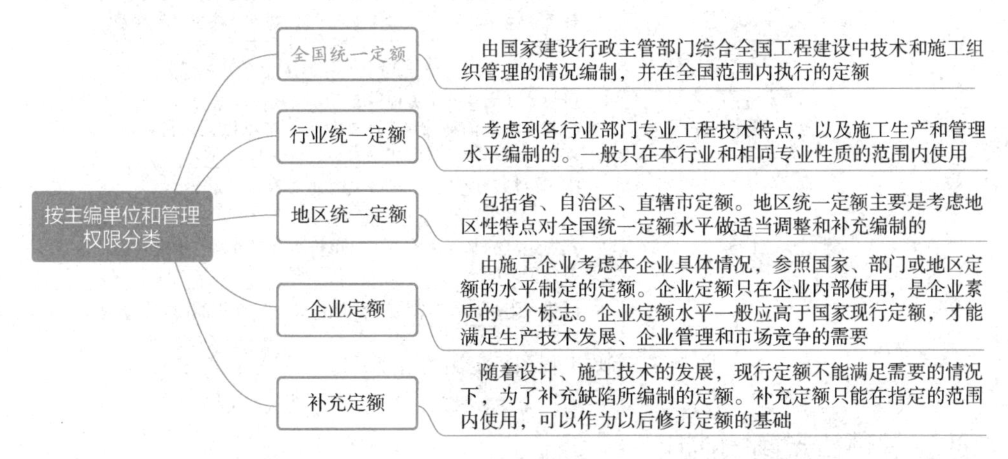

图 7-5　按主编单位和管理权限分类

第二节　市政工程预算定额组成与应用

一、市政工程预算定额的组成

市政工程预算定额的组成如图 7-6 所示。

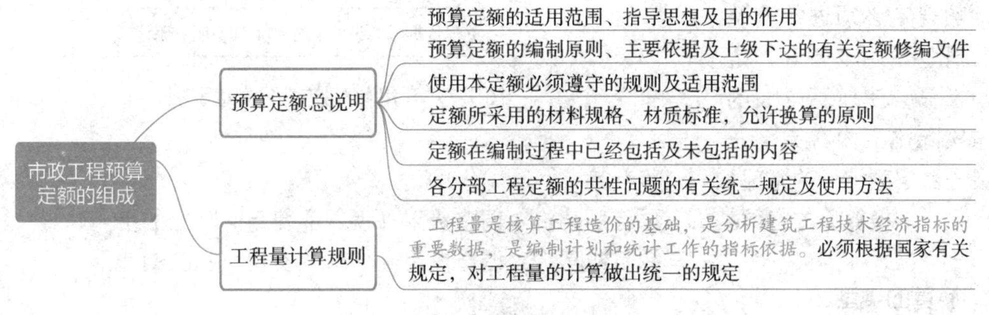

图 7-6　市政工程预算定额的组成

市政工程预算定额的组成
分部工程说明
分部工程所包括的定额项目内容
分部工程各定额项目工程量的计算方法
分部工程定额内综合的内容及允许换算和不得换算的界限及其他规定
使用本分部工程允许增减系数范围的界定
分项工程定额表头说明
在定额项目表表头上方说明分项工程工作内容
本分项工程包括的主要工序及操作方法
定额项目表
分项工程定额编号（子目号）
分项工程定额名称
预算价值（基价）。其中包括人工费、材料费、机械费
人工表现形式。包括工日数量、工日单价
材料（含构配件）表现形式。材料栏内一系列主要材料和周转使用材料名称及消耗数量。次要材料一般都以其他材料形式以金额“元”或占主要材料的比例表示
施工机械表现形式。机械栏内列主要机械名称规格和数量，次要机械以其他机械费形式以金额“元”或占主要机械的比例表示
预算定额的基价。人工工日单价、材料价格、机械台班单价均以预算价格为准
说明和附注。在定额表下说明应调整、换算的内容和方法

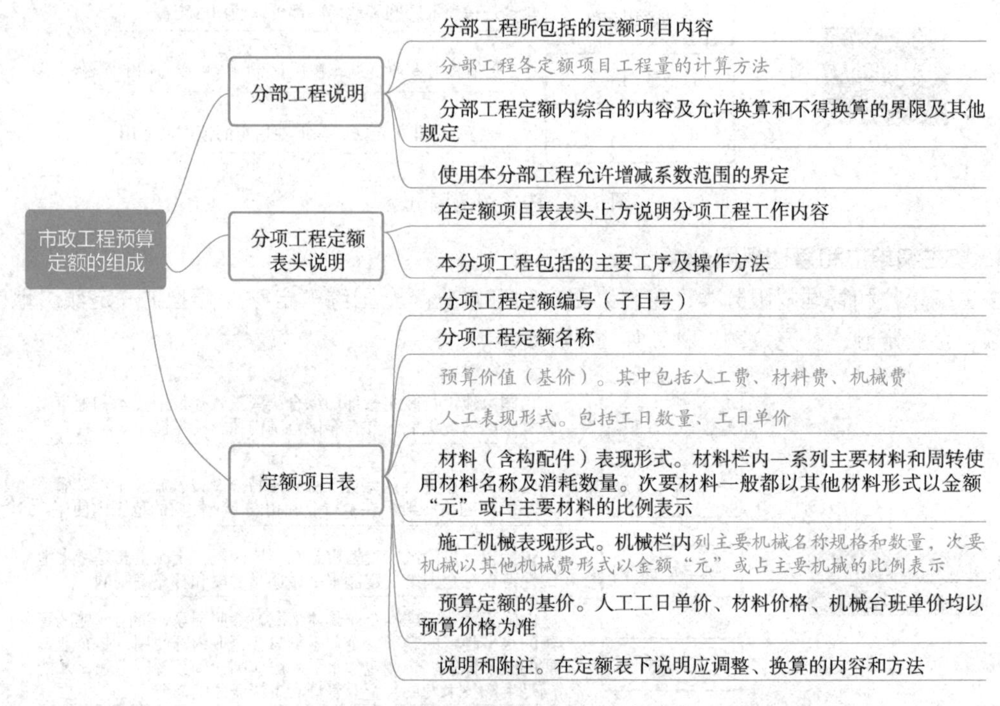

图 7-6　市政工程预算定额的组成（续）

二、市政工程预算定额的应用

1. 定额直接套用

1）在实际施工内容与定额内容完全一致的情况下，定额可以直接套用。

2）套用预算定额的注意事项，如图 7-7 所示。

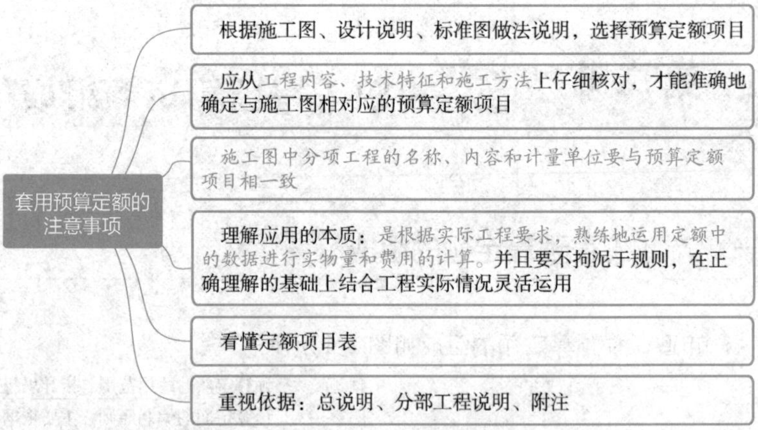

套用预算定额的注意事项
根据施工图、设计说明、标准图做法说明，选择预算定额项目
应从工程内容、技术特征和施工方法上仔细核对，才能准确地确定与施工图相对应的预算定额项目
施工图中分项工程的名称、内容和计量单位要与预算定额项目相一致
理解应用的本质：是根据实际工程要求，熟练地运用定额中的数据进行实物量和费用的计算。并且要不拘泥于规则，在正确理解的基础上结合工程实际情况灵活运用
看懂定额项目表
重视依据：总说明、分部工程说明、附注

图 7-7　套用预算定额的注意事项

2. 定额的换算

在实际施工内容与定额内容不完全一致的情况下，并且定额规定必须进行调整时需看清楚说明及备注，定额必须换算，使换算以后的内容与实际施工内容完全一致。在子目定额编号的尾部加一“换”字。

换算后的定额基价 = 原定额基价 + 调整费用（换入的费用 − 换出的费用）

= 原定额基价 + 调整费用（增加的费用 − 扣除的费用）

3. 换算的类型

换算的类型有价差换算、量差换算、量价差混合换算、乘系数等其他换算。

第三节　市政工程定额的编制

一、预算定额的编制

1. 预算定额的概念和作用

（1）预算定额的概念　预算定额是指在合理的施工组织设计、正常施工条件下，生产一个规定计量单位合格产品所需的人工、材料和机械台班的社会平均消耗量标准。预算定额是工程建设中的一项重要的技术经济文件，是编制施工图预算的主要依据，是确定和控制工程造价的基础。

（2）预算定额的作用　如图 7-8 所示。

2. 预算定额的编制原则、依据和步骤

（1）预算定额的编制原则　为了保证预算定额的质量，充分发挥预算定额的作用，使其实际使用简便，在编制工作中应遵循的原则如图 7-9 所示。

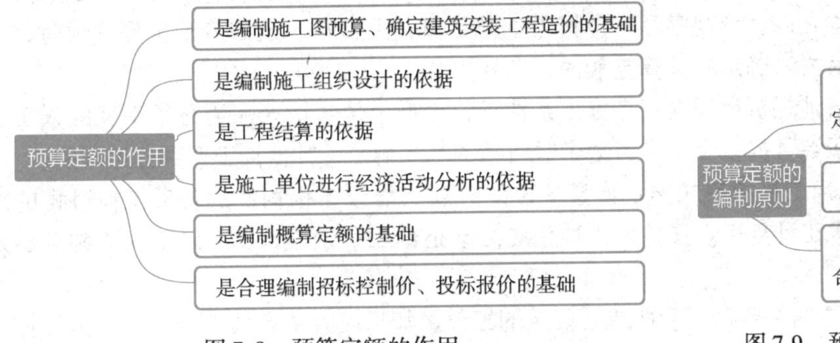

图 7-8　预算定额的作用

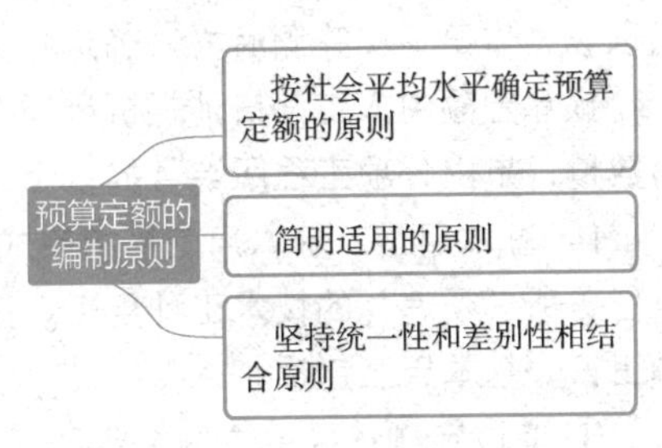

图 7-9　预算定额的编制原则

（2）预算定额的编制依据　如图 7-10 所示。

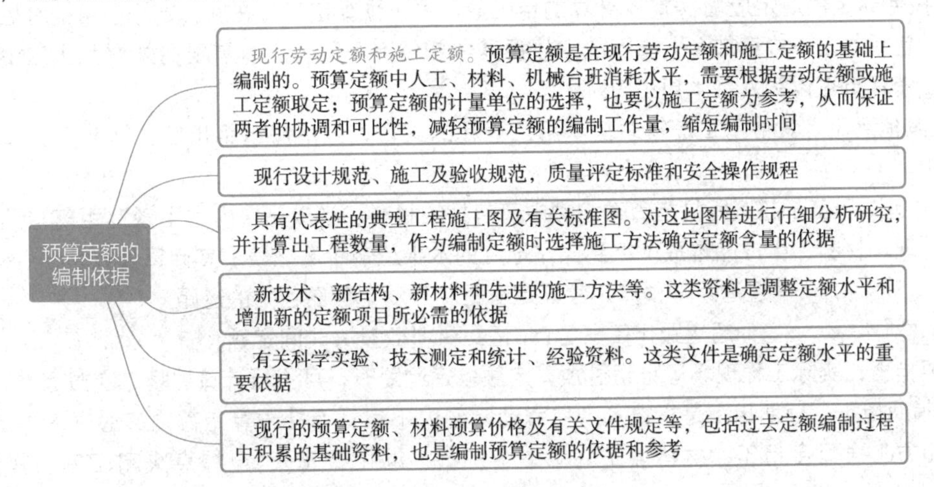

图 7-10　预算定额的编制依据

（3）预算定额的编制步骤　预算定额的编制大致可以分为准备工作、收集资料、编制定额、

报批和修改定稿五个阶段。各阶段工作相互有交叉，有些工作还有多次反复。预算定额编制阶段的主要工作如图7-11所示。

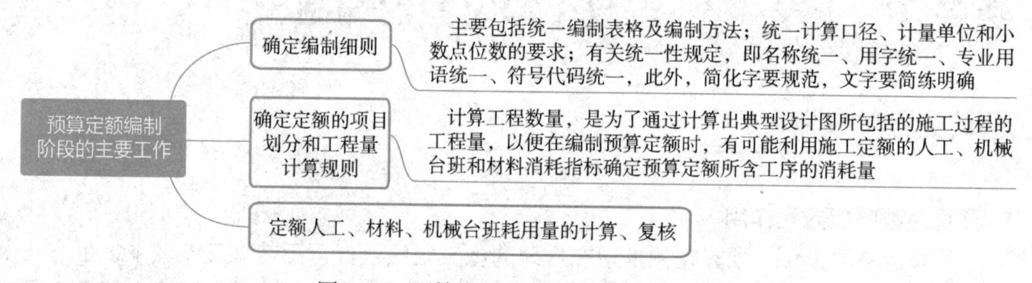

图7-11　预算定额编制阶段的主要工作

3. 预算定额消耗量的编制方法

人工、材料和机械台班消耗量指标，应根据定额编制原则和要求，采用理论与实际相结合、图样计算与施工现场测算相结合、编制人员与现场工作人员相结合等方法进行计算和确定，使定额既符合政策要求，又与客观情况一致，便于贯彻执行。

（1）预算定额中人工工日消耗量的计算　人工的工日数可以有两种确定方法：一种是以劳动定额为基础确定；另一种是以现场观察测定资料为基础计算，主要用于遇到劳动定额缺项时，采用现场工作日写实等测时方法确定和计算定额的人工耗用量。

预算定额中人工工日消耗量是指在正常施工条件下，生产单位合格产品所必须消耗的人工工日数量，是由分项工程所综合的各个工序劳动定额包括的基本用工、其他用工两部分组成的。

1）基本用工。基本用工是指完成一定计量单位的分项工程或结构构件的各项工作过程的施工任务所必须消耗的技术工种用工。按技术工种相应劳动定额工时定额计算，以不同工种列出定额工日。基本用工包括：

① 完成定额计量单位的主要用工。按综合取定的工程量和相应劳动定额进行计算。其计算公式为

$$基本用工=\sum(综合取定的工程量\times劳动定额)$$

② 按劳动定额规定应增（减）计算的用工量。由于预算定额是在施工定额子目的基础上综合扩大的，包括的工作内容较多，施工的工效视具体部位而不同，所以需要另外增加人工消耗，而这种人工消耗也可以列入基本用工内。

2）其他用工。其他用工是辅助基本用工消耗的工日，包括超运距用工、辅助用工和人工幅度差用工。

① 超运距用工。超运距是指劳动定额中已包括的材料、半成品场内水平搬运距离与预算定额所考虑的现场材料、半成品堆放地点到操作地点的水平运输距离之差。其计算公式为

$$超运距=预算定额取定运距-劳动定额已包括的运距$$

$$超运距用工=\sum(超运距材料数量\times时间定额)$$

需要指出，实际工程现场运距超过预算定额取定运距时，可另行计算现场二次搬运费。

② 辅助用工。辅助用工是指技术工种劳动定额内不包括而在预算定额内又必须考虑的用工。如机械土方工程配合用工、材料加工（筛砂、洗石、淋化石膏）、电焊点火用工等。其计算公式为

$$辅助用工=\sum(材料加工数量\times相应的加工劳动定额)$$

③ 人工幅度差用工。人工幅度差即预算定额与劳动定额的差额，主要是指在劳动定额中未包

括而在正常施工情况下不可避免但又很难准确计量的用工和各种工时损失。其内容包括各工种间的工序搭接及交叉作业相互配合或影响所发生的停歇用工；施工机械在单位工程之间转移及临时水电线路移动所造成的停工；质量检查和隐蔽工程验收工作的影响；班组操作地点转移用工；工序交接时对前一工序不可避免的修整用工；施工中不可避免的其他零星用工。人工幅度差的计算公式为

人工幅度差 =（基本用工 + 辅助用工 + 超运距用工）× 人工幅度差系数

人工幅度差系数一般为 10% ~15%。在预算定额中，人工幅度差的用工量列入其他用工量中。

（2）预算定额中材料消耗量的计算　材料消耗量计算方法如图 7-12 所示。

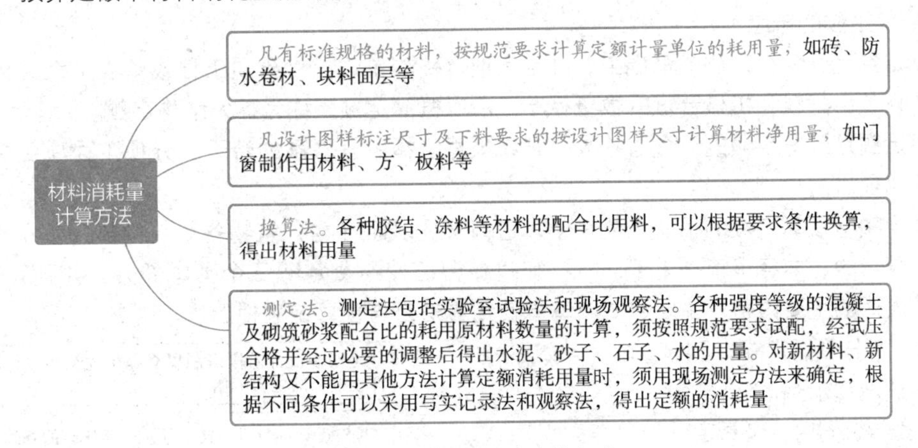

图 7-12　材料消耗量计算方法

材料损耗量是指在正常条件下不可避免的材料损耗，如现场内材料运输及施工操作过程中的损耗等。其关系式为

材料损耗率 = 损耗量 / 净用量 × 100%

材料损耗量 = 材料净用量 × 损耗率(%)

材料消耗量 = 材料净用量 + 损耗量

或　材料消耗量 = 材料净用量 ×［1 + 损耗率(%)］

（3）预算定额中机械台班消耗量的计算　预算定额中的机械台班消耗量是指在正常施工条件下，生产单位合格产品（分部分项工程或结构构件）必须消耗的某种型号施工机械的台班数量。

1）根据施工定额确定机械台班消耗量的计算。这种方法是指用施工定额中机械台班产量加机械幅度差计算预算定额的机械台班消耗量。

机械台班幅度差是指在施工定额中所规定的范围内没有包括，而在实际施工中又不可避免产生的影响机械或使机械停歇的时间。其内容包括：

① 施工机械转移工作面及配套机械相互影响损失的时间。

② 在正常施工条件下，机械在施工中不可避免的工序间歇。

③ 工程开工或收尾时工作量不饱满所损失的时间。

④ 检查工程质量影响机械操作的时间。

⑤ 临时停机、停电影响机械操作的时间。

⑥ 机械维修引起的停歇时间。

大型机械幅度差系数为：土方机械 25%，打桩机械 33%，吊装机械 30%。砂浆、混凝土搅拌机由于按小组配用，以小组产量计算机械台班产量，不另增加机械幅度差。其他分部工程中如钢

筋加工、木材、水磨石等各项专用机械的幅度差为10%。

综上所述，预算定额的机械台班消耗量按下式计算

预算定额机械耗用台班 = 施工定额机械耗用台班 ×（1 + 机械幅度差系数）

2）以现场测定资料为基础确定机械台班消耗量。如遇到施工定额缺项者，则需要依据单位时间完成的产量进行测定。

二、概算定额的编制

1. 概算定额的概念

概算定额是在预算定额的基础上，确定完成合格的单位扩大分项工程或单位扩大结构构件所需消耗的人工、材料和机械台班的数量标准，所以概算定额又称为扩大结构定额。

概算定额是预算定额的综合与扩大，它将预算定额中有联系的若干个分项工程项目综合为一个概算定额项目。

概算定额与预算定额的相同之处在于，它们都是以建（构）筑物各个结构部分和分部分项工程为单位表示的，内容也包括人工、材料和机械台班使用量定额三个基本部分，并列有基准价。概算定额表达的主要内容、主要方式及基本使用方法都与预算定额相近。

概算定额与预算定额的不同之处，在于项目划分和综合扩大程度上的差异，同时，概算定额主要用于设计概算的编制。由于概算定额综合了若干分项工程的预算定额，因此使概算工程量计算和概算表的编制，都比编制施工图预算简化一些。

2. 概算定额的作用

概算定额的作用如图7-13所示。

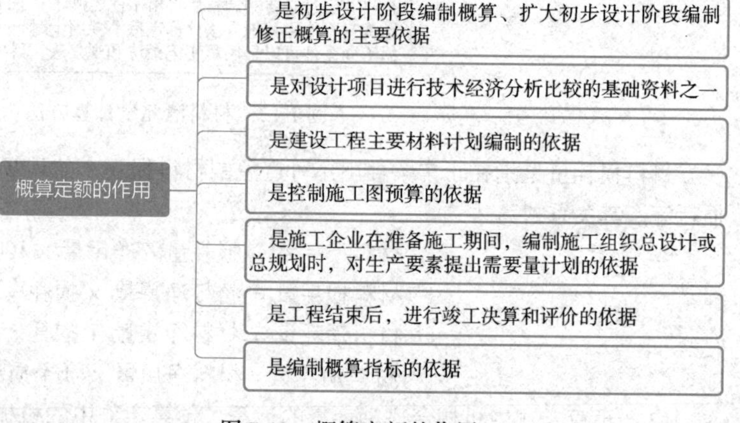

图7-13　概算定额的作用

3. 概算定额的编制原则和编制依据

（1）概算定额的编制原则　概算定额应该贯彻社会平均水平和简明适用的原则。由于概算定额和预算定额都是工程计价的依据，所以应符合价值规律和反映现阶段大多数企业的设计、生产及施工管理水平。但在概预算定额水平之间应保留必要的幅度差。概算定额的内容和深度是以预算定额为基础的综合和扩大。在合并中不得遗漏或增加项目，以保证其严密性和正确性。概算定额务必做到简化、准确和适用。

（2）概算定额的编制依据　由于概算定额的使用范围不同，其编制依据也略有不同。概算定额的编制依据如图7-14所示。

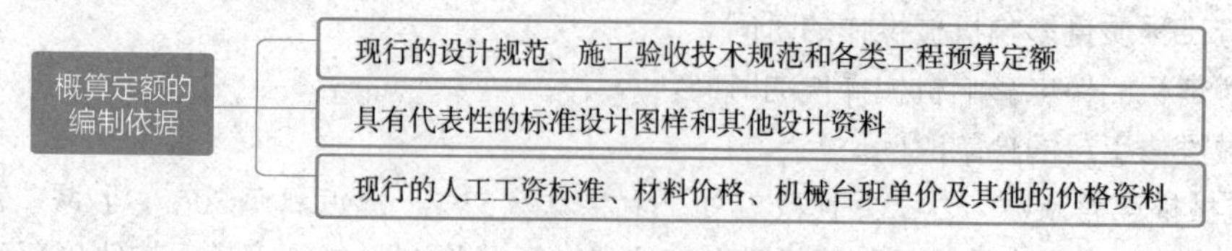

图7-14　概算定额的编制依据

4. 概算定额的编制步骤

概算定额的编制一般分四个阶段进行，即准备阶段、编制初稿阶段、测算阶段和审查定稿阶段，如图 7-15 所示。

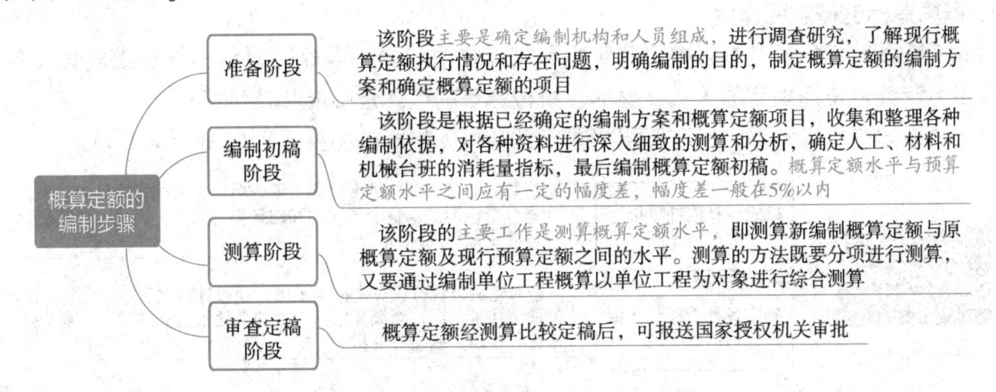

图 7-15　概算定额的编制步骤

5. 概算定额手册的内容

（1）概算定额的内容　按专业特点和地区特点编制的概算定额手册，内容基本上是由文字说明、定额项目表和附录三个部分组成，如图 7-16 所示。

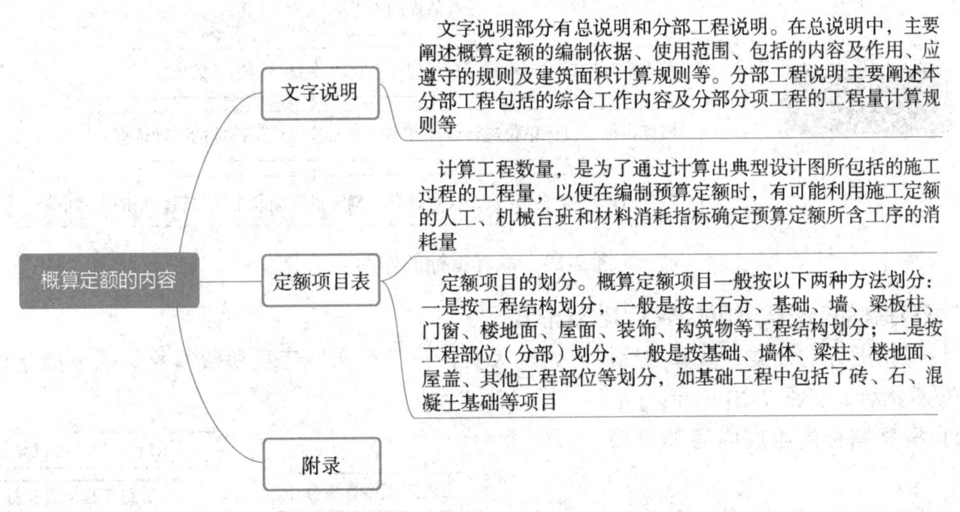

图 7-16　概算定额的内容

（2）概算定额的应用规则　如图 7-17 所示。

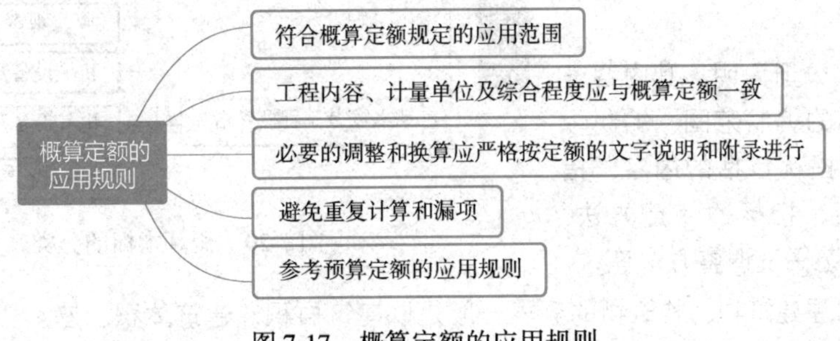

图 7-17　概算定额的应用规则

三、概算指标的编制

1. 概算指标的概念和作用

市政工程概算指标通常是以整个建筑物和构筑物为对象，以建筑面积、体积或成套设备装置的台或组为计量单位而规定的人工、材料、机械台班的消耗量标准和造价指标。

从上述概念中可以看出，市政工程概算定额与概算指标的主要区别如图 7-18 所示。

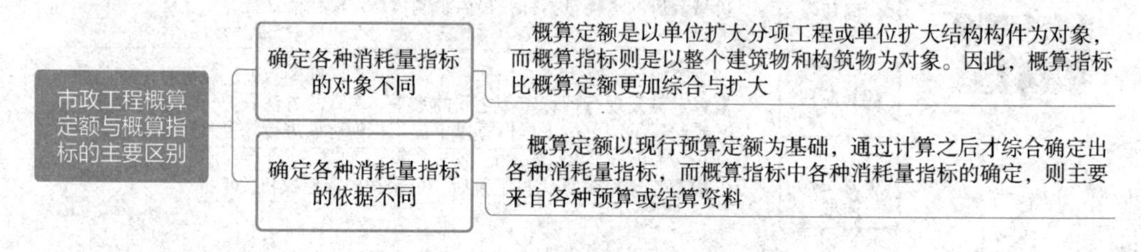

图 7-18　市政工程概算定额与概算指标的主要区别

概算指标和概算定额、预算定额一样，都是与各个设计阶段相适应的多次性计价的产物，它主要用于投资估价、初步设计阶段。其作用如图 7-19 所示。

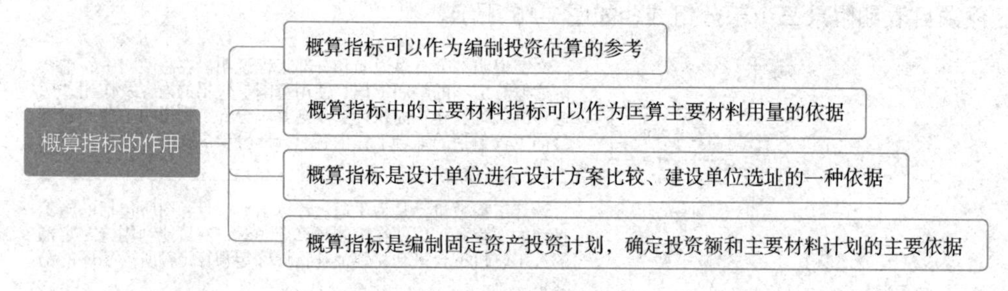

图 7-19　概算指标的作用

2. 概算指标的分类、组成内容和表现形式

(1) 概算指标的分类　概算指标可分为两大类，一类是市政工程概算指标，另一类是设备安装工程概算指标，如图 7-20 所示。

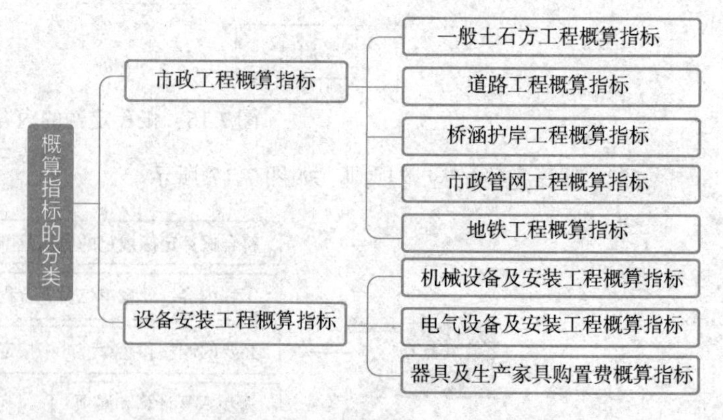

图 7-20　概算指标的分类

(2) 概算指标的组成内容和表现形式

1) 概算指标的组成内容一般有总说明和分册说明、列表、经济指标、构造内容及工程量指标，以及必要的附录等。

① 总说明和分册说明。其内容一般包括概算指标的编制范围、编制依据、分册情况、指标包括的内容、指标未包括的内容、指标的使用方法、指标允许调整的范围及调整方法等。

② 列表。房屋建筑物、构筑物的列表一般是以建筑面积、建筑体积、座、个等为计算单位，并附以必要的示意图，示意图画出建筑物的轮廓示意或单线平面图，列出综合指标（元/100m^{2}或

元/1000m³)，自然条件（如地耐力、地震烈度等），建筑物的类型、结构形式及各部位结构的主要特点、主要工程量。

总体来讲，市政工程列表包括示意图、工程特征。

③ 经济指标。说明该项目每 100m²、每座的造价指标及其中道路、桥涵和地铁等工程的相应造价。

④ 构造内容及工程量指标。说明该工程项目的构造内容和相应计算单位的工程量指标及人工、材料消耗指标。

2）概算指标的表现形式。概算指标在具体内容的表示方法上，分为综合指标和单项指标两种形式。

3. 概算指标的编制依据与步骤

（1）概算指标的编制依据　如图 7-21 所示。

（2）概算指标的编制步骤　如图 7-22 所示。

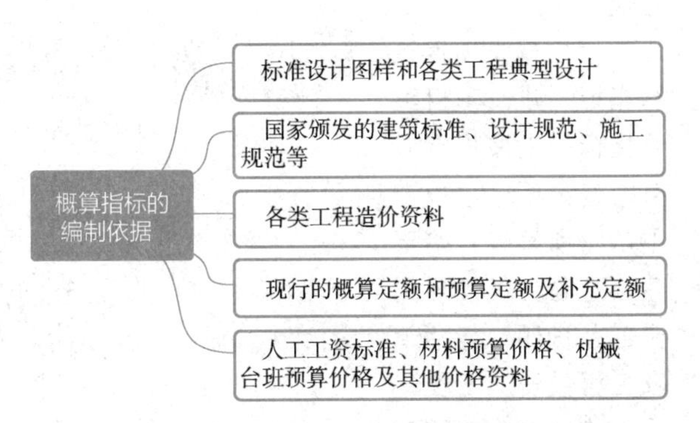

图 7-21　概算指标的编制依据

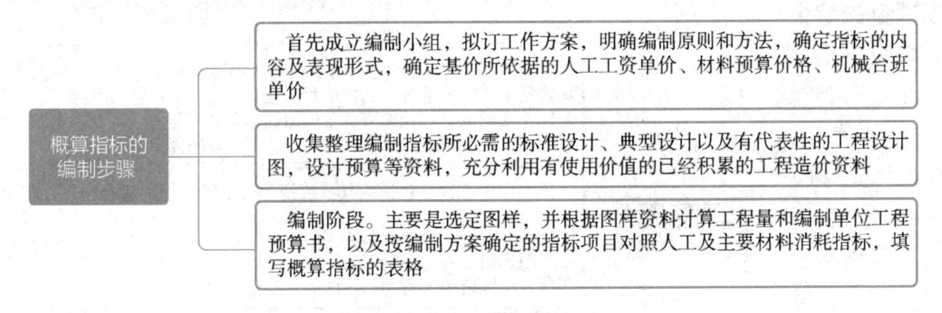

图 7-22　概算指标的编制步骤

四、投资估算指标的编制

1. 投资估算指标的作用

工程建设投资估算指标是编制建设项目建议书、可行性研究报告等前期工作阶段投资估算的依据，也可以作为编制固定资产长远规划投资额的参考。投资估算指标为完成项目建设的投资估算提供依据和手段，它在固定资产的形成过程中起着投资预测、投资控制、投资效益分析的作用，是合理确定项目投资的基础。投资估算指标中的主要材料消耗量也是一种扩大材料消耗量指标，可以作为计算建设项目主要材料消耗量的基础。估算指标的正确制定对于提高投资估算的准确度，对建设项目的合理评估、正确决策具有重要意义。

2. 投资估算指标的编制原则

投资估算指标的编制工作，除应遵循一般定额的编制原则外，还必须坚持的原则如图 7-23 所示。

3. 投资估算指标的内容

投资估算指标是确定和控制建设项目全过程各项投资支出的技术经济指标，其范围涉及建设前期、建设实施期和竣工验收交付使用期等各个阶段的费用支出，内容因行业不同而各异，一般可分为建设项目综合指标、单项工程指标和单位工程指标三个层次。

（1）建设项目综合指标　建设项目综合指标是指按规定应列入建设项目总投资的从立项筹建开始至竣工验收交付使用的全部投资额，包括单项工程投资、工程建设其他费用和预备费等。

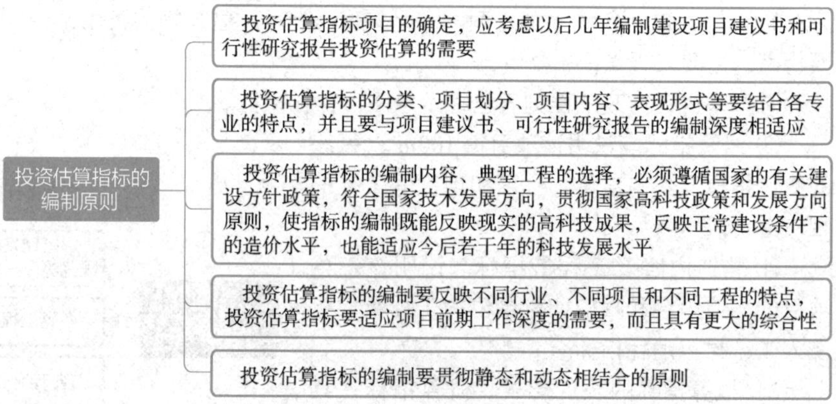

建设项目综合指标一般以项目的综合生产能力单位投资表示，如元/t、元/kW；或以使用功能表示，如医院床位：元/床。

投资估算指标的编制原则

- 投资估算指标项目的确定，应考虑以后几年编制建设项目建议书和可行性研究报告投资估算的需要
- 投资估算指标的分类、项目划分、项目内容、表现形式等要结合各专业的特点，并且要与项目建议书、可行性研究报告的编制深度相适应
- 投资估算指标的编制内容、典型工程的选择，必须遵循国家的有关建设方针政策，符合国家技术发展方向，贯彻国家高科技政策和发展方向原则，使指标的编制既能反映现实的高科技成果，反映正常建设条件下的造价水平，也能适应今后若干年的科技发展水平
- 投资估算指标的编制要反映不同行业、不同项目和不同工程的特点，投资估算指标要适应项目前期工作深度的需要，而且具有更大的综合性
- 投资估算指标的编制要贯彻静态和动态相结合的原则

图7-23　投资估算指标的编制原则

（2）单项工程指标　单项工程指标是指按规定应列入能独立发挥生产能力或使用效益的单项工程内的全部投资额，包括建筑工程费，安装工程费，设备、工器具及生产家具购置费和可能包含的其他费用。单项工程划分的原则如图7-24所示。

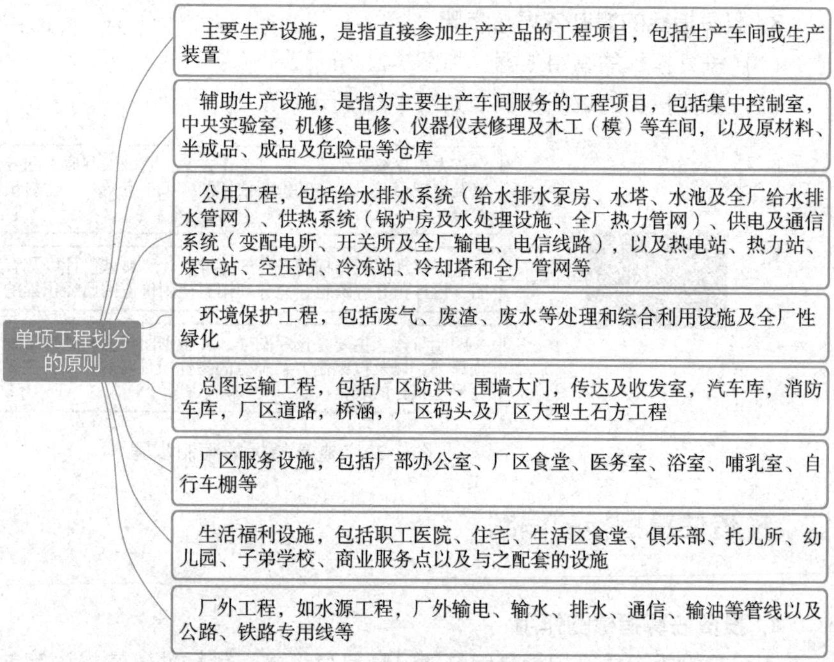

单项工程划分的原则

- 主要生产设施，是指直接参加生产产品的工程项目，包括生产车间或生产装置
- 辅助生产设施，是指为主要生产车间服务的工程项目，包括集中控制室，中央实验室，机修、电修、仪器仪表修理及木工（模）等车间，以及原材料、半成品、成品及危险品等仓库
- 公用工程，包括给水排水系统（给水排水泵房、水塔、水池及全厂给水排水管网）、供热系统（锅炉房及水处理设施、全厂热力管网）、供电及通信系统（变配电所、开关所及全厂输电、电信线路），以及热电站、热力站、煤气站、空压站、冷冻站、冷却塔和全厂管网等
- 环境保护工程，包括废气、废渣、废水等处理和综合利用设施及全厂性绿化
- 总图运输工程，包括厂区防洪、围墙大门，传达及收发室，汽车库，消防车库，厂区道路，桥涵，厂区码头及厂区大型土石方工程
- 厂区服务设施，包括厂部办公室、厂区食堂、医务室、浴室、哺乳室、自行车棚等
- 生活福利设施，包括职工医院、住宅、生活区食堂、俱乐部、托儿所、幼儿园、子弟学校、商业服务点以及与之配套的设施
- 厂外工程，如水源工程，厂外输电、输水、排水、通信、输油等管线以及公路、铁路专用线等

图7-24　单项工程划分的原则

单项工程指标一般以单项工程生产能力单位投资，如元/t或其他单位表示。例如，变配电站以元/(kV·A)表示；锅炉房以元/蒸汽吨表示；供水站以元/m^3表示；办公室、仓库、宿舍、住宅等房屋则区别不同结构形式以元/m^2表示。

（3）单位工程指标　单位工程指标按规定应列入能独立设计、施工的工程项目的费用，即建筑安装工程费用。

单位工程指标一般以如下方式表示：房屋区别不同结构形式以元/m^2表示；道路区别不同结构层、面层以元/m^2表示；水塔区别不同结构层、容积以元/座表示；管道区别不同材质、管径以元/m表示。

4. 投资估算指标的编制方法

投资估算指标的编制一般分为三个阶段进行，见表 7-1。

表 7-1　投资估算指标编制的三个阶段

项　目	内　容
收集整理资料阶段	收集整理已建成或正在建设的、符合现行技术政策和技术发展方向、有可能重复采用的、有代表性的工程设计施工图、标准设计以及相应的竣工决算或施工图预算资料等，这些资料是编制工作的基础，资料收集越广泛，反映出的问题越多，编制工作考虑越全面，就越有利于提高投资估算指标的实用性和覆盖面
平衡调整阶段	由于调查收集的资料来源不同，虽然经过一定的分析整理，但难免会由于设计方案、建设条件和建设时间上的差异而带来某些影响，使数据失准或漏项等。必须对有关资料进行综合平衡调整
测算审查阶段	测算是将新编的指标和选定工程的概预算在同一价格条件下进行比较，检验其“量差”的偏离程度是否在允许偏差的范围之内，如偏差过大，则要查找原因，进行修正，以保证指标的确切、实用。测算同时也是对指标编制质量进行的一次系统检查，应由专人进行，以保持测算口径的统一，在此基础上组织有关专业人员全面审查定稿

第四节　企业定额

一、企业定额的概念

企业定额是指施工企业根据本企业的施工技术和管理水平，编制完成单位合格产品所需要的人工、材料和施工机械台班的消耗量，以及其他生产经营要素消耗的数量标准。

二、企业定额的编制目的和意义

企业定额的编制目的和意义如图 7-25 所示。

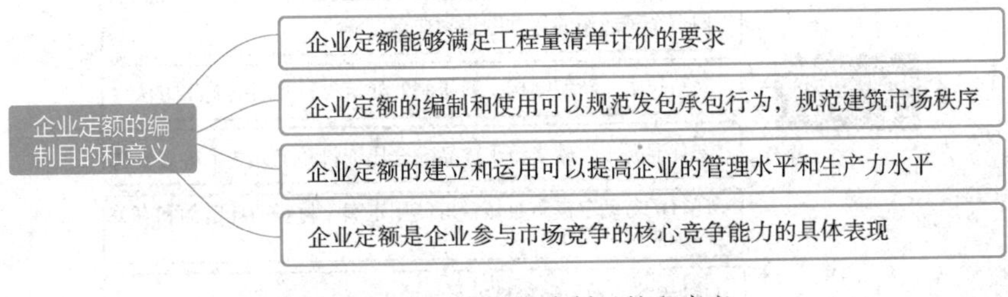

图 7-25　企业定额的编制目的和意义

三、企业定额的作用

企业定额只能在企业内部使用，其作用如图 7-26 所示。

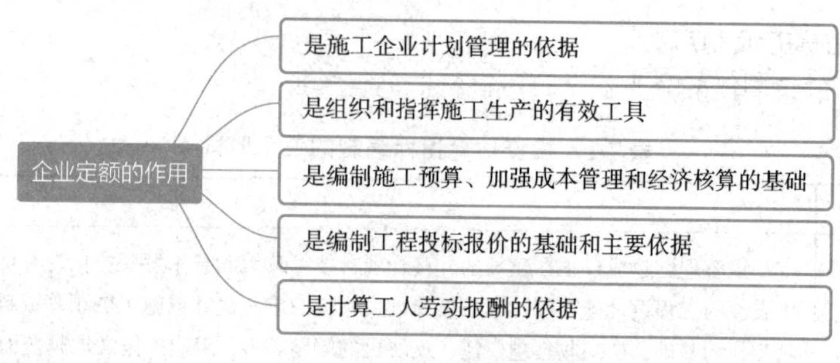

图 7-26 企业定额的作用

四、企业定额的编制

1. 编制方法

（1）现场观察测定法　我国多年来专业测定定额的常用方法是现场观察测定法。它以研究工时消耗为对象，以观察测时为手段。通过密集抽样和粗放抽样等技术进行直接的时间研究，确定人工消耗和机械台班定额水平。

现场观察测定法的特点是能够把现场工时消耗情况与施工组织技术条件联系起来加以观察、测时、计量和分析，以获得该施工过程的技术组织条件和工时消耗的有技术依据的基础资料。它不仅能为制定定额提供基础数据，也能为改善施工组织管理，改善工艺过程和操作方法，消除不合理的工时损失和进一步挖掘生产潜力提供依据。这种方法技术简便、应用面广和资料全面，适用影响工程造价大的主要项目及新技术、新工艺、新施工方法的劳动力消耗和机械台班水平的测定。

（2）经验统计法　经验统计法是运用抽样统计的方法，从以往类似工程施工的竣工结算资料和典型设计图资料及成本核算资料中抽取若干个项目的资料，进行分析和测算的方法。

经验统计法的优点是积累过程长、统计分析细致，使用时简单易行、方便快捷；缺点是模型中考虑的因素有限，而工程实际情况则要复杂得多，对各种变化情况的需要不能一一适应，准确性也不够。

2. 编制依据

企业定额的编制依据如图 7-27 所示。

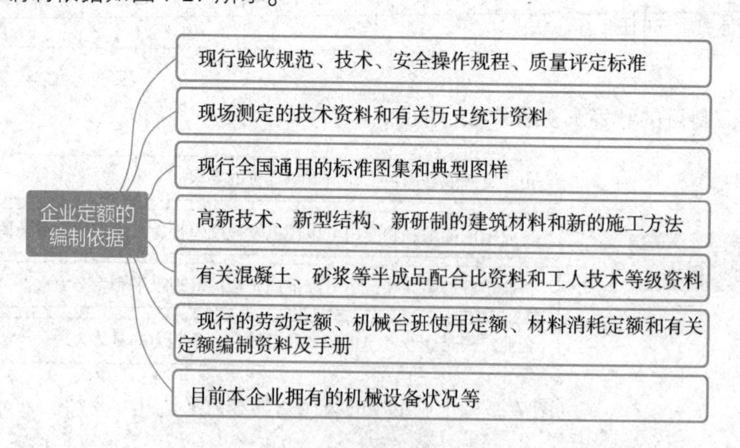

图 7-27 企业定额的编制依据

第八章 市政工程清单计价

第一节 市政工程工程量清单基础知识

一、工程量清单的概念

工程量清单是表现拟建工程的分部分项工程项目、措施项目、其他项目名称和相应数量的明细清单，包括分部分项工程量清单、措施项目清单及其他项目清单。

二、工程量清单的组成

1. 分部分项工程量清单

分部分项工程是分部工程和分项工程的总称。分部工程是单位工程的组成部分，是按结构部位、路段长度及施工特点或施工任务将单位工程划分为若干分部的工程。分项工程是分部工程的组成部分，是按不同施工方法、材料、工序及路段长度等分部工程划分为若干个分项或项目的工程。例如，砌筑分为干砌块料、浆砌块料、砖砌体等分项工程。

分部分项工程项目清单由五个部分组成，如图 8-1 所示。

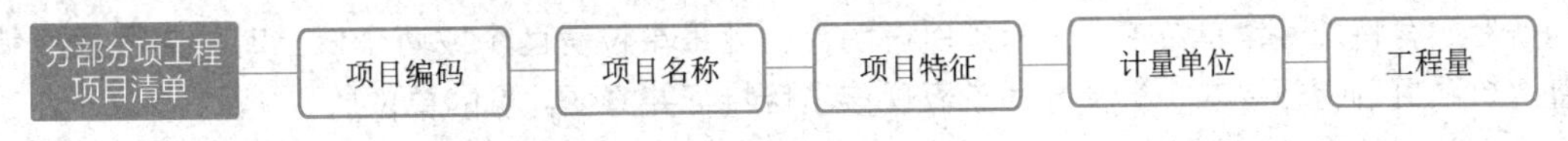

图 8-1　分部分项工程项目清单的组成

（1）项目编码　项目编码是分部分项工程和措施项目清单名称的阿拉伯数字标志。分部分项工程量清单项目编码以五级编码设置，用十二位阿拉伯数字表示。一、二、三、四级编码为全国统一，即一至九位应按计价规范附录的规定设置；第五级即十至十二位为清单项目编码，应根据拟建工程的工程量清单项目名称设置，不得有重号，这三位清单项目编码由招标人针对招标工程项目具体编制，并应自 001 起顺序编制。各级编码代表的含义如下：

第一级表示工程分类顺序码（分两位）。

第二级表示专业工程顺序码（分两位）。

第三级表示分部工程顺序码（分两位）。

第四级表示分项工程项目名称顺序码（分三位）。

第五级表示工程量清单项目名称顺序码（分三位）。

当同一标段（或合同段）的一份工程量清单中含有多个单位工程且工程量清单以单位工程为编制对象时，在编制工程量清单时应特别注意对项目编码十至十二位的设置不得有重码的规定。

（2）项目名称　分部分项工程量清单的项目名称应按各专业工程计量规范附录的项目名称结合拟建工程的实际确定。附录表中的“项目名称”为分项工程项目名称，是形成分部分项工程量清单项目名称的基础。即在编制分部分项工程量清单时，以附录中的分项工程项目名称为基础，考虑该项目的规格、型号、材质等特征要求，结合拟建工程的实际情况，使其工程量清单项目名称具体化、细化，以反映影响工程造价的主要因素。清单项目名称应表达详细、准确，各专业工程计量规范中的分项工程项目名称如有缺陷，招标人可做补充，并报当地工程造价管理机构（省级）备案。

（3）项目特征　项目特征是构成分部分项工程项目、措施项目自身价值的本质特征。项目特征是对项目的准确描述，是确定一个清单项目综合单价不可缺少的重要依据，是区分清单项目的依据，是履行合同义务的基础。分部分项工程量清单的项目特征应按各专业工程计量规范附录中规定的项目特征，结合技术规范、标准图集、施工图，按照工程结构、使用材质及规格或安装位置等，予以详细而准确地表述和说明。凡项目特征中未描述到的其他独有特征，由清单编制人视项目具体情况确定，以准确描述清单项目为准。

在各专业工程计量规范附录中还有关于各清单项目“工作内容”的描述。工作内容是指完成清单项目可能发生的具体工作和操作程序，但应注意的是，在编制分部分项工程量清单时，工作内容通常无须描述，因为在计价规范中，工程量清单项目与工程量计算规则、工作内容有一一对应关系，当采用计价规范这一标准时，工作内容均有规定。

（4）计量单位　计量单位应采用基本单位，除各专业另有特殊规定外均按以下单位计量：

1）以质量计算的项目——吨或千克（t 或 kg）。

2）以体积计算的项目——立方米（m^3）。

3）以面积计算的项目——平方米（m^2）。

4）以长度计算的项目——米（m）。

5）以自然计量单位计算的项目——个、套、块、樘、组、台等。

6）没有具体数量的项目——宗、项等。

各专业有特殊计量单位的，另外加以说明，当计量单位有两个或两个以上时，应根据所编工程量清单项目的特征要求，选择最适宜表现该项目特征并方便计量的单位。

计量单位的有效位数应遵守下列规定：以 t 为单位，应保留小数点后三位数字，第四位小数四舍五入；以 m、m^2、m^3、kg 为单位，应保留小数点后两位数字，第三位小数四舍五入；以个、件、根、组、系统等为单位，应取整数。

（5）工程数量的计算　工程数量主要通过工程量计算规则计算得到。工程量计算规则是指对清单项目工程量的计算规定。除另有说明外，所有清单项目的工程量应以实体工程量为准，并以完成后的净值计算；投标人投标报价时，应在单价中考虑施工中的各种损耗和需要增加的工程量。根据工程量清单计价与计量规范的规定，工程量计算规则可以分为房屋建筑与装饰工程、仿古建筑工程、通用安装工程、市政工程、园林绿化工程、矿山工程、构筑物工程、城市轨道交通工程、爆破工程九大类。

随着工程建设中新材料、新技术、新工艺等的不断涌现，计量规范附录所列的工程量清单项目不可能包含所有项目。在编制工程量清单时，当出现计量规范附录中未包括的清单项目时，编制人应做补充。

在编制补充项目时应注意的问题如图 8-2 所示。

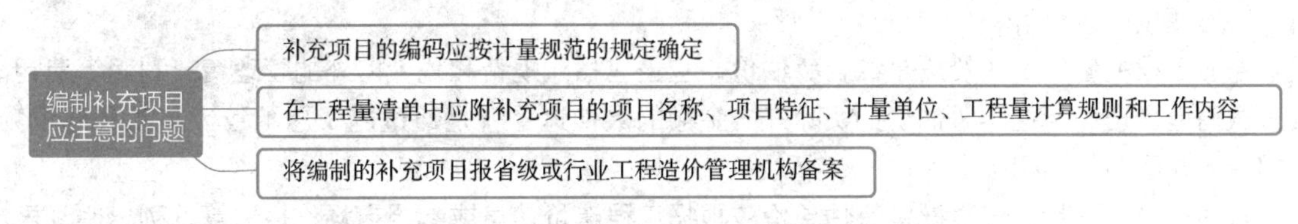

图 8-2　编制补充项目应注意的问题

分部分项工程项目清单必须根据各专业工程计量规范规定的项目编码、项目名称、项目特征、计量单位和工程量计算规则进行编制。在分部分项工程量清单的编制过程中，由招标人负责前六项内容填列，金额部分在编制最高投标限价或投标报价时填列。

2. 措施项目清单

措施项目是指为完成工程项目施工，发生于该工程施工准备和施工过程中的技术、生活、安全、环境保护等方面的项目。

措施项目清单应根据相关工程现行国家计量规范的规定编制，并应根据拟建工程的实际情况列项。

措施项目费用的发生与使用时间、施工方法或者两个以上的工序相关，并大都与实际完成的实体工程量的大小关系不大，如安全文明施工，夜间施工，非夜间施工照明，二次搬运，冬雨期施工，地上、地下设施，建筑物的临时保护设施，已完工程及设备保护等。但是有些非实体项目则是可以计算工程量的项目，如脚手架工程，混凝土模板及支架（撑），垂直运输，超高施工增加，大型机械设备进出场及安拆，施工排水、降水等，与完成的工程实体具有直接关系，并且是可以精确计量的项目，用分部分项工程量清单的方式采用综合单价，更有利于措施费的确定和调整。措施项目中不能计算工程量的项目清单，以项为计量单位进行编制。

3. 其他项目清单

其他项目清单是指分部分项工程量清单、措施项目清单所包含的内容以外，因招标人的特殊要求而发生的与拟建工程有关的其他费用项目和相应数量的清单。

工程建设标准的高低、工程的复杂程度、工程的工期长短、工程的组成内容、发包人对工程管理要求等都直接影响其他项目清单的具体内容。

其他项目清单的组成如图 8-3 所示。

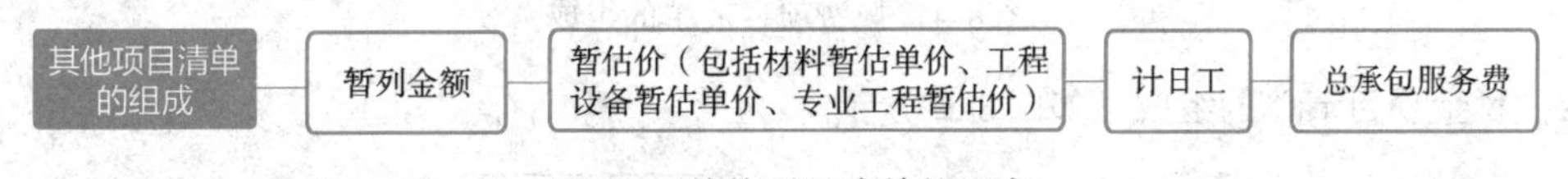

图 8-3　其他项目清单的组成

（1）暂列金额　暂列金额是指招标人在工程量清单中暂定并包括在合同价款中的一笔款项。用于工程合同签订时尚未确定或者不可预见的所需材料、工程设备、服务的采购，施工中可能发生的工程变更、合同约定调整因素出现时的合同价款调整，以及发生的索赔、现场签证确认等的费用。不管采用何种合同形式，其理想的标准是，一份合同的价格就是其最终的竣工结算价格，或者至少两者应尽可能接近。

（2）暂估价　暂估价是指招标人在工程量清单中提供的用于支付必然发生但暂时不能确定价格的材料、工程设备的单价及专业工程的金额，包括材料暂估单价、工程设备暂估单价和专业工程暂估价。暂估价数量和拟用项目应当结合工程量清单中的“暂估价表”予以补充说明。为方便合同管理，需要纳入分部分项工程量清单项目综合单价中的暂估价应只是材料、工程设备暂估单价，以方便投标人组价。

专业工程的暂估价一般应是综合暂估价，应当包括除规费和税金以外的管理费、利润等费用。公开透明地合理确定这类暂估价的实际开支金额的最佳途径就是通过施工总承包人与工程建设项目招标人共同组织的招标。

暂估价中的材料、工程设备暂估单价应根据工程造价信息或参照市场价格估算，列出明细表；专业工程暂估价应分不同专业，按有关计价规定估算，列出明细表。

（3）计日工　计日工是指在施工过程中，承包人完成发包人提出的工程合同范围以外的零星项目或工作，按合同中约定的单价计价的一种方式。

计日工是为了解决现场发生的零星工作的计价而设立的。国际上常见的标准合同条款中，大多数都设立了计日工计价机制。计日工对完成零星工作所消耗的人工工时、材料数量、施工机械台班进行计量，并按照计日工表中填报的适用项目的单价进行计价支付。

计日工适用的所谓零星项目或工作一般是指合同约定之外的或者因变更而产生的、工程量清单中没有相应项目的额外工作，尤其是那些难以事先商定价格的额外工作。

（4）总承包服务费　总承包服务费是指总承包人为配合协调发包人进行的专业工程发包，对发包人自行采购的材料、工程设备等进行保管及施工现场管理、竣工资料汇总整理等服务所需的费用。招标人应预计该项费用并按投标人的投标报价向投标人支付该项费用。

4. 规费、税金项目清单

（1）规费项目清单的组成　如图8-4所示。

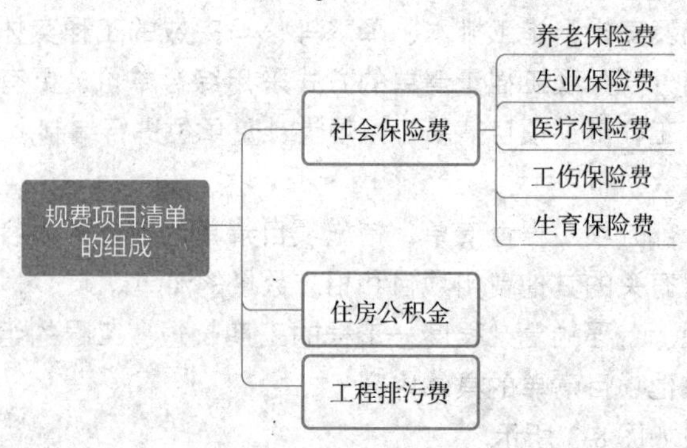

图8-4　规费项目清单的组成

（2）税金项目清单的组成　如图8-5所示。

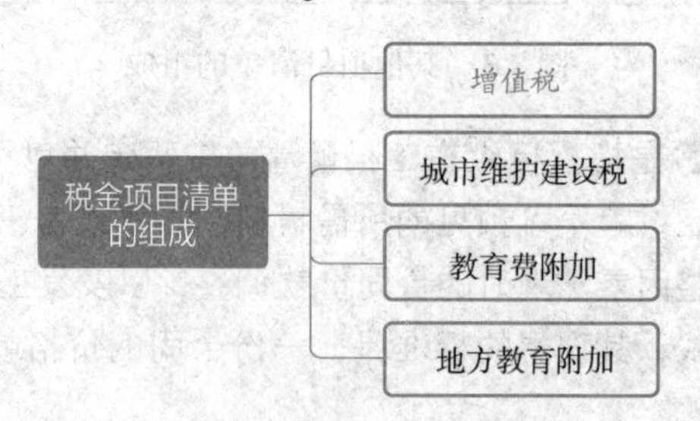

图8-5　税金项目清单的组成

注：出现计价规范未列的项目，应根据税务部门的规定列项。

三、工程量清单计价的作用

工程量清单计价的作用如图 8-6 所示。

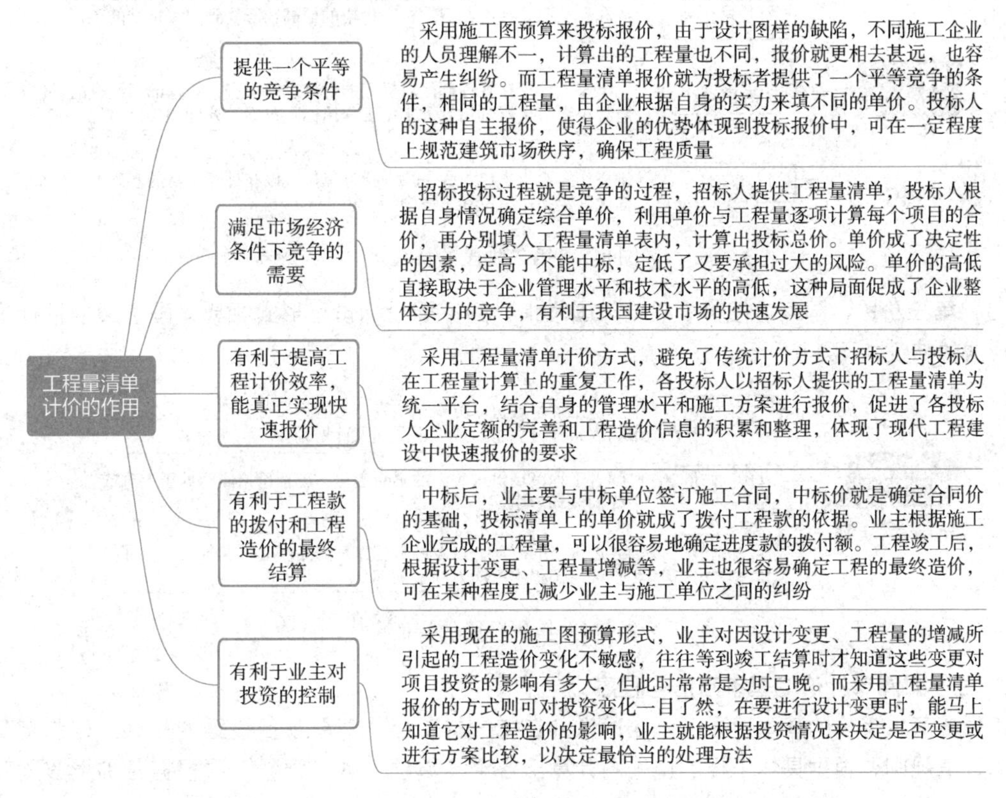

图 8-6　工程量清单计价的作用

四、工程量清单计价的基本方法

1. 建设产品价格的市场化过程

我国建筑产品价格市场化经历了“国家定价—国家指导价—国家调控价”三个阶段。定额计价以概预算定额、各种费用定额为基础依据。利用工程建设定额计算工程造价就价格形成而言，介于国家定价和国家指导价之间。

（1）第一阶段，国家定价阶段　在这种工程建设管理体制下，建筑产品价格实际上是在建设过程的各个阶段利用国家或地区所颁布的各种定额进行投资费用的预估和计算，也可以说是概预算加签证的形式。其主要特征如图 8-7 所示。

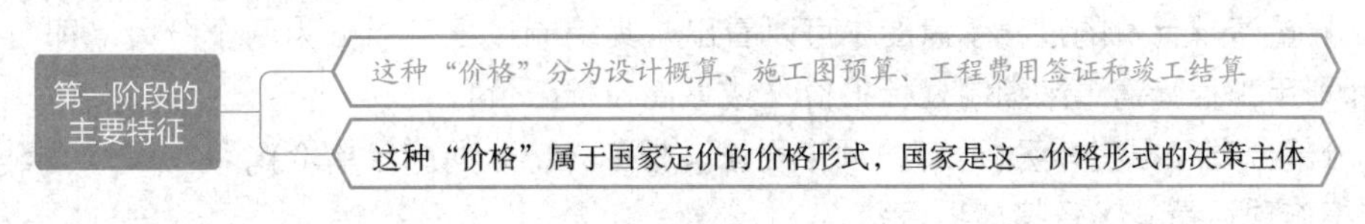

图 8-7　第一阶段的主要特征

（2）第二阶段，国家指导价阶段　这一阶段的工程招标投标价格属于国家指导性价格，是在最高限价范围，国家指导下的竞争性价格。在这种价格形成过程中，国家和企业是价格的双重决策主体。其价格形成的特征如图 8-8 所示。

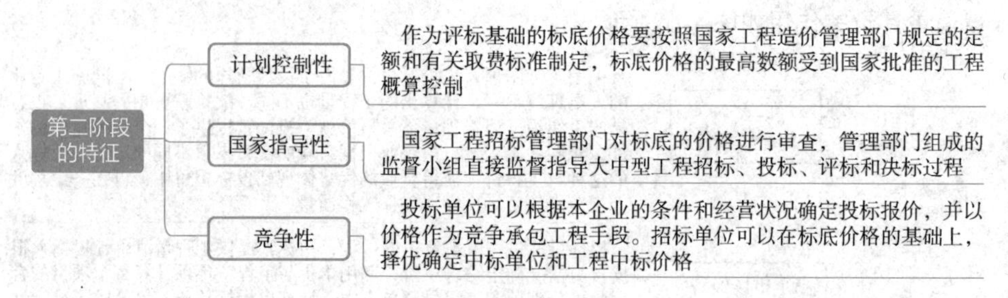

图 8-8　第二阶段的特征

（3）第三阶段，国家调控价阶段　与国家指导的招标投标价格形式相比，国家调控招标投标价格形成的特征如图 8-9 所示。

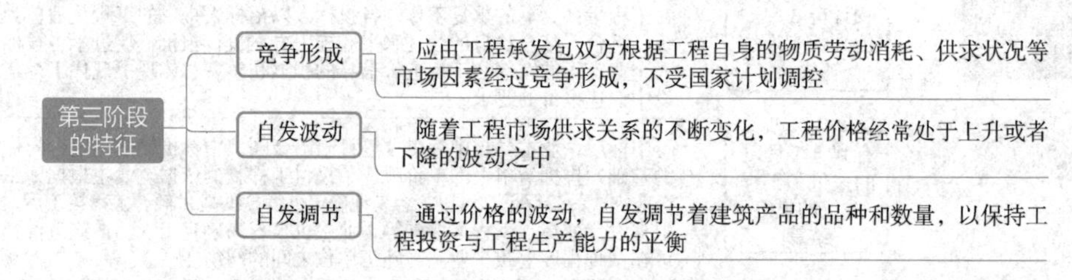

图 8-9　第三阶段的特征

2. 工程量清单计价的基本方法与程序

工程量清单计价的基本过程可以描述为：在统一的工程量清单项目设置的基础上，制定工程量清单计量规则，根据具体工程的施工图计算出各个清单项目的工程量，再根据各种渠道所获得的工程造价信息和经验数据计算得到工程造价。这一基本的计价过程如图 8-10 所示。

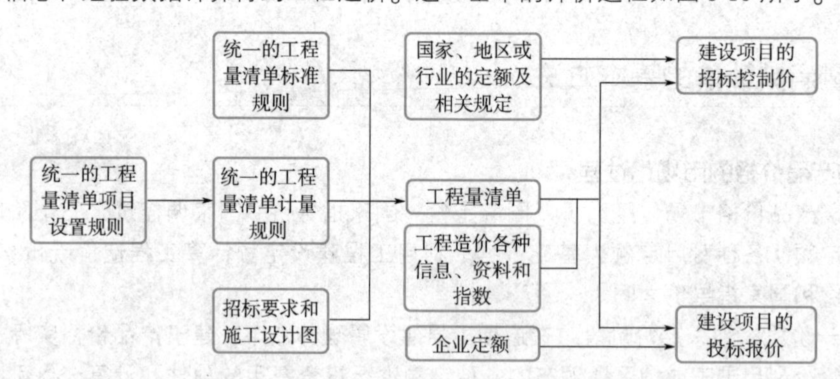

图 8-10　工程造价工程量清单计价过程示意图

从工程量清单计价的过程示意图中可以看出，其编制过程可以分为两个阶段，即工程量清单的编制和利用工程量清单来编制投标报价（或最高投标限价）。

1）分部分项工程费 = Σ（分部分项工程量 × 相应分部分项综合单价）。

2）措施项目费 = Σ 各措施项目费。

3）其他项目费 = 暂列金额 + 暂估价 + 计日工 + 总承包服务费。

4）单位工程报价 = 分部分项工程费 + 措施项目费 + 其他项目费 + 规费 + 税金。

5）单项工程报价 = $\sum$单位工程报价。

6）建设项目总报价 = $\sum$单项工程报价。

式中，综合单价是指完成一个规定计量单位的分部分项工程量清单项目或措施清单项目所需的人工费、材料费、施工机械使用费和企业管理费与利润，以及一定范围内的风险费用。

暂列金额是指招标人在工程量清单中暂定并包括在合同价款中的一笔款项。用于施工合同签订时尚未确定或者不可预见的所需材料、设备、服务的采购，施工中可能发生的工程变更、合同约定调整因素出现时的工程价款调整以及发生的索赔、现场签证确认等的费用。

暂估价是指招标人在工程量清单中提供的用于支付必然发生但暂时不能确定价格的材料的单价以及专业工程的金额。

计日工是指在施工过程中，对完成发包人提出的施工图以外的零星项目或工作，按合同中约定的综合单价计价的一种计价方式。

总承包服务费是指总承包人为配合协调发包人进行的工程分包，对自行采购的设备、材料等进行管理、提供相关服务以及施工现场管理、竣工资料汇总整理等服务所需的费用。

3. 工程量清单计价的特点

（1）工程量清单计价的适用范围　全部使用国有资金（含国家融资资金）投资或国有资金投资为主（以下两者简称国有资金投资）的工程建设项目应执行工程量清单计价方式确定和计算工程造价。

1）国有资金投资的工程建设项目包括使用各级财政预算资金的项目；使用纳入财政管理的各种政府性专项建设资金的项目；使用国有企事业单位自有资金，并且国有资产投资者实际拥有控制权的项目。

2）国家融资资金投资的工程建设项目包括使用国家发行债券所筹资金的项目；使用国家对外借款或者担保所筹资金的项目；使用国家政策性贷款的项目；国家授权投资主体融资的项目；国家特许的融资项目。

3）国有资金（含国家融资资金）为主的工程建设项目是指国有资金占投资总额50%以上，或虽不足50%但国有投资者实质上拥有控股权的工程建设项目。

（2）工程量清单计价的操作过程　工程量清单计价活动涵盖施工招标、合同管理以及竣工交付全过程，主要包括工程量清单的编制，最高投标限价、投标报价的编制，工程合同价款的约定，竣工结算的办理以及施工过程中的工程计量、工程价款支付、索赔与现场签证、工程价款调整和工程计价争议处理等活动。

第二节　市政工程工程量清单的编制

一、工程量清单的编制依据

工程量清单的编制依据通常包括五部分内容，如图8-11所示。

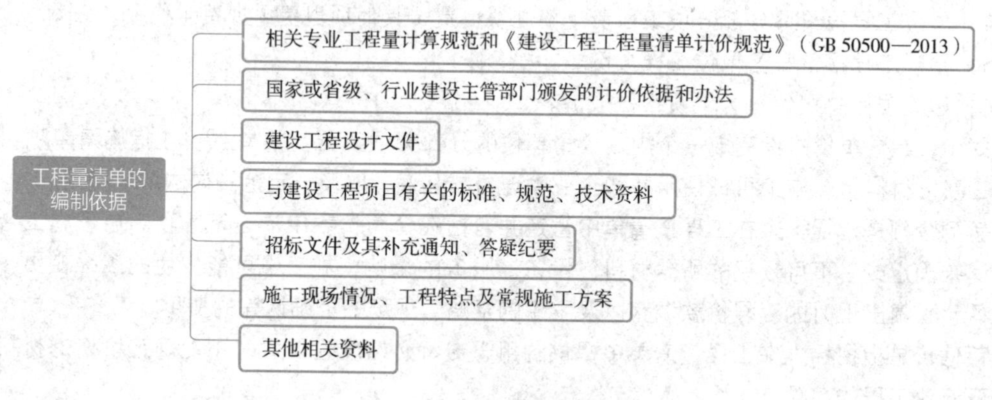

图 8-11　工程量清单的编制依据

二、工程量清单的编制程序

工程量清单的编制程序可分为五个步骤，如图 8-12 所示。

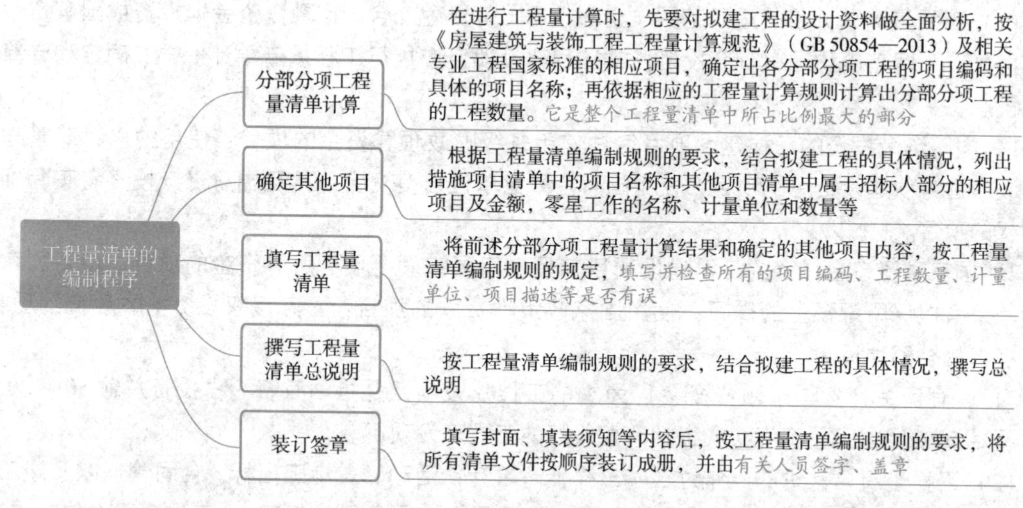

图 8-12　工程量清单的编制程序

第三节　市政工程工程量清单计价与定额计价的联系与区别

一、工程定额计价方法与工程量清单计价方法的联系

在我国，工程造价计价的主要思路是将建设项目细分至最基本的构成单位（如分项工程），用其工程量与相应单价相乘后汇总，即为整个建设工程造价。

工程造价计价的基本原理如下：

建筑安装工程造价 = ∑[单位工程基本构造要素工程量(分项工程)×相应单价]

无论定额计价还是清单计价，上述公式都同样有效，只是公式中的各要素有不同的含义：

1）单位工程基本构造要素即分项工程项目。定额计价时，是按工程定额划分的分项工程项目；清单计价时是指清单项目。

2）工程量是指根据工程项目的划分和工程量计算规则，按照施工图或其他设计文件计算的分项工程实物量。工程实物量是计价的基础，不同的计价依据有不同的计算规则。目前，工程量计算规则包括以下两大类：

① 现行国家标准《建设工程工程量清单计价规范》（GB 50500—2013）各附录中规定的计算规则。

② 各类工程定额规定的计算规则。

3）工程单价是指完成单位工程基本构造要素的工程量所需要的基本费用。

① 工程定额计价方法下的分项工程单价是指概算、预算定额基价，通常是指工料单价，仅包括人工、材料、机械台班费用，是人工、材料、机械台班定额消耗量与其相应单价的乘积。其计算公式为

定额分项工程单价 = ∑(定额消耗量×相应单价)

A. 定额消耗量包括人工消耗量、各种材料消耗量、各类机械台班消耗量。消耗量的大小决定定额水平。定额水平的高低，只有在两种及两种以上的定额相比较的情况下，才能区别。对于消耗相同生产要素的同一分项工程，消耗量越大，定额水平越低；反之，则越高。

B. 相应单价是指生产要素单价，是某一时点上的人工、材料、机械台班单价。同一时点上的人工、材料、机械单价的高低，反映出不同的管理水平。在同一时期内，人工、材料、机械台班单价越高，则表明该企业的管理技术水平越低；人工、材料、机械台班单价越低，则表明该企业的管理技术水平越高。

② 工程量清单计价方法下的分项工程单价是指综合单价，包括人工费、材料费、机械台班费，还包括企业管理费、利润和风险因素。综合单价应该是根据企业定额和相应生产要素的市场价格来确定。

二、工程量清单计价方法与定额计价方法的区别

1）两种模式的最大差别在于体现了我国建设市场发展过程中的不同定价阶段。

① 我国建筑产品价格市场化经历了“国家定价—国家指导价—国家调控价”三个阶段。定额计价是以概预算定额、各种费用定额为基础依据，按照规定的计算程序确定工程造价的特殊计价方法。

② 工程量清单计价模式则反映了市场定价阶段。

2）两种模式的主要计价依据及其性质不同。

① 工程定额计价模式的主要计价依据为国家、省、有关专业部门制定的各种定额，其性质为指导性，定额的项目划分一般按施工工序分项，每个分项工程项目所含的工程内容一般是单一的。

② 工程量清单计价模式的主要计价依据为“清单计价规范”，其性质是含有强制性条文的国家标准，清单的项目划分一般是按“综合实体”进行分项的，每个分项工程一般包含多项工程内容。

3）编制工程量的主体不同。在定额计价方法中，建设工程的工程量由招标人和投标人分别

按图计算。而在清单计价方法中，工程量由招标人统一计算或委托有关工程造价咨询资质单位统一计算，工程量清单是招标文件的重要组成部分，各投标人根据招标人提供的工程量清单，根据自身的技术装备、施工经验、企业成本、企业定额、管理水平自主填写单价与合价。

4）单价与报价的组成不同。定额计价法的单价包括人工费、材料费、机械台班费，而清单计价方法采用综合单价形式，综合单价包括人工费、材料费、机械使用费、管理费、利润，并考虑风险因素。工程量清单计价法的报价除包括定额计价法的报价外，还包括预留金、材料购置费和零星工作项目费等。

5）适用阶段不同。从目前我国现状来看，工程定额主要用于在项目建设前期各阶段对于建设投资的预测和估计，在工程建设交易阶段，工程定额通常只能作为建设产品价格形成的辅助依据，而工程量清单计价依据主要适用于合同价格形成以及后续的合同价格管理阶段。体现出我国对于工程造价的一词两义采用了不同的管理方法。

6）合同价格的调整方式不同。定额计价方法形成的合同价格，其主要调整方式有：变更签证、定额解释、政策性调整。而工程量清单计价方法在一般情况下单价是相对固定的，减少了在合同实施过程中的调整活口。

7）工程量清单计价把施工措施性消耗单列并纳入了竞争的范畴。定额计价未区分施工实体性损耗和施工措施性损耗，而工程量清单计价把施工措施与工程实体项目进行分离，这项改革的意义在于突出了施工措施费用的市场竞争性。

第九章 市政工程造价软件应用

第一节 BIM 市政计量软件 GMA2021

一、BIM 市政计量软件 GMA2021 简介

广联达 BIM 市政算量产品是一款基于三维一体化建模技术，集成多地区、多专业的专业化算量产品，面向市政建设各参与方，解决城市道路、排水、桥梁、构（筑）物、综合管廊等工程量计算问题，整体工作效率提高 5 倍以上，引领市政行业正式步入电算化时代。

二、BIM 市政计量软件 GMA2021 特点

（1）轻松高效　让繁琐的算量工作通过软件提高 5 倍以上效率，提升工作幸福度。

（2）准确专业　内置各地的计算规则、汇总规则、国标省标图集，灵活设置可适应不同施工工艺，出量精准，节约成本。

（3）清晰完整　各业务模块一体化三维建模，所见即所得，形象展示构件间相互位置关系，查量对量方便清晰，做到有据可依。

（4）无缝导入　支持 CAD 识别、PDF、图片描图，蓝图信息录入，满足用户多样化算量需求。

（5）易学易用　无基础用户 1 小时内熟悉操作主流程，半天内通过一个工程完全学会使用。

三、BIM 市政计量软件 GMA2021 操作总流程

软件操作的总流程，如图 9-1 所示。

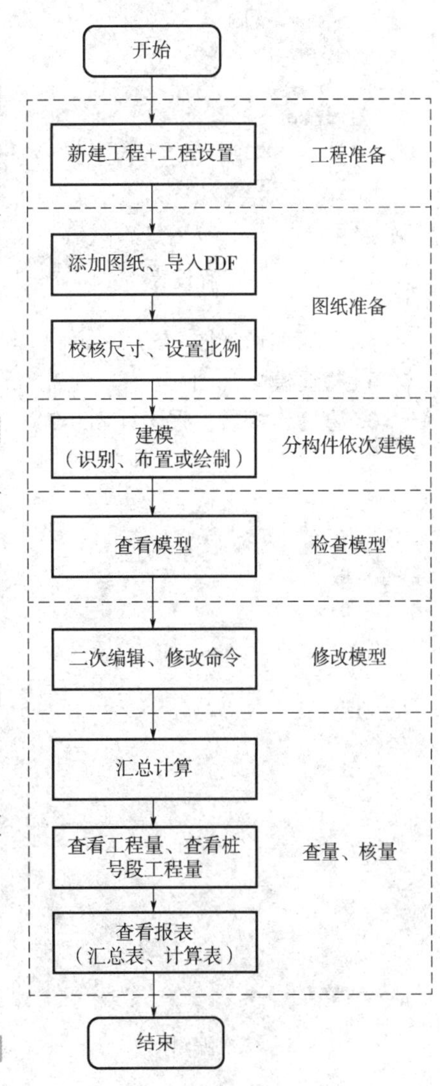

图 9-1　软件操作总流程

四、BIM 市政计量软件 GMA2021 分步介绍

1. **工程设置**（图 9-2）
2. **图纸准备**（图 9-3）
3. **建模**（图 9-4）

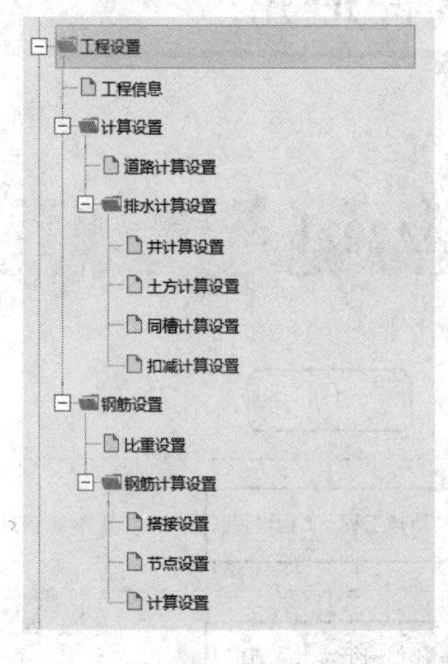

图 9-2　工程设置

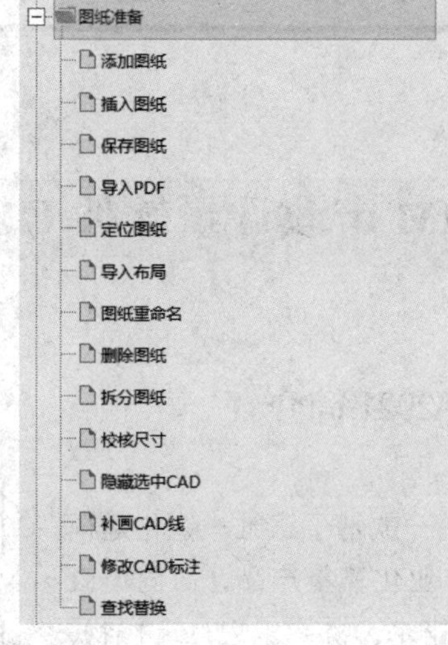

图 9-3　图纸准备

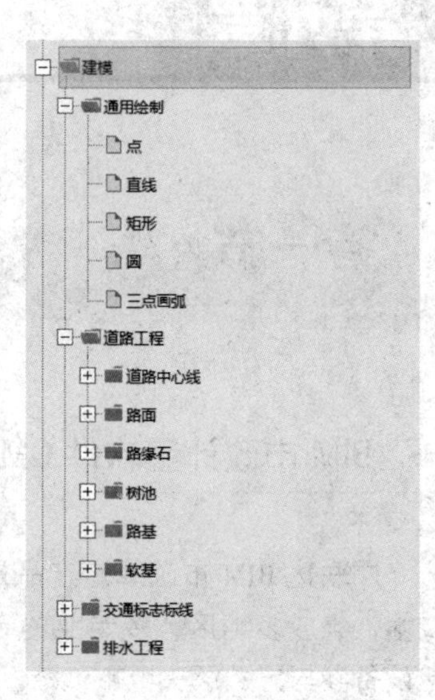

图 9-4　建模

4. **二次编辑**（图 9-5）
5. **检查模型**（图 9-6）
6. **查量、核量、报表**（图 9-7）

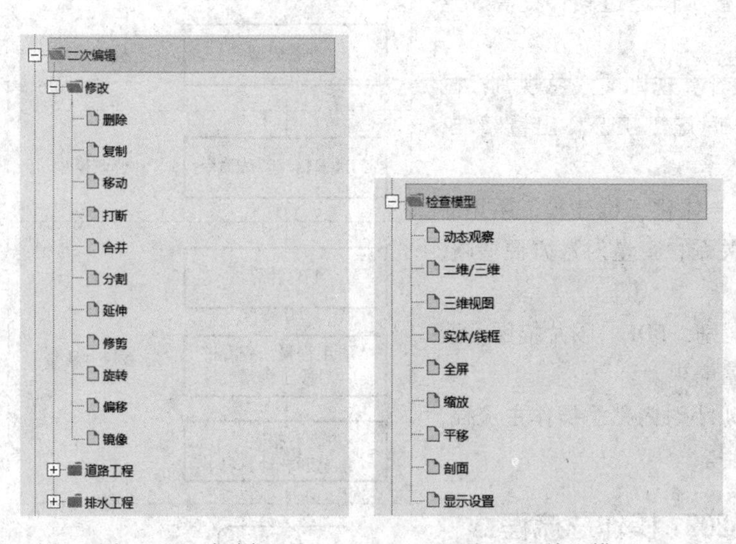

图 9-5　二次编辑　　图 9-6　检查模型

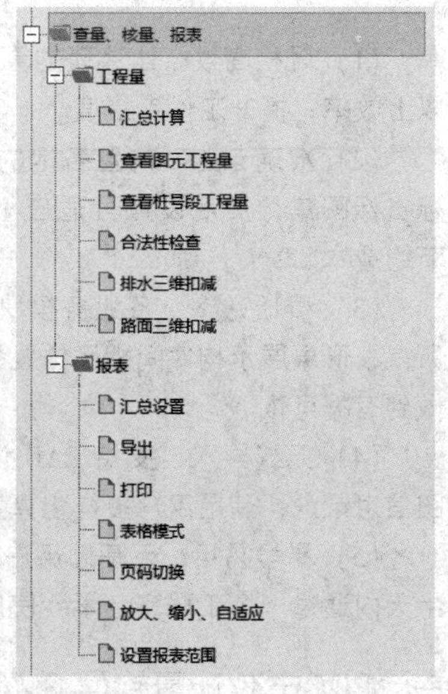

图 9-7　查量、核量、报表

7. **选择**（图 9-8）

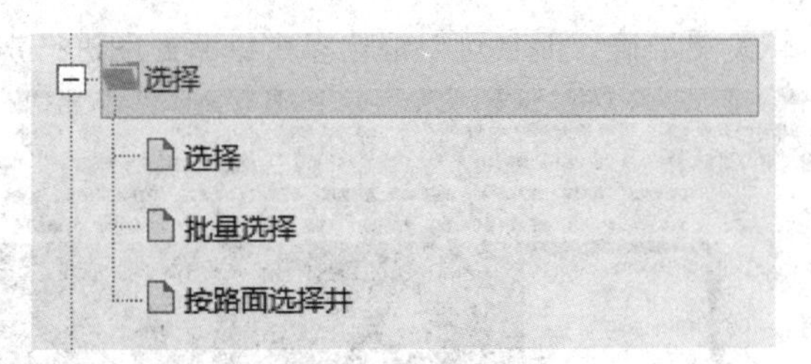

图 9-8　选择

8. **工具**（图 9-9）

图 9-9　工具

五、BIM 市政计量软件 GMA2021 功能介绍

1. 批量识别横断面

一次性识别道路工程中所有路基横断面图，快速建立路基模型，计算路基土方工程量，如图 9-10 所示。

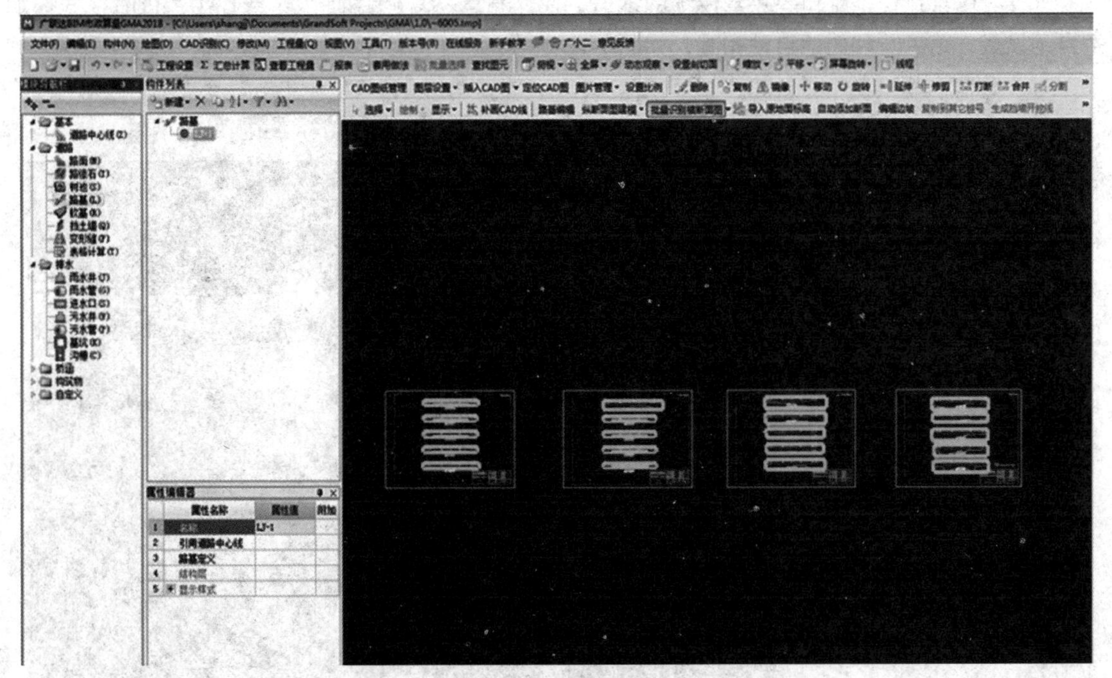

图 9-10　批量识别横断面

2. 排水点选识别纵断面

点选识别纵断面图，识别更准确，而且可以框选多个纵断面图进行识别，如图 9-11 所示。

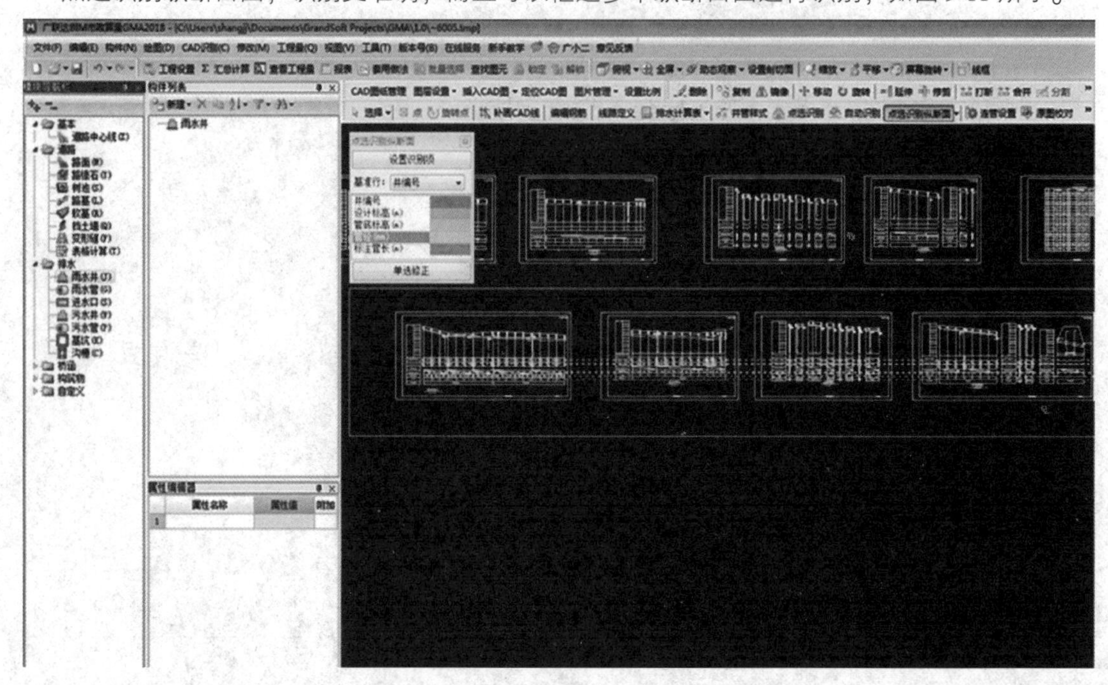

图 9-11　排水点选识别纵断面

3. 内部点识别

软件可内部点识别路口等手算麻烦的地方，快速布置不规则路面，支持 CAD、PDF 格式；加宽自动设置，路缘石和树池自动扣减，如图 9-12 所示。

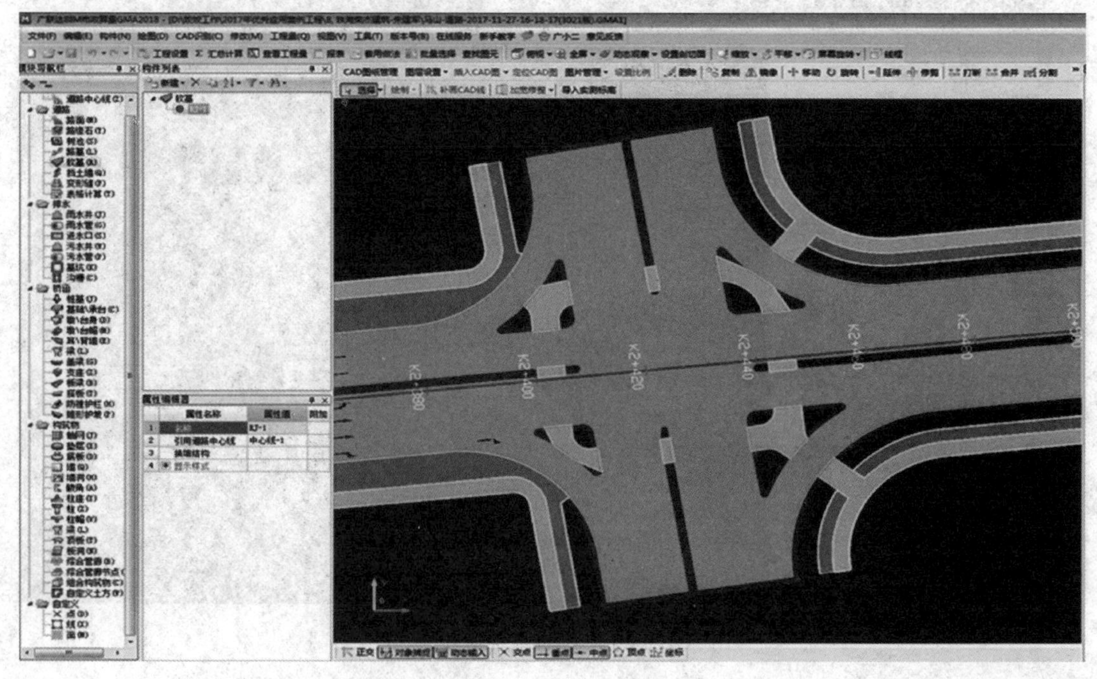

图 9-12　内部点识别

4. 编辑钢筋

内置06MS201井图集钢筋计算，选择对应图集汇总计算即可查看编辑钢筋，如图9-13所示。

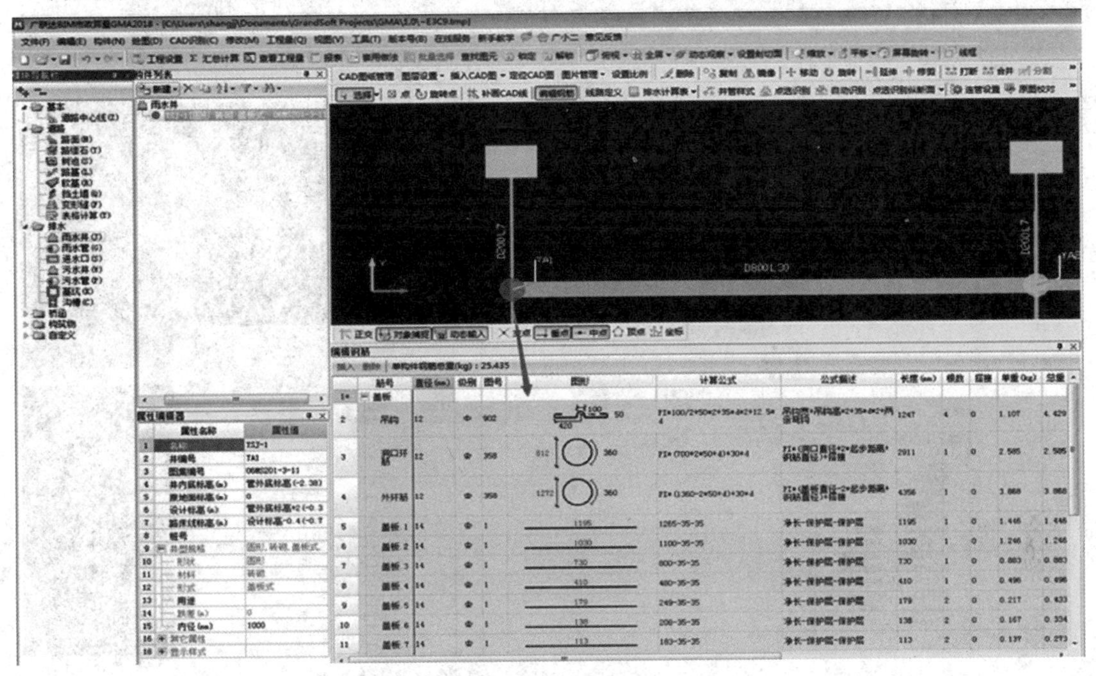

图9-13　编辑钢筋

5. 自动生成沟槽和基坑

根据井、管标高和位置信息自动生成沟槽和基坑土方，准确计算土方工程量，如图9-14所示。

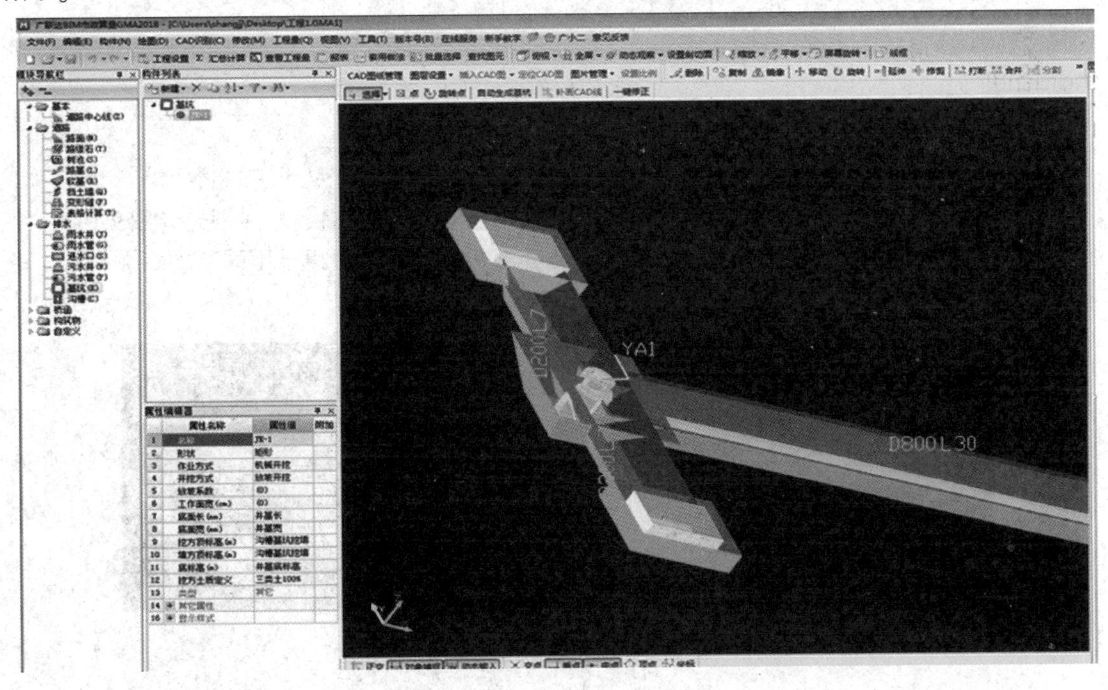

图9-14　自动生成沟槽和基坑

6. 自动计算同槽工程量

软件根据设置的计算规则自动判断是否为同槽土方，精确考虑土方扣减，如图 9-15 所示。

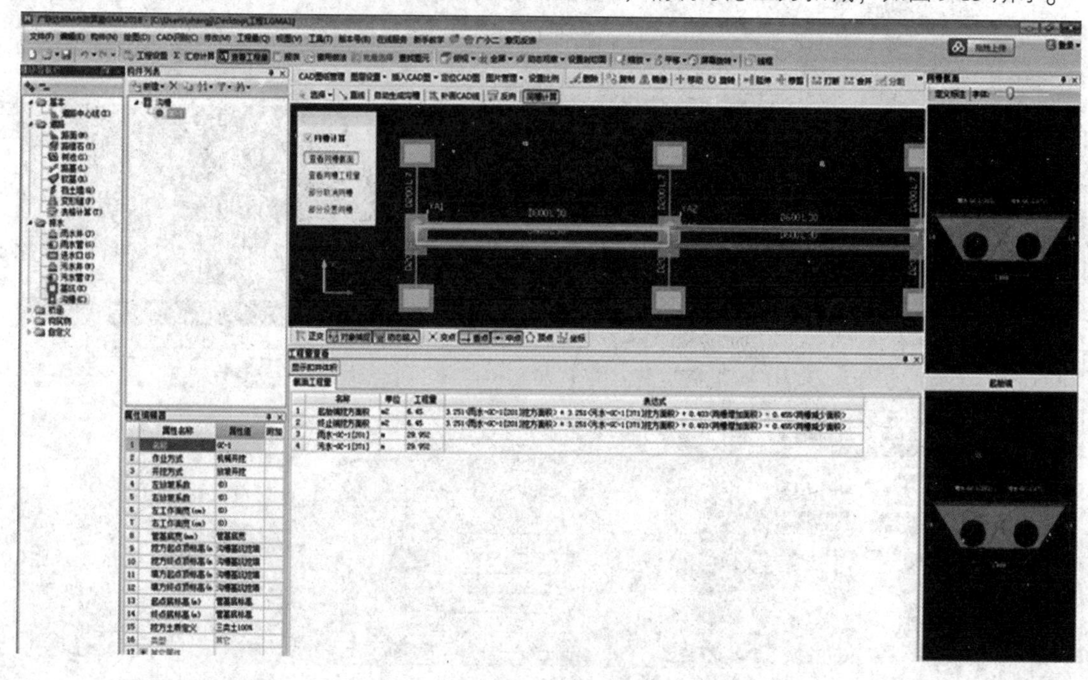

图 9-15　自动计算同槽工程量

第二节　道路工程造价软件应用

一、路面

1. 路面业务详解

平面图（图 9-16）包含工程范围（图 9-17）、线路走向（图 9-18）、车道划分（图 9-19）、路幅宽度（图 9-20）、道路附属如树池、路口无障碍（图 9-21）等，可用于不同结构路面面积、路缘石长度等工程量计算。

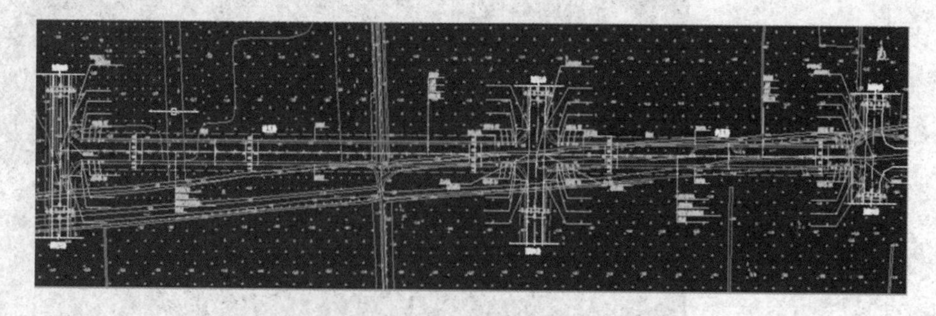

图 9-16 “平面图”示意图

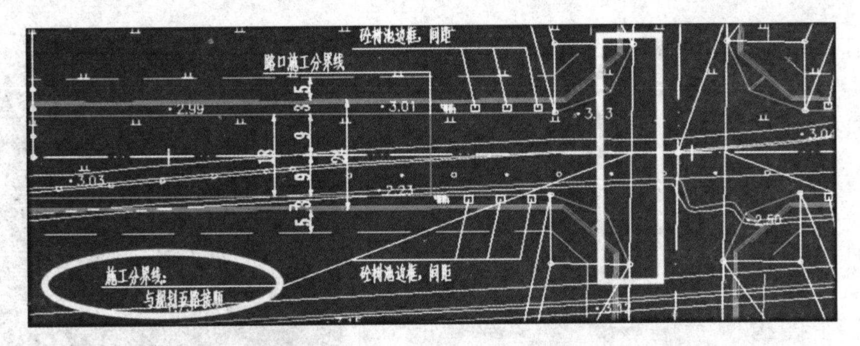

图 9-17　“工程范围”示意图

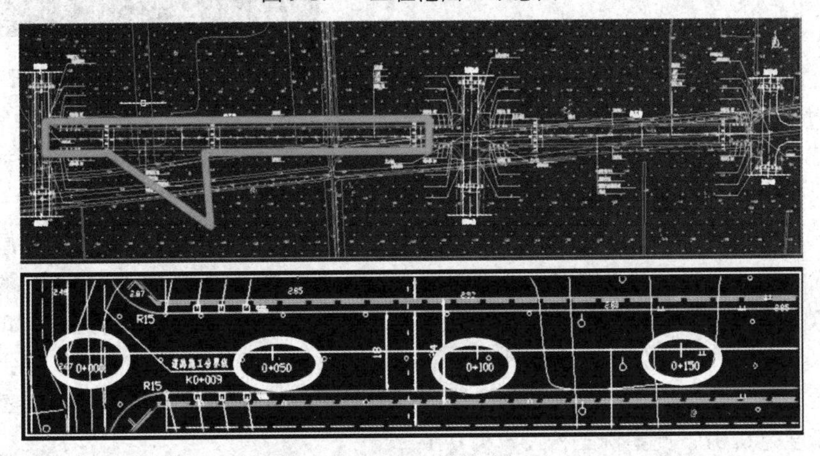

图 9-18　“线路走向”示意图

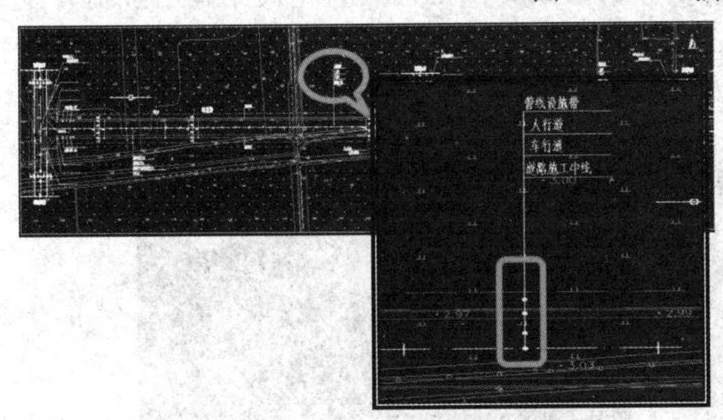

图 9-19　“车道划分”示意图

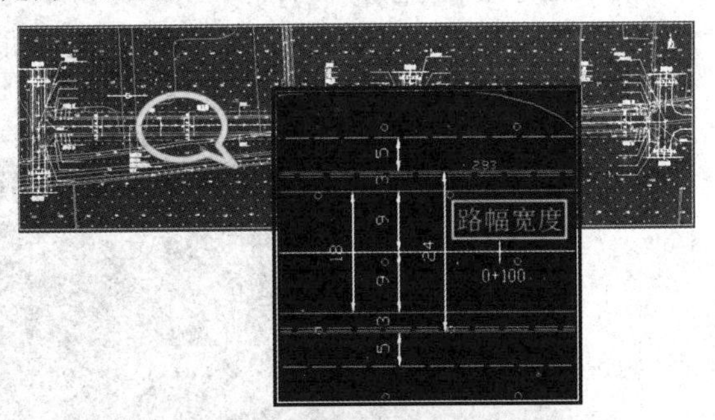

图 9-20　“路幅宽度”示意图

2. 路面软件处理

(1) 定义结构层

1) 新建路面。首先切换图纸，双击“路面结构设计图”，然后开始布置路面工程。

将鼠标移动到“道路工程”下面的“路面”，然后单击“路面”按钮。单击构件列表里面的“新建”按钮→单击“新建路面”按钮→根据“路面结构设计图”修改属性编辑器中的“名称”及匹配对应“类别”。例如，该案例工程有机动车道、人行道及盲道三种形式的路面，

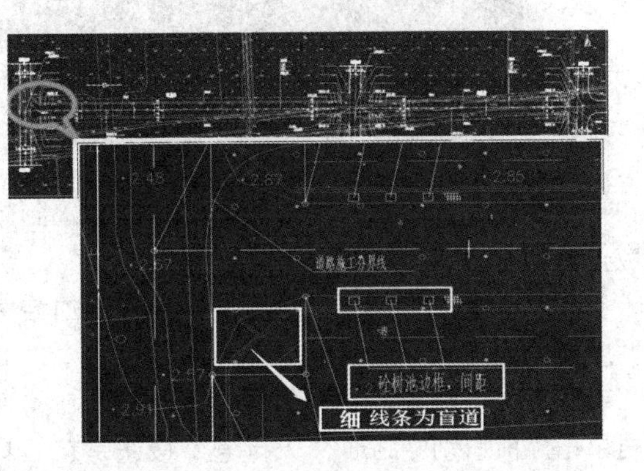

图 9-21　“路口无障碍”示意图

首先可以用同样的方法新建三种路面，然后依次对应不同的“名称”和“类别”，盲道可对应类别为“其他”，如图9-22所示。

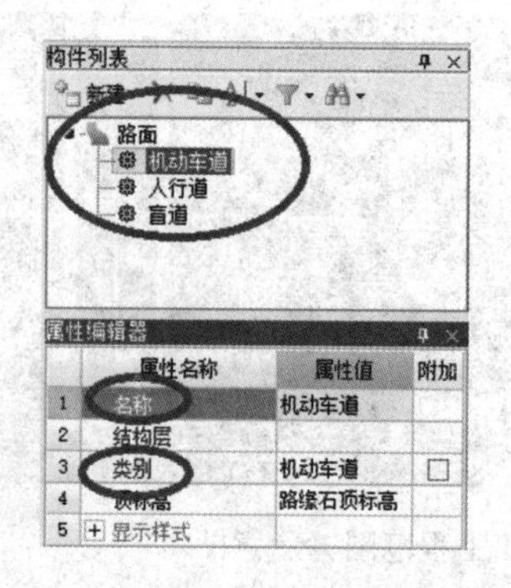

图9-22 “构件列表”对话框

注：“类别”不影响工程量，只是对之后布置路面所形成的颜色有所区分。

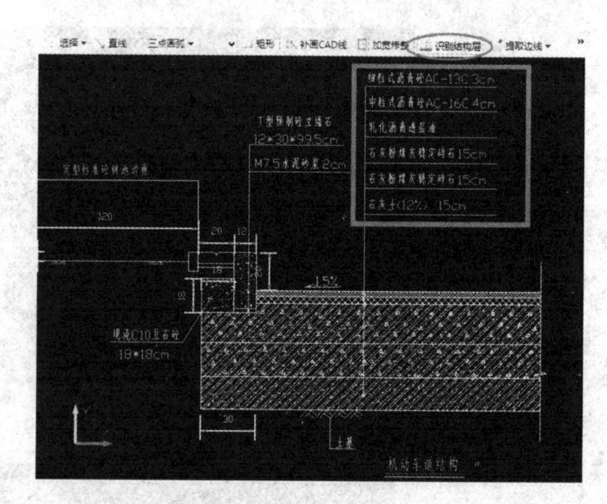

图9-23 “识别结构层”按钮（机动车道）

2）识别结构层。首先识别机动车道的结构层，在构件列表里单击之前识别的路面“机动车道”按钮→在工具栏下单击“识别结构层”按钮（图9-23）→通过鼠标左键拉框选择机动车道路面结构层的名称、厚度。

单击鼠标右键确认，弹出路面结构层“参数图”对话框，如图9-24所示，结构层的名称和厚度已一同提取到参数图中；结构层的厚度可根据原图纸“路面结构设计图”中标注的信息进行校核。需要注意的是，如果图纸没有标注结构层厚度，软件识别以后默认厚度为0。如图9-24中第三层结构层“乳化沥青透层油”的厚度为0，单击右下角的“确定”按钮后，软件会自动把厚度为0的结构层取消，该层不会进行建模和计算，所以要根据实际图纸标注，修改第三层厚度。软件最小设置厚度为0.01，此案例工程设置为0.1。

结构层厚度校核完成后，需要对加宽和坡度进行设置。本案例工程只有路面结构层加宽，没有坡度。可以根据“路面结构设计图”计算出机动车道的加宽值。本案例工程在第四层“石灰粉煤灰稳定碎石”有加宽，加宽值为18 + 12 = 30，如图9-25所示。

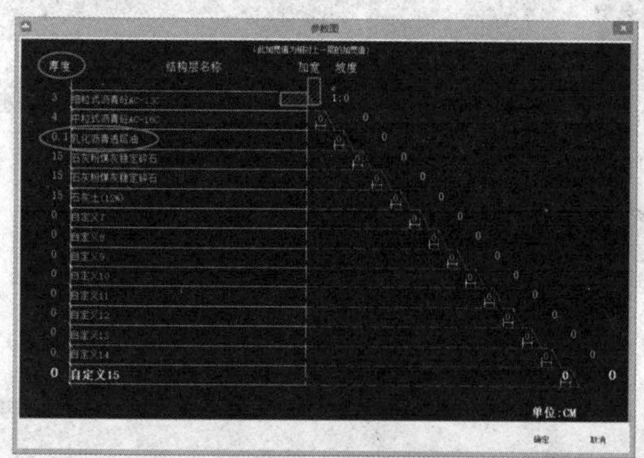

图9-24 “参数图”示意图（机动车道）

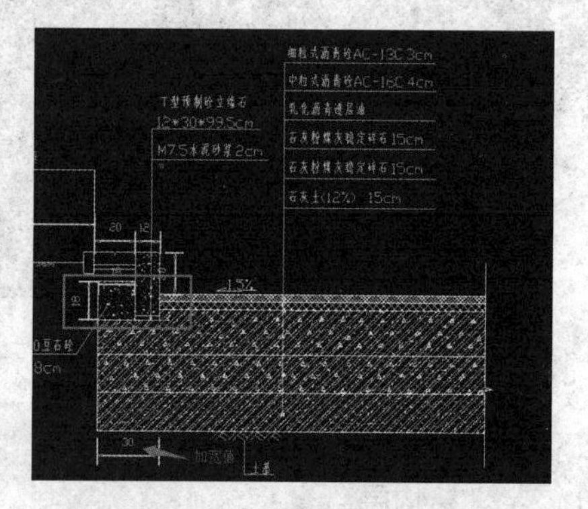

图9-25 “加宽值”示意图

然后根据计算出来的加宽值，对应输入到软件相应位置即可，如图9-26所示。

最后，单击“确定”按钮，机动车道的结构层构件就建立完成了，如图9-27所示。

同理，识别人行道的结构层时，首先在构件列表里单击之前识别的路面“人行道”按钮→在工具栏下单击“识别结构层”按钮→通过鼠标左键拉框选择人

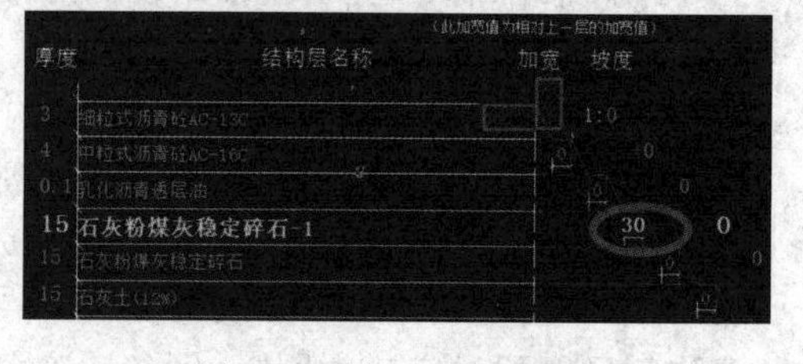

图9-26 输入“加宽值”

注：如果加宽有坡度，可以在后面设置坡度比例。

行道路面结构层的名称、厚度，如图 9-28 所示。

单击鼠标右键确认，弹出路面结构层“参数图”对话框，如图 9-29 所示，结构层的名称和厚度已一同提取到参数图中；结构层的厚度可根据原图纸“路面结构设计图”中标注的信息进行校核。需要重点检查的是，第一层“混凝土人行道砖”识别的厚度为 20cm，由于软件提供的尺寸信息为 6×10×20，软件误把厚度 6cm 识别成了 20cm，所以需要把此处“混凝土人行道砖”的厚度修改为 6cm。

需要注意的是，此处“素土夯实”在实际中不算量，所以默认厚度为 0cm 即可。另外，从“路面结构设计图”中读出人行道在第四层“12% 石灰土”有加宽，加宽值为 20cm，此案例工程没有坡度，故不用考虑。

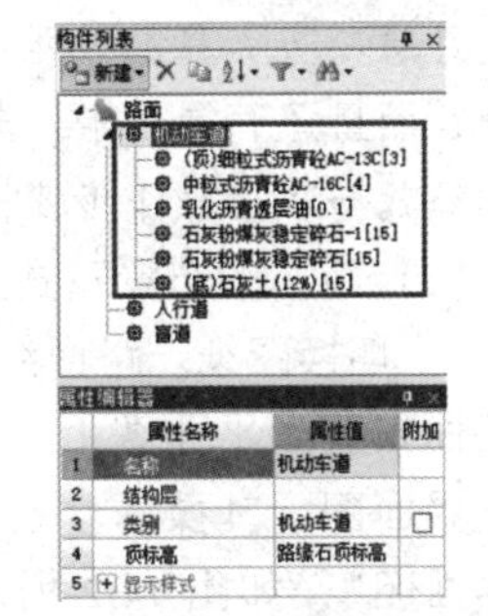

图 9-27　“构件列表”对话框（机动车道）

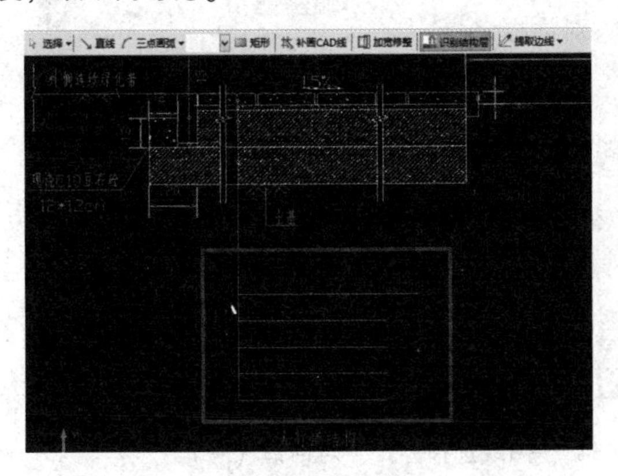

图 9-28　“识别结构层”按钮（人行道）

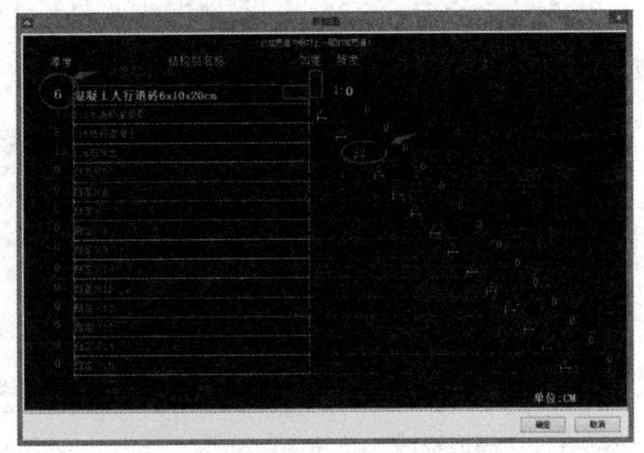

图 9-29　“参数图”示意图（人行道）

最后，单击“确定”按钮，人行道的结构层构件就建立完成了，如图 9-30 所示。

盲道与人行道结构层相同，故盲道结构层的识别流程同人行道，其“构件列表”对话框如图 9-31所示。需要的注意的是，盲道的“结构层加宽”可以设置为人行道的加宽值 20cm，也可以设置为 0cm 或任何值，这部分重叠的加宽值软件会自动扣减，不会影响工程量，故不用过多考虑。

图 9-30　“构件列表”对话框（人行道）

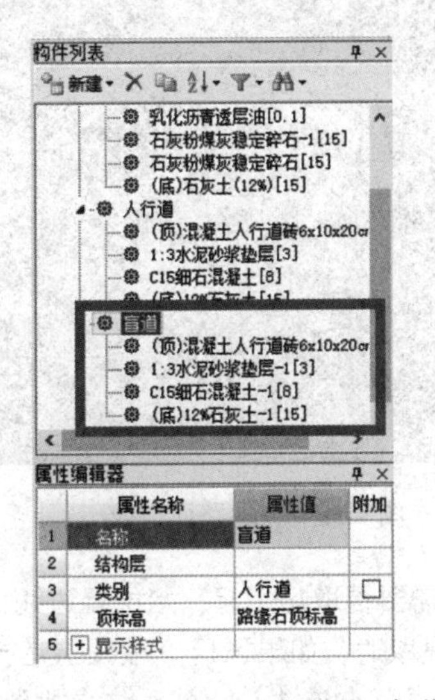

图 9-31　“构件列表”对话框（盲道）

注意：实际算量过程中，如果图纸不仅有机动车道、人行道，而且还有绿化带、非机动车道、公交站台等内容，其处理方式与以上操作步骤相同。

（2）路面的布置及画法

1）切换图纸。路面结构层识别完成后，需要把定义好的路面布置到平面图上。在布置路面之前，需要切换到纬五路平面图。其操作步骤为：CAD 图纸管理→双击“纬五路平面图”，如图 9-32 所示。

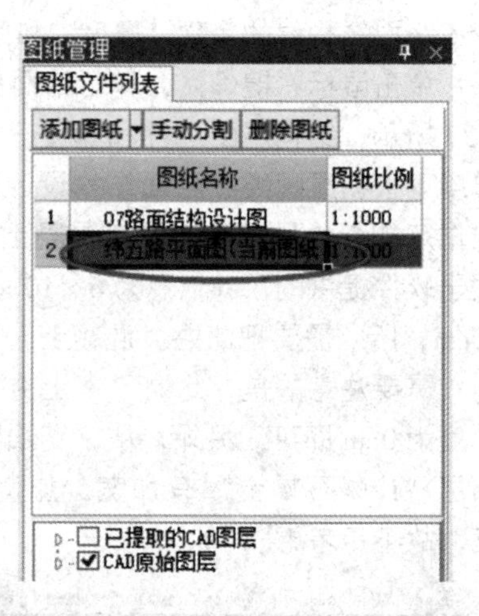

图 9-32 “图纸管理”对话框

2）提取边线。当使用内部点识别或边线识别路面时，会发现有很多干扰线，可先提取 CAD 线，然后再进行识别。

① 单击工具栏上的“提取边线”按钮，如图 9-33 所示。

② 触发命令后，会弹出一个“图线选择方式”对话框，如图 9-34 所示，一般勾选“按图层选择”。

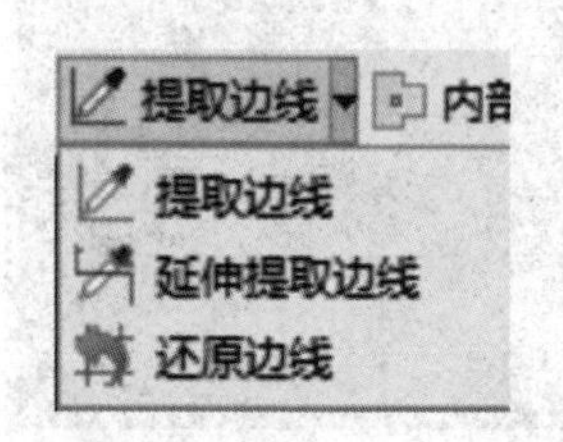

图 9-33 “提取边线”按钮

注：1. 按图层选择，单击某个 CAD 线，会同时选择相同图层的 CAD 线。
2. 按颜色选择，单击某个 CAD 线，会同时选择相同颜色的 CAD 线。
3. 按线性选择，单击某个 CAD 线，会同时选择相同线性的 CAD 线，如虚线或实线。
4. 按线宽选择，单击某个 CAD 线，会同时选择相同宽度的 CAD 线。
5. 以上条件可组合设置。

图 9-34 “图线选择方式”对话框（一）

③ 单击要提取的 CAD 线，然后单击鼠标右键确认，提取后 CAD 线会变成红色。提取边线时，首先提取路面边线，然后单击鼠标右键确认，如图 9-35 所示；接着将盲道的边线提取出来，如图 9-36 所示。

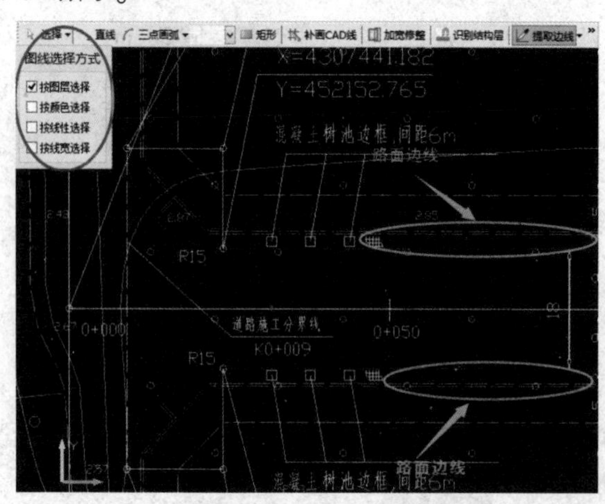

图 9-35 提取路面边线

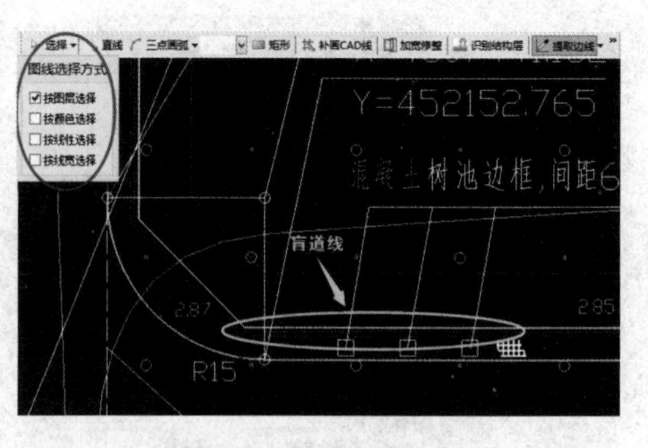

图 9-36 提取盲道边线

④ 最后需要提取施工起、始位置边线，如图 9-37 所示。起、始边线所在图层的线条过多，很多线不需要提取时，如果采用“按图层选择”，会将这部分边线一并提取上。因此，需要把所有“图线选择方式”勾选去掉，然后依次找到对应起、始边线单击选择（图中为一侧起点的边线），

最后单击鼠标右键确认。

⑤ 所有被提取的 CAD 线会被移动到图 9-38 所示的图层。

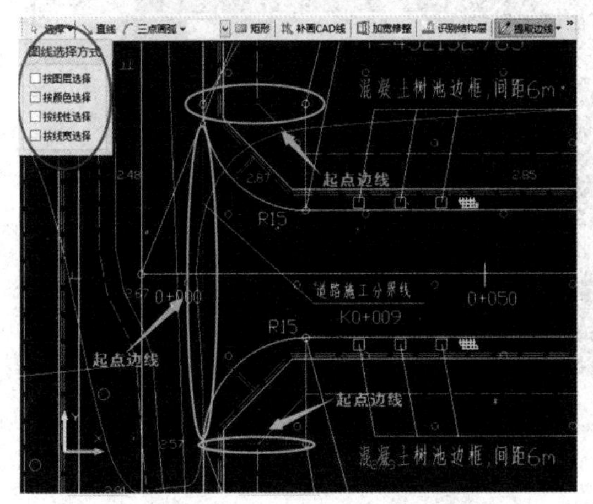

图 9-37　提取施工起、始位置边线

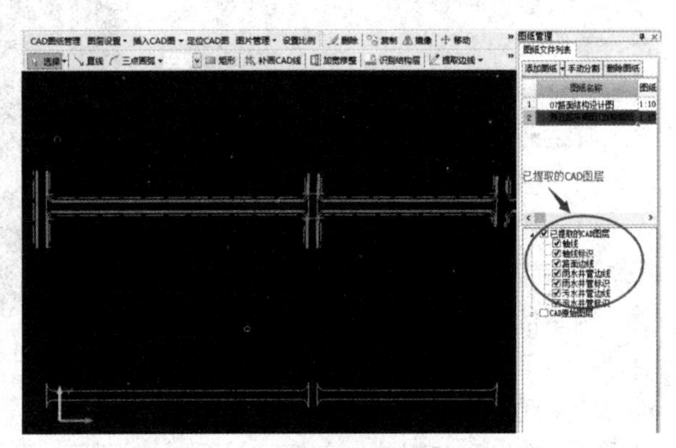

图 9-38　“已提取的 CAD 图层”示意图

功能拓展：

① 延伸提取边线。该功能与提取边线唯一不同的就是在提取下一个线时，会自动与上一个提取的线延伸连接。

A. 单击工具栏上的“延伸提取边线”按钮，如图 9-39 所示。

B. 将鼠标移动到 CAD 线上，这时 CAD 线会变成黄色，单击一下即可提取，提取后 CAD 线会变成红色。

C. 当鼠标移动到下一根 CAD 线上时，当前 CAD 线会变成黄色并且自动延伸连接到上一根 CAD 线。

D. 重复 B 步骤，直到所有需要提取的边线提取完成。

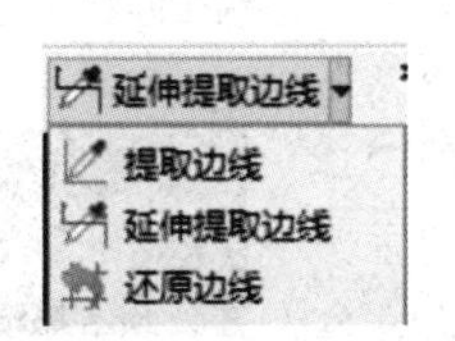

图 9-39　“延伸提取边线”按钮

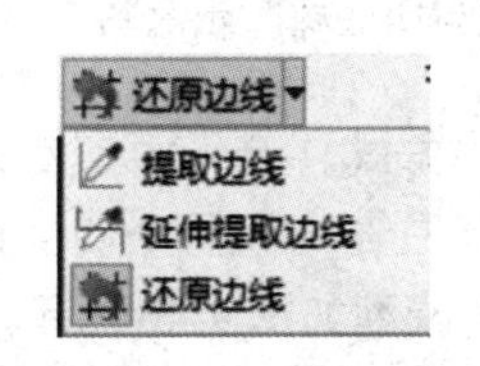

图 9-40　“还原边线”按钮

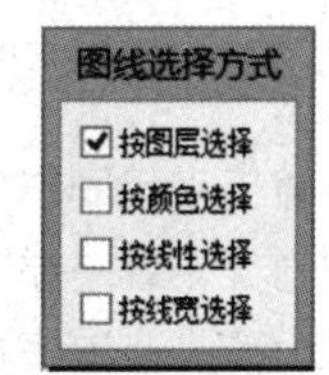

图 9-41　“图线选择方式”对话框（二）

② 还原边线。可将提取的 CAD 线还原，恢复到原来的 CAD 图层。

A. 单击工具栏上的“还原边线”按钮，如图 9-40 所示。

B. 触发命令后，会弹出一个“图线选择方式”对话框，如图 9-41 所示。

C. 单击要还原的 CAD 线，然后单击鼠标右键确认，被选择的 CAD 线就恢复到原来的图层。

3）内部点识别。

① 边线提取完成后，首先要将“已提取的 CAD 图层”全部选中，将“CAD 原始图层”关掉，如图 9-42 所示。

② 根据 CAD 设计图，使用“内部点识别”功能快速、准确地生成路面，提升工作效率。

图 9-42　“图纸管理”对话框

首先识别机动车道。在识别机动车道之前，首先要切换到“机动车道”构件列表，参照图9-43左边画圈处位置；然后单击工具栏上的“内部点识别”按钮。

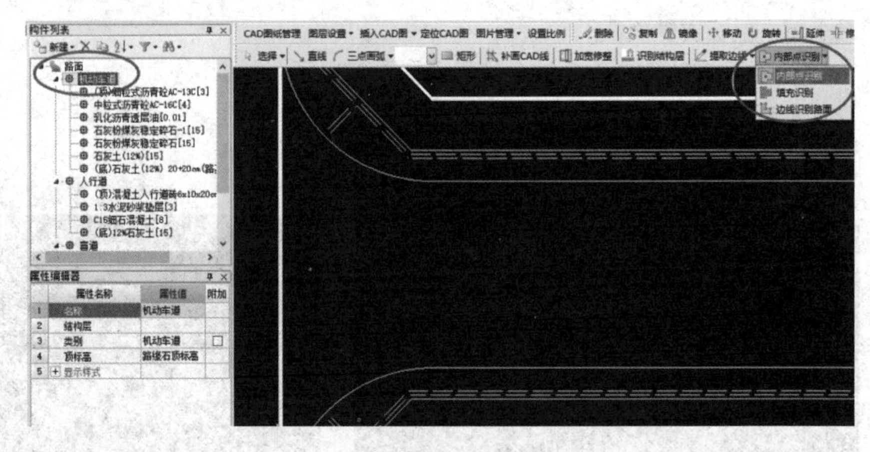

图9-43　识别机动车道

然后在绘图区域移动鼠标到指定的车道，例如布置机动车道，机动车道就会形成一个封闭区域，这时鼠标上方出现加粗的白色框，如图9-44所示。

最后，对准相应车道后，单击鼠标左键，路面就生成了，如图9-45所示。

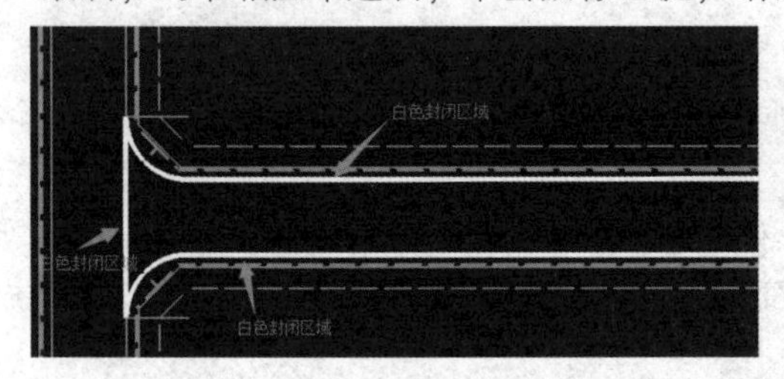

图9-44　“白色封闭区域”示意图

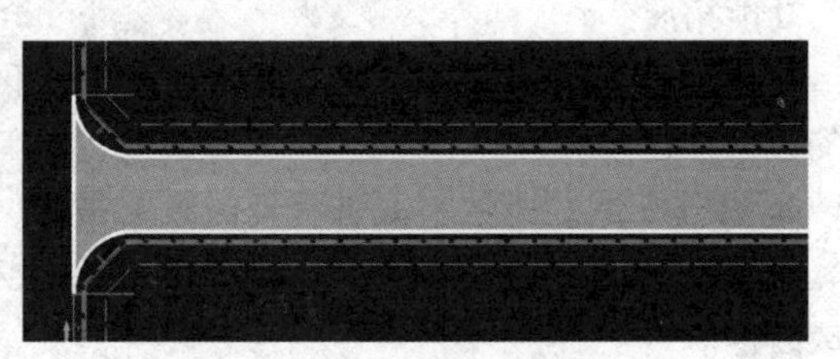

图9-45　“路面的生成”示意图

接下来用同样的操作方式（选择内部点识别→移动到对应位置→单击鼠标左键）将另一侧的机动车道布置上去。布置完成后的模型如图9-46所示。

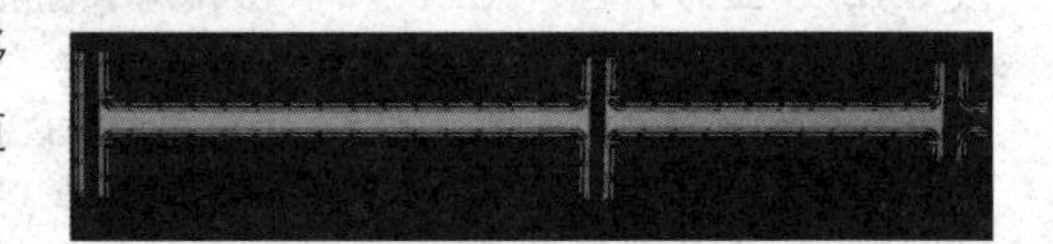

图9-46　“机动车道布置完成”示意图

人行道和机动车道的布置方法与机动车道相同。以人行道为例，其流程为：切换到“人行道”构件列表→单击工具栏上的“内部点识别”按钮→鼠标移动到绘图区域对应的人行道位置，形成封闭区域→单击鼠标左键，完成人行道布置。人行道布置完成后的模型如图9-47所示（另外一侧也是同样效果）。

盲道布置完成后的模型如图9-48所示。

图9-47　“人行道布置完成”示意图

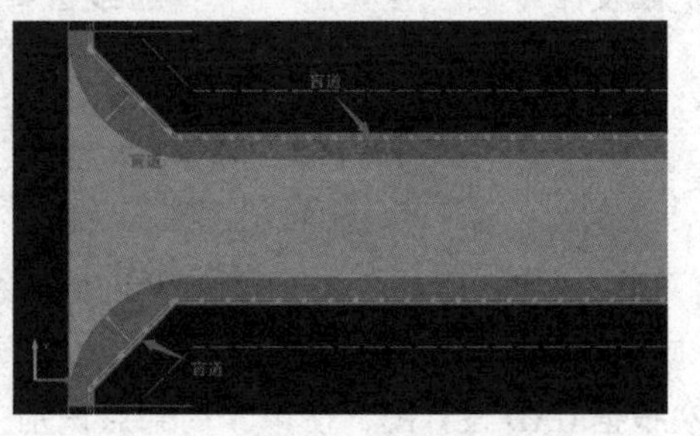

图9-48　“盲道布置完成”示意图

功能拓展：

道路路面识别一般常用内部点识别，建议优先选择内部点识别方法。此外，还可采用以下两种方法。

① 边线识别。通过点选或框选 CAD 线的方式，软件根据选择的 CAD 线，将可封闭的区域生成路面。

首先，单击工具栏上的“边线识别路面”按钮；触发按钮后，会弹出一个窗口，选择“图线选择方式”。

注：1. 按图层选择，单击某个 CAD 线，会同时选择相同图层的 CAD 线。

2. 按颜色选择，单击某个 CAD 线，会同时选择相同颜色的 CAD 线。

3. 按线性选择，单击某个 CAD 线，会同时选择相同线性的 CAD 线，如虚线或实线。

4. 按线宽选择，单击某个 CAD 线，会同时选择相同宽度的 CAD 线。

5. 以上条件可组合设置。

选择完“图线选择方式”后，如勾选“按图层选择”和“按颜色选择”，然后单击箭头所指的那条 CAD 线，那么相同图层和相同颜色的线都会被选择。最后单击鼠标右键，如果找到封闭区域，那么就会在封闭区域生成路面。

② 填充识别。当路面为 CAD 填充块时，可使用此功能。

首先，单击工具栏上的“填充识别”按钮；然后，移动鼠标到填充块的上方，当光标变成方框十字架时，单击鼠标左键，即可生成一个路面。

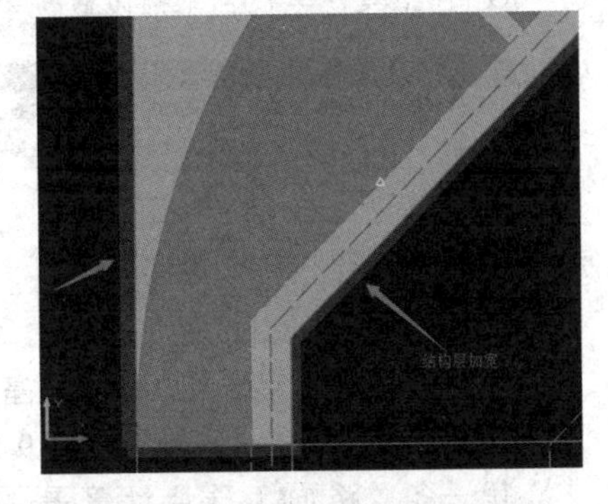

图 9-49　“结构层加宽”示意图

4）结构层加宽修正。路面结构层中设置了加宽值，识别出的路面的每个边都会有加宽，实际算量中起点和终点等是不需要加宽的，所以加宽修正可以去掉多余的加宽。

① 路面的结构层加宽如图 9-49 所示。

② 在工具栏中找到加宽修正功能，单击鼠标左键，查看绘图区域，只能看到紫色的边线，即结构层加宽线条，如图 9-50 所示。

③ 单击要修正的边线（可连续单击），如图 9-51 所示。

④ 修正后单击鼠标右键确认，加宽就修正好了，如图 9-52 所示。

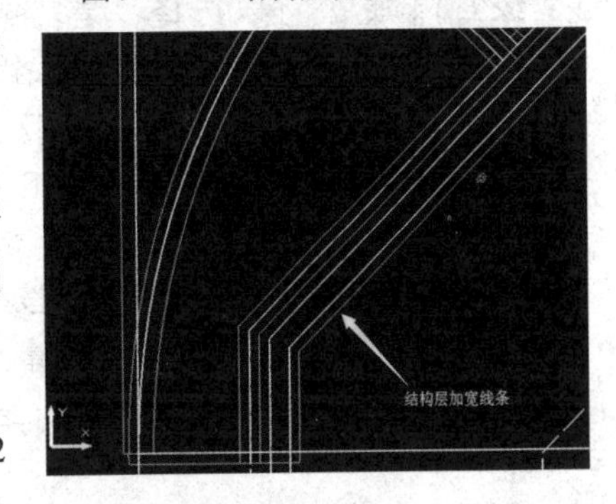

图 9-50　“结构层加宽线条”示意图

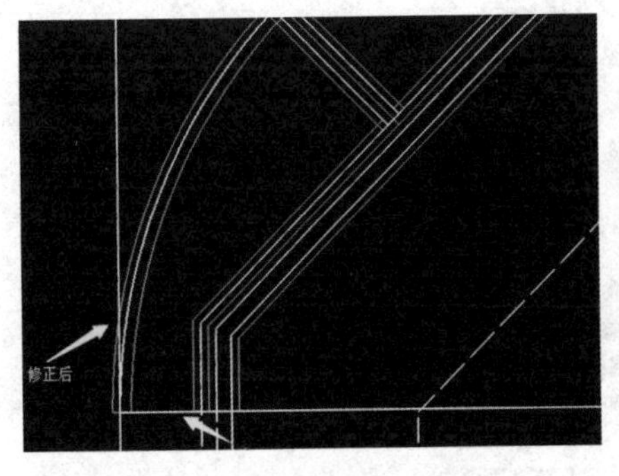

图 9-51　“修正边线”示意图

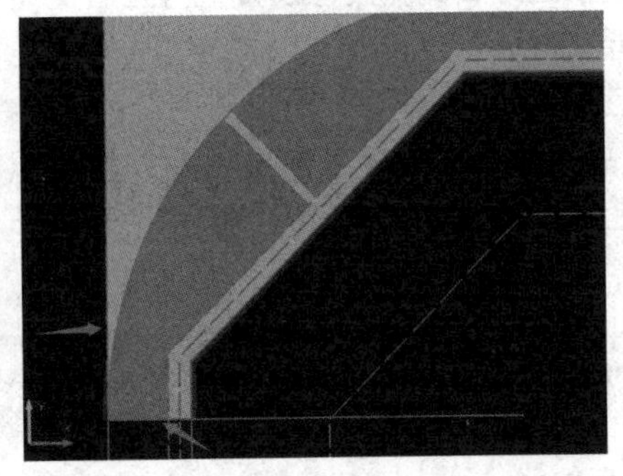
图 9-52　“修正后”示意图（一）

同理，其他路面起始点的位置加宽也按照此方法修正。

这样，一个完整的路面工程就做完了，做完后的模型效果图如图 9-53、图 9-54 所示。

图 9-53 “修正后”示意图（二）

图 9-54 “修正后”示意图（三）

5）工程设置。工程设置里内置全国的计算规则，可根据当地的计算规则进行灵活调整，这部分会影响软件计算出的工程量，所以一定要进行校核和修改。

① 在工具栏里找到工程设置，单击“工程设置”按钮进入设置页面，如图 9-55 所示。

图 9-55 “工程设置”按钮

② 切换到“计算设置”→单击对应的专业工程，此案例工程为道路工程，单击“道路”按钮→道路下面分了“路面”和“路基”两个工程设置，先对“路面”进行设置。

路面包含了三条计算规则（图 9-56）：

第一条：路面工程量计算是否扣除侧石（立缘石）。此处可以选择“是”或者“否”。选择“是”，汇总计算后软件会把路缘石和路面相交的占位扣除，选择“否”则相反。

第二条：路面与路缘石相交扣减面积计算规则。可选择“按最大宽度计算”或“按平均宽度计算”。按最大宽度计算，即按相交结构层的最大宽度计算；按平均宽度计算，即按结构层扣减路缘石占位后的体积除以结构层厚度计算。

第三条：按桩号查看工程量路面最大宽度（m）。通过设置路面的宽度可以按桩号查看此范围的工程量。

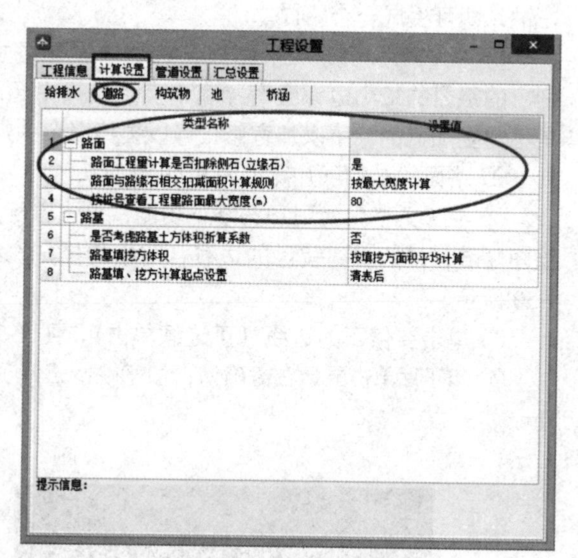

图 9-56 “工程设置”对话框

6）汇总查量。

① 汇总计算。模型建立完成以后，如果想要查看工程量，需要先在工具栏单击“汇总计算”按钮，如图 9-57 所示。

图 9-57 “汇总计算”按钮

② 查看工程量。单击工具栏上的“查看工程量”按钮→单击绘图区域机动车道或者人行道的路面→查看绘图区域下面的工程量，如图 9-58 所示。

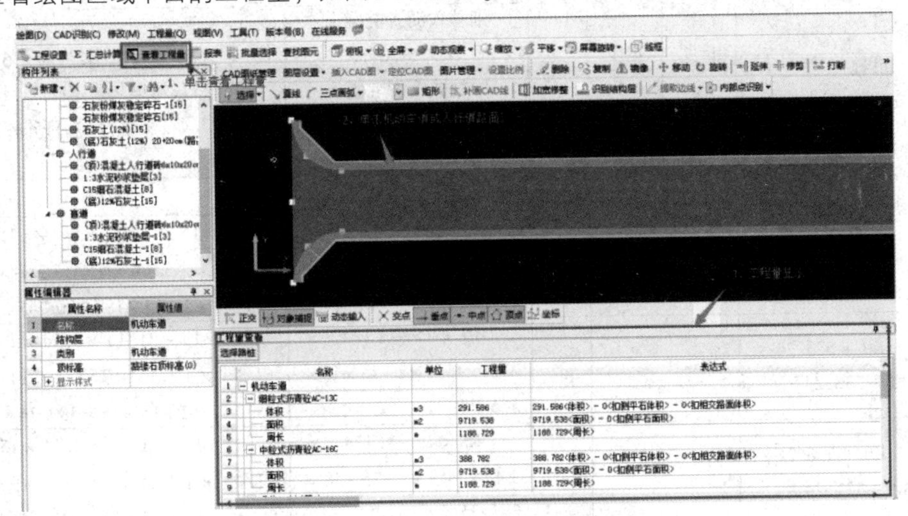

图 9-58　“查看工程量”按钮

3. 路面软件计算与手算对比

手算分为两个部分，一个是比较规整的矩形；另一个是路口。路口分为 4 个路口，如图 9-59 所示。

图 9-59　“路口手算”示意图

（1）机动车路面面积对比　手算机动车路面面积见表 9-1。

表 9-1　手算机动车路面面积

里程		长度/m	宽度 a/m	单位	机动车路面面积	
					细粒式沥青混凝土 AC-13C 3cm 中粒式沥青混凝土 AC-16C 4cm 乳化沥青透层油	石灰粉煤灰稳定碎石 15cm 石灰粉煤灰稳定碎石 15cm 石灰土(12%)15cm
加宽/m					0	0.6
矩形段	K0 + 24 ~ K0 + 523.24	499.24	18	m^2	长度×宽度 a + 长度×加宽值 = 8986.32	长度×宽度 a + 长度×加宽值 = 9285.86
	K0 + 571.24 ~ K0 + 906.26	335.02	18	m^2	长度×宽度 a + 长度×加宽值 = 6030.36	长度×宽度 a + 长度×加宽值 = 6231.37
	矩形车道小计：			m^2	8986.32 + 6030.36 = 15016.68	9285.86 + 6231.37 = 15517.24

（续）

里程		长度/m	宽度 a/m	单位	机动车路面面积	
					细粒式沥青混凝土 AC-13C 3cm 中粒式沥青混凝土 AC-16C 4cm 乳化沥青透层油	石灰粉煤灰稳定碎石 15cm 石灰粉煤灰稳定碎石 15cm 石灰土(12%)15cm
加宽/m					0	0.6
路口段	K0+0～K0+24			m²	$[15\times15-(1/4)\times3.14\times15^2]\times2+15\times18=366.75$	$[15\times15-(1/4)\times3.14\times15^2]\times2+(1/4)\times[3.14\times15^2-3.14\times(15-0.3)^2]\times2+15\times18=380.74$
	K0+523.24～K0+538.24			m²	$[15\times15-(1/4)\times3.14\times15^2]\times2+15\times18=366.75$	$[15\times15-(1/4)\times3.14\times15^2]\times2+(1/4)\times[3.14\times15^2-3.14\times(15-0.3)^2]\times2+15\times18=380.74$
	K0+556.24～K0+571.24			m²	$[15\times15-(1/4)\times3.14\times15^2]\times2+15\times18=366.75$	$[15\times15-(1/4)\times3.14\times15^2]\times2+(1/4)\times[3.14\times15^2-3.14\times(15-0.3)^2]\times2+15\times18=380.74$
	K0+906.26～K0+921.26			m²	$[15\times15-(1/4)\times3.14\times15^2]\times2+15\times18=366.75$	$[15\times15-(1/4)\times3.14\times15^2]\times2+(1/4)\times[3.14\times15^2-3.14\times(15-0.3)^2]\times2+15\times18=380.74$
	路口小计：				366.75+366.75+366.75+366.75=1467	380.74+380.74+380.74+380.74=1522.95
	机动车路面面积总量：				15016.68+1467=16483.68	15517.24+1522.95=17040.19

软件汇总计算后，机动车路面面积总量见表 9-2。

表 9-2　道路工程数量汇总表

工程名称：工程 1　　　　标段/区域范围：　　　　编制日期：××××-××-××

序号	项目名称	计量单位	工程数量	备注
一、	路基			
二、	路面			
1	机动车道			
1-1	3cm 细粒式沥青混凝土 AC-13C	m²	16483.30	
		m³	494.50	
1-2	4cm 中粒式沥青混凝土 AC-16C	m²	16483.30	
		m³	659.33	
1-3	0.01cm 乳化沥青透层油	m²	16483.30	
		m³	1.65	
1-4	15cm 石灰粉煤灰稳定碎石-1	m²	17039.83	
		m³	2544.86	
1-5	15cm 石灰粉煤灰稳定碎石	m²	17039.83	
		m³	2555.97	
1-6	15cm 石灰土（12%）	m²	17039.83	
		m³	2555.97	

结论：

3cm 细粒式沥青混凝土 AC-13C、4cm 中粒式沥青混凝土 AC-16C、0.01cm 乳化沥青透层油手算结果为 16483.68，软件算结果为 16483.3，量差可忽略不计；15cm 石灰粉煤灰稳定碎石-1、15cm 石灰粉煤灰稳定碎石、15cm 石灰土（12%）手算结果为 17040.19，软件算结果为 17039.83，量差可忽略不计。

（2）人行道路面面积对比　手算人行道路面面积见表 9-3。

表 9-3　手算人行道路面面积

<table>
<tr><th colspan="2" rowspan="2">里程</th><th rowspan="2">长度/m</th><th rowspan="2">单位</th><th colspan="2">人行道面积</th></tr>
<tr><th>宽度 b/m</th><th>混凝土人行道砖 6cm × 10cm × 20cm
1:3 水泥砂浆垫层 3cm
C15 细石混凝土 8cm</th></tr>
<tr><td colspan="4">加宽</td><td>宽度/m</td><td>0</td></tr>
<tr><td rowspan="3">矩形段</td><td>K0 + 24 ~ K0 + 523.24</td><td>499.24</td><td>m^2</td><td>6.00</td><td>长度 × 宽度 b + 长度 × 加宽值 = 2995.44</td></tr>
<tr><td>K0 + 571.24 ~ K0 + 906.26</td><td>335.02</td><td>m^2</td><td>6.00</td><td>长度 × 宽度 b + 长度 × 加宽值 = 2010.12</td></tr>
<tr><td colspan="2">矩形车道小计：</td><td>m^2</td><td></td><td>2995.44 + 2995.44 = 5005.56</td></tr>
<tr><td rowspan="6">路口段</td><td>K0 + 0 ~ K0 + 24</td><td></td><td>m^2</td><td></td><td>$[1/4 \times 3.14 \times 15^2 - 12 \times 2 - (2 + 12) \times 10/2] \times 2 = 165.25$</td></tr>
<tr><td>K0 + 523.24 ~ K0 + 538.24</td><td></td><td>m^2</td><td></td><td>$[1/4 \times 3.14 \times 15^2 - 12 \times 2 - (2 + 12) \times 10/2] \times 2 = 165.25$</td></tr>
<tr><td>K0 + 556.24 ~ K0 + 571.24</td><td></td><td>m^2</td><td></td><td>$[1/4 \times 3.14 \times 15^2 - 12 \times 2 - (2 + 12) \times 10/2] \times 2 = 165.25$</td></tr>
<tr><td>K0 + 906.26 ~ K0 + 921.26</td><td></td><td>m^2</td><td></td><td>$[1/4 \times 3.14 \times 15^2 - 12 \times 2 - (2 + 12) \times 10/2] \times 2 = 165.25$</td></tr>
<tr><td>路口小计：</td><td></td><td></td><td></td><td>165.25 + 165.25 + 165.25 + 165.25 = 661</td></tr>
<tr><td>车道总结：</td><td></td><td></td><td></td><td>5005.56 + 661 = 5666.56</td></tr>
</table>

软件汇总计算后，人行道路面面积总量见表 9-4。

表 9-4　人行道、盲道工程数量汇总表

<table>
<tr><td>2</td><td>人行道</td><td></td><td></td></tr>
<tr><td rowspan="2">2-1</td><td rowspan="2">6cm 混凝土人行道砖 6cm × 10cm × 20cm</td><td>m^2</td><td>4924.41</td></tr>
<tr><td>m^3</td><td>295.47</td></tr>
<tr><td rowspan="2">2-2</td><td rowspan="2">3cm 1:3 水泥砂浆垫层</td><td>m^2</td><td>4924.41</td></tr>
<tr><td>m^3</td><td>147.73</td></tr>
<tr><td rowspan="2">2-3</td><td rowspan="2">8cm C15 细石混凝土</td><td>m^2</td><td>4924.41</td></tr>
<tr><td>m^3</td><td>393.96</td></tr>
<tr><td rowspan="2">2-4</td><td rowspan="2">15cm 12% 石灰土</td><td>m^2</td><td>5286.88</td></tr>
<tr><td>m^3</td><td>765.31</td></tr>
<tr><td>3</td><td>盲道</td><td></td><td></td></tr>
<tr><td rowspan="2">3-1</td><td rowspan="2">6cm 混凝土人行道砖 6cm × 10cm × 20cm-1</td><td>m^2</td><td>742.38</td></tr>
<tr><td>m^3</td><td>44.55</td></tr>
<tr><td rowspan="2">3-2</td><td rowspan="2">3cm 1:3 水泥砂浆垫层-1</td><td>m^2</td><td>742.38</td></tr>
<tr><td>m^3</td><td>22.27</td></tr>
</table>

（续）

3-3	8cm C15 细石混凝土-1	m^2	742.38
		m^3	59.39
3-4	15cm 12%石灰土-1	m^2	742.38
		m^3	111.31

注：软件可以计算扣除侧石和不扣除侧石的路面工程量，表中人行道没有扣除侧石的工程量。

结论：

6cm 混凝土人行道砖 6cm×10cm×20cm、3cm 1∶3 水泥砂浆垫层、8cm C15 细石混凝土手算结果为 5666.56，软件算结果为 4924.41＋742.39＝5666.8，量差可忽略不计；15cm 12%石灰土手算结果为 6030.34，软件算结果为 5286.88＋742.38＝6029.26，量差可忽略不计。

4. 常见问题解答

1）内部点识别路面时，如果捕捉的区域不封闭，该如何处理?

如图 9-60 所示，路口位置没有封闭，如果想要布置这部分路面，需要先将这块路面进行封闭，然后再进行布置。

对路口位置进行封闭用到的功能是“补画 CAD 线”，将路口位置补画以后就可以直接用内部点识别了，如图 9-61 所示。

最后，进行内部点识别。单击绘图区域对应位置就可以将路面识别出来了，如图 9-62 所示。

2）如果拿不到 CAD 图纸，软件如何处理?

第一种方式：导入图片（支持格式“＊.BMP”“＊.JPG”）。

第一步，在菜单栏单击“CAD 识别”→“图片管理”→“导入图片”按钮，如图 9-63 所示。

第二步，设置比例，在图片管理里面选择“设置比例”，然后在图片上用鼠标左键选择两点距离，弹出“输入实际尺寸”对话框后输入修改后的参数，如图 9-64 所示。

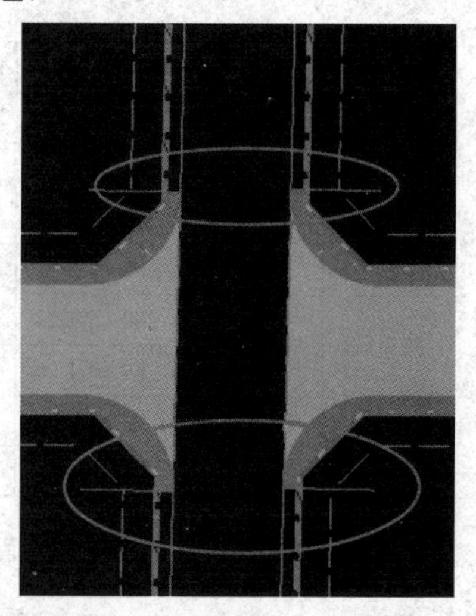

图 9-60 “路口封闭”示意图

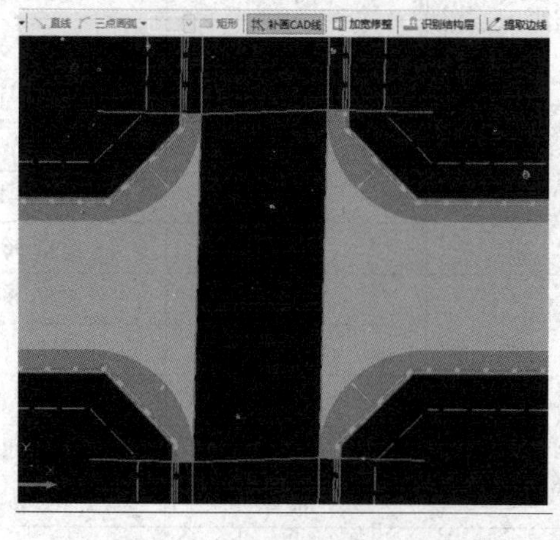

图 9-61 “补画 CAD 线”按钮

图 9-62 “内部点识别”示意图

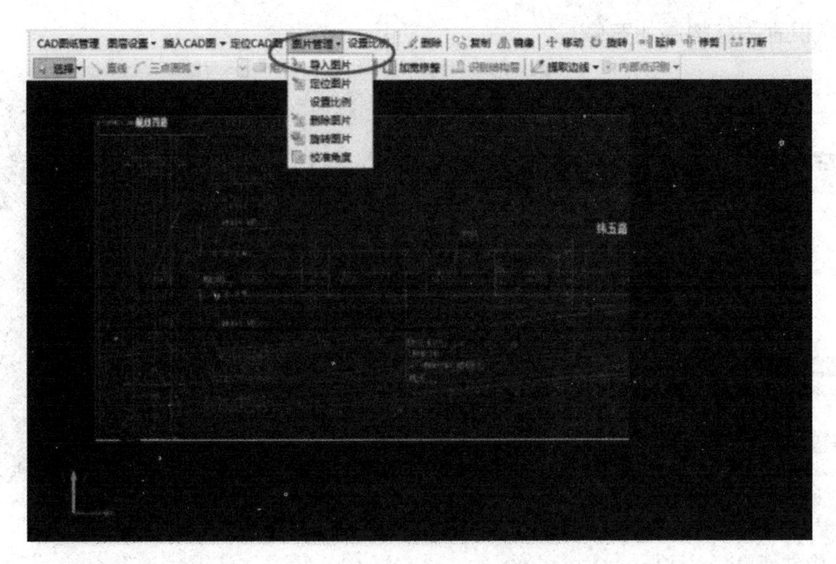

图 9-63　“导入图片”按钮

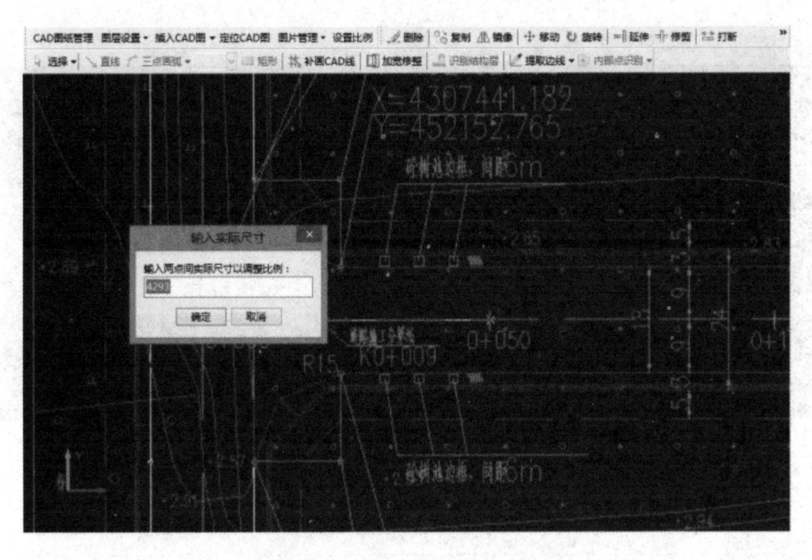

图 9-64　“输入实际尺寸”对话框

第三步，新建路面。在构件列表下，依次新建“机动车道”和“人行道”；然后在“属性编辑器”中单击“结构层”，如图 9-65 所示。

第四步，通过手动输入方式，依次设置机动车道和人行道的“结构层名称”“结构层厚度”以及结构层加宽和坡度，最后单击“确定”按钮，如图 9-66 所示。

第五步，通过“直线”“三点画弧”“矩形”等描图方式沿着路面边线画出路面的轮廓。最后汇总计算，工程量就计算完毕了，如图 9-67 所示。

人行道同机动车道，按照同样方式布置即可。

第二种方式：导入 PDF。

导入 PDF 操作流程大致和导入图片相似。可参考导入图片的做法。

操作流程：单击图纸管理窗体下的“导入布局或 PDF”按钮，选择 PDF 图纸导入进去→设置比例→在构件列表下新建“路面”→设置结构层厚度和加宽→使用“提取边线”功能提取道路的边线→内部点识别→结构层加宽修正。

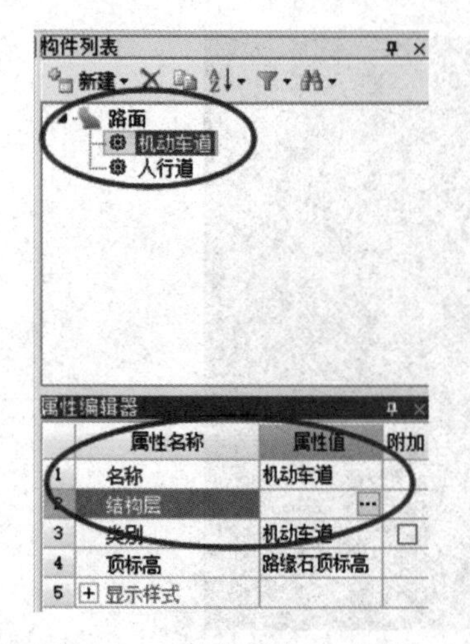

图 9-65 “构件列表”对话框

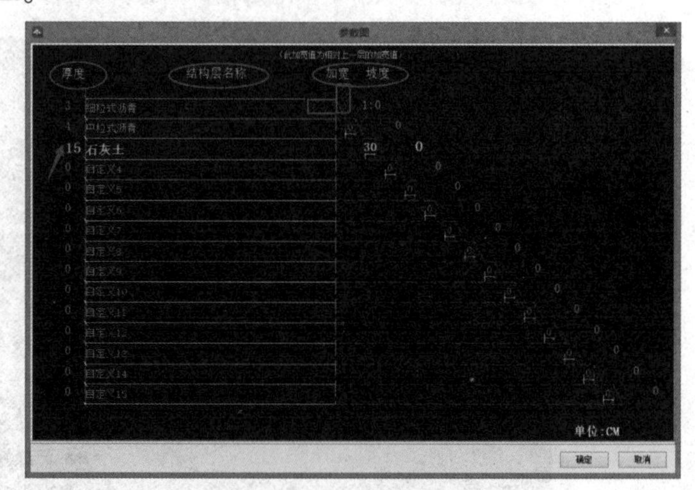

图 9-66 “参数图”示意图

图 9-67 “直线”“三点画弧”“矩形”按钮

二、路缘石

1. 路缘石业务介绍

1）路缘石（图 9-68）是指路面边缘的界石，简称缘石，俗称路牙子，在日常生活中随处可见。路缘石有很多的样式、规格，预制缘石应用较为广泛。清单、定额中规定路缘石的工程量以延长米统计，需要考虑路缘石在结构层中的占位扣减问题。

2）分析路缘石信息。路面结构设计图中包含各车道结构层、路缘石的详细设计，通过提取路面结构层材料、加宽和路缘石尺寸、结构数据及两者间的相对位置关系，可以计算出不同路面材料的面积、体积和路缘石长度、垫层体积、基础体积及缘石在路面中需要的扣减，如图 9-69、图 9-70 所示。

首先分析一下车行道与人行道之间的路缘石信息（包括材质、规格、占位），然后可以看出这个路缘石是 T 型预制混凝土立缘石，规格是：宽 × 高 × 长为 12cm × 30cm × 99.5cm，路缘石在结构层的第一层到第四层（部分）有扣减，同时第四层开始结构层有加宽，加宽值为 30cm。

图 9-68　路缘石

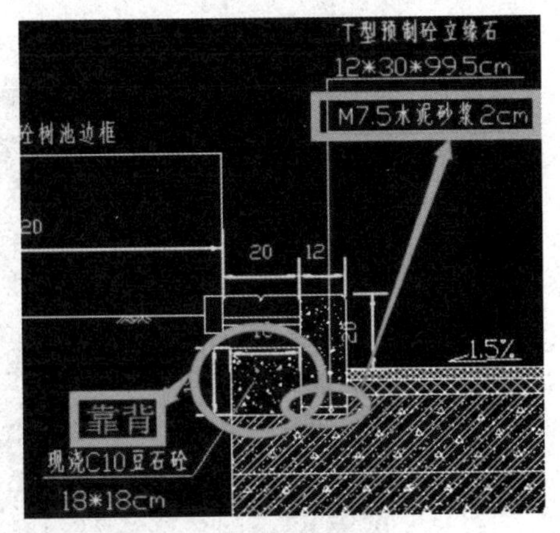

图 9-69　结构层信息（一）

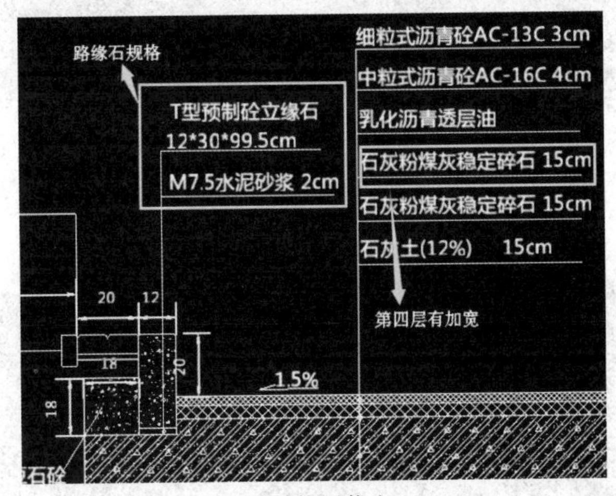

图 9-70　结构层信息（二）

2. 路缘石软件处理

（1）路缘石形式选择

1）首先要找到路缘石构件类型，然后在路缘石构件中新建一个路缘石，如图 9-71 所示。

2）软件中一共有 4 种形式的路缘石，根据图纸中的路缘石形式进行选择（本次图纸中的路缘石是没有平石的，可以选择第二种形式的路缘石），如图 9-72 所示。然后对比图纸进行参数的输入。

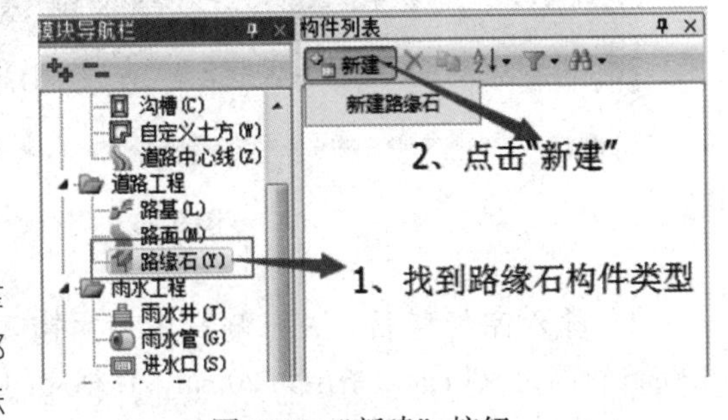

图 9-71　“新建”按钮

（2）路缘石参数输入

1）首先从靠背开始输入。图纸中路缘石的靠背规格是边长为 180mm 的正方形，所以每个边都输入 180 即可。在输入的过程中需要注意图纸中标注的单位（是 cm 还是 mm）。

2）图纸中侧石垫层的下面没有靠背，所以在参数图中要把侧石垫层下面的数值改为 0，如图 9-73 所示。

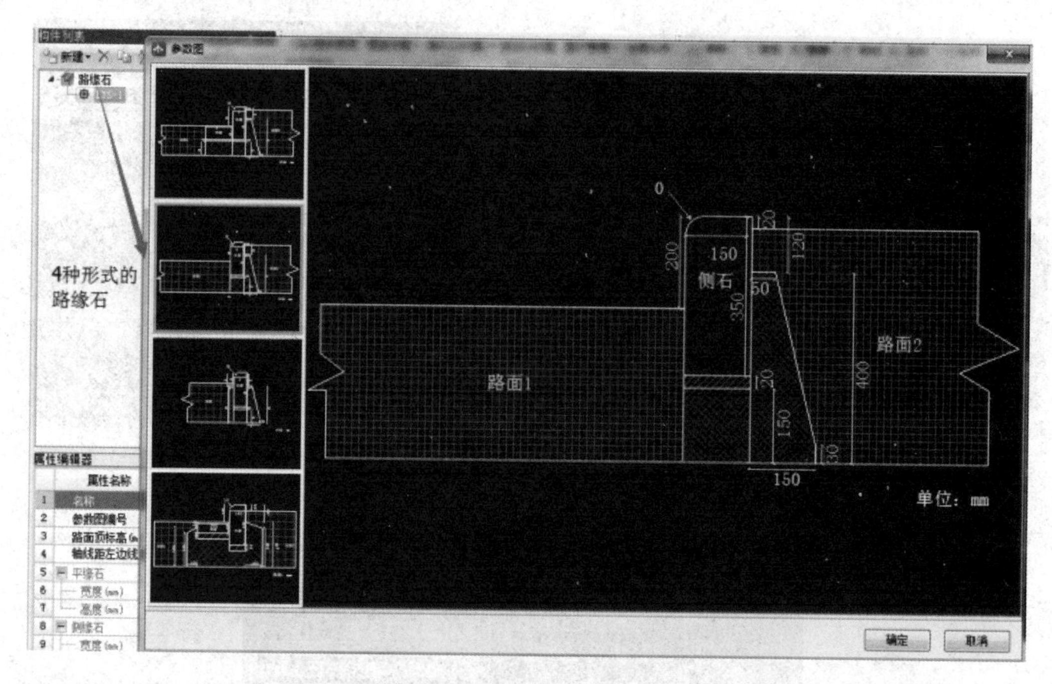

图 9-72　路缘石形式的选择

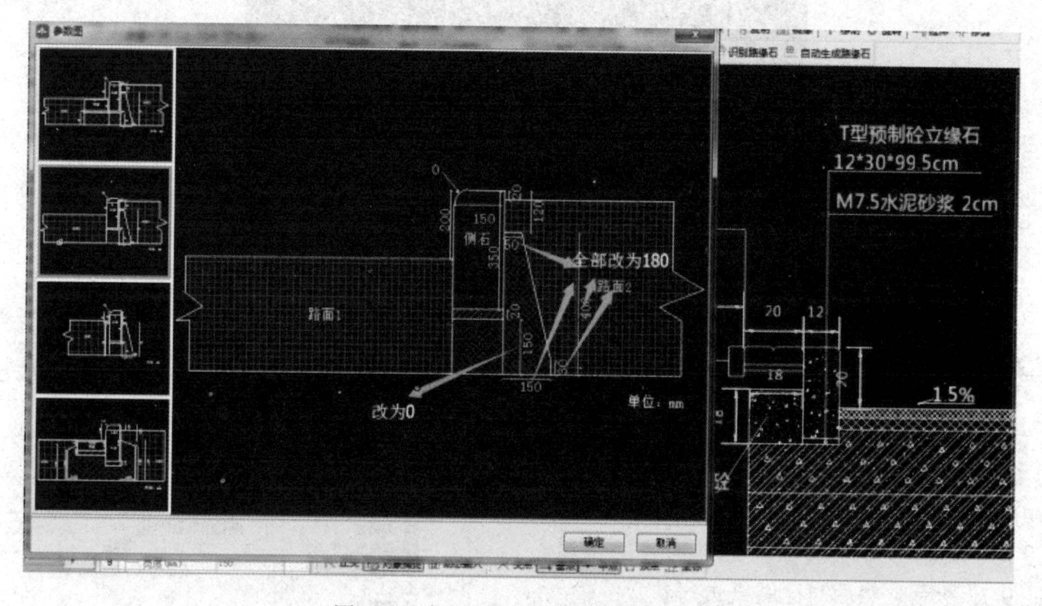

图 9-73　侧石垫层下面的数值改为 0

3）输入完靠背后，进行侧石规格的输入。根据图纸中侧石的规格信息可以得知，宽为 120mm，高为 300mm，垫层为 20mm，在相应的位置输入数据，如图 9-74 所示。

4）路缘石顶和人行道路路面的高差为 0，路缘石顶和靠背顶的高差为 140（路缘石高 300 + 垫层 20 − 靠背 180 = 140）。最后单击“确定”按钮，完成输入，如图 9-75 所示。

5）同理，按照上述方式可以定义好人行道边缘上的路缘石，如图 9-76 所示。

（3）切换图纸　如图 9-77 所示。

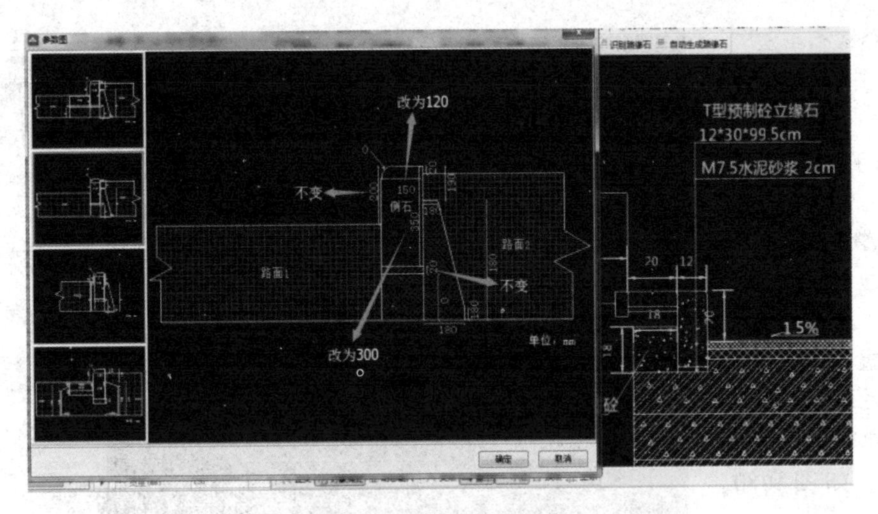

图 9-74　侧石规格的输入

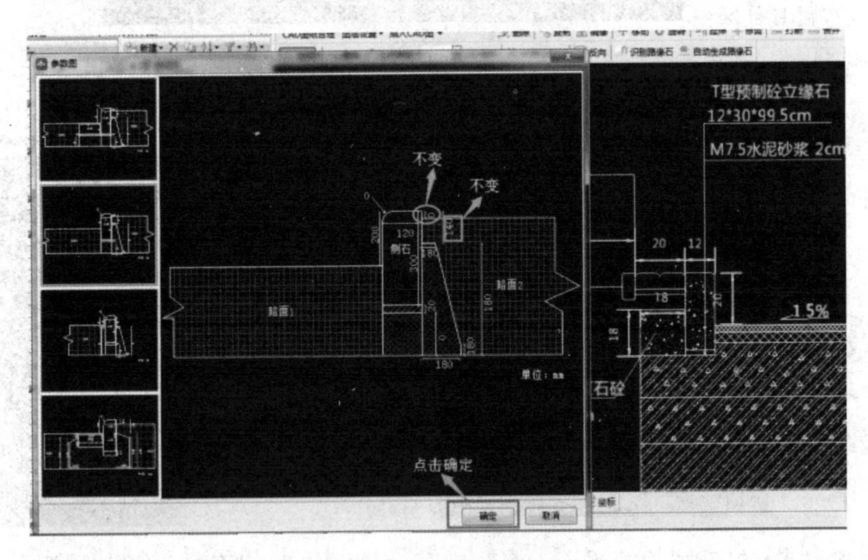

图 9-75　“确定”按钮

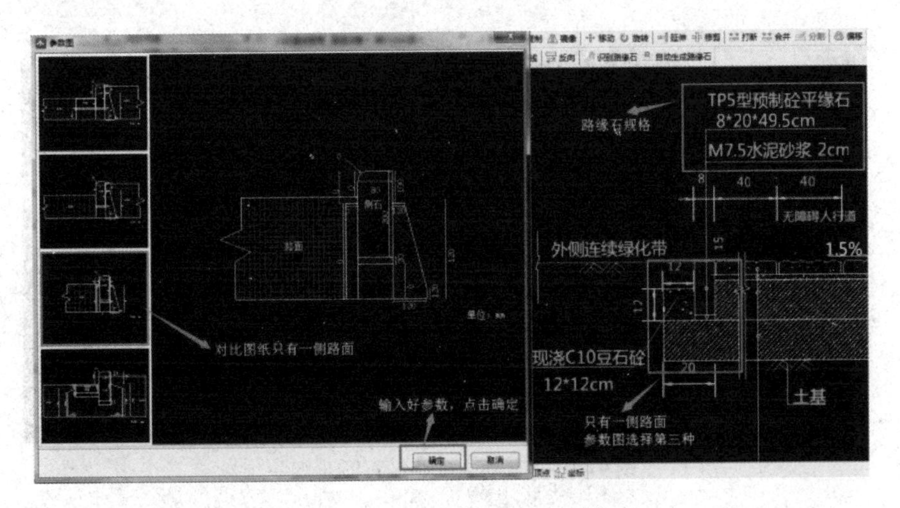

图 9-76　定义人行道边缘上的路缘石

（4）路缘石画法

1）属性编辑。定义好参数后可以修改路缘石属性中的名称，如图9-78、图9-79所示。

2）布置路缘石。单击“自动生成路缘石”按钮，然后选择路缘石的起始位置，单击鼠标左键，然后单击终止位置，最后单击鼠标右键确定即可，如图9-80、图9-81所示。

3）同理布置其他区域的路缘石即可。

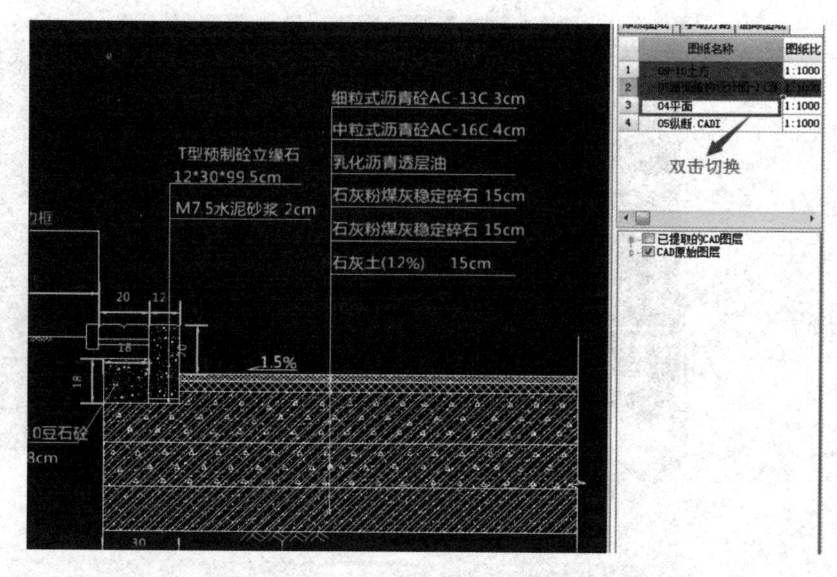

图9-77 “切换图纸”示意图

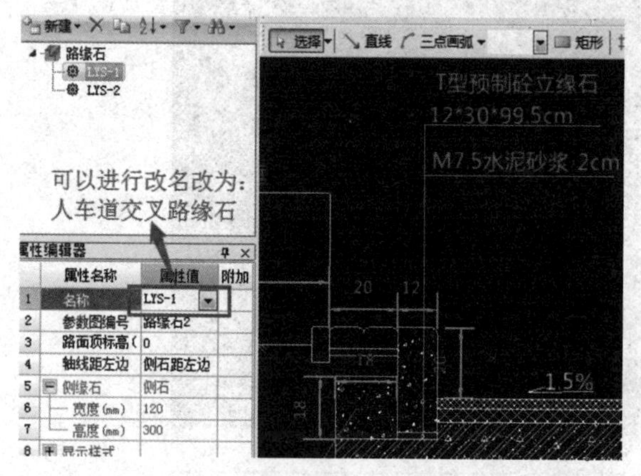

图9-78 “名称的修改”示意图（一）

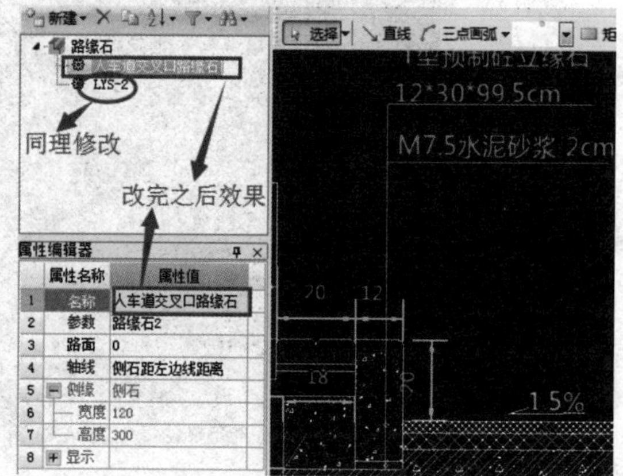

图9-79 “名称的修改”示意图（二）

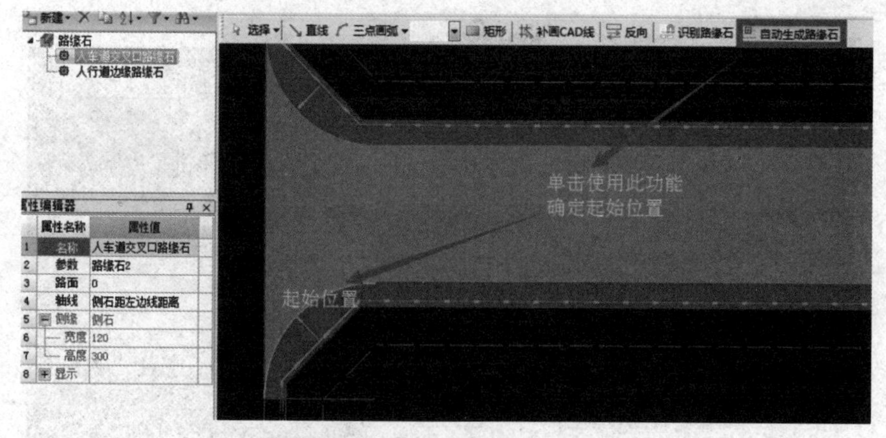

图9-80 “自动生成路缘石”步骤一

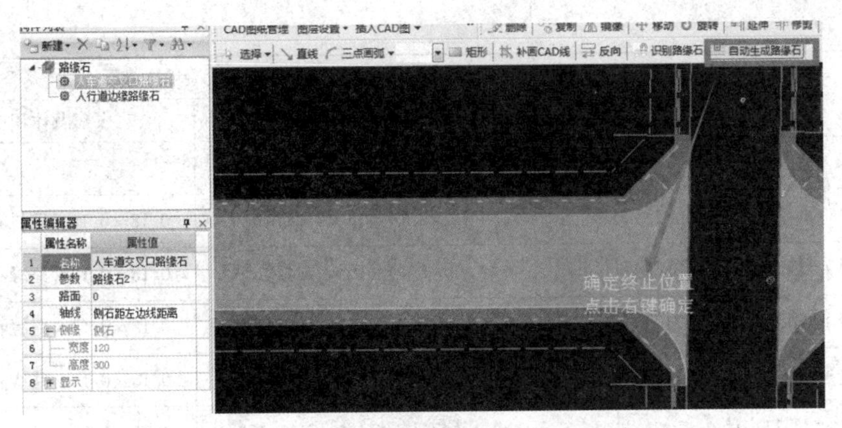

图 9-81　“自动生成路缘石”步骤二

（5）动态观察三维效果　画好了路缘石，可以采用“动态观察”来查看三维立体效果图，如图 9-82 所示。

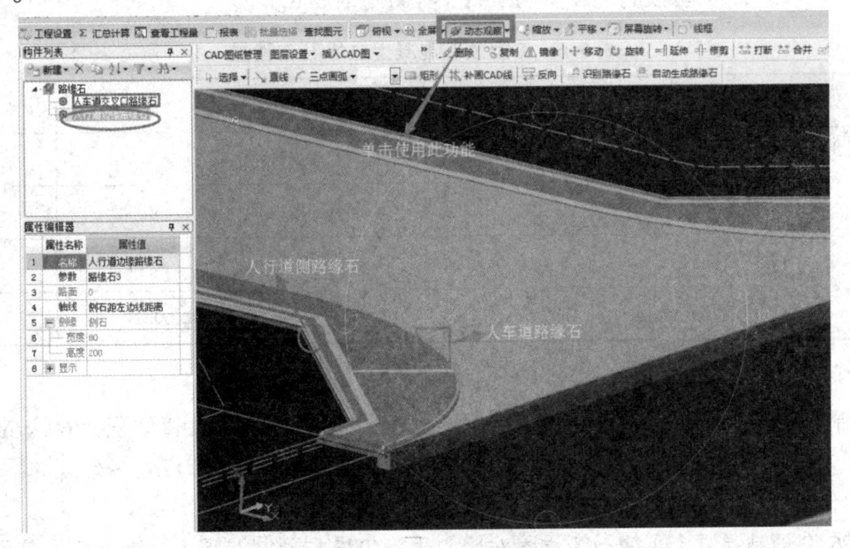

图 9-82　“动态观察”按钮

3. 路缘石软件与手工对比

（1）T 型预制混凝土立缘石工程量对比　手算 T 型预制混凝土立缘石工程量见表 9-5。

表 9-5　手算 T 型预制混凝土立缘石工程量

里程		长度/m	T 型预制混凝土立缘石	
			路缘石长度/m	靠背体积/m³
加宽				
矩形段	K0 +24 ~ K0 +523. 24	499. 24	长度 ×2 =998. 48	0. 18 ×0. 18 ×路缘石长度 ×2 = 32. 35
	K0 +571. 24 ~ K0 +906. 26	335. 02	长度 ×2 =670. 04	0. 18 ×0. 18 ×路缘石长度 ×2 = 21. 71
	矩形车道小计：		998. 48 +670. 04 =1668. 52	32. 35 +21. 71 =54. 06

（续）

里程		长度/m	T型预制混凝土立缘石	
			路缘石长度/m	靠背体积/m^3
加宽				
路口段	K0+0~K0+24		1/4×2×3.14×15×2=47.1	0.18×0.18×路缘石长度=1.53
	K0+523.24~K0+538.24		1/4×2×3.14×15×2=47.1	0.18×0.18×路缘石长度=1.53
	K0+556.24~K0+571.24		1/4×2×3.14×15×2=47.1	0.18×0.18×路缘石长度=1.53
	K0+906.26~K0+921.26		1/4×2×3.14×15×2=47.1	0.18×0.18×路缘石长度=1.53
	路口小计：		47.1+47.1+47.1+47.1=188.4	1.53+1.53+1.53+1.53=6.1
	车道总结：		1668.52+188.4=1856.92	54.06+6.1=60.16

软件汇总计算后，T型预制混凝土立缘石工程量见表9-6。

表9-6　T型预制混凝土立缘石工程量

三、	路缘石			
1	T型预制混凝土立缘石			
1-1	侧石	m	1856.98	
1-2	砂浆	m^3	4.46	
1-3	基础及靠背	m^3	60.17	

结论：

T型预制混凝土立缘石，手算结果：路缘石长度为1856.92m，靠背体积为60.16m^3，砂浆体积为4.46m^3；软件算结果：路缘石长度为1856.98m，靠背体积为60.17m^3，砂浆体积为4.46m^3，量差可忽略不计。

（2）TP6型预制混凝土平缘石工程量对比　手算TP6型预制混凝土平缘石工程量见表9-7。

表9-7　手算TP6型预制混凝土平缘石工程量

工程量计算书					
里程		长度/m	TP6型预制混凝土平缘石		
			路缘石长度/m	靠背体积/m^3	砂浆体积/m^3
加宽					
矩形段	K0+24~K0+523.24	499.24	长度×2=998.48	0.12×0.12×路缘石长度×2=14.38	0.08×0.02×路缘石长度×2=1.6
	K0+571.24~K0+906.26	335.02	长度×2=670.04	0.12×0.12×路缘石长度×2=9.65	0.08×0.02×路缘石长度×2=1.07
	矩形车道小计：		998.48+670.04=1668.52	14.38+9.65=24.03	1.6+1.07=2.67

（续）

工程量计算书					
里程		长度/m	TP6 型预制混凝土平缘石		
			路缘石长度/m	靠背体积/m^3	砂浆体积/m^3
加宽					
路口段	K0 +0 ~ K0 + 24		（2 + 14.14 + 2）× 2 = 36.28	0.12 ×0.12 × 路缘石长度 = 0.52	0.08 × 0.02 × 路缘石长度 = 0.06
	K0 +523.24 ~ K0 +538.24		（2 + 14.14 + 2）× 2 = 36.28	0.12 ×0.12 × 路缘石长度 = 0.52	0.08 × 0.02 × 路缘石长度 = 0.06
	K0 +556.24 ~ K0 +571.24		（2 + 14.14 + 2）× 2 = 36.28	0.12 ×0.12 × 路缘石长度 = 0.52	0.08 × 0.02 × 路缘石长度 = 0.06
	K0 +906.26 ~ K0 +921.26		（2 + 14.14 + 2）× 2 = 36.28	0.12 ×0.12 × 路缘石长度 = 0.52	0.08 × 0.02 × 路缘石长度 = 0.06
	路口小计：		36.28 + 36.28 + 36.28 + 36.28 = 145.12	0.52 + 0.52 + 0.52 + 0.52 = 2.09	0.06 + 0.06 + 0.06 + 0.06 = 0.23
	车道总结：		1668.52 +145.12 =1813.64	24.03 +2.09 =26.12	2.67 +0.23 =2.9

软件汇总计算后，TP6 型预制混凝土平缘石工程量见表 9-8。

表 9-8　TP6 型预制混凝土平缘石工程量

2	TP5 型预制混凝土平缘石			
2-1	侧石	m	1813.66	
2-2	砂浆	m^3	2.90	
2-3	基础及靠背	m^3	26.12	

结论：

TP6 型预制混凝土平缘石，手算结果：路缘石长度为 1813.64m，靠背体积为 26.12m^3，砂浆体积为 2.9m^3；软件算结果：路缘石长度为 1813.66m，靠背体积为 26.12m^3，砂浆体积为 2.9m^3，量差可忽略不计。

4. 常见问题处理

1）分隔带的路缘石如何快速处理？

长按 <Ctrl + 鼠标左键>，运用自动识别功能可以完成一圈隔离带的布置，如图 9-83 所示。

图 9-83　自动识别功能

2）路缘石的方向画错了，怎么处理？

运用反向功能键，调整路缘石方向，如图 9-84 所示。

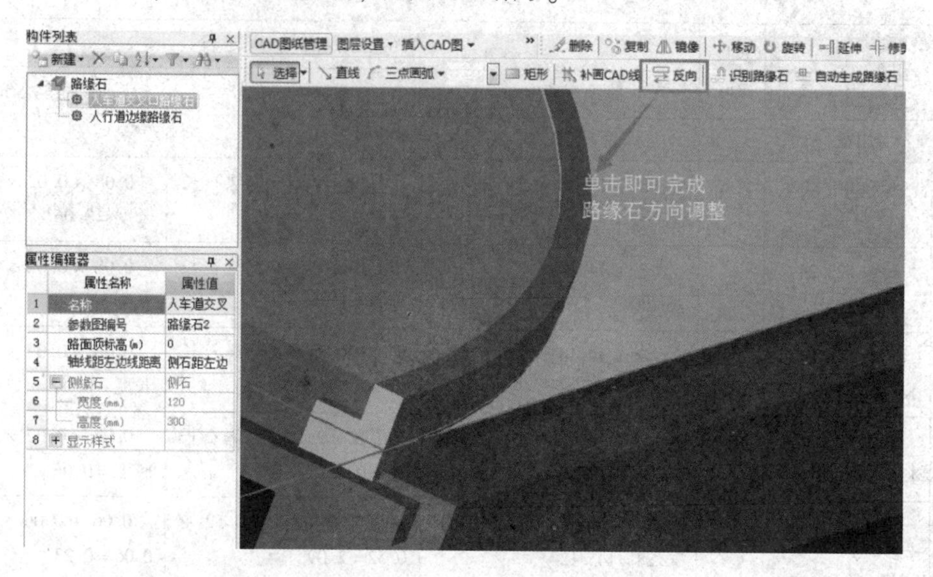

图 9-84　反向功能

第三节　排水工程造价软件应用

一、井管

1. 井管业务详解

排水管网是指市政道路下的雨水、污水管道，即俗称的“下水管道”，在工程上通常称为市政排水管道。而排水管道由于考虑雨、污分流的措施，即雨水一般就近排入河流，污水排入污水处理厂，所以市政排水管包括雨水和污水两种管道。

排水主要计算工程量包括附属构筑物（雨水井、污水井计算，进、出水口计算）、管道铺设（不同管径的混凝土、PVC 等管道长度计算，管道基础计算）、土方（沟槽，基坑挖、填、运土方计算）。

计算排水工程量一般需要用到平面图（图 9-85）和纵断图（图 9-86）两部分。

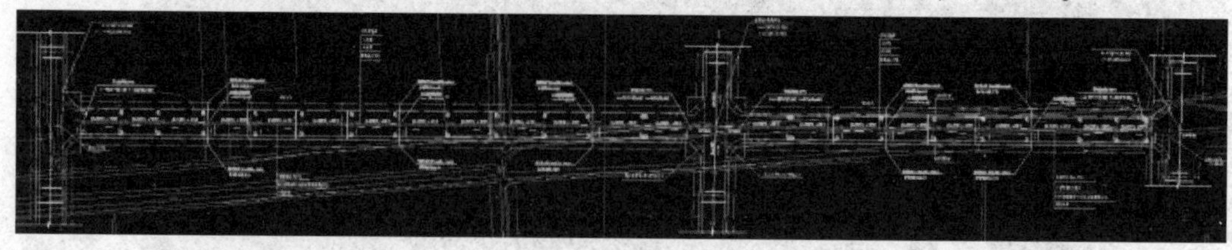

图 9-85　平面图

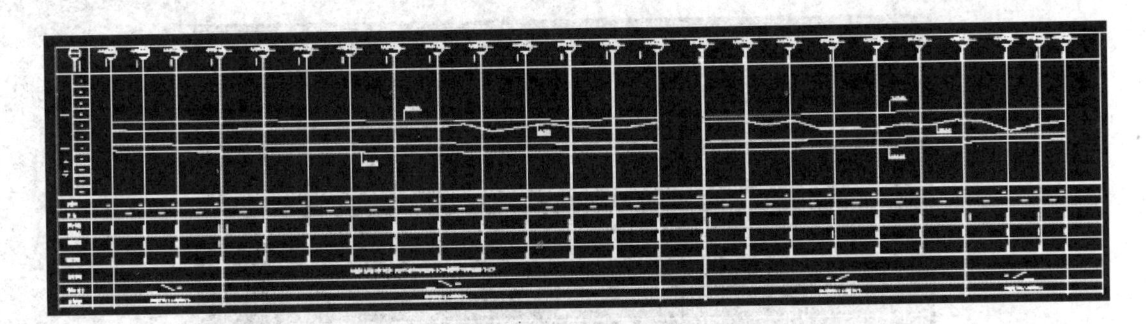

图 9-86　纵断图

雨水平面图主要包括井管的位置、井编号、管径、管长、坡度等，如图 9-87 所示。

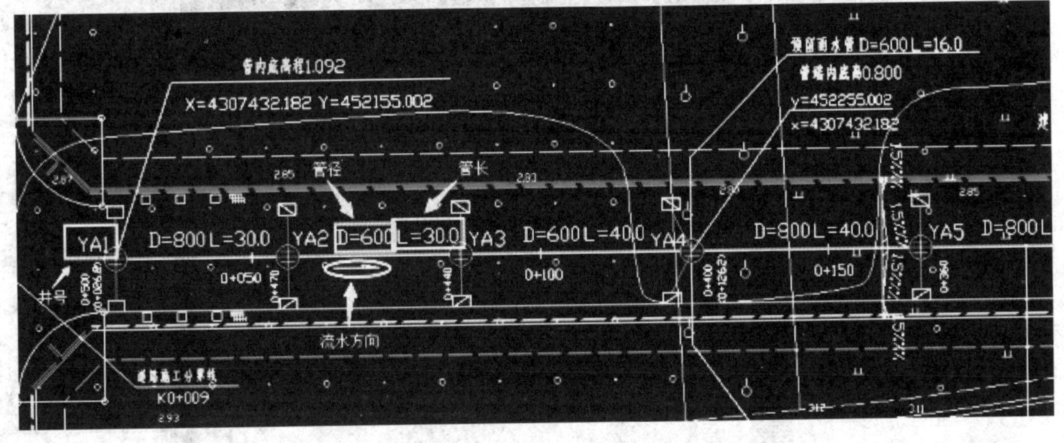

图 9-87　雨水平面图

雨水纵断面图主要包括井型、桩号、井编号、管长、管底标高、设计标高、原地面标高、沟管结构、管径（坡度）和水力元素。通过纵断面图可以计算出井深及填挖方高度，如图 9-88、图 9-89所示。

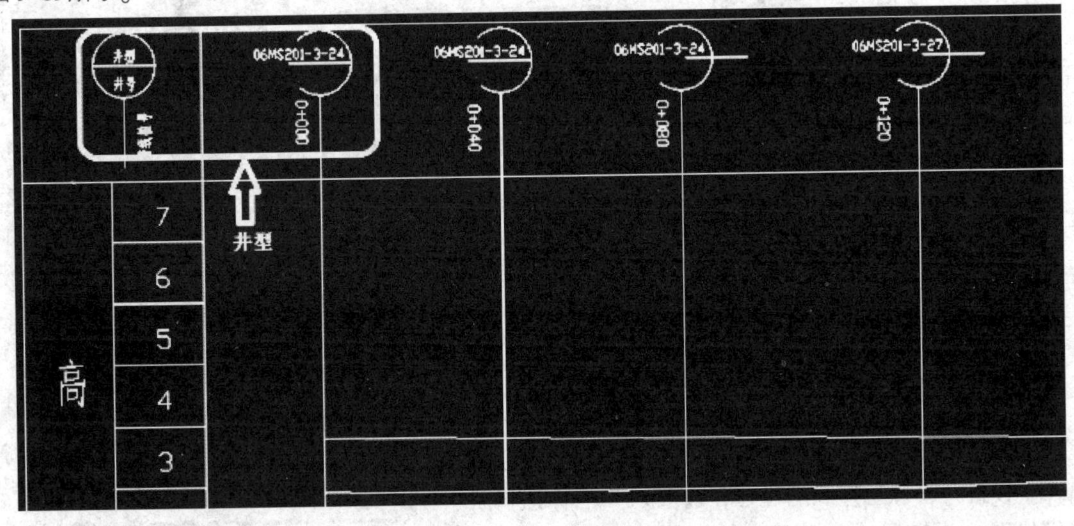

图 9-88　雨水纵断面图一

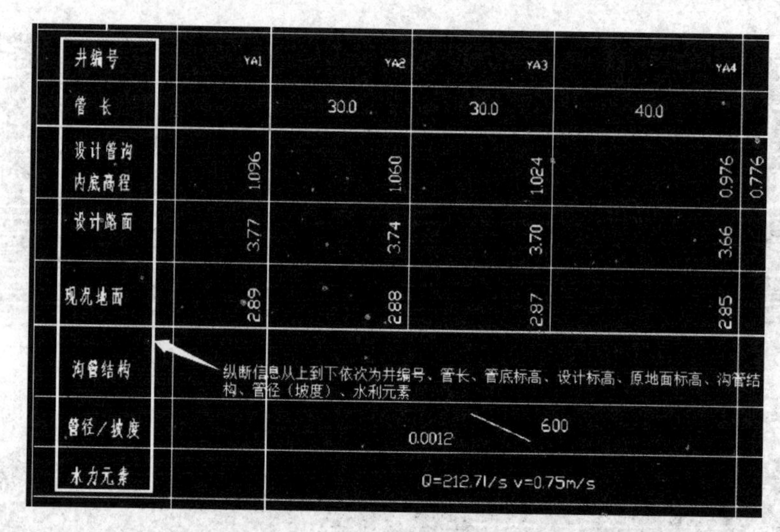

图 9-89　雨水纵断面图二

2. 井管软件处理

（1）导入 CAD 图纸

1）添加图纸。首先打开工具栏“CAD 图纸管理”，然后单击“添加图纸”按钮，选择需要导入的图纸文件，比如本工程需要导入“某雨水平面图”和“某雨水纵断图”，选择这两张图纸，点击“打开”，如图 9-90 所示。

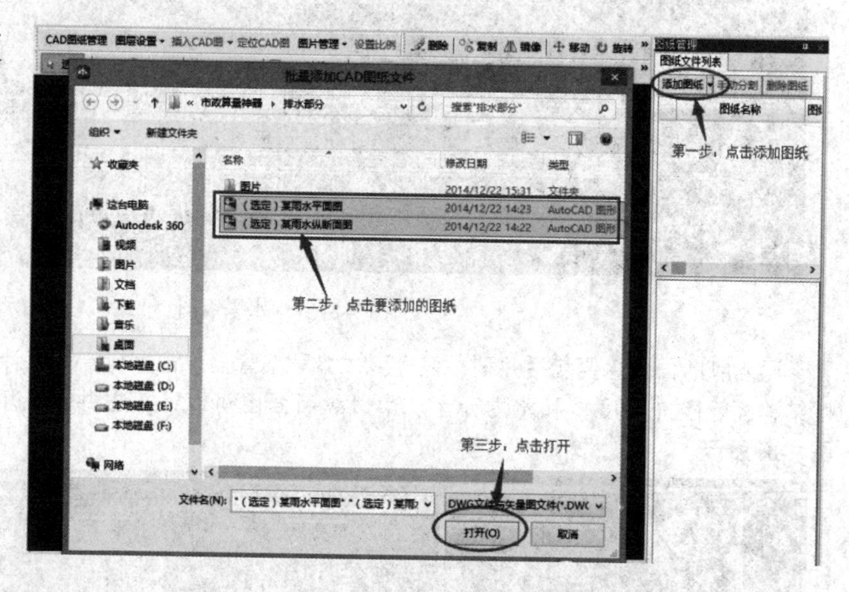

图 9-90　“打开”按钮

2）设置比例。点击“打开”以后，会弹出一个窗体，需要对图纸的比例进行设置。本图纸的比例为默认比例 1∶1000，不需要修改，单击“确定“即可，如图 9-91 所示。

（2）平面图信息提取

1）切换到雨水平面图。双击“某雨水平面图”，切换到雨水平面图，然后对雨水平面图纸信息进行识别，如图 9-92 所示。

2）选择井管样式。首先，切换到模块导航栏雨水工程下的“雨水井”。单击工具栏“井管样式”，会弹出一个设置井管标注样式的窗体，需要对井的标注样式进行修改，此工程中的井标注形式为默认的第一种，如图 9-93 所示。

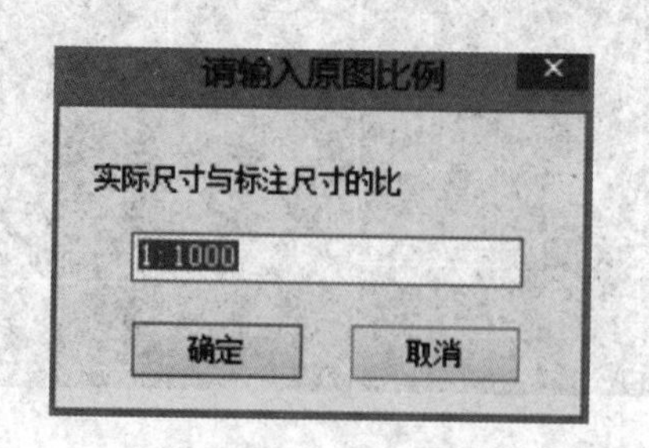

图 9-91　“请输入原图比例”对话框

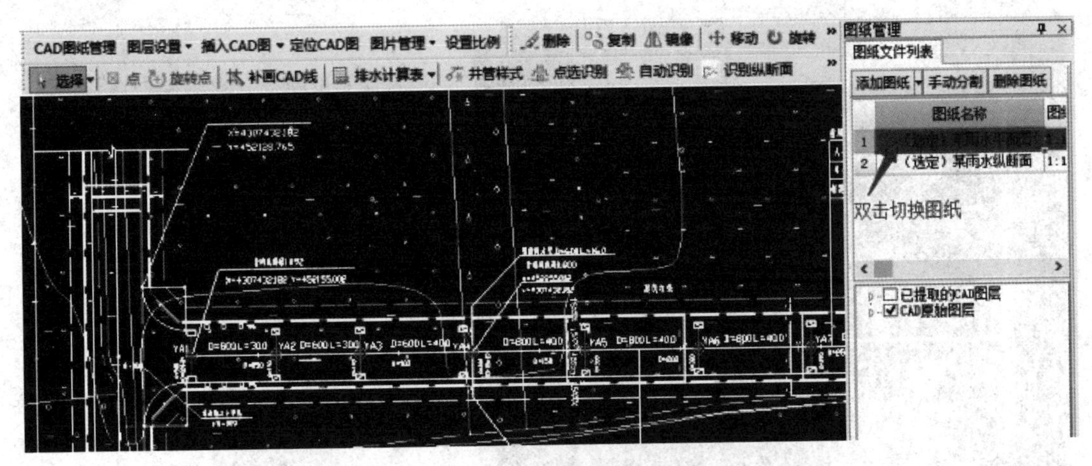

图 9-92　双击切换图纸

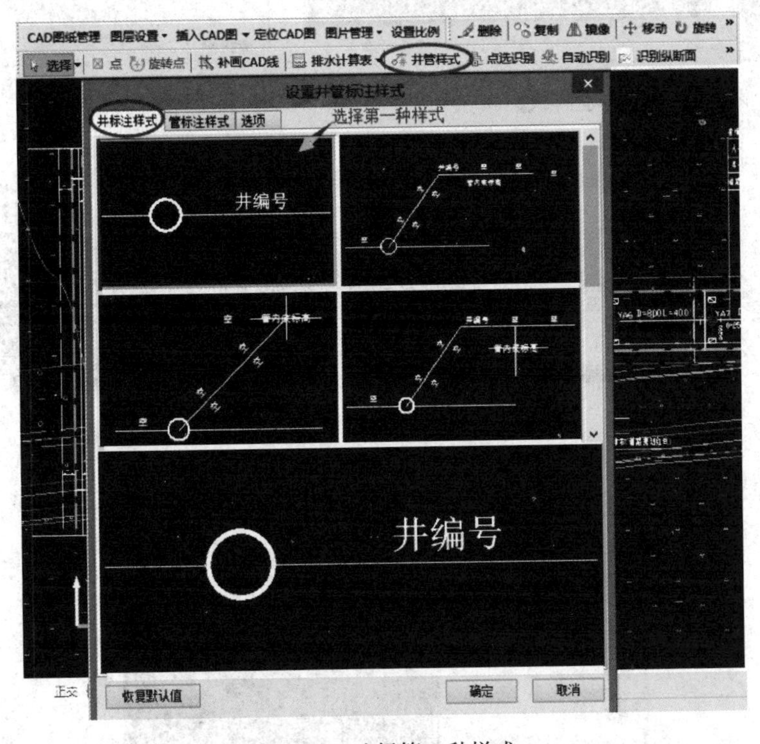

图 9-93　选择第一种样式

单击“管标注样式”，对管的标注形式进行设置，本工程的管标注样式也为默认的第一种形式，其他工程如有与平面图纸标注不同可自行根据实际图纸选择，如图 9-94 所示。

最后，切换到选项进行井管的识别误差设置。单击“选项”，如果勾选第一个“全部识别”会一次性把相同图层下所有的井管都识别；如果勾选第二个“识别断开管”可在一定间距范围内将断开的管自动识别成一根管；同时可以设置一些查找的误差值。可根据工程实际需要选择相关的计算设置，本工程按照默认形式（全部识别不勾选，识别断开的管勾选，其他误差值默认）即可。最后单击“确定”，如图 9-95 所示。

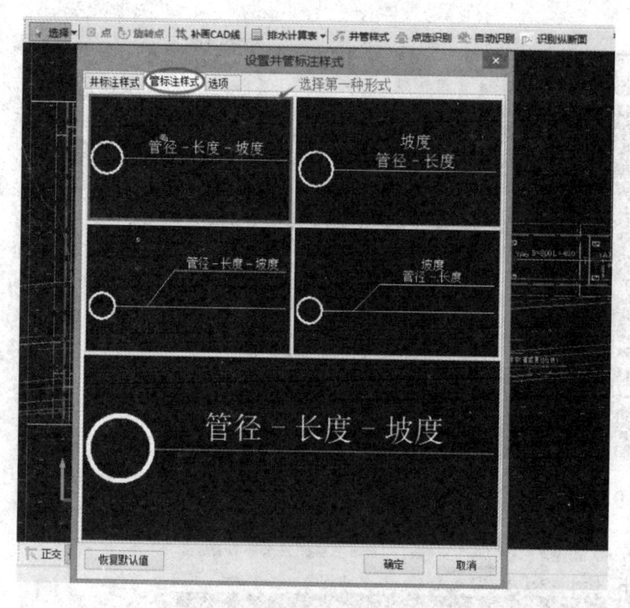

图 9-94 “管标注样式”按钮

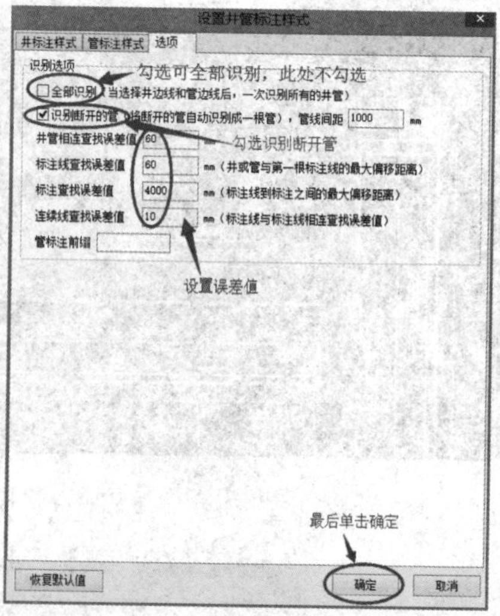

图 9-95 “确定”按钮

3）自动识别。

① 点击菜单栏“自动识别”功能，弹出“识别内容切换”窗口，如图 9-96 所示。

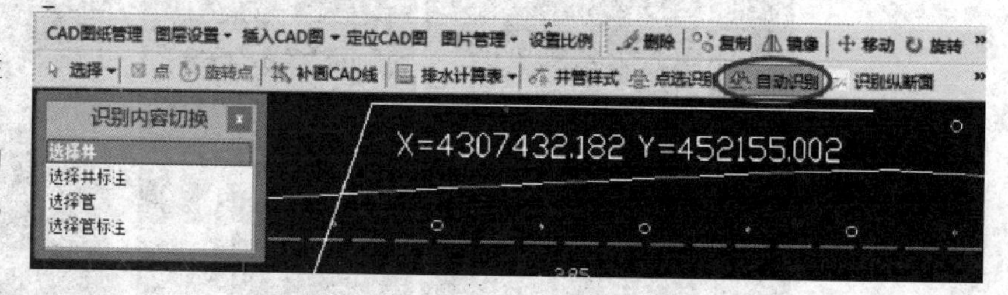

图 9-96 “识别内容切换”对话框

② 依次按照窗口中内容选择 CAD 线，先“选择井”，即在 CAD 图纸中选择代表井的 CAD 线，选择一个井的即可，选择后 CAD 线会处于选中状态，如图 9-97 所示。

图 9-97 “选择井”状态

③ 光标会自动切换到“选择井标注”，即在 CAD 图纸中选择代表井标注的 CAD 线，选中后 CAD 线会处于选中状态，并且“选择井标注”后面会出现＊号，如图 9-98 所示。

④ 在“识别内容切换”窗口中点击“选择管”，如图 9-99 所示。

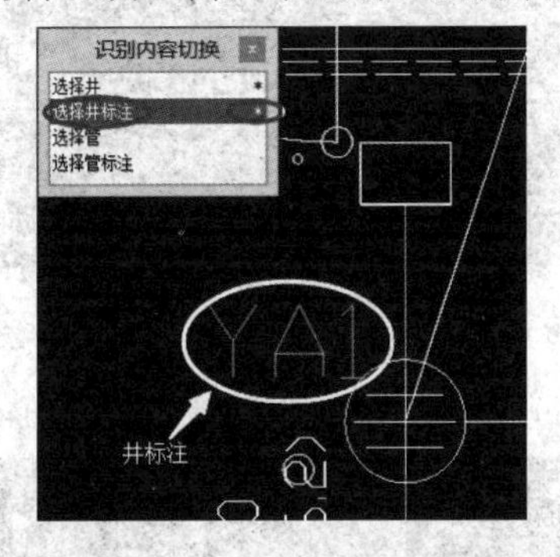

图 9-98　“选择井标注”出现＊号

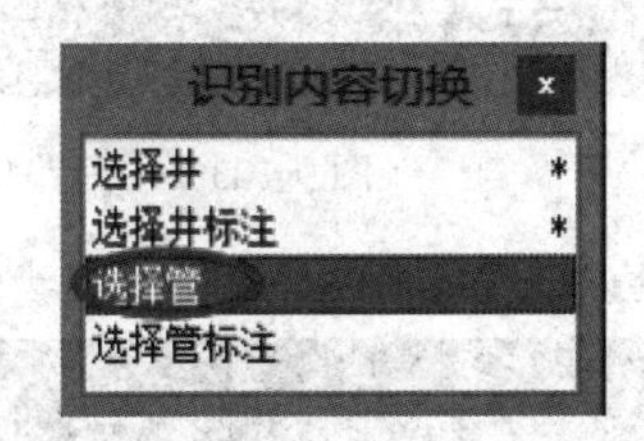

图 9-99　选择“选择管”

⑤ 在 CAD 图纸中选择代表管道的 CAD 线，只用选择一根管道 CAD 线，选中后 CAD 线会处于选中状态，并且“选择管”后会出现＊号，如图 9-100 所示。

⑥ 光标会自动切换到“选择管标注”，即在 CAD 图纸中选择代表管道标注的 CAD 线，选中后 CAD 线会处于选中状态，并且“选择管标注”后会出现＊号，如图 9-101 所示。

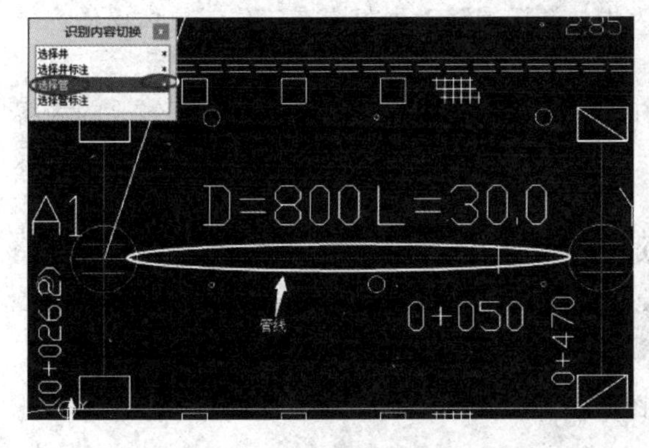

图 9-100　“选择管”出现＊号

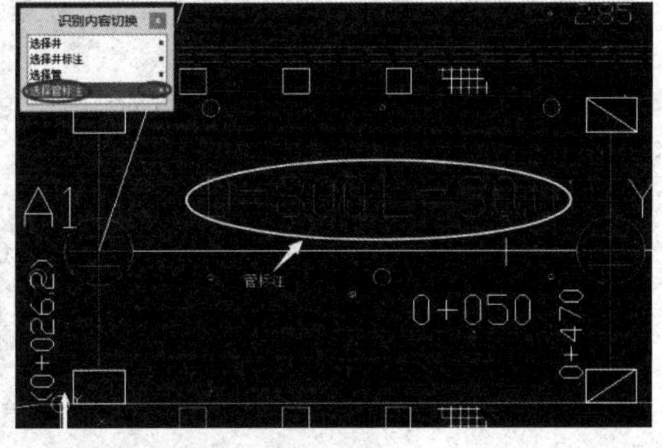

图 9-101　“选择管标注”出现＊号

⑦ 最后点击右键，会弹出一个提示，提示内容为识别出井、管的图元数量，如图 9-102 所示。

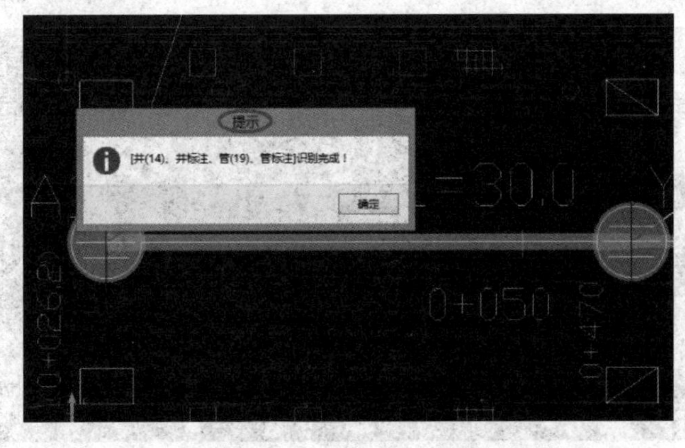

图 9-102　“提示”对话框

这样中间路口左半部分的井管都识别完毕了，如图 9-103 所示。

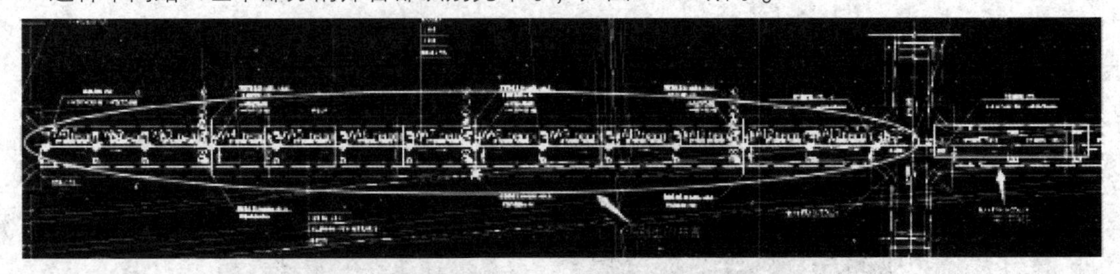

图 9-103　中间路口左半部分的井管示意图

同理右半部分识别流程同左半部分，右半部分识别出来的效果图如图 9-104 所示。

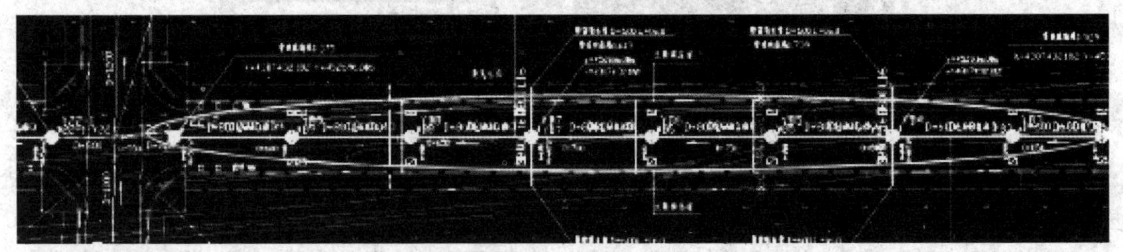

图 9-104　中间路口右半部分的井管示意图

注意，在做工程设计的过程中，为防止数据丢失，请记得随时做好保存工作。具体操作：单击工具栏“保存”按钮即可。

4）原图校对。通过这个功能可以对识别出的井管信息进行快速校核和修改。可修改的内容包括井编号、井尺寸、原地面标高、设计标高、管径、管长、起点管内底标高、终点管内底标高等。

① 点击工具栏“原图校对”功能，如图 9-105 所示。

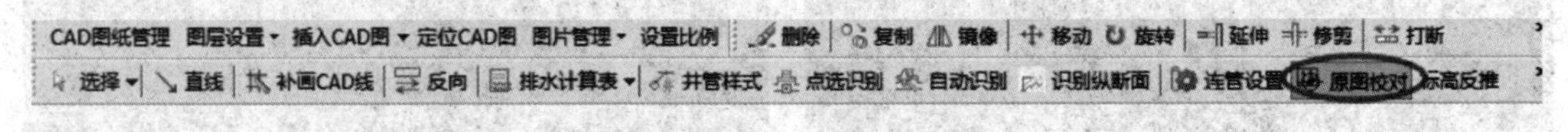

图 9-105　“原图校对”按钮

② 弹出“选择显示内容”窗口，并且绘图区所有井图元都显示出井编号、井尺寸、原地面标高、设计标高属性值，所有管图元都显示出管径、管长、起点管内底标高、终点管内底标高，如图 9-106 所示。

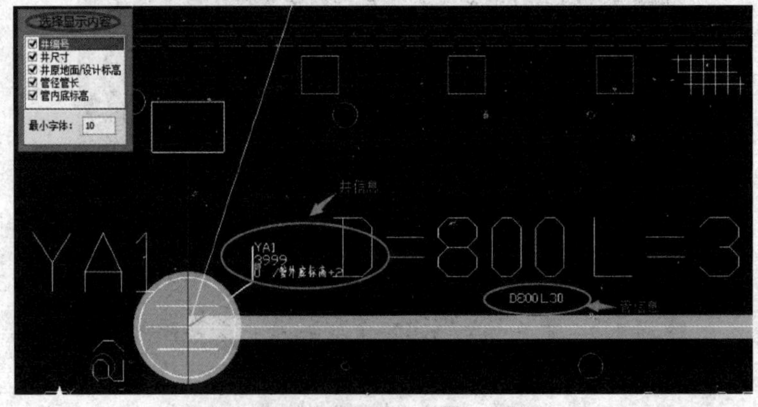

图 9-106　“选择显示内容”对话框

③ 如果不需要显示出这么多属性，可以把不需要的属性在“选择显示内容”窗口中取消勾选；比如刚识别的平面图信息只包括井编号、管径和管长，只勾选这一部分即可，如图 9-107 所示。

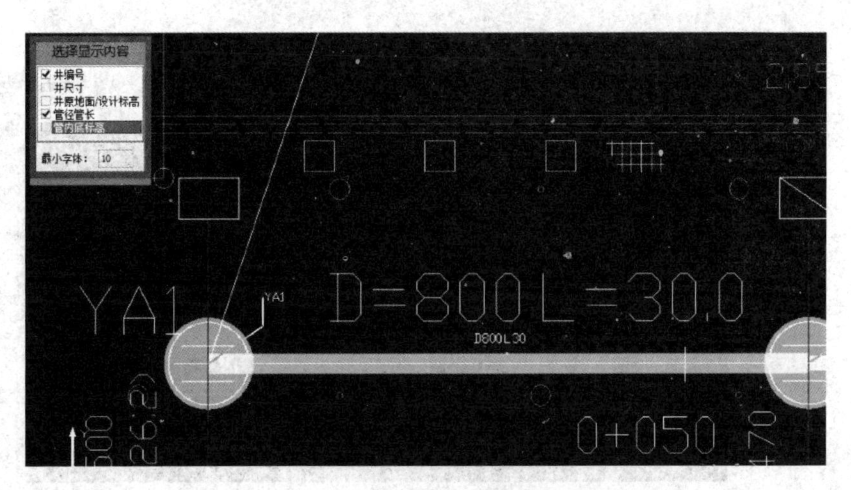

图 9-107　“选择显示内容”的勾选

④ 鼠标左键点选需要修改的属性，直接输入修改值，然后点击 Enter 键。本案例工程由于竖向的 4 根预留管识别的时候软件按照就近原则，识别成离它较近的 800 管径，因此需要对这块进行修改。依次对应图纸把 5 根竖向预留管的管径修改为 600 即可，如图 9-108 所示。

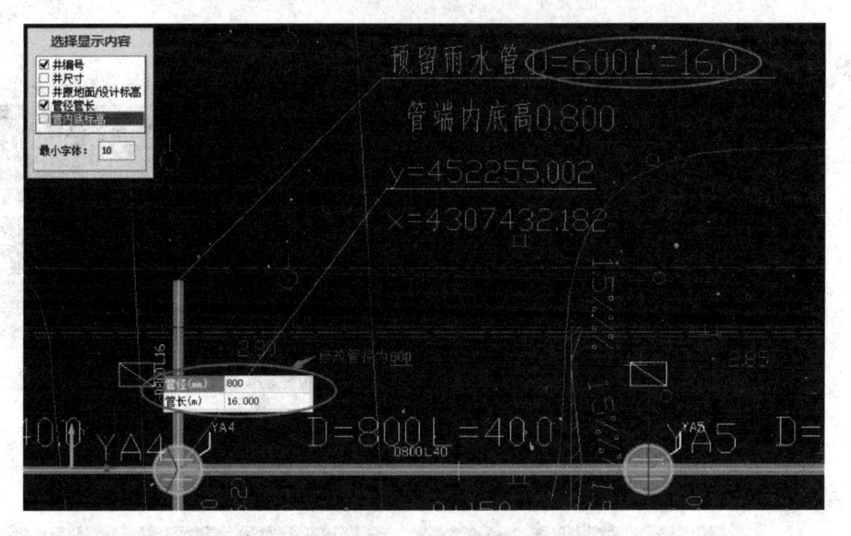

图 9-108　修改管径

⑤ 图元上的标注信息直接被修改，并且查看图元属性编辑器中的属性值也会一并修改，如图 9-109 所示。

5）识别纵断面。通过这个功能可以快速把纵断面图中的信息赋予给已经识别出的井、管图元，也可以快速建出含有纵断面图中所有井、管属性的图元，来提高效率。

此案例工程通过自动识别把平面图上的井和管道的图元识别完，井图元上已经有井编号属性，管图元上已经有了管径和管长，此时用此功能可以把纵断面图上其他井、管属性（井设计标高、井原地面标高、井图集、井尺寸、管内底标高、沟管结构、管长等）匹配到相对应的井、管图元上。

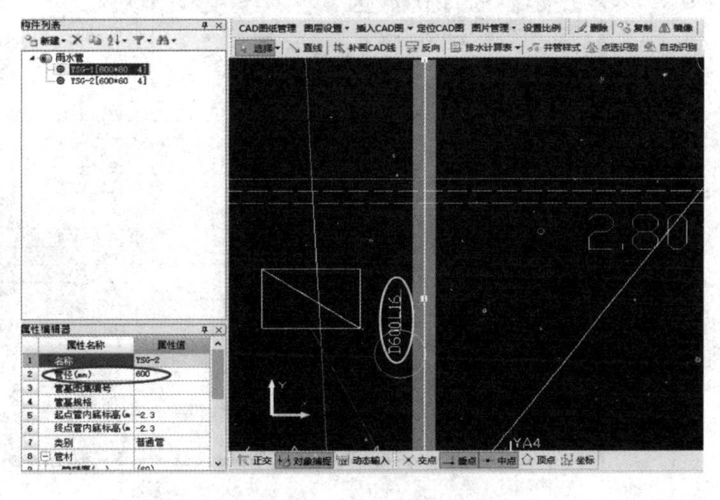

图 9-109　属性修改

① 双击“某雨水纵断图”切换图纸，如图 9-110 所示。

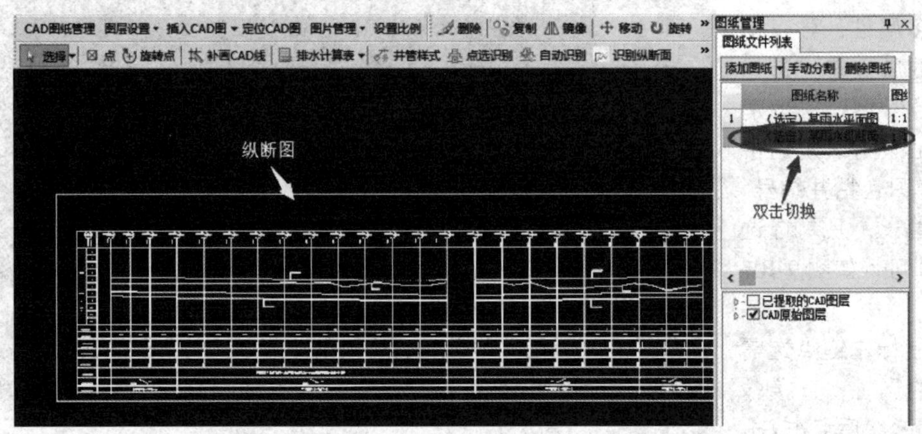

图 9-110 双击“某雨水纵断图”

② 点击工具栏“识别纵断面”功能按钮，在 CAD 图中左键拉框，拉框范围为具体井、管数据区域，如图 9-111 所示。

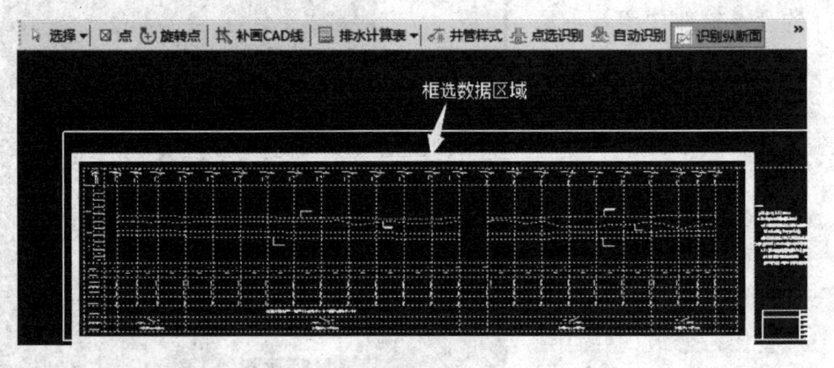

图 9-111 “识别纵断面”按钮

③ 然后点击右键，弹出“识别纵断面”窗口，之前纵断面图中横向的数据在软件中是竖向显示的，如图 9-112 所示；如果工程中有多张纵断面图纸，可以点击“追加识别”，进行多次框选。

识别纵断面

插入行 添加行 删除行 合并行 插入列 添加列 删除列 合并列 清除内容 撤消 恢复 帮助

	A	B	C	D	E	F	G	H	I	J	K	L	M	N	O	P	Q	R	S	T	
1		井编号	桩号													标注管长(m)			设计标高(m)	原地面标高(m)	
2	井型	井号	管线桩号	7	6	5	高			程		米			井编号	管 长	设计管沟	内底高程	设计路面	现况地面	沟管结构
3							4	3	2	1	0	-1	-2	-3							
4	06MS201-3-24		0+000												YA1		1.096		3.77	2.89	
5																30.0					
6	06MS201-3-24		0+040												YA2		1.060		3.74	2.88	
7																					
8																30.0					
9	06MS201-3-24		0+080												YA3		1.024		3.70	2.87	
10																40.0					
11	06MS201-3-27		0+120												YA4		0.976		3.66	2.85	
12																	0.776				
13																40.0					
14	06MS201-3-27		0+160												YA5		0.736		3.62	2.91	
15																40.0					
16	06MS201-3-27		0+200												YA6		0.696		3.57	2.90	
17																40.0					
18	06MS201-3-27		0+240												YA7		0.656		3.53	2.93	
19												设计雨水管				40.0					
20	06MS201-3-27		0+280												YA8		0.616		3.48	2.93	
21							设计路面线									40.0					
22	06MS201-3-27		0+320												YA9		0.576		3.44	2.90	钢筋混凝

追加识别 下一步 确定 取消

图 9-112 “识别纵断面”表格

④ 匹配标题名称，软件会在标题行自动匹配一些标题名称，当有列未匹配或者标题名称匹配错误，可以进行手动修改，如图 9-113 所示。

识别纵断面

插入行　添加行　删除行　合并行　插入列　添加列　删除列　合并列　清除内容　撤消　恢复　帮助

标题行

	A	B	C	D	E	F	G	H	I	J	K	L	M	N	O	P	Q	R	S	T	
1		井编号	桩号													标注管长(m)			设计标高(m)	原地面标高(m)	
2	井型	井号	管线桩号	7	6	5	高			程		米			井编号	管　长	设计管沟	内底高程	设计路面	现况地面	沟管结构
3							4	3	2	1	0	-1	-2	-3							
4	06MS201-3-24		0+000												YA1		1.096		3.77	2.89	
5																30.0					
6	06MS201-3-24		0+040												YA2		1.060		3.74	2.88	
7																					
8																30.0					
9	06MS201-3-24		0+080												YA3		1.024		3.70	2.87	
10																40.0					
11	06MS201-3-27		0+120												YA4		0.976		3.66	2.85	
12																	0.776				
13																40.0					
14	06MS201-3-27		0+160												YA5		0.736		3.62	2.91	
15																40.0					
16	06MS201-3-27		0+200												YA6		0.696		3.57	2.90	
17																40.0					
18	06MS201-3-27		0+240												YA7		0.656		3.53	2.93	
19												设计雨水管				40.0					
20	06MS201-3-27		0+280												YA8		0.616		3.48	2.93	
21							设计路面线									40.0					
22	06MS201-3-27		0+320												YA9		0.576		3.44	2.90	钢筋混凝

追加识别　下一步　确定　取消

图 9-113　标题行

⑤ 手动修改标题名称，选中需要修改的标题名称单元格，会自动出现选择菜单目录，然后单击要匹配的名称即可。如本工程中，井型、井编号、设计管沟三列没有匹配，依次对应软件匹配为井图集、井编号、管底标高，如图 9-114 所示。如果标题名称匹配错误，则可以在菜单目录下选择“清除当前字段”。

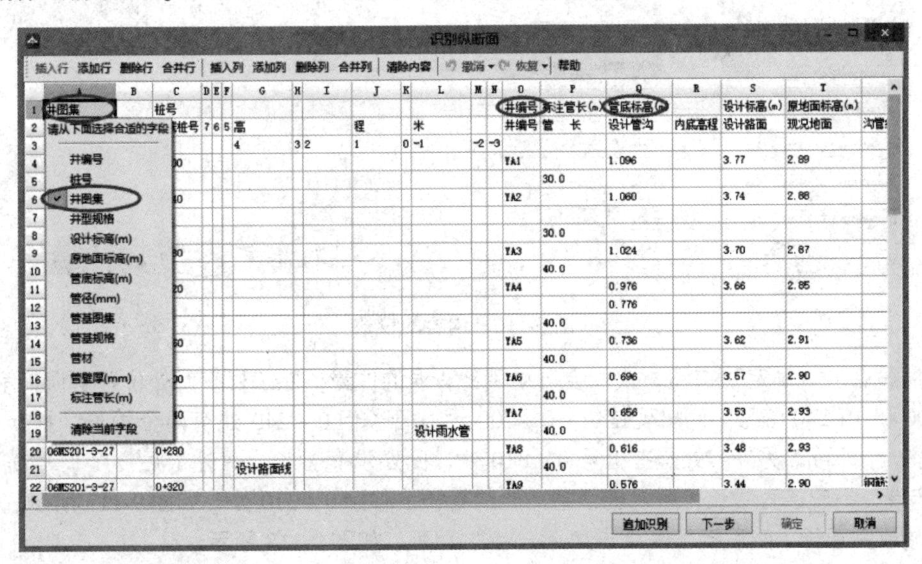

	A	B	C	D	E	F	G	H	I	J	K	L	M	N	O	P	Q	R	S	T	
1	井图集		桩号												井编号	标注管长(m)	管底标高(m)		设计标高(m)	原地面标高(m)	
2	请从下面选择合适的字段		桩号	7	6	5	高			程		米			井编号	管　长	设计管沟	内底高程	设计路面	现况地面	沟管
3							4	3	2	1	0	-1	-2	-3							
4	井编号		00												YA1		1.096		3.77	2.89	
5	桩号															30.0					
6	✓ 井图集		40												YA2		1.060		3.74	2.88	
7	井型规格																				
8	设计标高(m)															30.0					
9	原地面标高(m)		80												YA3		1.024		3.70	2.87	
10	管底标高(m)															40.0					
11	管径(mm)		20												YA4		0.976		3.66	2.85	
12	管基图集																0.776				
13	管基规格															40.0					
14	管材		60												YA5		0.736		3.62	2.91	
15	管壁厚(mm)															40.0					
16	标注管长(m)		00												YA6		0.696		3.57	2.90	
17																40.0					
18			40												YA7		0.656		3.53	2.93	
19	清除当前字段											设计雨水管				40.0					
20	06MS201-3-27		0+280												YA8		0.616		3.48	2.93	
21							设计路面线									40.0					
22	06MS201-3-27		0+320												YA9		0.576		3.44	2.90	钢筋

图 9-114　手动修改标题行

⑥ 识别出来的列有些是用不到的，可以通过选中需要删除的行或者列（同 Excel），然后单击功能栏“删除行”或“删除列”的形式把没用的行或列删除掉，如图 9-115 所示。

⑦ 窗口内容调整完成后，点击“下一步”按钮，之后会弹出一个“提示”，这是一个校核的功能，如果识别的数据有误软件会自动提示，如图 9-116 所示。

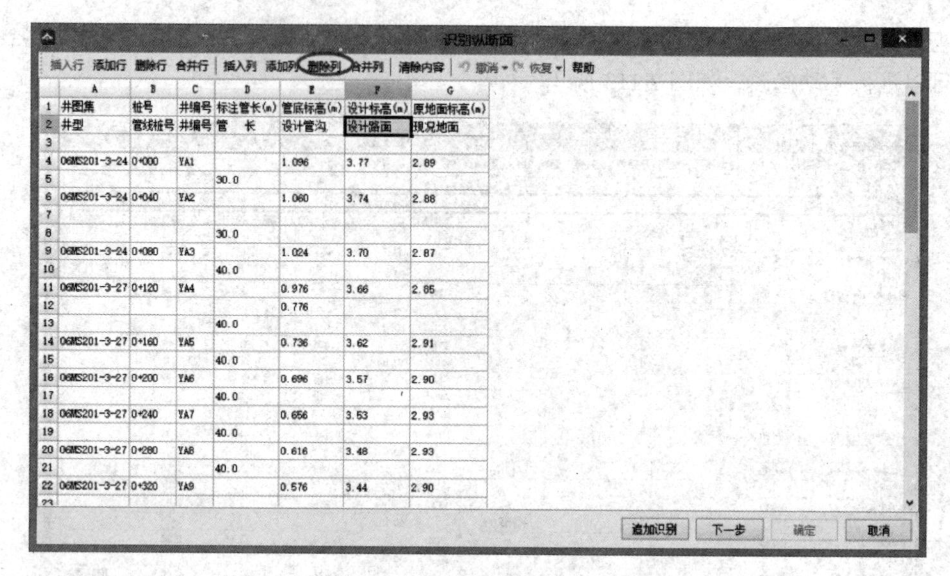

	A	B	C	D	E	F	G
1	井图集	桩号	井编号	标注管长(m)	管底标高(m)	设计标高(m)	原地面标高(m)
2	井型	管线桩号	井编号	管 长	设计管沟	设计路面	现况地面
3							
4	06MS201-3-24	0+000	YA1		1.096	3.77	2.89
5				30.0			
6	06MS201-3-24	0+040	YA2		1.060	3.74	2.88
7							
8				30.0			
9	06MS201-3-24	0+080	YA3		1.024	3.70	2.87
10				40.0			
11	06MS201-3-27	0+120	YA4		0.976	3.66	2.85
12					0.776		
13				40.0			
14	06MS201-3-27	0+160	YA5		0.736	3.62	2.91
15				40.0			
16	06MS201-3-27	0+200	YA6		0.696	3.57	2.90
17				40.0			
18	06MS201-3-27	0+240	YA7		0.656	3.53	2.93
19				40.0			
20	06MS201-3-27	0+280	YA8		0.616	3.48	2.93
21				40.0			
22	06MS201-3-27	0+320	YA9		0.576	3.44	2.90

图 9-115　删除列、行功能

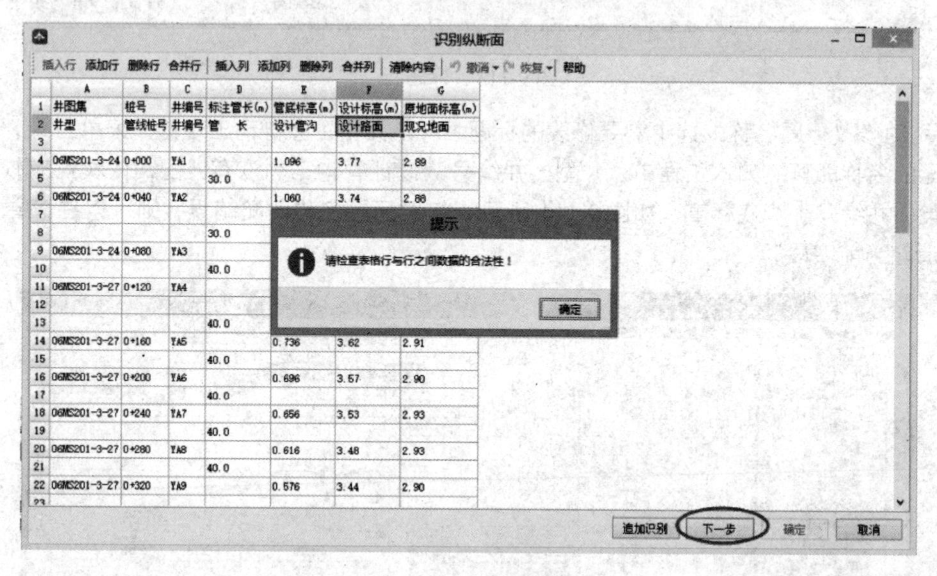

	A	B	C	D	E	F	G
1	井图集	桩号	井编号	标注管长(m)	管底标高(m)	设计标高(m)	原地面标高(m)
2	井型	管线桩号	井编号	管 长	设计管沟	设计路面	现况地面
3							
4	06MS201-3-24	0+000	YA1		1.096	3.77	2.89
5				30.0			
6	06MS201-3-24	0+040	YA2		1.060	3.74	2.88
7							
8				30.0			
9	06MS201-3-24	0+080	YA3				
10				40.0			
11	06MS201-3-27	0+120	YA4				
12							
13				40.0			
14	06MS201-3-27	0+160	YA5		0.736	3.62	2.91
15				40.0			
16	06MS201-3-27	0+200	YA6		0.696	3.57	2.90
17				40.0			
18	06MS201-3-27	0+240	YA7		0.656	3.53	2.93
19				40.0			
20	06MS201-3-27	0+280	YA8		0.616	3.48	2.93
21				40.0			
22	06MS201-3-27	0+320	YA9		0.576	3.44	2.90

图 9-116　内容的校核

⑧ 然后点击“确定”按钮，软件会自动跳到有误的位置，此工程有两处位置有误，第一处位于0+200和0+240桩号之间出现错位，0+200没有管长但0+240处有两个管长，把0+240的管长上移一个即可。另外一处是在桩号0+310处，此处没有管长，另外最后一个桩号0+335处的管为末端，不应该有管长，所以应该把此处的管长上移到0+310处，如图9-117所示。

⑨ 修改完管长，然后接下来点击“下一步”即可，如图9-118所示。

⑩ 点击下一步以后会进入识别纵断面第二个窗口，此窗口内把上个窗口内的数据进行整理，左侧为井属性，右侧为管属性，如图9-119所示。

⑪ 把管其他未在纵断面图中显示的属性补齐，如管基图集、管基规格、管材，该列在纵断面图中无此属性，现在需要把这个属性添加进去。

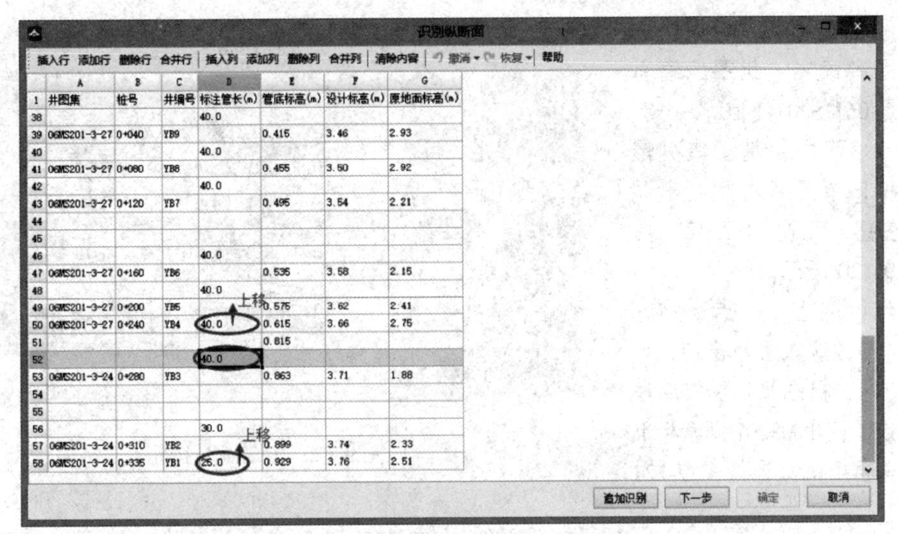

	A	B	C	D	E	F	G
1	井图集	桩号	井编号	标注管长(m)	管底标高(m)	设计标高(m)	原地面标高(m)
38				40.0			
39	06MS201-3-27	0+040	YB9		0.415	3.46	2.93
40				40.0			
41	06MS201-3-27	0+080	YB8		0.455	3.50	2.92
42				40.0			
43	06MS201-3-27	0+120	YB7		0.495	3.54	2.21
44							
45							
46				40.0			
47	06MS201-3-27	0+160	YB6		0.535	3.58	2.15
48				40.0			
49	06MS201-3-27	0+200	YB5		0.575	3.62	2.41
50	06MS201-3-27	0+240	YB4	40.0	0.615	3.66	2.75
51					0.815		
52				40.0			
53	06MS201-3-24	0+280	YB3		0.863	3.71	1.88
54							
55							
56				30.0			
57	06MS201-3-24	0+310	YB2		0.899	3.74	2.33
58	06MS201-3-24	0+335	YB1	25.0	0.929	3.76	2.51

图 9-117　“错误内容”示意

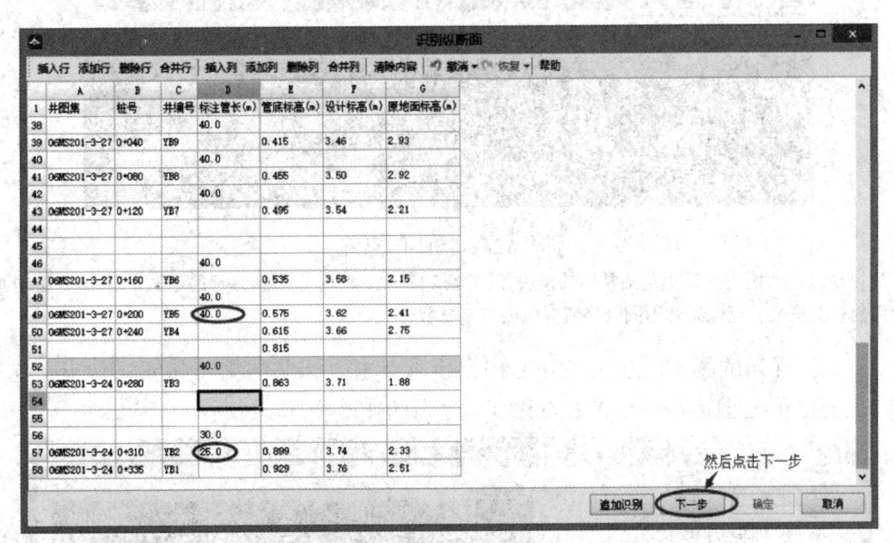

	A	B	C	D	E	F	G
1	井图集	桩号	井编号	标注管长(m)	管底标高(m)	设计标高(m)	原地面标高(m)
38				40.0			
39	06MS201-3-27	0+040	YB9		0.415	3.46	2.93
40				40.0			
41	06MS201-3-27	0+080	YB8		0.455	3.50	2.92
42				40.0			
43	06MS201-3-27	0+120	YB7		0.495	3.54	2.21
44							
45							
46				40.0			
47	06MS201-3-27	0+160	YB6		0.535	3.58	2.15
48				40.0			
49	06MS201-3-27	0+200	YB5	40.0	0.575	3.62	2.41
50	06MS201-3-27	0+240	YB4		0.615	3.66	2.75
51					0.815		
52				40.0			
53	06MS201-3-24	0+280	YB3		0.863	3.71	1.88
54							
55							
56				30.0			
57	06MS201-3-24	0+310	YB2	25.0	0.899	3.74	2.33
58	06MS201-3-24	0+335	YB1		0.929	3.76	2.51

图 9-118　修改完成

识别纵断面

添加行 添加分支 插入行 删除行 删除 上移 下移 全部展开 全部折叠 列设置 定位到图元

井属性

	井编号	桩号	井图集	井尺寸	形状	材料	形式	用途	落管(m)	跌管(m)	井室高(m)	井深(m)	设计标高	原地面标高
1	YA1	0+000	06MS201-3-24	1250	圆形	砖砌	盖板式			0	0.4	2.674	3.77	2.89
2	YA2	0+040	06MS201-3-24	1250	圆形	砖砌	盖板式			0.02	0.4	2.68	3.74	2.88
3	YA3	0+080	06MS201-3-24	1250	圆形	砖砌	盖板式			0	0.4	2.676	3.70	2.87
4	YA4	0+120	06MS201-3-27	1500	圆形	砖砌	盖板式			3.376	3.30	6.04	3.66	2.85
5	YA5	0+160	06MS201-3-27	1500	圆形	砖砌	盖板式			0	0.4	2.884	3.62	2.91
6	YA6	0+200	06MS201-3-27	1500	圆形	砖砌	盖板式			0	0.4	2.874	3.57	2.9
7	YA7	0+240	06MS201-3-27	1500	圆形	砖砌	盖板式			0	0.4	2.874	3.53	2.93
8	YA8	0+280	06MS201-3-27	1500	圆形	砖砌	盖板式			2.956	3.1	5.84	3.48	2.93
9	YA9	0+320	06MS201-3-27	1500	圆形	砖砌	盖板式			0	0.4	2.864	3.44	2.9
10	YA10	0+360	06MS201-3-27	1500	圆形	砖砌	盖板式			0	0.4	2.854	3.39	2.63
11	YA11	0+400	06MS201-3-27	1500	圆形	砖砌	盖板式			0	0.4	2.854	3.35	2.77
12	YA12	0+440	06MS201-3-27	1500	圆形	砖砌	盖板式			2.836	2.99	5.71	3.33	2.74
13	YA13	0+470	06MS201-3-27	1500	圆形	砖砌	盖板式			0	0.4	2.924	3.34	2.57
14	Y22-1	0+500	06MS201-3-27	1500	圆形	砖砌	盖板式			0	0.4	3.004	3.38	2.97
15	Y22-2	0+000	06MS201-3-27	1500	圆形	砖砌	盖板式			0	0.4	3.045	3.42	2.99
16	YB9	0+040	06MS201-3-27	1500	圆形	砖砌	盖板式			0	0.4	3.045	3.46	2.93
17	YB8	0+080	06MS201-3-27	1500	圆形	砖砌	盖板式			0	0.4	3.045	3.50	2.92
18	YB7	0+120	06MS201-3-27	1500	圆形	砖砌	盖板式			2.875	3.2	5.92	3.54	2.21

管属性

管底标高	管径(mm)	管长(m)	管基图集	管基规格
1.096 / 1.060	800	30		
1.060 / 1.024	800	30		
1.024 / 0.976	800	40		
0.776 / 0.736	800	40		
0.736 / 0.696	800	40		
0.696 / 0.656	800	40		
0.656 / 0.616	800	40		
0.616 / 0.576	800	40		
0.576 / 0.536	800	40		
0.536 / 0.496	800	40		
0.496 / 0.456	800	40		
0.456 / 0.416	800	40		
0.416 / 0.376	800	40		
0.375 / 0.415	800	40		
0.415 / 0.455	800	40		
0.455 / 0.495	800	40		

图 9-119　“井属性”和“管属性”

首先添加管基图集的属性，从此纵断图中读出，此图的管基图集用的是06MS201-1-10。

第一步：双击管基图集列最上方单元格，单元格右侧会出现“三点”按钮，点击“三点”按钮，如图9-120所示。

第二步：点击“三点”按钮后，弹出“参数输入法”窗口，可以在此窗口内选择图集；图集库里目前有04S531和06MS201两套标准图集和一些通用图集，如图9-121所示。

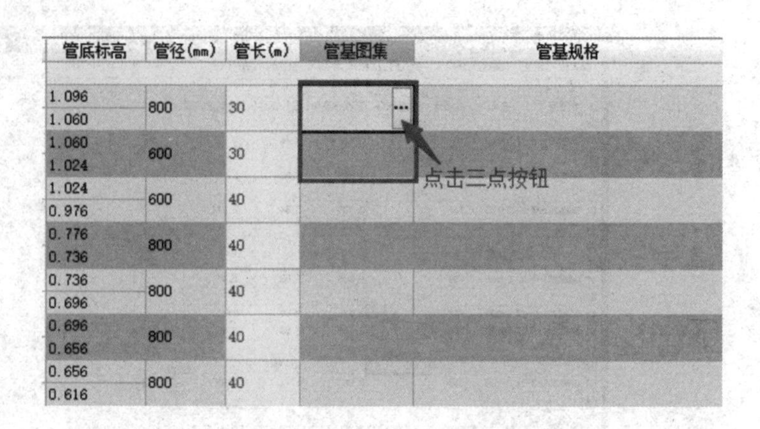

图9-120 “三点”按钮

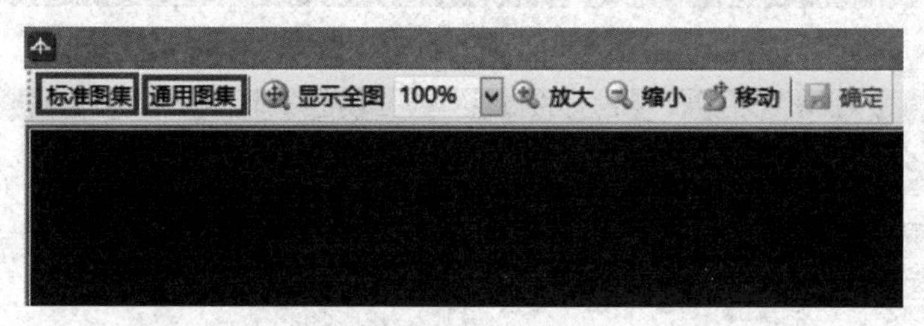

图9-121 图集的点选

注：井的“通用图集”里包括常用的模块井图集和12S522模块井图集；管的“通用图集”里包括一些常用的管基形式，可以调整不同管径所对应的管基参数。

第三步：此工程用的图集为06MS201-1-10，所以点击“标准图集”按钮，弹出“选择标准图集”窗口，点击鼠标左键选择对应的标准图集，如图9-122所示。

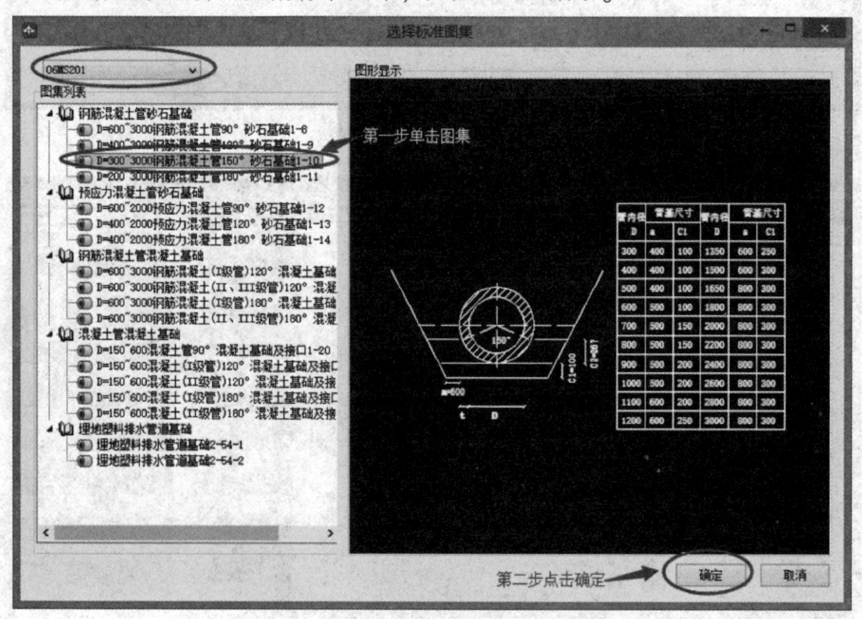

图9-122 选择标准图集

第四步：选择标准图集后，图集中的一些参数（管基尺寸）可以灵活修改，此工程不需要修改参数，只需要点击“确定”，图集就选择完毕了，如图 9-123 所示。

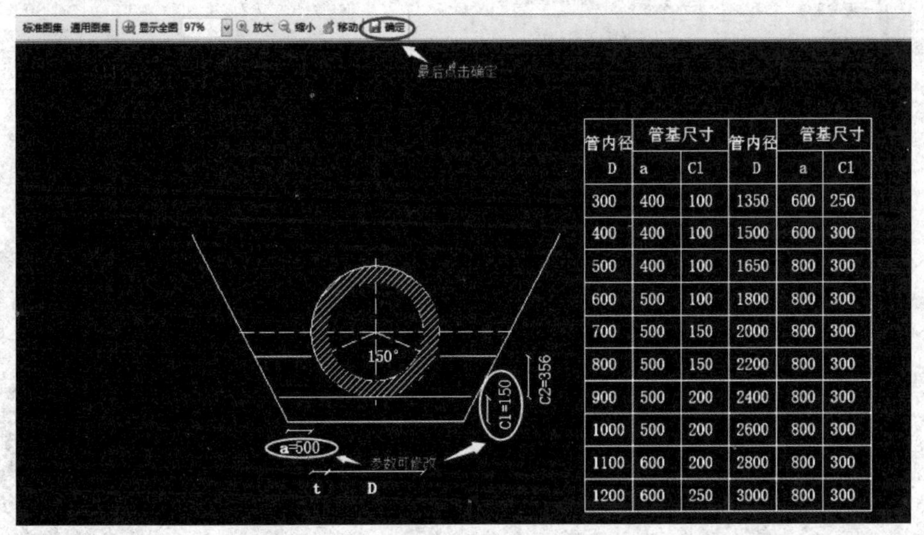

管内径	管基尺寸		管内径	管基尺寸	
D	a	C1	D	a	C1
300	400	100	1350	600	250
400	400	100	1500	600	300
500	400	100	1650	800	300
600	500	100	1800	800	300
700	500	150	2000	800	300
800	500	150	2200	800	300
900	500	200	2400	800	300
1000	500	200	2600	800	300
1100	600	200	2800	800	300
1200	600	250	3000	800	300

图 9-123 “确定”按钮

第五步：选择的图集保存到识别纵断面窗口中，并显示出图集编号，右侧自动匹配出管基规格，此案例工程的管都是用到同一个图集，所以只需要与 Excel 一样往下拖拉即可，不需要重复选择，如图 9-124 所示。

然后选择管材，此工程的管材为钢筋混凝土承插口管（Ⅱ级管）。

第六步：点击管材会出现下拉菜单，对应选择工程中的管材形式“Ⅱ级钢筋混凝土”，如图 9-125 所示。

第七步：此案例工程的管材都是用的同一种，所以只需要与 Excel 一样往下拖拉即可，不需要重复选择，如图 9-126 所示。

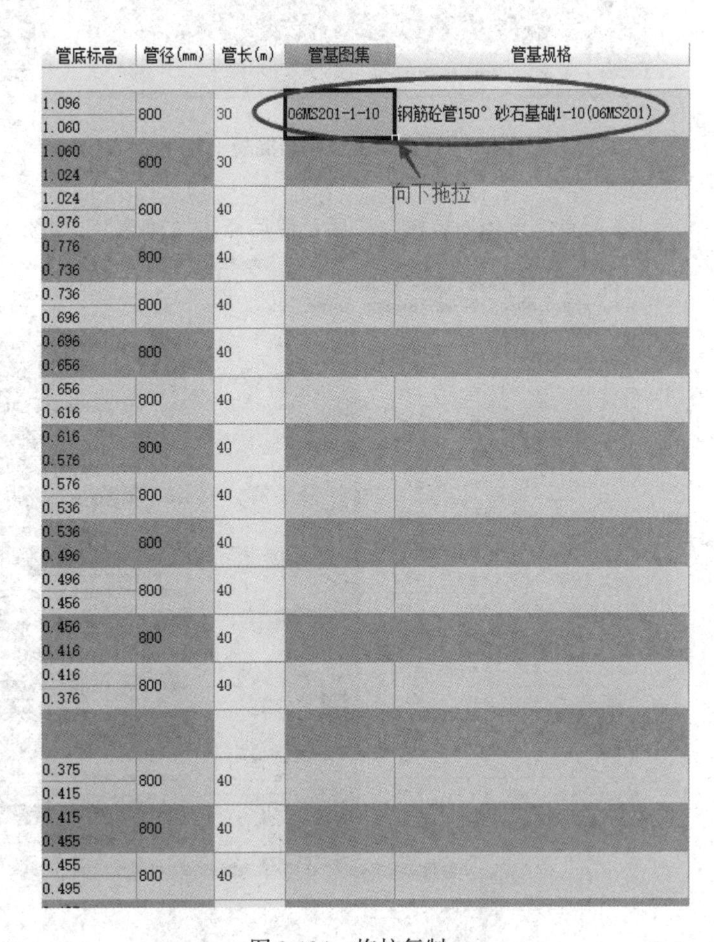

管底标高	管径(mm)	管长(m)	管基图集	管基规格
1.096 1.060	800	30	06MS201-1-10	钢筋砼管150° 砂石基础1-10(06MS201)
1.060 1.024	600	30		
1.024 0.976	600	40		
0.776 0.736	800	40		
0.736 0.696	800	40		
0.696 0.656	800	40		
0.656 0.616	800	40		
0.616 0.576	800	40		
0.576 0.536	800	40		
0.536 0.496	800	40		
0.496 0.456	800	40		
0.456 0.416	800	40		
0.416 0.376	800	40		
0.375 0.415	800	40		
0.415 0.455	800	40		
0.455 0.495	800	40		

图 9-124 拖拉复制

管基图集	管基规格	管材	管壁厚(mm
06MS201-1-10	钢筋砼管150° 砂石基础1-10(06MS201)	Ⅱ级钢筋混凝土管	(80)
06MS201-1-10	钢筋砼管150° 砂石基础1-10(06MS2		
06MS201-1-10	钢筋砼管150° 砂石基础1-10(06MS2		
06MS201-1-10	钢筋砼管150° 砂石基础1-10(06MS2		
06MS201-1-10	钢筋砼管150° 砂石基础1-10(06MS2		
06MS201-1-10	钢筋砼管150° 砂石基础1-10(06MS201)		(80)
06MS201-1-10	钢筋砼管150° 砂石基础1-10(06MS201)		(80)
06MS201-1-10	钢筋砼管150° 砂石基础1-10(06MS201)		(80)
06MS201-1-10	钢筋砼管150° 砂石基础1-10(06MS201)		(80)
06MS201-1-10	钢筋砼管150° 砂石基础1-10(06MS201)		(80)
06MS201-1-10	钢筋砼管150° 砂石基础1-10(06MS201)		(80)
06MS201-1-10	钢筋砼管150° 砂石基础1-10(06MS201)		(80)
06MS201-1-10	钢筋砼管150° 砂石基础1-10(06MS201)		(80)
06MS201-1-10	钢筋砼管150° 砂石基础1-10(06MS201)		(80)
06MS201-1-10	钢筋砼管150° 砂石基础1-10(06MS201)		(80)
06MS201-1-10	钢筋砼管150° 砂石基础1-10(06MS201)		(80)

I级钢筋混凝土管
II级钢筋混凝土管
III级钢筋混凝土管
高密度聚乙烯双壁波纹管
聚丙烯管道（PP-R）
排水硬聚氯乙烯管
UPVC管
预应力混凝土管
混凝土管（I级管）
混凝土管（II级管）
硬聚氯乙烯（PVC-U）双壁波纹管
硬聚氯乙烯（PVC-U）加筋管

选择此管材

图 9-125　选择“Ⅱ级钢筋混凝土”

管基规格	管材
钢筋砼管150° 砂石基础1-10(06MS201)	II级钢筋混凝土管
钢筋砼管150° 砂石基础1-10(06MS201)	II级钢筋混凝土管
钢筋砼管150° 砂石基础1-10(06MS201)	II级钢筋混凝土管
钢筋砼管150° 砂石基础1-10(06MS201)	II级钢筋混凝土管
钢筋砼管150° 砂石基础1-10(06MS201)	II级钢筋混凝土管
钢筋砼管150° 砂石基础1-10(06MS201)	II级钢筋混凝土管
钢筋砼管150° 砂石基础1-10(06MS201)	II级钢筋混凝土管
钢筋砼管150° 砂石基础1-10(06MS201)	II级钢筋混凝土管
钢筋砼管150° 砂石基础1-10(06MS201)	II级钢筋混凝土管
钢筋砼管150° 砂石基础1-10(06MS201)	II级钢筋混凝土管
钢筋砼管150° 砂石基础1-10(06MS201)	II级钢筋混凝土管
钢筋砼管150° 砂石基础1-10(06MS201)	II级钢筋混凝土管
钢筋砼管150° 砂石基础1-10(06MS201)	II级钢筋混凝土管
钢筋砼管150° 砂石基础1-10(06MS201)	II级钢筋混凝土管
钢筋砼管150° 砂石基础1-10(06MS201)	II级钢筋混凝土管
钢筋砼管150° 砂石基础1-10(06MS201)	II级钢筋混凝土管

图 9-126　拖拉复制

⑫ 所有信息输入校核完毕后，最后点击“确定”，如图 9-127 所示。

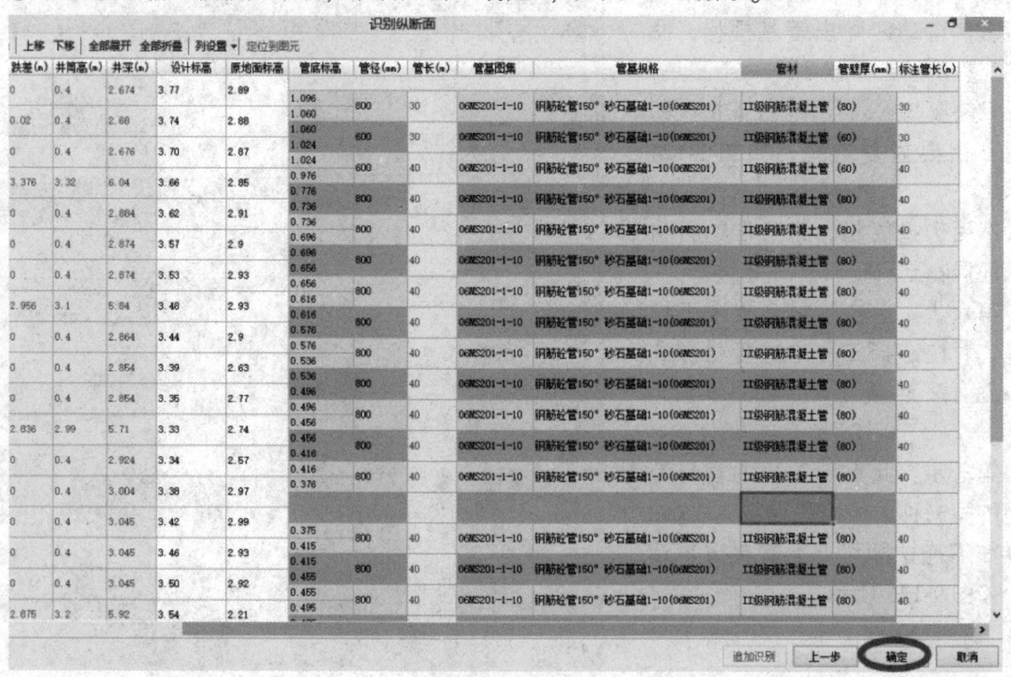

识别纵断面

上移　下移　全部展开　全部折叠　列设置　定位到图元

跌差(m)	井筒高(m)	井深(m)	设计标高	原地面标高
0	0.4	2.674	3.77	2.89
0.02	0.4	2.68	3.74	2.88
0	0.4	2.676	3.70	2.87
3.376	3.32	6.04	3.66	2.85
0	0.4	2.884	3.62	2.91
0	0.4	2.874	3.57	2.9
0	0.4	2.874	3.53	2.93
2.956	3.1	5.84	3.48	2.93
0	0.4	2.864	3.44	2.9
0	0.4	2.854	3.39	2.63
0	0.4	2.854	3.35	2.77
2.836	2.99	5.71	3.33	2.74
0	0.4	2.924	3.34	2.57
0	0.4	3.004	3.38	2.97
0	0.4	3.045	3.42	2.99
0	0.4	3.045	3.46	2.93
0	0.4	3.045	3.50	2.92
2.875	3.2	5.92	3.54	2.21

管底标高	管径(mm)	管长(m)	管基图集	管基规格	管材	管壁厚(mm)	标注管长(m)
1.096 1.060	800	30	06MS201-1-10	钢筋砼管150° 砂石基础1-10(06MS201)	II级钢筋混凝土管	(80)	30
1.060 1.024	600	30	06MS201-1-10	钢筋砼管150° 砂石基础1-10(06MS201)	II级钢筋混凝土管	(60)	30
1.024 0.976	600	40	06MS201-1-10	钢筋砼管150° 砂石基础1-10(06MS201)	II级钢筋混凝土管	(60)	40
0.776 0.736	800	40	06MS201-1-10	钢筋砼管150° 砂石基础1-10(06MS201)	II级钢筋混凝土管	(80)	40
0.736 0.696	800	40	06MS201-1-10	钢筋砼管150° 砂石基础1-10(06MS201)	II级钢筋混凝土管	(80)	40
0.696 0.656	800	40	06MS201-1-10	钢筋砼管150° 砂石基础1-10(06MS201)	II级钢筋混凝土管	(80)	40
0.656 0.616	800	40	06MS201-1-10	钢筋砼管150° 砂石基础1-10(06MS201)	II级钢筋混凝土管	(80)	40
0.616 0.576	800	40	06MS201-1-10	钢筋砼管150° 砂石基础1-10(06MS201)	II级钢筋混凝土管	(80)	40
0.576 0.536	800	40	06MS201-1-10	钢筋砼管150° 砂石基础1-10(06MS201)	II级钢筋混凝土管	(80)	40
0.536 0.496	800	40	06MS201-1-10	钢筋砼管150° 砂石基础1-10(06MS201)	II级钢筋混凝土管	(80)	40
0.496 0.456	800	40	06MS201-1-10	钢筋砼管150° 砂石基础1-10(06MS201)	II级钢筋混凝土管	(80)	40
0.456 0.416	800	40	06MS201-1-10	钢筋砼管150° 砂石基础1-10(06MS201)	II级钢筋混凝土管	(80)	40
0.416 0.376	800	40	06MS201-1-10	钢筋砼管150° 砂石基础1-10(06MS201)	II级钢筋混凝土管	(80)	40
0.375 0.415	800	40	06MS201-1-10	钢筋砼管150° 砂石基础1-10(06MS201)	II级钢筋混凝土管	(80)	40
0.415 0.455	800	40	06MS201-1-10	钢筋砼管150° 砂石基础1-10(06MS201)	II级钢筋混凝土管	(80)	40
0.455 0.495	800	40	06MS201-1-10	钢筋砼管150° 砂石基础1-10(06MS201)	II级钢筋混凝土管	(80)	40

追加识别　上一步　确定　取消

图 9-127　点击“确定”

⑬ 纵断面图识别成功，纵断面中的信息都识别到井、管图元上，如图 9-128 所示。

图 9-128　纵断面图识别成功

6）调整预留管标高信息。由于预留管的管标高信息没有直接在纵断面图上标注，所以识别纵断面没有识别成预留管的标高信息，需要自动手动进行修改，本案例工程可从平面图读出管端的管内底标高（图 9-129），可从纵断面图示意图上读出与主管相连一侧的管内底标高（图 9-130）。

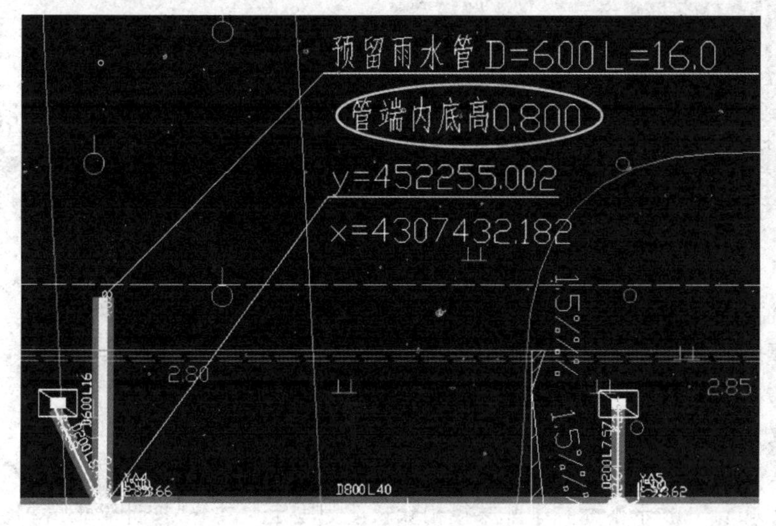

图 9-129　管端的管内底标高

图 9-130　管内底标高

首先可以根据以上的方式分别读出预留管的标高。本工程图纸从左到右预留管的标高依次为（管端内底标高、主管相连管内底标高）：（0.800，0.776）（0.640，0.616）（0.480，0.456）（0.619，0.495）（0.739，0.615）。

其次，依次对应平面图位置，把预留管的标高进行修改。修改的方法：点击“原图校对”功能，修改相应参数，然后点击 Enter 键即可，如图 9-131 所示。

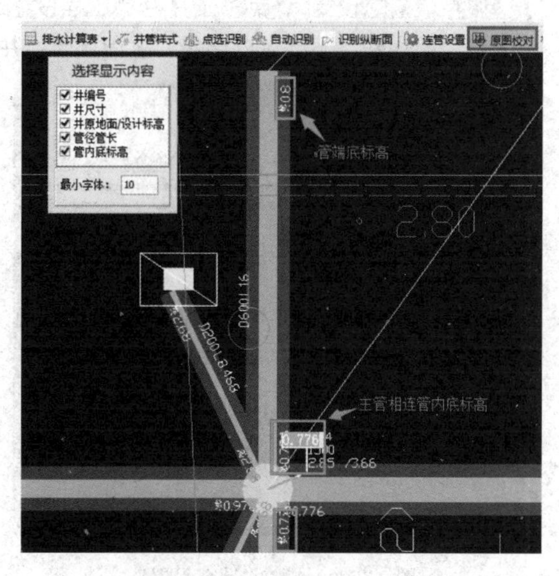

图 9-131　“原图校对”功能

此时，所有的井管都识别完毕了，如果想要查看工程量，可以先“汇总计算”，然后选择绘图区的图元点击“查看工程量”即可。也可在“报表”中查看对应的工程量，如图 9-132 所示。

3. 软件与手工对比

（1）调整计算设置　由于不同地区、不同施

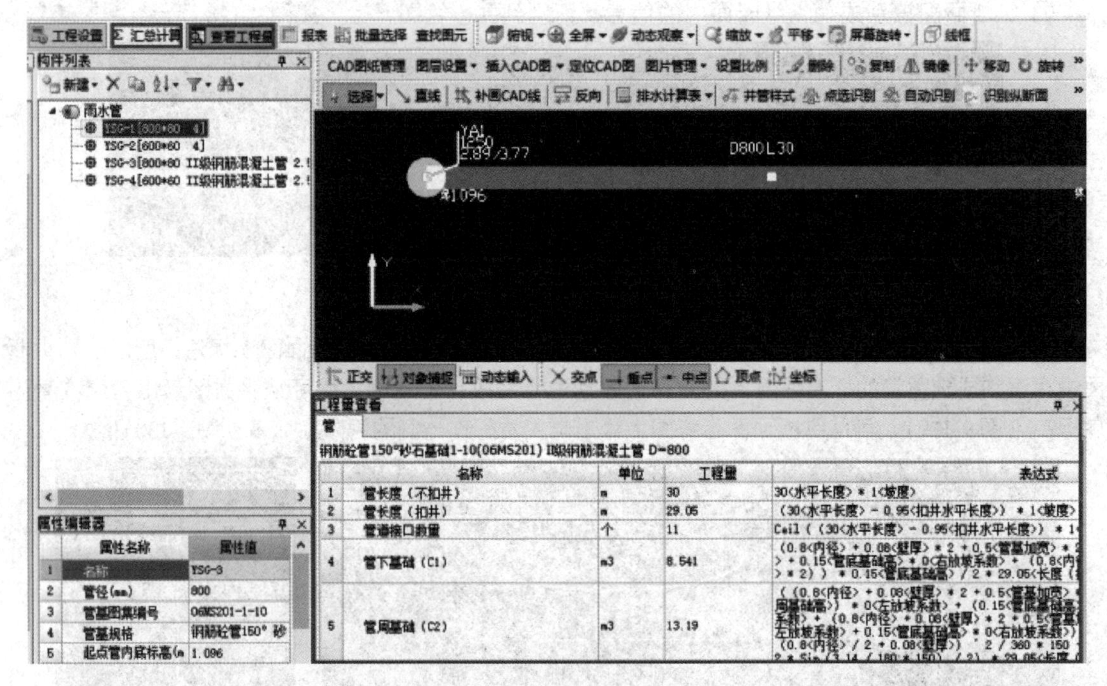

图 9-132　查看工程量

工工艺计算方式不同，在进行“汇总计算”之前，需要调整“工程设置”中的“计算设置”。软件提供了全国各地区的计算规则，可以根据工程情况灵活调整。

点击工具栏“工程设置”→切换到“计算设置”→再切换到“给水排水”。

管计算设置中，本工程计算设置调整如下：

序号 2 内容：选择扣除检查井长度表格（图 9-133）。可以选择“按固定长度扣除”和“按计算长度扣除”。“按固定长度扣除”表示不同井型、井径扣除长度为固定尺寸；“按计算长度扣除”表示不同井型、井径、管径扣除长度不同。

调整“汇总设置”，点击工具栏“工程设置”→切换到“汇总设置”，如图 9-134 所示。例如点击到“雨水井”下，可以调整汇总计算雨水井的条件。

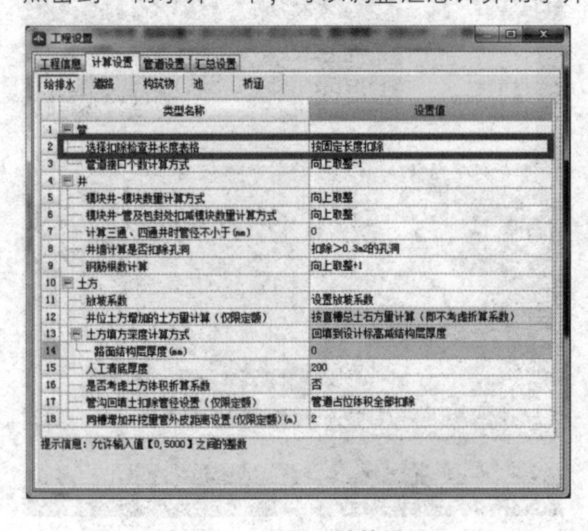

图 9-133　调整“计算设置”

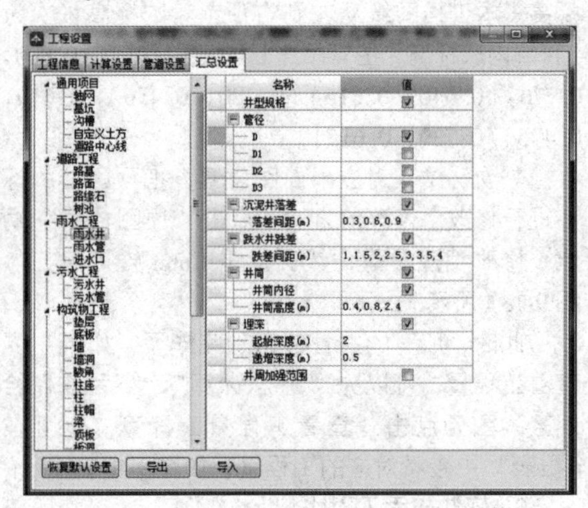

图 9-134　“汇总设置”按钮

（2）汇总计算、查看工程量　调整完计算设置后→点击“汇总计算”→切换到模块导航栏，“雨水管”图层→点击“批量选择”（图9-135），弹出“批量选择构件图元”窗体（图9-136），选择雨水管→点击“查看工程量”。

图9-135　“批量选择”按钮

在“工程量查看”中可以查看到所有雨水管的工程量汇总结果，软件可以计算出管长（不扣井）、管长（扣井）、管道接口、管下基础（C1）、管周基础（C2），如图9-137所示。

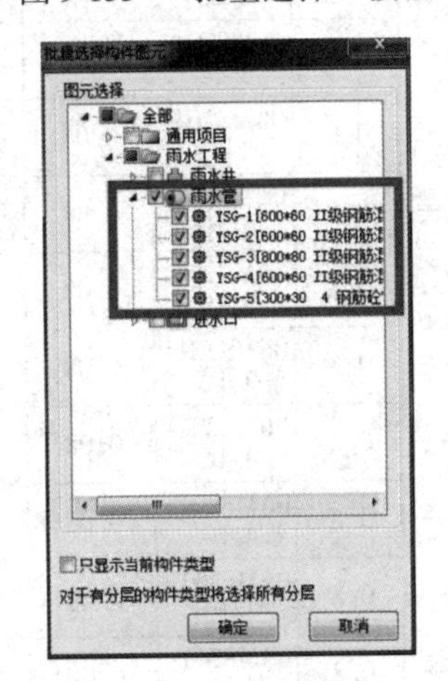

图9-136　“批量选择构件图元”对话框

切换到“雨水井”图层下，点击“批量选择”，弹出“批量选择构件图元”窗体（图9-138），选择“雨水井”→点击“查看工程量”。在“工程量查看”中可以查看到所有雨水井的工程量汇总结果，如图9-139所示。

工程量查看　混凝土基础　砂石基础　其他

	名称	管长（不扣井） m	管长（扣井） m	管道接口 个	管下基础（C1） m3	管周基础（C2） m3
1	钢筋砼管150° 砂石基础1-10（06MS201）II级钢筋混凝土管 D=600	328	316.525	122	56.812	131.571
2	钢筋砼管150° 砂石基础1-10（06MS201）II级钢筋混凝土管 D=800	670	649.85	251	202.023	408.886
3	钢筋砼管150° 砂石基础1-10（06MS201）D=300	342.64	317.74	44	36.864	38.138
4	合计	1340.64	1284.12	417	295.7	578.6

图9-137　“工程量查看”对话框

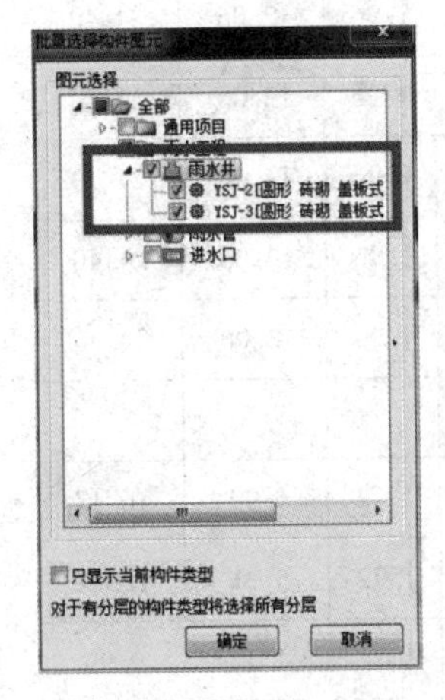

图9-138　“批量选择构件图元”对话框

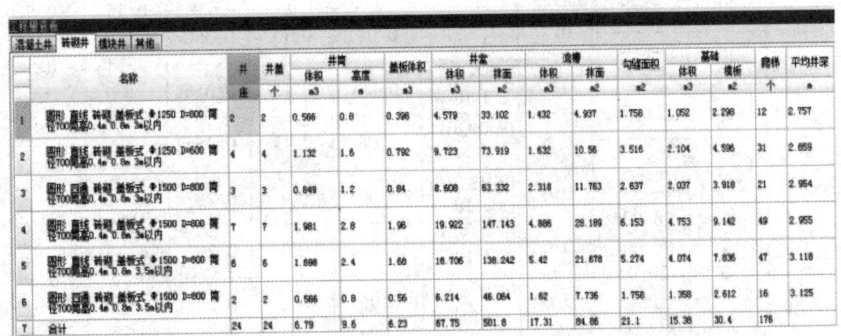

工程量查看　混凝土井　砖砌井　模块井　其他

	名称	井	井盖	井筒 体积	井筒 高度	盖板体积	井室 体积	井室 抹面	流槽 体积	流槽 抹面	勾缝面积	基础 体积	基础 模板	踏步	平均井深
		座	个	m3	m	m3	m3	m2	m3	m2	m2	m3	m2	个	m
1	圆形 直线 砖砌 盖板式 Φ1250 D=800 筒径700筒高0.4m 0.8m 3m以内	2	2	0.566	0.8	0.396	4.579	33.102	1.432	4.937	1.758	1.052	2.298	12	2.757
2	圆形 直线 砖砌 盖板式 Φ1250 D=600 筒径700筒高0.4m 0.8m 3m以内	4	4	1.132	1.6	0.792	9.723	73.919	1.632	10.56	3.516	2.104	4.596	31	2.659
3	圆形 四通 砖砌 盖板式 Φ1500 D=800 筒径700筒高0.4m 0.8m 3m以内	3	3	0.849	1.2	0.84	8.608	63.332	2.318	11.763	2.637	2.037	3.918	21	2.954
4	圆形 直线 砖砌 盖板式 Φ1500 D=800 筒径700筒高0.4m 0.8m 3m以内	7	7	1.981	2.8	1.96	19.922	147.143	4.886	28.189	6.153	4.753	9.142	49	2.955
5	圆形 直线 砖砌 盖板式 Φ1500 D=600 筒径700筒高0.4m 0.8m 3.5m以内	6	6	1.698	2.4	1.68	18.706	138.242	5.42	21.678	5.274	4.074	7.836	47	3.118
6	圆形 四通 砖砌 盖板式 Φ1500 D=600 筒径700筒高0.4m 0.8m 3.5m以内	2	2	0.566	0.8	0.56	6.214	46.084	1.62	7.736	1.758	1.358	2.612	16	3.125
7	合计	24	24	6.79	9.6	6.23	67.75	501.8	17.31	84.86	21.1	15.38	30.4	176	

图9-139　“工程量查看”对话框

（3）手算对比　管道铺设工程量见表9-9。检查井工程量见表9-10。

表 9-9　管道铺设工程量

井号	管长/m	管长（扣井）/m	管径/m	管基图集编号	管壁 t/m	C_1/m	C_2/m	放坡系数	工作面 a/m	沟槽底宽/m	管下基础 C_1/m^3	管周基础 C_2/m^3
YA1			0.8	06MS201-1-10	0.08	0.15	0.356					
	30	29.05						0.75	0.5	1.96	9.03	18.27
YA2			0.6	06MS201-1-10	0.06	0.1	0.267					
	30	29.05						0.75	0.5	1.72	5.21	12.07
YA3			0.6	06MS201-1-10	0.06	0.1	0.267					
	40	38.925						0.75	0.5	1.72	6.99	16.17
YA4			0.8	06MS201-1-10	0.08	0.15	0.356					
YA4			0.8	06MS201-1-10	0.08	0.15	0.356					
								0.75	0.5	1.96	12.06	24.40
YA5			0.8	06MS201-1-10	0.08	0.15	0.356					
	40	38.8						0.75	0.5	1.96	12.06	24.40
YA6			0.8	06MS201-1-10	0.08	0.15	0.356					
	40	38.8						0.75	0.5	1.96	12.06	24.40
YA7			0.8	06MS201-1-10	0.08	0.15	0.356					
	40	38.8						0.75	0.5	1.96	12.06	24.40
YA8			0.8	06MS201-1-10	0.08	0.15	0.356					
	40	38.8						0.75	0.5	1.96	12.06	24.40
YA9			0.8	06MS201-1-10	0.08	0.15	0.356					
	40	38.8						0.75	0.5	1.96	12.06	24.40
YA10			0.8	06MS201-1-10	0.08	0.15	0.356					
	40	38.8						0.75	0.5	1.96	12.06	24.40
YA11			0.8	06MS201-1-10	0.08	0.15	0.356					
	40	38.8						0.75	0.5	1.96	12.06	24.40
YA12			0.8	06MS201-1-10	0.08	0.15	0.356					
	40	38.8						0.75	0.5	1.96	12.06	24.40
YA13			0.8	06MS201-1-10	0.08	0.15	0.356					
	40	38.8						0.75	0.5	1.96	12.06	24.40
Y2-2-1			0.8	06MS201-1-10	0.08	0.15	0.356					
	40	38.8										
Y2-2-2			0.8	06MS201-1-10	0.08	0.15	0.356					
	40	38.8						0.75	0.5	1.96	12.06	24.40
YB9			0.8	06MS201-1-10	0.08	0.15	0.356					
	40	38.8						0.75	0.5	1.96	12.06	24.40
YB8			0.8	06MS201-1-10	0.08	0.15	0.356					
	40	38.8						0.75	0.5	1.96	12.06	24.40
YB7			0.8	06MS201-1-10	0.08	0.15	0.356					
	40	38.8						0.75	0.5	1.96	12.06	24.40
YB6			0.8	06MS201-1-10	0.08	0.15	0.356					
	40	38.8						0.75	0.5	1.96	12.06	24.40
YB5			0.8	06MS201-1-10	0.08	0.15	0.356					
	40	38.8						0.75	0.5	1.96	12.06	24.40
YB4			0.8	06MS201-1-10	0.08	0.15	0.356					
YB4			0.6	06MS201-1-10	0.06	0.1	0.267					
	40	38.925						0.75	0.5	1.72	6.99	16.17
YB3			0.6	06MS201-1-10	0.06	0.1	0.267					
	30	29.05						0.75	0.5	1.72	5.21	12.07
YB2			0.6	06MS201-1-10	0.06	0.1	0.267					
	25	24.05						0.75	0.5	1.72	4.32	9.99
YB1			0.6	06MS201-1-10	0.06	0.1	0.267					
	3	2.525						0.75	0.5	1.72	0.45	1.05
			0.6	06MS201-1-10	0.06	0.1	0.267					
主管合计	838	812.38									231.20	476.26

（续）

井号	管长/m	管长（扣井）/m	管径/m	管基图集编号	管壁 t/m	C_1/m	C_2/m	放坡系数	工作面 a/m	沟槽底宽/m	管下基础 C_1/m^3	管周基础 C_2/m^3
YA1×30	7.57	7.096	0.3	06MS201-1-10	0.03	0.1	0.133	0	0.4	1.16	0.82	0.85
			0.3	06MS201-1-10	0.03	0.1	0.133					
YA4×10	8.468	7.869	0.3	06MS201-1-10	0.03	0.1	0.133	0	0.4	1.16	0.91	0.85
			0.3	06MS201-1-10	0.03	0.1	0.133					
YA3×4	7.705	7.105	0.3	06MS201-1-10	0.03	0.1	0.133	0	0.4	1.16	0.82	0.85
			0.3	06MS201-1-10	0.03	0.1	0.133					
连管合计	342.600	317.74									37.12	38.42
YA4×2	16	15.4	0.6	06MS201-1-10	0.06	0.1	0.267	0.75	0.5	1.72	2.76	6.40
			0.6	06MS201-1-10	0.06	0.1	0.267					
YA8×2	16	15.4	0.6	06MS201-1-10	0.06	0.1	0.267	0.75	0.5	1.72	2.76	6.40
			0.6	06MS201-1-10	0.06	0.1	0.267					
YA12×2	16	15.4	0.6	06MS201-1-10	0.06	0.1	0.267	0.75	0.5	1.72	2.76	6.40
			0.6	06MS201-1-10	0.06	0.1	0.267					
YB7×2	16	15.4	0.6	06MS201-1-10	0.06	0.1	0.267	0.75	0.5	1.72	2.76	6.40
			0.6	06MS201-1-10	0.06	0.1	0.267					
YB8×2	16	15.4	0.6	06MS201-1-10	0.06	0.1	0.267	0.75	0.5	1.72	2.76	6.40
			0.6	06MS201-1-10	0.06	0.1	0.267					
预留管合计	160	154									27.64	63.99
手算合计	1340.600	1284.115									295.96	578.67
软件结果	D600：328；D800：670；D300：342.6	D600：316.525；D800：649.85；D300：317.74									295.70	578.60
量差对比											0%	0%

表 9-10 检查井工程量

井编号/名称	Y22-1-圆形 直线 砖砌 盖板式 Φ1500 D＝800 直径 700 筒高 0.4～0.8m 3.004m			图集编号：	06MS201-3-27
项目名称		计量单位	软件工程量	手工计算式	手算结果
井盖		个	1	1	1
井筒	体积	m^3	0.283	((0.7〈井筒内径〉+2×0.24〈井筒壁厚〉)/2)^2×3.14×0.4〈井筒高〉－(0.7〈井筒内径〉/2)^2×3.14×0.4〈井筒高〉	0.283
	高度	m	0.4	0.4〈井筒高〉	0.4
盖板	混凝土	m^3	0.28	(3.14×(0.18〈盖板搭接宽度〉+1.5〈井室内径〉/2)^2－3.14×(0.7〈井筒内径〉/2)^2)×0.12〈盖板厚〉	0.28
井室	砌砖	m^3	3.188	3.14×((1.5〈井室内径〉+0.24〈井室壁厚〉×2)/2)^2×2.564〈井室高〉－3.14×(1.5〈井室内径〉/2)^2×2.564〈井室高〉－0.724〈管道截面 1〉×0.24〈井室壁厚〉－0〈管道截面 2〉×0.24〈井室壁厚〉	3.188
	抹面	m^2	23.149	3.14×(1.5〈井室内径〉+0.24〈井室壁厚〉×2)×2.564〈井室高〉－0.724〈管道截面 1〉－0〈管道截面 2〉+3.14×1.5〈井室内径〉×(2.564〈井室高〉－0.8〈管径 1〉－0.08〈管壁厚 1〉)	23.149
勾缝		m^2	0.879	2×3.14×(0.7〈井筒内径〉/2)×0.4〈井筒高〉	0.879
流槽	混凝土	m^3	1.314	3.14×(1.5〈井室内径〉/2)^2×(0.8〈管径 1〉+0.08〈管壁厚 1〉)－3.14×(0〈管径 2〉/2)^2×1.5〈井室内径〉/2－(0〈管径 2〉+0.8〈管径 1〉)×(0.8〈管径 1〉/2)/2×1.5〈井室内径〉	1.314
	抹面	m^2	2.785	3.14×(1.5〈井室内径〉/2)^2－(0.8〈管径 1〉+0〈管径 2〉)×1.5〈井室内径〉/2+3.14×(D〈管径 2〉/2+0.08〈管壁厚 1〉)×1.5〈井室内径〉+0.8〈管径 1〉×Sqrt(((0.8〈管径 1〉－0〈管径 2〉)/2)^2+1.5〈井室内径〉^2)	2.785
基础(底板)	混凝土	m^3	0.679	3.14×((1.5〈井室内径〉+0.24〈井室壁厚〉×2+0.05〈基础扩大〉×2)/2)^2×0.2〈基础厚〉	0.679
	模板	m^3	1.306	(1.5〈井室内径〉+0.24〈井室壁厚〉×2+0.05〈基础扩大〉×2)×3.14×0.2〈基础厚〉	1.306
踏步/爬梯		个	7	Cell((3.084〈井深〉－0.8〈管径 1〉－2×0.08〈管壁厚 1〉)/0.36〈踏步间距〉)+1	7

结论：通过软件和手算工程量的对比，管长（不扣井）、管长（扣井）、管下基础 C1、管周基础 C2、检查井细部工程量基本没有误差，可忽略不计。

4. 常见问题解答

1）图纸常见问题。

① 识别纵断面时会发现某行无数据的情况，如图 9-140 所示第二个窗口中会发现有一行无管道的任何属性？

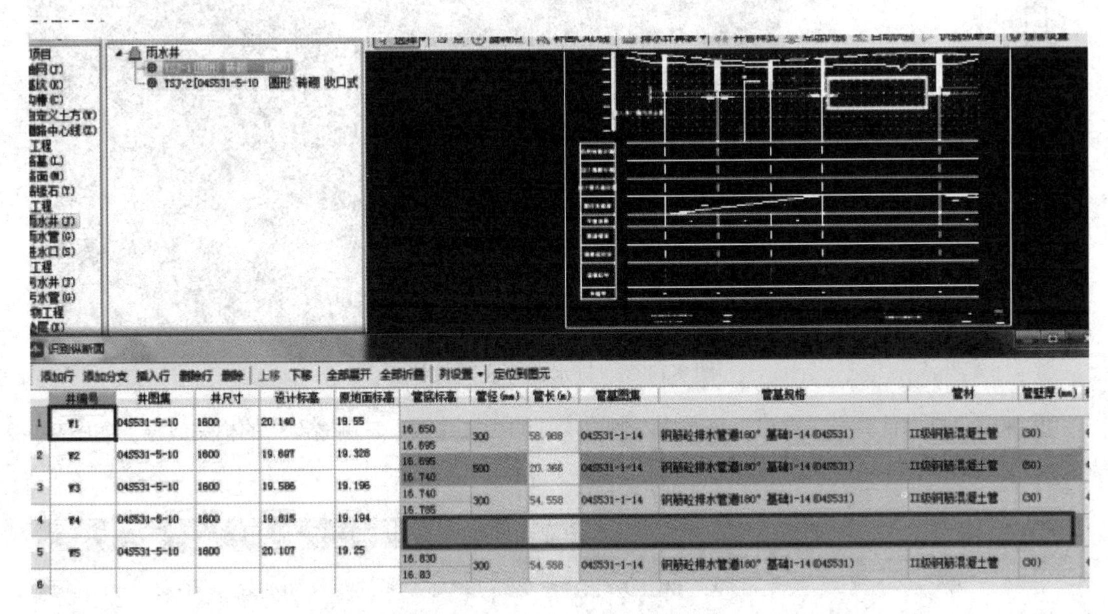

图 9-140　某行无内容示意图

造成此问题的原因是在原始 CAD 纵断面图中这部分无管道，所以识别出来是空的。

② 当图纸中两个井之间存在多余的数据（如标高、桩号等），如图 9-141 所示。

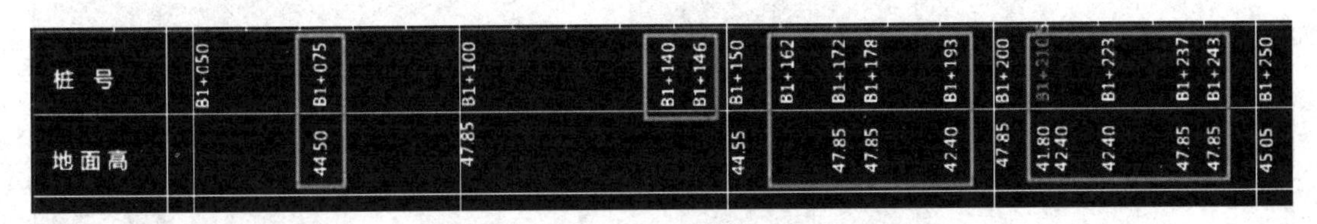

图 9-141　多余的数据

建议先把多余的数据在图纸中删除再进行识别，准确率会提高很多，如图 9-142 所示。

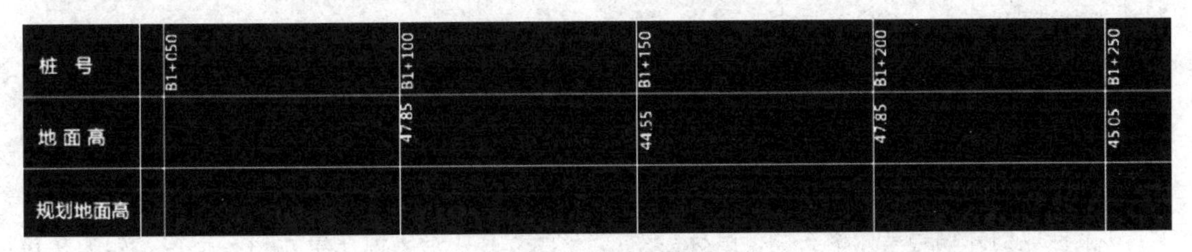

图 9-142　删除多余数据

2）如果拿不到 CAD 图纸的情况下，软件如何处理？

① 点击“排水计算表”功能按钮，如图 9-143 所示。

图 9-143 “排水计算表”按钮

② 弹出“排水计算表”窗口，该表格左侧输入井的相关数据，右侧输入管的相关数据，如图 9-144 所示。

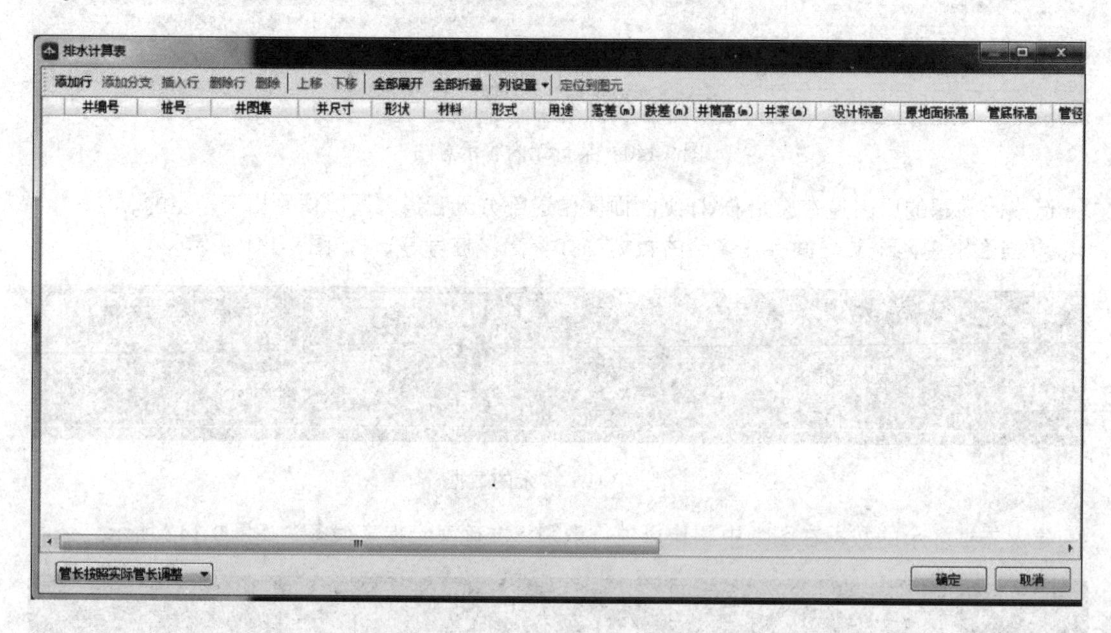

图 9-144 “排水计算表”对话框

③ 点击“添加行”按钮，添加行，多次点击添加多行，如图 9-145 所示。

④ 鼠标左键点击在井编号列最上一行单元格，输入井编号，如图 9-146 所示。

⑤ 鼠标放到井编号单元格右侧，鼠标会变成一个“ + ”号出现在单元格右下角，如图 9-147 所示。

⑥ 摁住鼠标左键向下拖拉，井编号会向下顺序增加序列号，如图 9-148 所示。

⑦ 双击桩号列第一个单元格，单元格右侧会出现“三点”按钮，如图 9-149 所示。

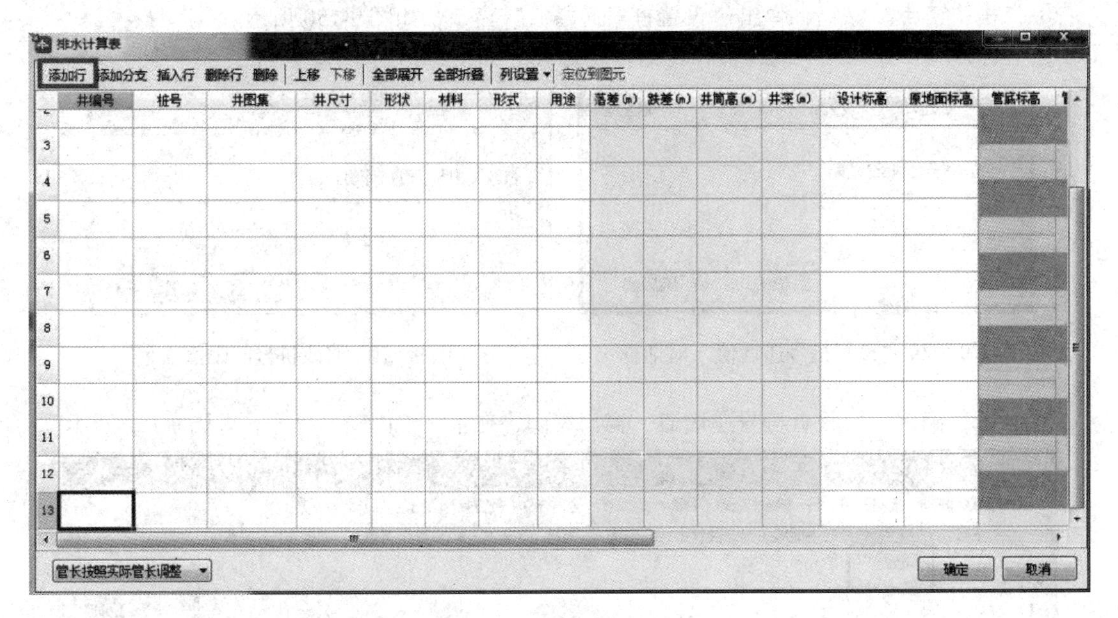

图 9-145　“添加行”按钮

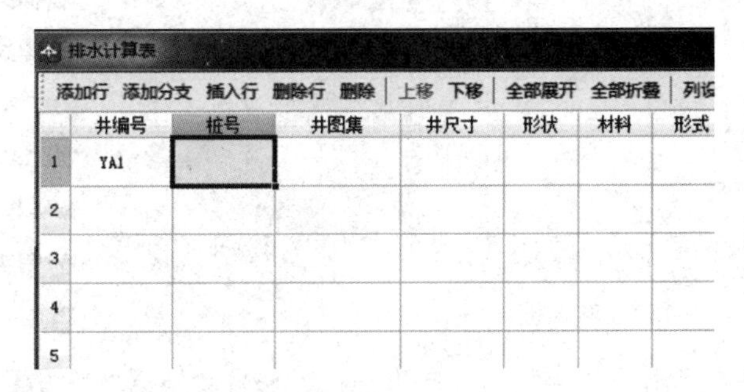

图 9-146　输入井编号

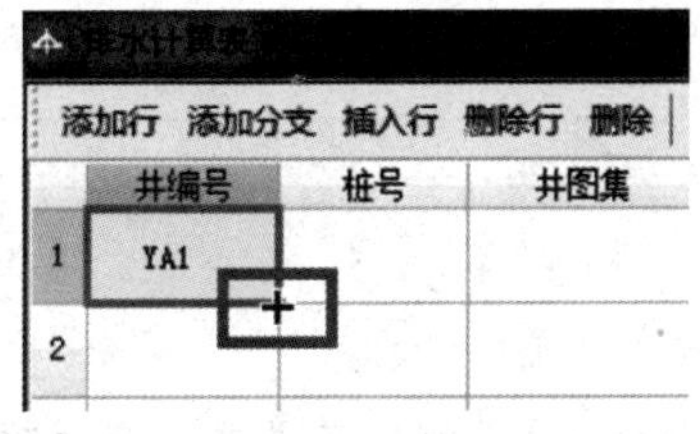

图 9-147　“+”号图例

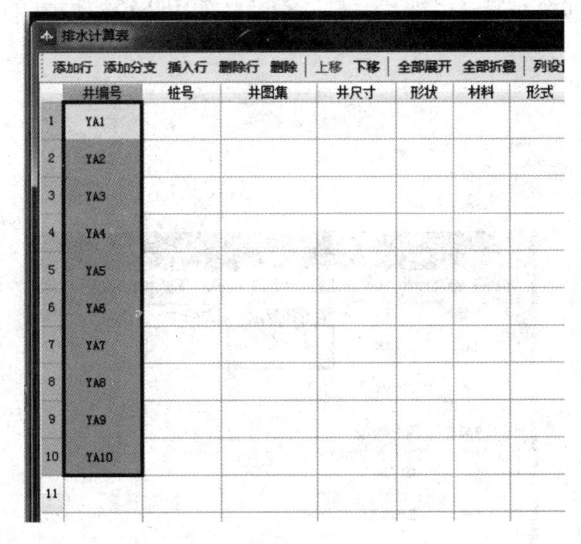

图 9-148　拖拉复制

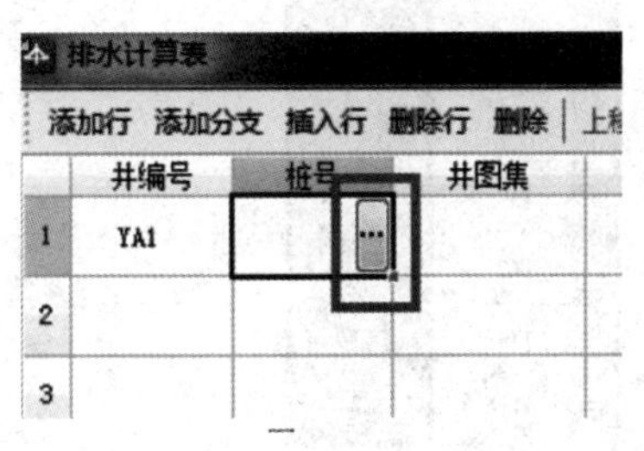

图 9-149　“三点”按钮

⑧ 点击“三点”按钮，弹出“设置桩号递增值”窗口，如图 9-150 所示。

⑨ 在输入框中输入桩号间距值，比如修改为 10，如图 9-151 所示。

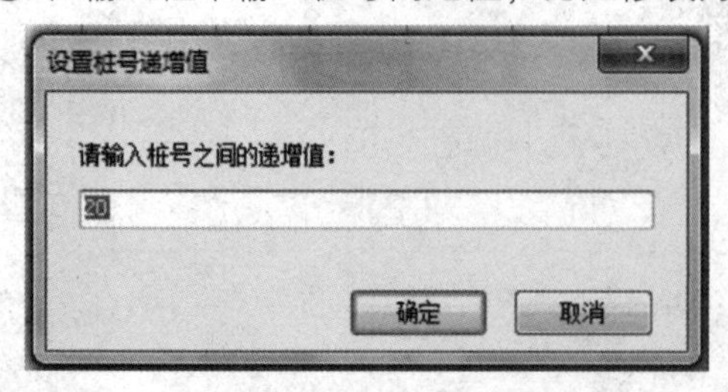

图 9-150 “设置桩号递增值”对话框

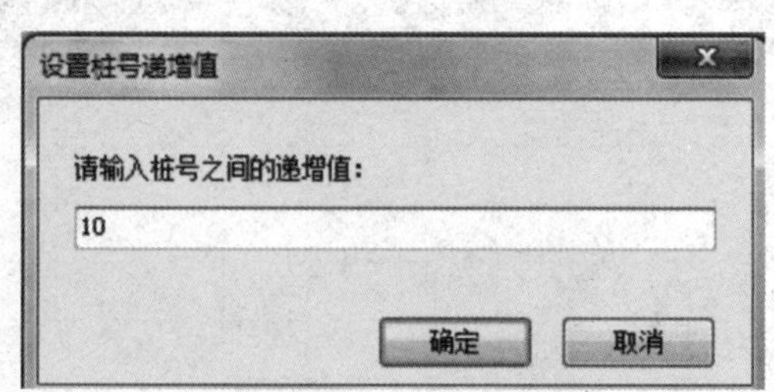

图 9-151 修改桩号间距值

⑩ 点击“确定”，“设置桩号递增值”窗口关闭，在单元格内输入桩号，如图 9-152 所示。

排水计算表

添加行 添加分支 插入行 删除行 删除 上移 下移 全部展开 全部折叠 列设置 定位到图元

	井编号	桩号	井图集	井尺寸	形状	材料	形式	用途	落差(m)	跌差(m)	井筒高(m)	井深(m)	设计标
1	YA1	K0+000								0	0	2	管外底标
2	YA2									0	0	2	管外底标
3	YA3									0	0	2	管外底标
4	YA4									0	0	2	管外底标
5	YA5									0	0	2	管外底标
6	YA6									0	0	2	管外底标
7	YA7									0	0	2	管外底标
8	YA8									0	0	2	管外底标

图 9-152 输入桩号

⑪ 鼠标放到单元格右下角，单元格右侧出现“ + ”号，向下拖拉，桩号会根据之前设置的递增值顺序递增，如图 9-153 所示。

⑫ 双击井图集列最上方单元格，单元格右侧会出现“三点”按钮，如图 9-154 所示。

排水计算表

添加行 添加分支 插入行 删除行 删除 上移 下移

	井编号	桩号	井图集	井尺寸
1	YA1	K0+000		
2	YA2	K0+010		
3	YA3	K0+020		
4	YA4	K0+030		
5	YA5	K0+040		
6	YA6	K0+050		
7	YA7	K0+060		
8	YA8	K0+070		
9	YA9	K0+080		
10	YA10	K0+090		

图 9-153 桩号的递增

排水计算表

添加行 添加分支 插入行 删除行 删除 上移 下移 全部展开 全部折叠

	井编号	桩号	井图集	井尺寸	形状	材料
1	YA1	K0+000	...			
2	YA2	K0+010				
3	YA3	K0+020				
4	YA4	K0+030				
5	YA5	K0+040				

图 9-154 “三点”按钮

⑬ 点击“三点”按钮，弹出“参数输入法”窗口，可以在此窗口内选择图集，如图 9-155 所示。

图 9-155　“参数输入法”对话框

⑭ 图集库里目前有 04S531 和 06MS201 两套标准图集和通用图集，如图 9-156 所示。

⑮ 点击“标准图集”按钮，弹出“选择标准图集”窗口，点击左上方选择框，下方会出现下拉选择菜单，鼠标左键点击选择不同的两套标准图集，如图 9-157 所示。

⑯ 图集选择成功后，会在选择框中显示选中的图集，如图 9-158 所示。

⑰ 图集选择完成后，选择图集编号，鼠标左键点击左侧图集列表要选择的图集编号，点击后该图集编号行会变成蓝色，并且右侧图形显示区域会显示出该图集内容，如图 9-159 所示。

图 9-156　“标准图集”与“通用图集”按钮

注：井的“通用图集”里包括常用的模块井图集和 12S522 模块井图集；管的“通用图集”里包括一些常用的管基形式，可以调整不同管径所对应的管基参数。

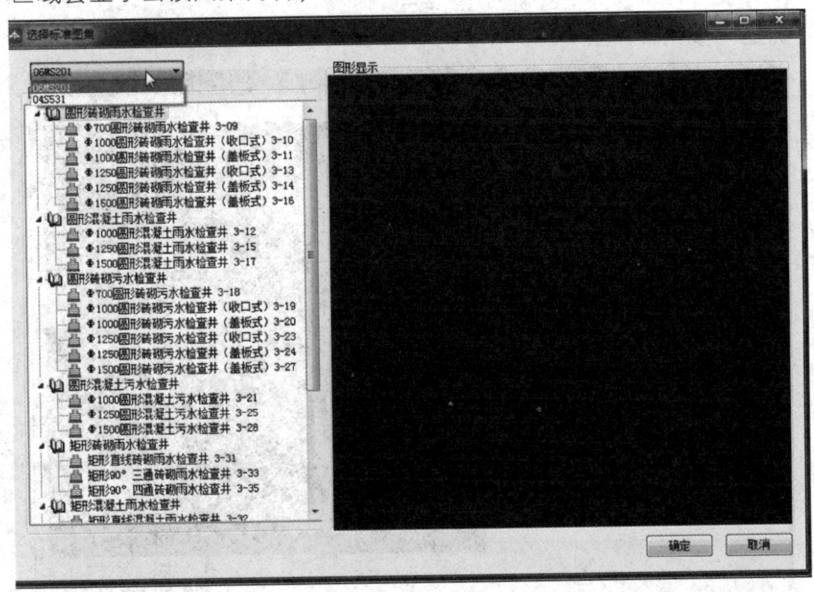

图 9-157　选择“标准图集”窗口

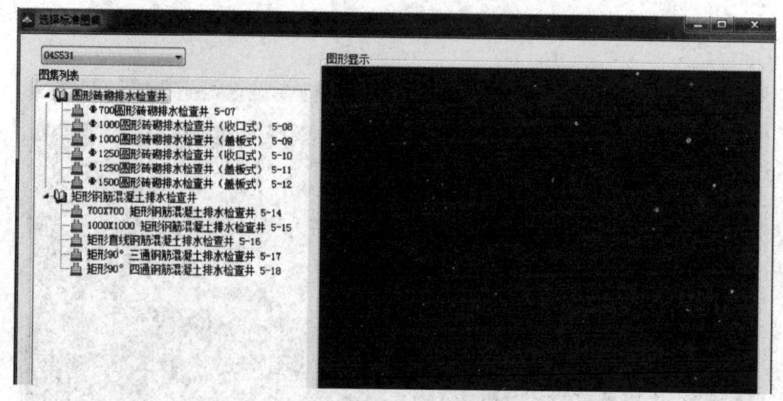

图 9-158　选择好的“标准图集”

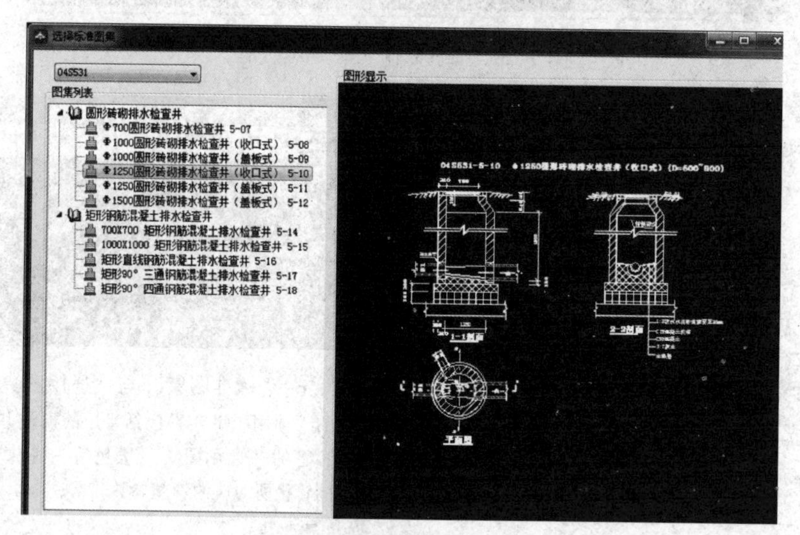

图 9-159　“标准图集”的显示

⑱ 点击“确定”按钮，如图 9-160 所示。

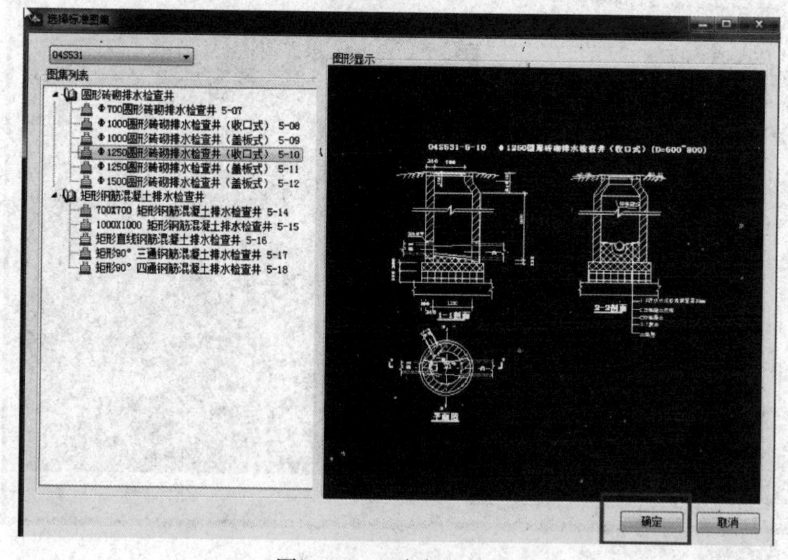

图 9-160　“确定”按钮

⑲ 选择标准图集窗口关闭，“参数输入法”窗口中显示出之前选中的图集内容，如图 9-161 所示。

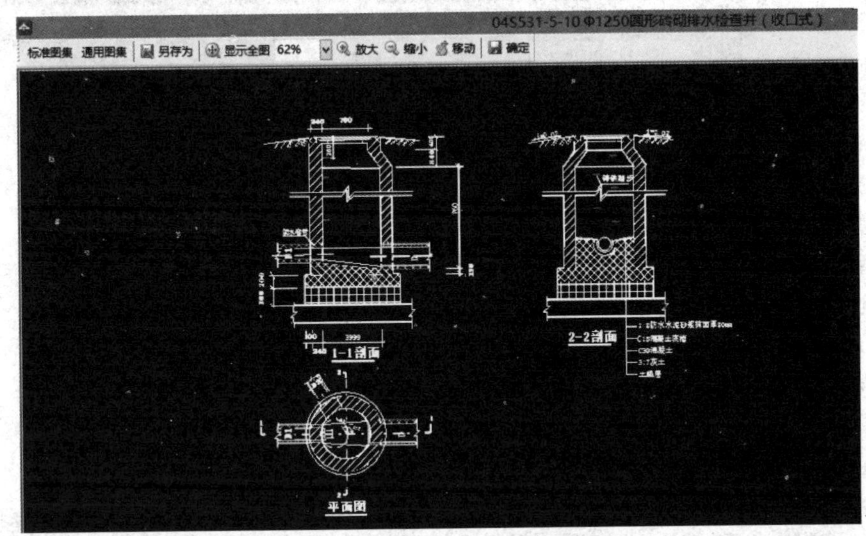

图 9-161　图集内容

⑳ 点击“确定”按钮，如图 9-162 所示。

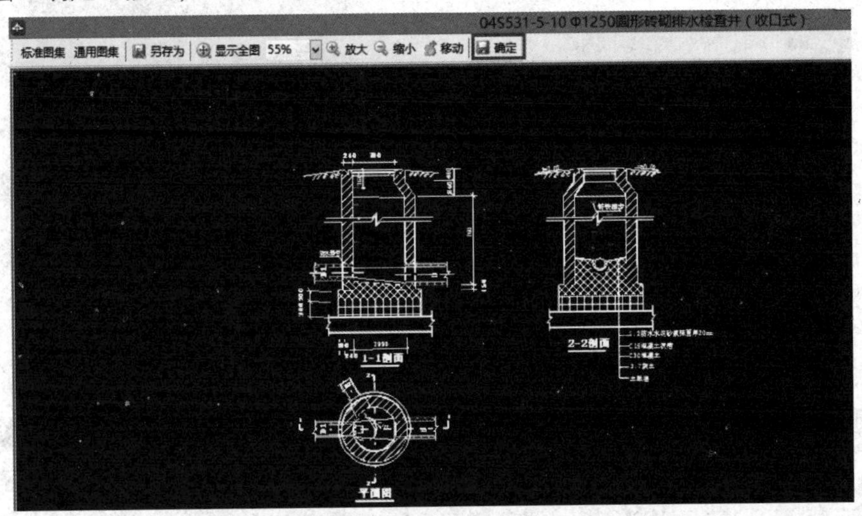

图 9-162　“确定”按钮

㉑“参数输入法”窗口关闭，选择的图集保存到识别纵断面窗口中，并在“排水计算表”显示出图集编号，右侧“形式属性”列会自动联动出井材料、形状、形式，如图 9-163 所示。

排水计算表

添加行 添加分支 插入行 删除行 删除 | 上移 下移 | 全部展开 全部折叠 | 列设置 | 定位到图元

	井编号	桩号	井图集	井尺寸	形状	材料	形式	用途	落差(m)	跌差(m)	井筒高(m
1	YA1	K0+000	04S531-5-10	1000	圆形	砖砌	收口式			0	0.4
2	YA2	K0+010								0	0.4
3	YA3	K0+020								0	0
4	YA4	K0+030								0	0
5	YA5	K0+040								0	0
6	YA6	K0+050								0	0

图 9-163　“排水计算表”对话框

㉒ 鼠标放到单元格右下角，单元格右侧出现“ + ”号，向下拖拉，井图集会向下复制，并联

动出井材料、形状、形式，如图 9-164 所示。

㉓ 设计标高列依次输入数值，如果设计标高值一样，将鼠标放到单元格右下角，单元格右侧出现“+”号，向下拖拉复制，如图 9-165 所示。

㉔ 原地面标高列依次输入数值，如果原地面标高值一样，将鼠标放到单元格右下角，单元格右侧出现“+”号，向下拖拉复制，如图 9-166 所示。

排水计算表

添加行 添加分支 插入行 删除行 删除 | 上移 下移 | 全部展开 全部折叠 | 列设置 ▾ 定位到图元

	井编号	桩号	井图集	井尺寸	形状	材料	形式	用途	落差(m)	跌差(m)	井筒高(m)	井深(m)	设计标高	原地面标高	管底标高
1	YA1	K0+000	04S531-5-10	1000	圆形	砖砌	收口式			0	0.4	2	管外底标高+2	0	
2	YA2	K0+010	04S531-5-10	1000	圆形	砖砌	收口式			0	0.4	2	管外底标高+2	0	
3	YA3	K0+020	04S531-5-10	1000	圆形	砖砌	收口式			0	0.4	2	管外底标高+2	0	
4	YA4	K0+030	04S531-5-10	1000	圆形	砖砌	收口式			0	0.4	2	管外底标高+2	0	
5	YA5	K0+040	04S531-5-10	1000	圆形	砖砌	收口式			0	0.4	2	管外底标高+2	0	
6	YA6	K0+050	04S531-5-10	1000	圆形	砖砌	收口式			0	0.4	2	管外底标高+2	0	
7	YA7	K0+060	04S531-5-10	1000	圆形	砖砌	收口式			0	0.4	2	管外底标高+2	0	
8	YA8	K0+070	04S531-5-10	1000	圆形	砖砌	收口式			0	0.4	2	管外底标高+2	0	
9	YA9	K0+080	04S531-5-10	1000	圆形	砖砌	收口式			0	0.4	2	管外底标高+2	0	
10	YA10	K0+090	04S531-5-10	1000	圆形	砖砌	收口式			0	0.4	2	管外底标高+2	0	
11															

图 9-164 “井图集”拖拉操作

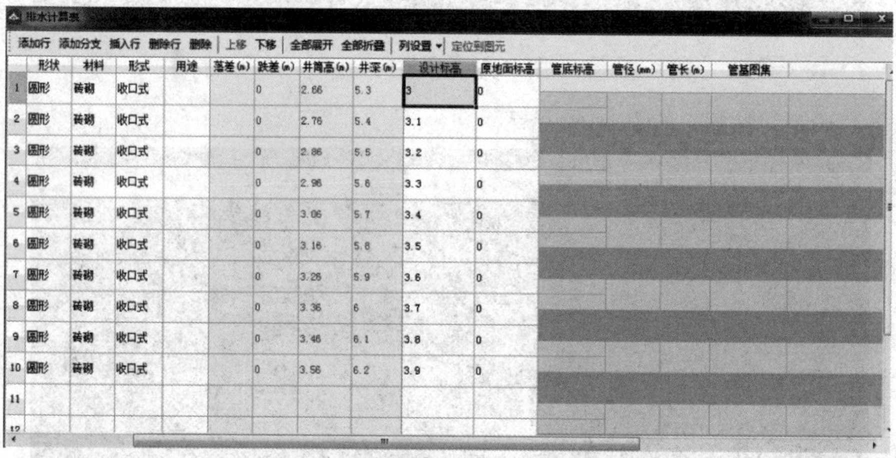

排水计算表

添加行 添加分支 插入行 删除行 删除 | 上移 下移 | 全部展开 全部折叠 | 列设置 ▾ 定位到图元

	形状	材料	形式	用途	落差(m)	跌差(m)	井筒高(m)	井深(m)	设计标高	原地面标高	管底标高	管径(mm)	管长(m)	管基图集
1	圆形	砖砌	收口式			0	2.66	5.3	3	0				
2	圆形	砖砌	收口式			0	2.76	5.4	3.1	0				
3	圆形	砖砌	收口式			0	2.86	5.5	3.2	0				
4	圆形	砖砌	收口式			0	2.96	5.6	3.3	0				
5	圆形	砖砌	收口式			0	3.06	5.7	3.4	0				
6	圆形	砖砌	收口式			0	3.16	5.8	3.5	0				
7	圆形	砖砌	收口式			0	3.26	5.9	3.6	0				
8	圆形	砖砌	收口式			0	3.36	6	3.7	0				
9	圆形	砖砌	收口式			0	3.46	6.1	3.8	0				
10	圆形	砖砌	收口式			0	3.56	6.2	3.9	0				
11														
12														

图 9-165 “设计标高”拖拉操作

排水计算表

添加行 添加分支 插入行 删除行 删除 | 上移 下移 | 全部展开 全部折叠 | 列设置 ▾ 定位到图元

	形状	材料	形式	用途	落差(m)	跌差(m)	井筒高(m)	井深(m)	设计标高	原地面标高	管底标高	管径(mm)	管长(m)	管基图集
1	圆形	砖砌	收口式			0	2.66	5.3	3	2				
2	圆形	砖砌	收口式			0	2.76	5.4	3.1	2				
3	圆形	砖砌	收口式			0	2.86	5.5	3.2	2				
4	圆形	砖砌	收口式			0	2.96	5.6	3.3	2				
5	圆形	砖砌	收口式			0	3.06	5.7	3.4	2				
6	圆形	砖砌	收口式			0	3.16	5.8	3.5	2				
7	圆形	砖砌	收口式			0	3.26	5.9	3.6	2				
8	圆形	砖砌	收口式			0	3.36	6	3.7	2				
9	圆形	砖砌	收口式			0	3.46	6.1	3.8	2				
10	圆形	砖砌	收口式			0	3.56	6.2	3.9	2				
11														
12														

图 9-166 “原地面标高”拖拉操作

㉕ 管底标高列依次输入数值，如果管底标高有一样的，将鼠标放到单元格右下角，单元格右侧出现“+”号，向下拖拉复制，如图 9-167 所示。

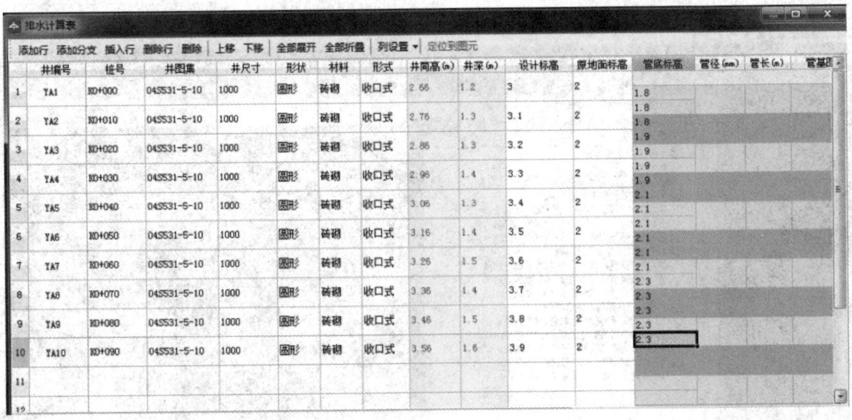

排水计算表

添加行　添加分支　插入行　删除行　删除　上移　下移　全部展开　全部折叠　列设置　定位到图元

	井编号	桩号	井图集	井尺寸	形状	材料	形式	井筒高(m)	井深(m)	设计标高	原地面标高	管底标高	管径(mm)	管长(m)	管基图
1	YA1	K0+000	04S531-5-10	1000	圆形	砖砌	收口式	2.66	1.2	3	2	1.8 1.8			
2	YA2	K0+010	04S531-5-10	1000	圆形	砖砌	收口式	2.76	1.3	3.1	2	1.8 1.9			
3	YA3	K0+020	04S531-5-10	1000	圆形	砖砌	收口式	2.86	1.3	3.2	2	1.9 1.9			
4	YA4	K0+030	04S531-5-10	1000	圆形	砖砌	收口式	2.96	1.4	3.3	2	1.9 2.1			
5	YA5	K0+040	04S531-5-10	1000	圆形	砖砌	收口式	3.06	1.3	3.4	2	2.1 2.1			
6	YA6	K0+050	04S531-5-10	1000	圆形	砖砌	收口式	3.16	1.4	3.5	2	2.1 2.1			
7	YA7	K0+060	04S531-5-10	1000	圆形	砖砌	收口式	3.26	1.5	3.6	2	2.1 2.3			
8	YA8	K0+070	04S531-5-10	1000	圆形	砖砌	收口式	3.36	1.4	3.7	2	2.3 2.3			
9	YA9	K0+080	04S531-5-10	1000	圆形	砖砌	收口式	3.46	1.5	3.8	2	2.3 2.3			
10	YA10	K0+090	04S531-5-10	1000	圆形	砖砌	收口式	3.56	1.6	3.9	2				
11															

图 9-167　“管底标高”拖拉操作

㉖ 管径列依次输入数值，当管径有一样的，将鼠标放到单元格右下角，单元格右侧出现“+”号，向下拖拉复制，如图 9-168 所示。

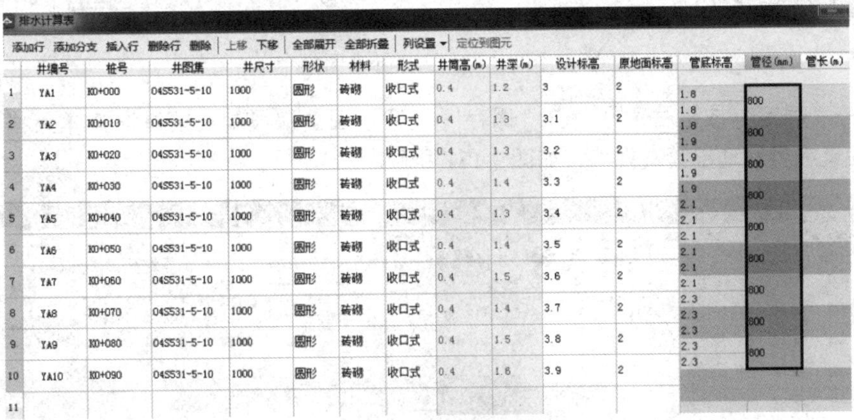

排水计算表

添加行　添加分支　插入行　删除行　删除　上移　下移　全部展开　全部折叠　列设置　定位到图元

	井编号	桩号	井图集	井尺寸	形状	材料	形式	井筒高(m)	井深(m)	设计标高	原地面标高	管底标高	管径(mm)	管长(m)
1	YA1	K0+000	04S531-5-10	1000	圆形	砖砌	收口式	0.4	1.2	3	2	1.8 1.8	800	
2	YA2	K0+010	04S531-5-10	1000	圆形	砖砌	收口式	0.4	1.3	3.1	2	1.8 1.9	800	
3	YA3	K0+020	04S531-5-10	1000	圆形	砖砌	收口式	0.4	1.3	3.2	2	1.9 1.9	800	
4	YA4	K0+030	04S531-5-10	1000	圆形	砖砌	收口式	0.4	1.4	3.3	2	1.9 2.1	800	
5	YA5	K0+040	04S531-5-10	1000	圆形	砖砌	收口式	0.4	1.3	3.4	2	2.1 2.1	800	
6	YA6	K0+050	04S531-5-10	1000	圆形	砖砌	收口式	0.4	1.4	3.5	2	2.1 2.1	800	
7	YA7	K0+060	04S531-5-10	1000	圆形	砖砌	收口式	0.4	1.5	3.6	2	2.1 2.3	800	
8	YA8	K0+070	04S531-5-10	1000	圆形	砖砌	收口式	0.4	1.4	3.7	2	2.3 2.3	800	
9	YA9	K0+080	04S531-5-10	1000	圆形	砖砌	收口式	0.4	1.5	3.8	2	2.3 2.3	800	
10	YA10	K0+090	04S531-5-10	1000	圆形	砖砌	收口式	0.4	1.6	3.9	2			
11														

图 9-168　“管径”拖拉操作

㉗ 管长列依次输入数字值，当管长有一样的，将鼠标放到单元格右下角，单元格右侧出现“+”号，向下拖拉复制，如图 9-169 所示。

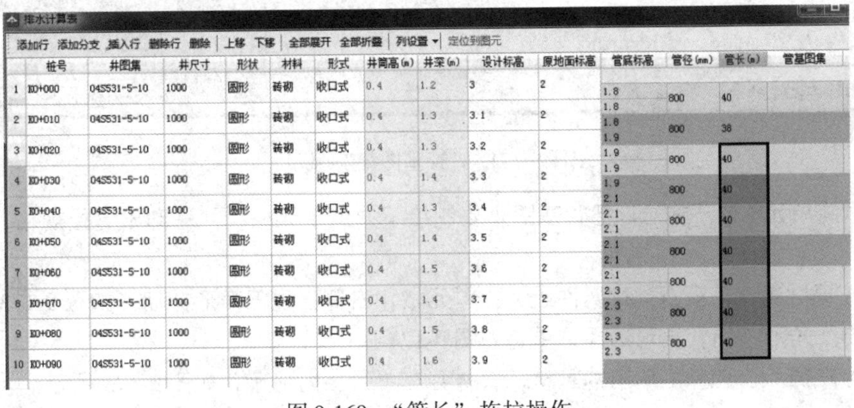

排水计算表

添加行　添加分支　插入行　删除行　删除　上移　下移　全部展开　全部折叠　列设置　定位到图元

	桩号	井图集	井尺寸	形状	材料	形式	井筒高(m)	井深(m)	设计标高	原地面标高	管底标高	管径(mm)	管长(m)	管基图集
1	K0+000	04S531-5-10	1000	圆形	砖砌	收口式	0.4	1.2	3	2	1.8 1.8	800	40	
2	K0+010	04S531-5-10	1000	圆形	砖砌	收口式	0.4	1.3	3.1	2	1.8 1.9	800	38	
3	K0+020	04S531-5-10	1000	圆形	砖砌	收口式	0.4	1.3	3.2	2	1.9 1.9	800	40	
4	K0+030	04S531-5-10	1000	圆形	砖砌	收口式	0.4	1.4	3.3	2	1.9 2.1	800	40	
5	K0+040	04S531-5-10	1000	圆形	砖砌	收口式	0.4	1.3	3.4	2	2.1 2.1	800	40	
6	K0+050	04S531-5-10	1000	圆形	砖砌	收口式	0.4	1.4	3.5	2	2.1 2.1	800	40	
7	K0+060	04S531-5-10	1000	圆形	砖砌	收口式	0.4	1.5	3.6	2	2.1 2.3	800	40	
8	K0+070	04S531-5-10	1000	圆形	砖砌	收口式	0.4	1.4	3.7	2	2.3 2.3	800	40	
9	K0+080	04S531-5-10	1000	圆形	砖砌	收口式	0.4	1.5	3.8	2	2.3 2.3	800	40	
10	K0+090	04S531-5-10	1000	圆形	砖砌	收口式	0.4	1.6	3.9	2				

图 9-169　“管长”拖拉操作

㉘ 管基图集，操作方式同井图集，同样是双击单元格点击三点按钮选择需要的图集及图集编号，如图 9-170 所示。

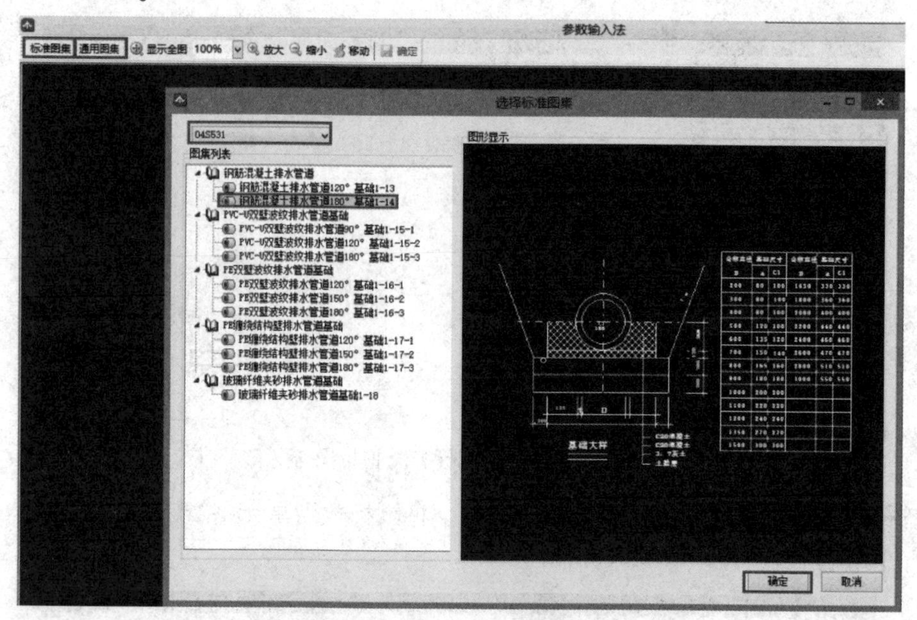

图 9-170　选择标准图集

㉙ 点击“确定”按钮后，再点击“保存”按钮，图集编号就在管基图集单元格内显示，并根据选择图集编号联动出管基规格，如图 9-171 所示。

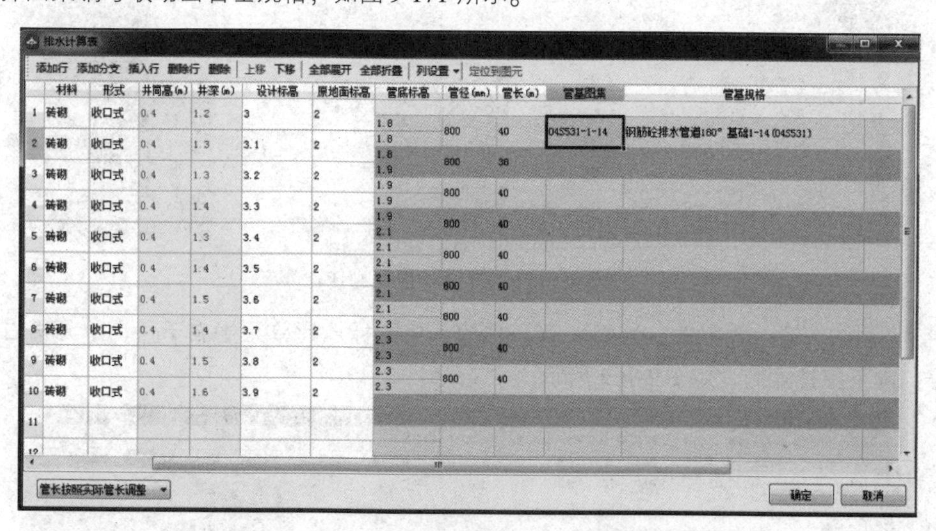

图 9-171　“管基图集”显示

㉚ 继续将单元格向下拖拉，把管基图集复制给下面的单元格，并联动出管径规格，如图 9-172 所示。

㉛ 输入管材属性，双击管材属性最上方单元格，右侧出现三角形按钮，如图 9-173 所示。

㉜ 点击三角形按钮，出现选择菜单，如图 9-174 所示。

㉝ 鼠标左键点击选择菜单中的管材，管材会在单元格内显示，如图 9-175 所示。

排水计算表

添加行 添加分支 插入行 删除行 删除 | 上移 下移 | 全部展开 全部折叠 | 列设置 | 定位到图元

	材料	形式	井筒高(m)	井深(m)	设计标高	原地面标高	管底标高	管径(mm)	管长(m)	管基图集	管基规格
1	砖砌	收口式	0.4	1.2	3	2	1.8 1.8	800	40	04S531-1-14	钢筋砼排水管道180° 基础1-14(04S531)
2	砖砌	收口式	0.4	1.3	3.1	2	1.8 1.9	800	38	04S531-1-14	钢筋砼排水管道180° 基础1-14(04S531)
3	砖砌	收口式	0.4	1.3	3.2	2	1.9 1.9	800	40	04S531-1-14	钢筋砼排水管道180° 基础1-14(04S531)
4	砖砌	收口式	0.4	1.4	3.3	2	1.9 2.1	800	40	04S531-1-14	钢筋砼排水管道180° 基础1-14(04S531)
5	砖砌	收口式	0.4	1.3	3.4	2	2.1 2.1	800	40	04S531-1-14	钢筋砼排水管道180° 基础1-14(04S531)
6	砖砌	收口式	0.4	1.4	3.5	2	2.1 2.1	800	40	04S531-1-14	钢筋砼排水管道180° 基础1-14(04S531)
7	砖砌	收口式	0.4	1.5	3.6	2	2.1 2.3	800	40	04S531-1-14	钢筋砼排水管道180° 基础1-14(04S531)
8	砖砌	收口式	0.4	1.4	3.7	2	2.3 2.3	800	40	04S531-1-14	钢筋砼排水管道180° 基础1-14(04S531)
9	砖砌	收口式	0.4	1.5	3.8	2	2.3 2.3	800	40	04S531-1-14	钢筋砼排水管道180° 基础1-14(04S531)
10	砖砌	收口式	0.4	1.6	3.9	2					

图 9-172　“管基图集”拖拉操作

排水计算表

添加行 添加分支 插入行 删除行 删除 | 上移 下移 | 全部展开 全部折叠 | 列设置 | 定位到图元

	设计标高	原地面标高	管底标高	管径(mm)	管长(m)	管基图集	管基规格	管材	管壁厚(mm)	标
1	3	2	1.8 1.8	800	40	04S531-1-14	钢筋砼排水管道180° 基础1-14(04S531)		(80)	
2	3.1	2	1.8 1.9	800	38	04S531-1-14	钢筋砼排水管道180° 基础1-14(04S531)		(80)	
3	3.2	2	1.9 1.9	800	40	04S531-1-14	钢筋砼排水管道180° 基础1-14(04S531)		(80)	
4	3.3	2	1.9 2.1	800	40	04S531-1-14	钢筋砼排水管道180° 基础1-14(04S531)		(80)	
5	3.4	2								

图 9-173　三角形按钮

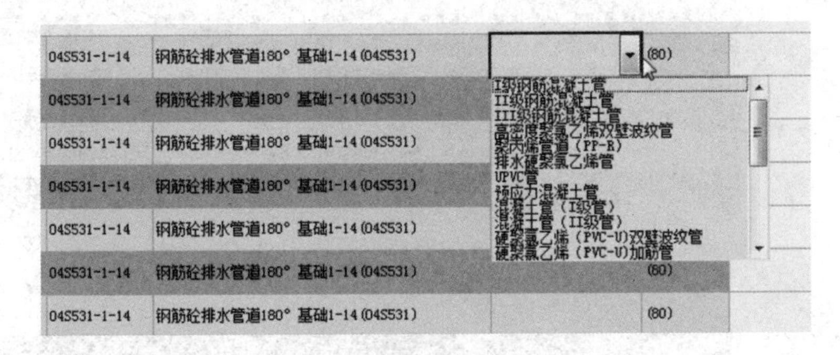

图 9-174　下拉菜单

折叠 | 列设置 | 定位到图元

基图集	管基规格	管材	管壁厚(mm)	标注管
1-1-14	钢筋砼排水管道180° 基础1-14(04S531)	II级钢筋混凝土管	(80)	
1-1-14	钢筋砼排水管道180° 基础1-14(04S531)		(80)	
1-1-14	钢筋砼排水管道180° 基础1-14(04S531)		(80)	
1-1-14	钢筋砼排水管道180° 基础1-14(04S531)		(80)	
1-1-14	钢筋砼排水管道180° 基础1-14(04S531)		(80)	
1-1-14	钢筋砼排水管道180° 基础1-14(04S531)		(80)	

图 9-175　“管材”显示

㉞ 继续将单元格向下拖拉，把管材复制给下面的单元格，如图 9-176 所示。

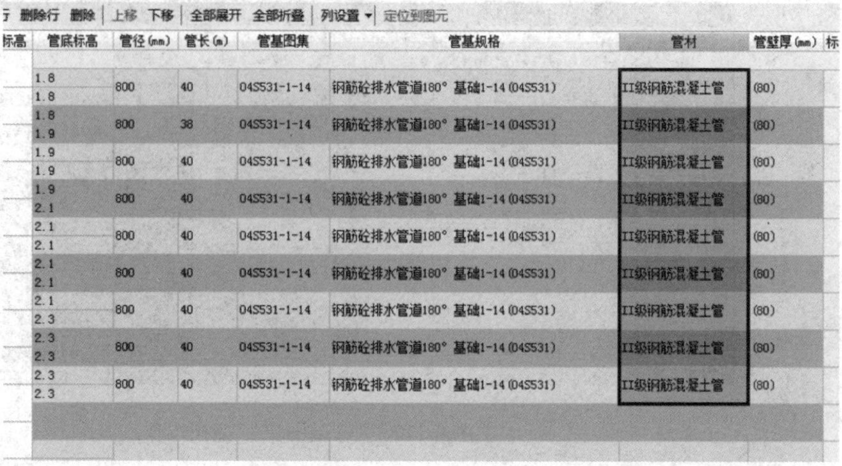

行 删除行 删除 | 上移 下移 | 全部展开 全部折叠 | 列设置 ▾ | 定位到图元

标高	管底标高	管径(mm)	管长(m)	管基图集	管基规格	管材	管壁厚(mm)	标
	1.8 1.8	800	40	04S531-1-14	钢筋砼排水管道180° 基础1-14 (04S531)	II级钢筋混凝土管	(80)	
	1.8 1.9	800	38	04S531-1-14	钢筋砼排水管道180° 基础1-14 (04S531)	II级钢筋混凝土管	(80)	
	1.9 1.9	800	40	04S531-1-14	钢筋砼排水管道180° 基础1-14 (04S531)	II级钢筋混凝土管	(80)	
	1.9 2.1	800	40	04S531-1-14	钢筋砼排水管道180° 基础1-14 (04S531)	II级钢筋混凝土管	(80)	
	2.1 2.1	800	40	04S531-1-14	钢筋砼排水管道180° 基础1-14 (04S531)	II级钢筋混凝土管	(80)	
	2.1 2.1	800	40	04S531-1-14	钢筋砼排水管道180° 基础1-14 (04S531)	II级钢筋混凝土管	(80)	
	2.1 2.3	800	40	04S531-1-14	钢筋砼排水管道180° 基础1-14 (04S531)	II级钢筋混凝土管	(80)	
	2.3 2.3	800	40	04S531-1-14	钢筋砼排水管道180° 基础1-14 (04S531)	II级钢筋混凝土管	(80)	
	2.3 2.3	800	40	04S531-1-14	钢筋砼排水管道180° 基础1-14 (04S531)	II级钢筋混凝土管	(80)	

图 9-176 “管材”拖拉操作

㉟ 管壁厚列，当输入管径后，管壁厚会根据管径值联动出管壁厚，如果管壁厚值需要修改，直接在单元格内输入，如图 9-177 所示。

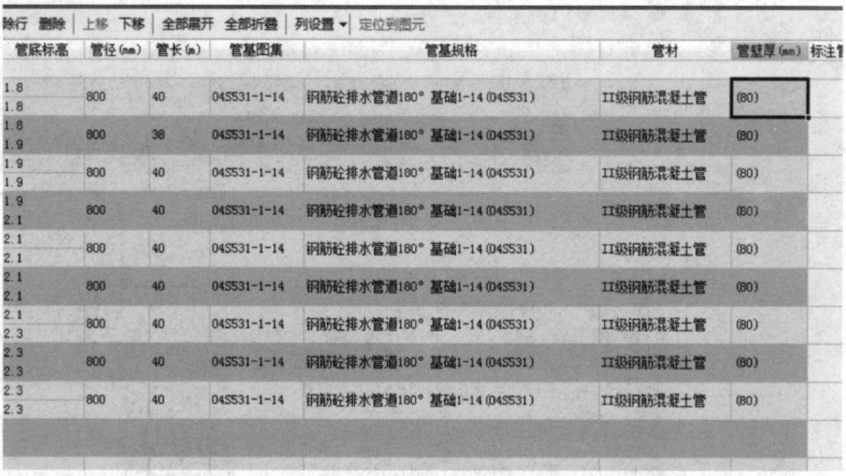

除行 删除 | 上移 下移 | 全部展开 全部折叠 | 列设置 ▾ | 定位到图元

管底标高	管径(mm)	管长(m)	管基图集	管基规格	管材	管壁厚(mm)	标注管
1.8 1.8	800	40	04S531-1-14	钢筋砼排水管道180° 基础1-14 (04S531)	II级钢筋混凝土管	(80)	
1.8 1.9	800	38	04S531-1-14	钢筋砼排水管道180° 基础1-14 (04S531)	II级钢筋混凝土管	(80)	
1.9 1.9	800	40	04S531-1-14	钢筋砼排水管道180° 基础1-14 (04S531)	II级钢筋混凝土管	(80)	
1.9 2.1	800	40	04S531-1-14	钢筋砼排水管道180° 基础1-14 (04S531)	II级钢筋混凝土管	(80)	
2.1 2.1	800	40	04S531-1-14	钢筋砼排水管道180° 基础1-14 (04S531)	II级钢筋混凝土管	(80)	
2.1 2.1	800	40	04S531-1-14	钢筋砼排水管道180° 基础1-14 (04S531)	II级钢筋混凝土管	(80)	
2.1 2.3	800	40	04S531-1-14	钢筋砼排水管道180° 基础1-14 (04S531)	II级钢筋混凝土管	(80)	
2.3 2.3	800	40	04S531-1-14	钢筋砼排水管道180° 基础1-14 (04S531)	II级钢筋混凝土管	(80)	
2.3 2.3	800	40	04S531-1-14	钢筋砼排水管道180° 基础1-14 (04S531)	II级钢筋混凝土管	(80)	

图 9-177 “管壁厚”显示

㊱ 点击“确定”按钮，如图 9-178 所示。

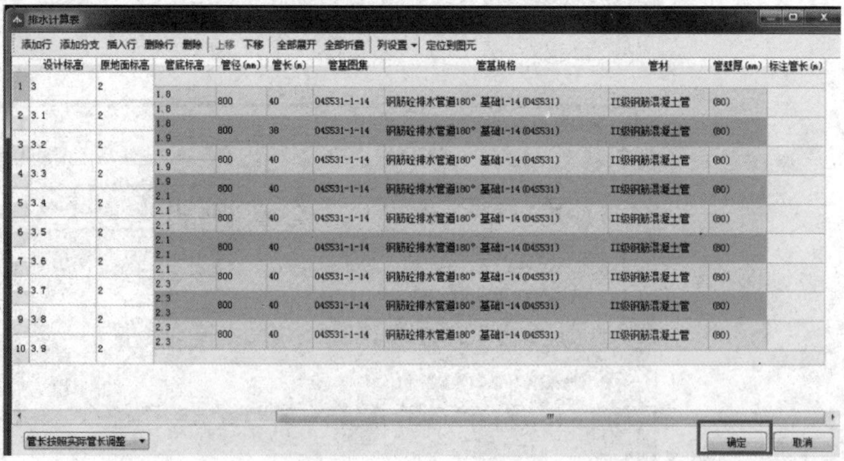

排水计算表

添加行 添加分支 插入行 删除行 删除 | 上移 下移 | 全部展开 全部折叠 | 列设置 ▾ | 定位到图元

	设计标高	原地面标高	管底标高	管径(mm)	管长(m)	管基图集	管基规格	管材	管壁厚(mm)	标注管长(m)
1	3	2	1.8 1.8	800	40	04S531-1-14	钢筋砼排水管道180° 基础1-14 (04S531)	II级钢筋混凝土管	(80)	
2	3.1	2	1.8 1.9	800	38	04S531-1-14	钢筋砼排水管道180° 基础1-14 (04S531)	II级钢筋混凝土管	(80)	
3	3.2	2	1.9 1.9	800	40	04S531-1-14	钢筋砼排水管道180° 基础1-14 (04S531)	II级钢筋混凝土管	(80)	
4	3.3	2	1.9 2.1	800	40	04S531-1-14	钢筋砼排水管道180° 基础1-14 (04S531)	II级钢筋混凝土管	(80)	
5	3.4	2	2.1 2.1	800	40	04S531-1-14	钢筋砼排水管道180° 基础1-14 (04S531)	II级钢筋混凝土管	(80)	
6	3.5	2	2.1 2.1	800	40	04S531-1-14	钢筋砼排水管道180° 基础1-14 (04S531)	II级钢筋混凝土管	(80)	
7	3.6	2	2.1 2.3	800	40	04S531-1-14	钢筋砼排水管道180° 基础1-14 (04S531)	II级钢筋混凝土管	(80)	
8	3.7	2	2.3 2.3	800	40	04S531-1-14	钢筋砼排水管道180° 基础1-14 (04S531)	II级钢筋混凝土管	(80)	
9	3.8	2	2.3 2.3	800	40	04S531-1-14	钢筋砼排水管道180° 基础1-14 (04S531)	II级钢筋混凝土管	(80)	
10	3.9	2								

管长按照实际管长调整 ▾ 确定 取消

图 9-178 “确定”按钮

㊲“排水计算表”窗口关闭，绘图区可以看见生成的井、管图元，如图 9-179 所示。

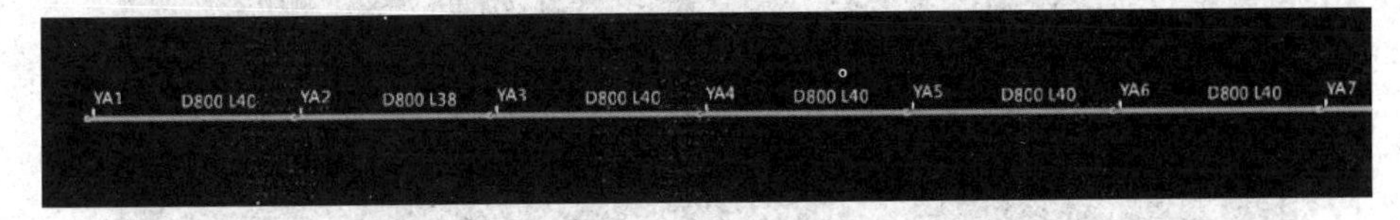

图 9-179　井、管图元

3）当矩形井角度位置不正确时，如何处理？如图 9-180 所示。

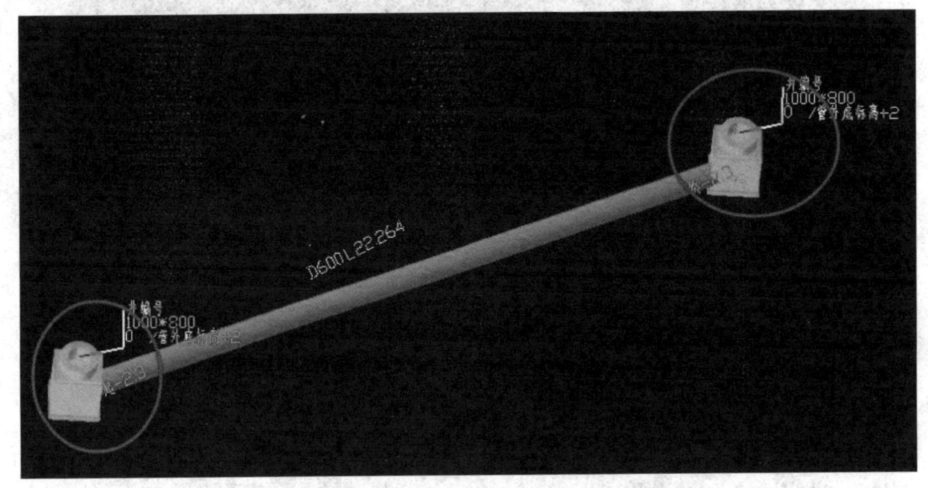

图 9-180　矩形井角度位置不正确

如图 9-181 所示，矩形井的方向出现偏差的情况下，可以通过软件工具栏“一键修正”功能进行矩形井的位置矫正。操作流程：单击“一键修正”→选择需要矫正的矩形井图元→最后“右键”确认。

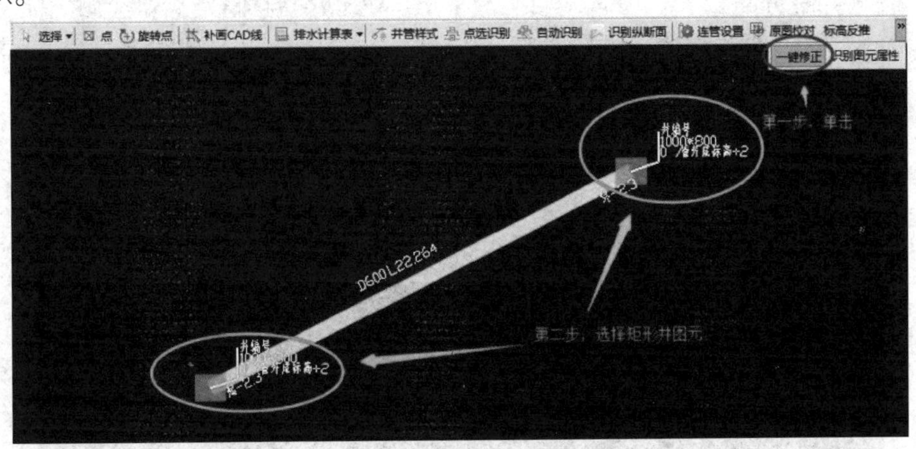

图 9-181　“一键修正”功能

右键确认以后，矩形井的图元位置就修正完毕，如图 9-182 所示。

4）井周加强如何处理？

可以切换到模块导航栏的检查井下，勾选“是否计算井周加强”（图 9-183），勾选之后，可以输入“加强范围”“加强顶标高”“模板顶标高”（图 9-184）。

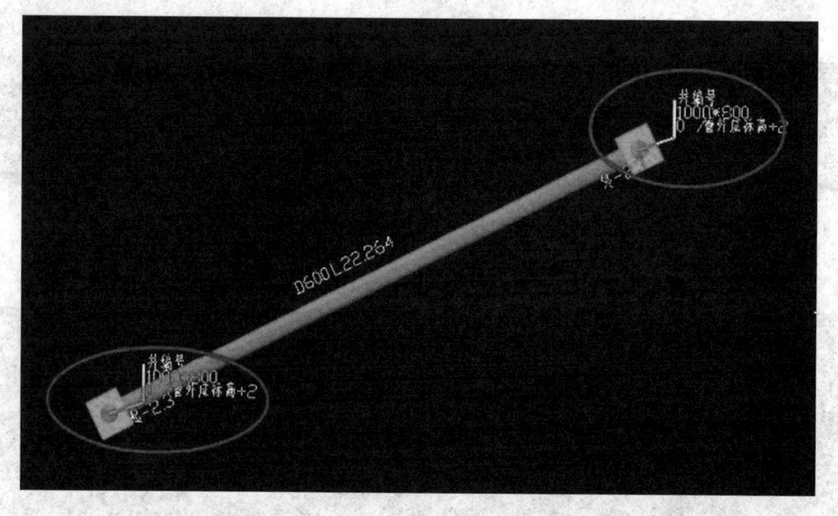

图 9-182　修正完毕

属性编辑器

	属性名称	属性值	附加
1	名称	TSJ-1	
2	井编号		
3	图集编号	06MS201-3-11	☑
4	井内底标高(m)	管外底标高	
5	原地面标高(m)	0.00	
6	设计标高(m)	管外底标高+2	
7	桩号		
8	⊟ 井型规格	圆形,砖砌,盖板式	☑
9	— 形状	圆形	☑
10	— 材料	砖砌	☑
11	— 形式	盖板式	☑
12	— 用途		☑
13	— 跌差(m)		
14	— 内径(mm)	1000	☑
15	是否计算井周加强	☐	
16	⊞ 其它属性		
18	⊞ 显示样式		

图 9-183　勾选“是否计算井周加强”

属性编辑器

	属性名称	属性值	附加
1	名称	TSJ-1	
2	井编号		
3	图集编号	06MS201-3-11	☑
4	井内底标高(m)	管外底标高	
5	原地面标高(m)	0.00	
6	设计标高(m)	管外底标高+2	
7	桩号		
8	⊟ 井型规格	圆形,砖砌,盖板式	☑
9	— 形状	圆形	☑
10	— 材料	砖砌	☑
11	— 形式	盖板式	☑
12	— 用途		☑
13	— 跌差(m)		
14	— 内径(mm)	1000	☑
15	⊟ 是否计算井周加强	☑	
16	— 加强范围(cm)	80.0	
17	— 加强顶标高(m)	设计标高-0.1	
18	— 模板顶标高(m)	设计标高-0.4	
19	⊞ 其它属性		
21	⊞ 显示样式		

图 9-184　输入“加强范围”“加强顶标高”“模板顶标高”

5）如何快速调整预留管的标高？如图 9-185 所示。

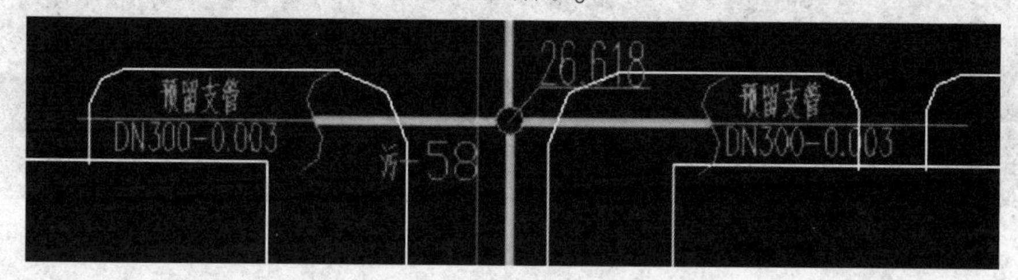

图 9-185　预留管的标高

有时排水工程中，预留管给出了坡度信息，软件中可以切换到模块导航栏中的井、管图层下，点击“标高反推”功能，弹出“标高反推”窗体→选择“参照井流向”，可以选择流入或流出；选择需要反推的标高，同步管内底标高、同步井原地面标高、同步井设计标高，如果需要同步管内底标高，还可以输入管道坡度。

选择完成后，按照提示信息在绘图区选择标高反推井管图元→选择完成后，切换到“选择标高参照井”命令下，在绘图区选择标高参照井图元→点击右键确认，提示标高反推成功。如图 9-186 所示。

6）软件中找不到需要的管道材质?

点击工程设置→管道设置，可以“添加管材”，设置管材类型（图 9-187），“添加管径”（图 9-188）。

7）一张排水平面图中包含两种标注样式，如图 9-189 所示。

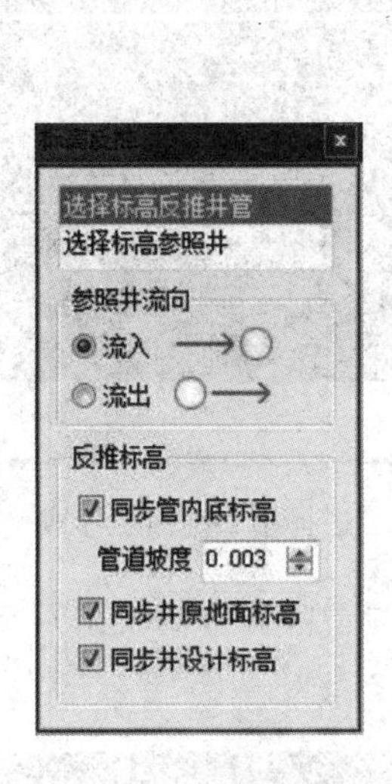

图 9-186 “标高反推”对话框

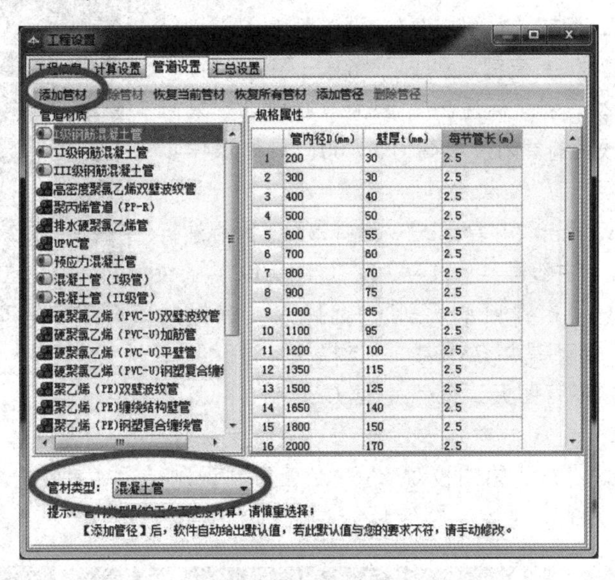

图 9-187　添加管材

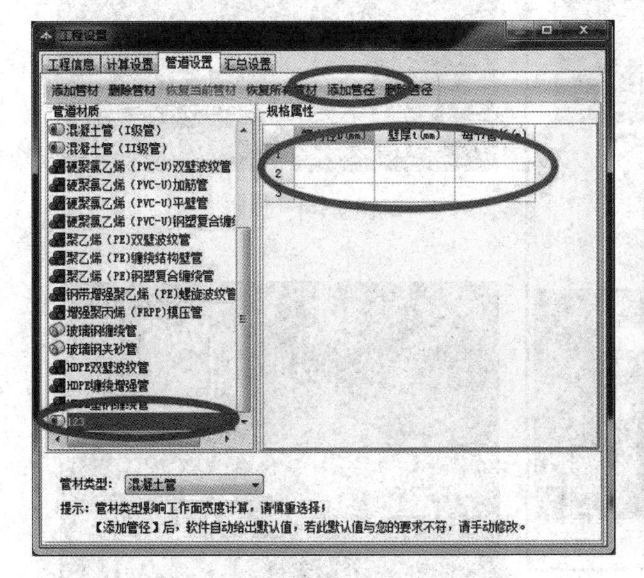

图 9-188　添加管径

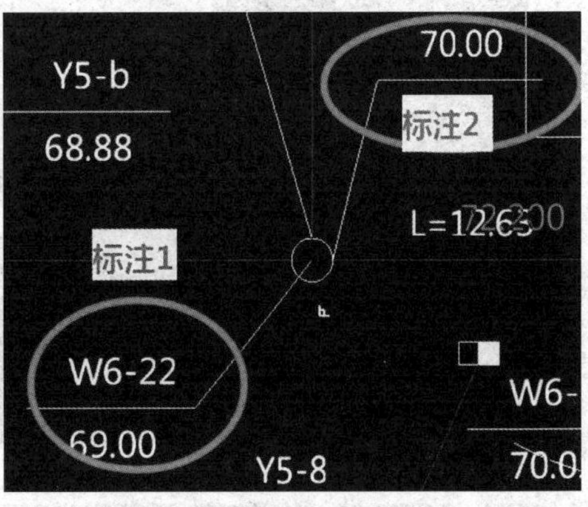

图 9-189　包含两种标注样式

① 先识别“标注1”，因为“标注1”中的“管内底标高69.00”属于与井W6-22相连的3根管的共有管内底标高信息，具体操作步骤如下：

A. 点击“井管样式”功能，在弹出窗体中选择第2种标注样式（图9-190）。

B. 点击“自动识别”，选择井、选择井标注、选择管、选择管标注，点击右键。

C. 点击“原图校对”，可以查看到识别结果，管内底标高都识别成了“69”（图9-191）。

② 识别“标注2”，因为“标注2”只表示一根管的管内底标高为70.00，具体操作步骤如下：

A. 点击“井管样式”，选择最后一种标注样式，把“井编号”修改为“空”（图9-192）。

B. 点击“自动识别”，选择井（选择井图元，而不是井CAD线）、选择井标注、选择管（选择管图元，而不是管CAD线），点击右键。

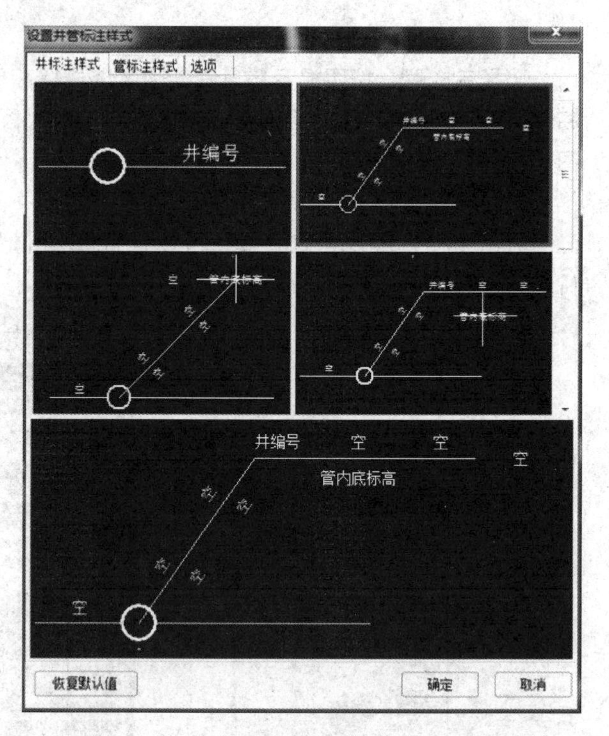

图9-190　选择第2种标注样式

C. 点击“原图校对”，可以查看到识别结果，其中一根管的管内底标高就识别成了“70”（图9-193）。

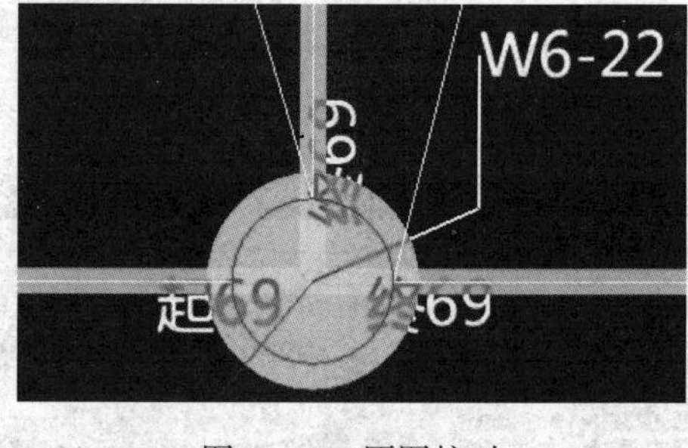

图9-191　原图校对

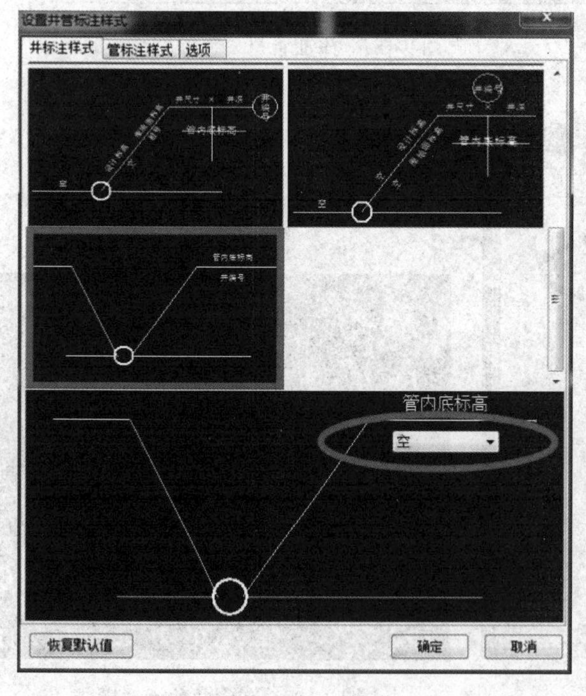

图9-192　“井编号”修改为“空”

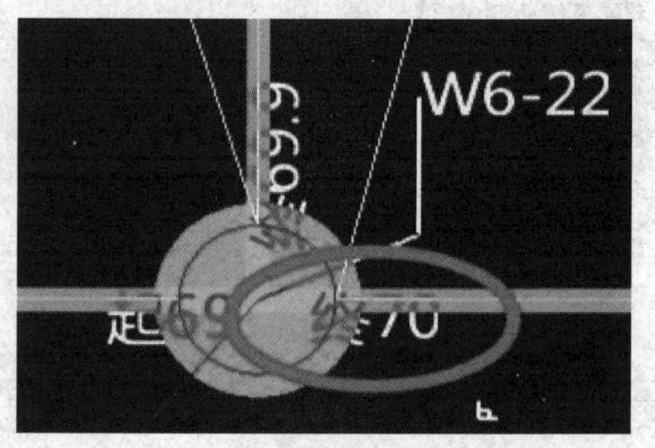

图9-193　原图校对

二、进水口

1. 进水口业务详解

连管是连接检查井和进水口的管道，在软件中连管的识别方式和主管一样，可以按照前面讲解的识别主管的方式识别连管。在软件中可以不用新建进水口，直接识别即可。

2. 进水口软件处理

1）自动识别。使用“自动识别”功能，直接跳到“选择管”，进行连管的识别（图9-194）。

2）图纸中连管没有标注，所以直接右键确定即可（图9-195）。

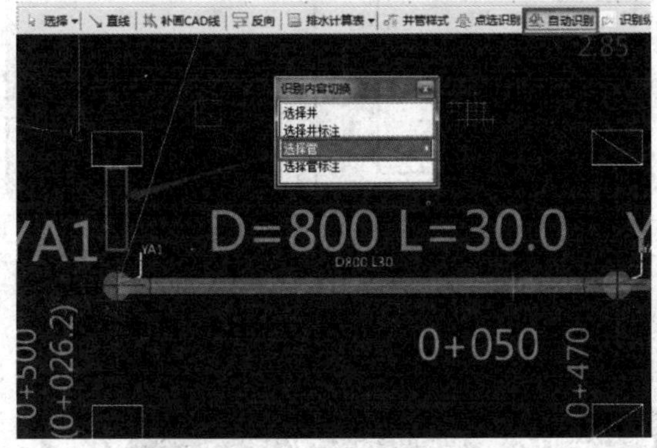

图9-194　“自动识别”功能

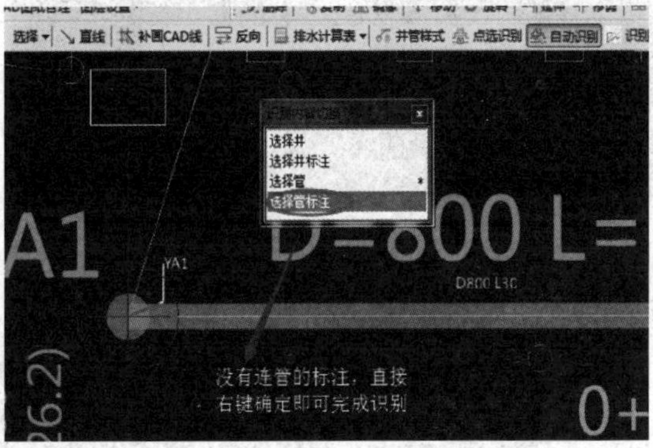

图9-195　选择管标注

3）右键确定后，会显示出识别的构件信息，然后点击确定即可（图9-196）。

4）进水口识别。

① 进水口分为单篦和多篦，在识别的时候，要从多篦开始识别。例如本次工程中就有4个双篦的进水口，首先要对这四个双篦的进水口进行识别，识别完成后再对单篦进水口识别，如图9-197所示。

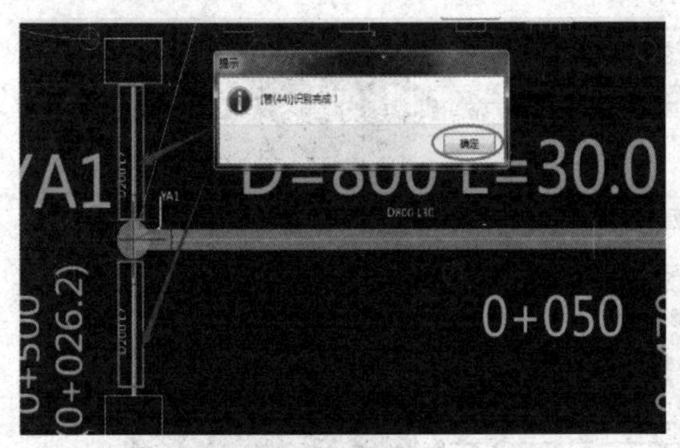

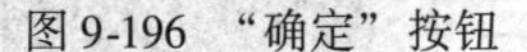
图9-196　“确定”按钮

图9-197　“识别进水口”按钮

② 双篦进水口识别完毕后，开始进行单篦进水口的识别，如图9-198所示。

5）进水口属性。

① 进水口的属性中主要是型号规格，例如材料、形式、长宽高等；其次是标高信息，如图9-199所示。

② 批量选择进水口。运用批量选择功能，可以运用快捷键“F3”，选中双篦进水口，统一修改属性规格，如图 9-200 所示。

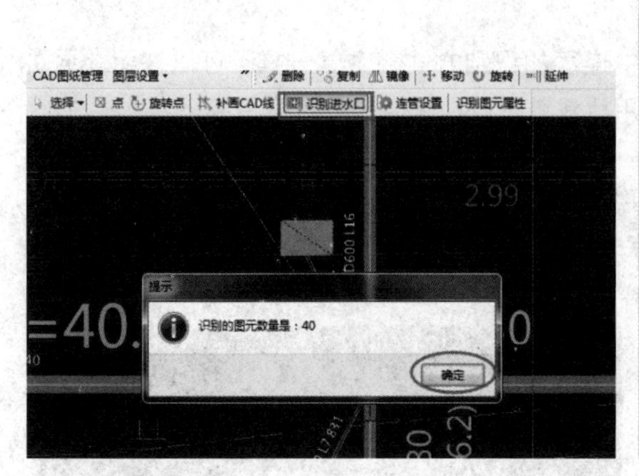

图 9-198 “确定”按钮

图 9-199 型号规格

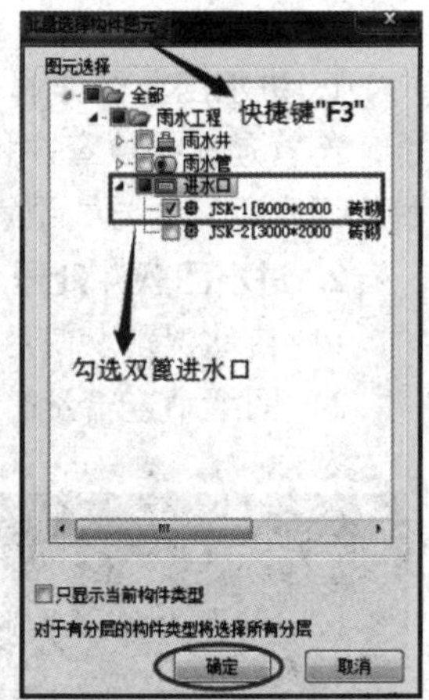

图 9-200 快捷键“F3”

③ 修改属性（图 9-201）。

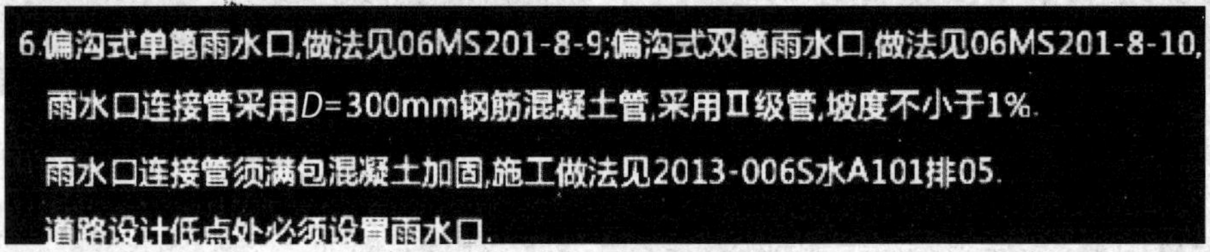

6.偏沟式单篦雨水口,做法见06MS201-8-9;偏沟式双篦雨水口,做法见06MS201-8-10,
雨水口连接管采用D=300mm钢筋混凝土管,采用Ⅱ级管,坡度不小于1%.
雨水口连接管须满包混凝土加固,施工做法见2013-006S水A101排05.
道路设计低点处必须设置雨水口.

图 9-201 修改属性

根据以上内容描述查找完图集之后，双篦进水口属性里的长和宽应改为 1930 × 860。单篦进水口的长和宽应改为 1160 × 860。同时，注意连管的坡度不小于 1%，如图 9-202 所示。

同理修改单篦进水口的长和宽，如图 9-203 所示。

图 9-202 修改长、宽（一）

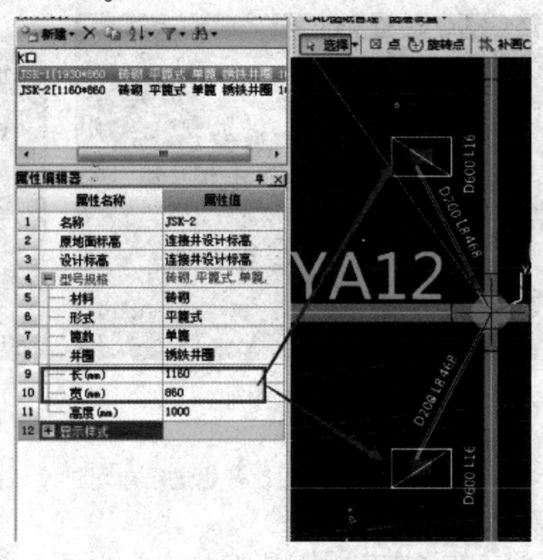

图 9-203 修改长、宽（二）

6）连管设置。本次平面图中连管没有标注信息，所以可以在“连管设置”中进行连管的坡度和管径设置，如图 9-204 所示。

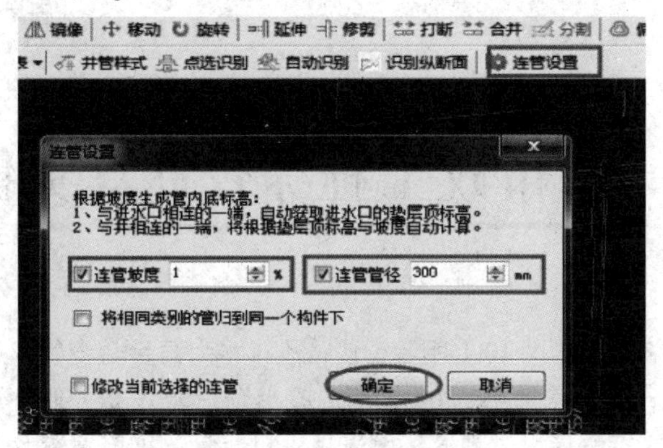

图 9-204　连管设置

7）动态观察。做完后，可以进行动态观察，如图 9-205 所示。

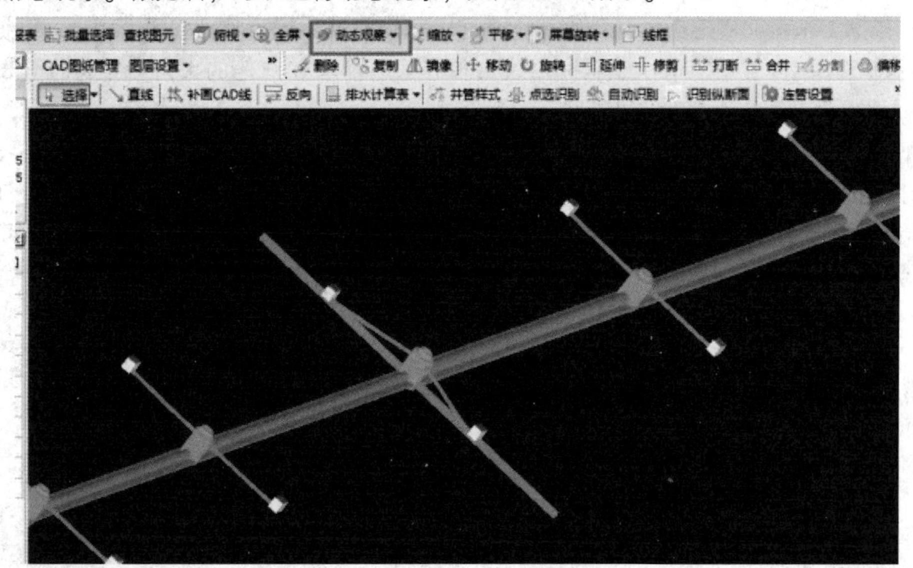

图 9-205　动态观察

3. 软件与手工对比

切换到“进水口”图层下，点击“批量选择”，弹出“批量选择构件图元”窗体，选择“进水口”→点击“查看工程量”，可以查看进水口的工程量，如图 9-206 所示。

结论：软件识别与手算对比，进水口的个数是一致的。

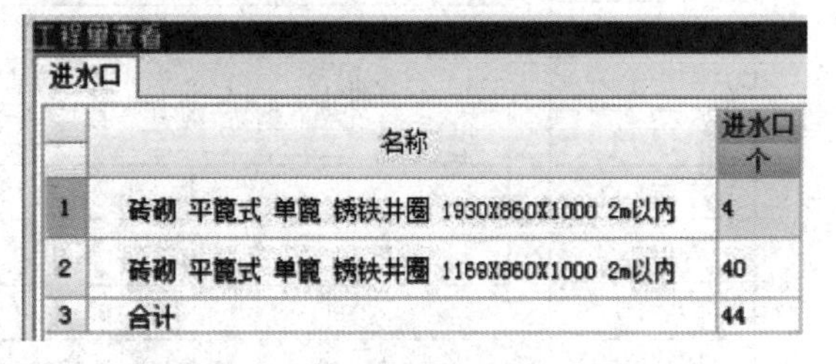

工程量查看

进水口

	名称	进水口 个
1	砖砌 平篦式 单篦 锈铁井圈 1930X860X1000 2m以内	4
2	砖砌 平篦式 单篦 锈铁井圈 1169X860X1000 2m以内	40
3	合计	44

图 9-206　“查看工程量”对话框

第十章　市政工程综合计算实例

实例一

某市道路排水工程施工图如图10-1所示，该路段排水为雨污合流管，排水管位于道路中心线南、北两侧各15.0m处，其管道采用ϕ800钢筋混凝土企口管（Ⅱ、Ⅲ级管），管段长2m，管道接口采用钢丝网水泥砂浆抹带接口，管道敷设采用人机配合；钢筋混凝土管基础采用120°C15商品混凝土基础，模板采用组合钢模板；检查井规格为井内径2000mm。管沟土方为三类土（管沟挖土由原地面标高向下挖），采用放坡方式，人工配合机械挖土，人工挖土占总体积的比例为8.7%，机械挖土采用反铲挖掘机（斗容量1.0m^3）在沟槽端头挖土作业（不装车）。机械回填土部分用夯实机夯实。（管道接口作业坑和沿线各种井室所需增加开挖的土方量按沟槽全部土方量的3%，每座检查井回填土扣除体积按4.5m^3考虑）

问题：

1. 试计算桩号0+120～0+265段北侧排水管道的挖土方、回填土方（不考虑支管及收水井）的总工程量，并分别计算其中人工挖土方、机械挖土方、人工回填土方和机械回填土方的工程量。

2. 试计算桩号0+120～0+265段北侧120°钢筋混凝土管基础工程量及钢筋混凝土管道敷设工程量。

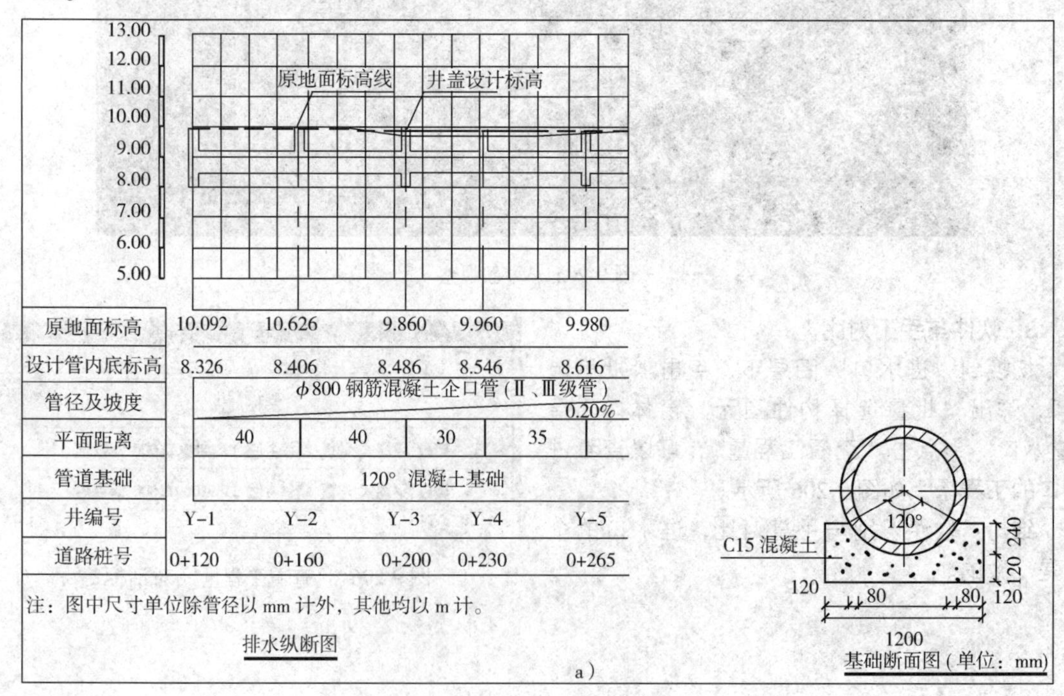

图10-1　某市道路排水工程施工图

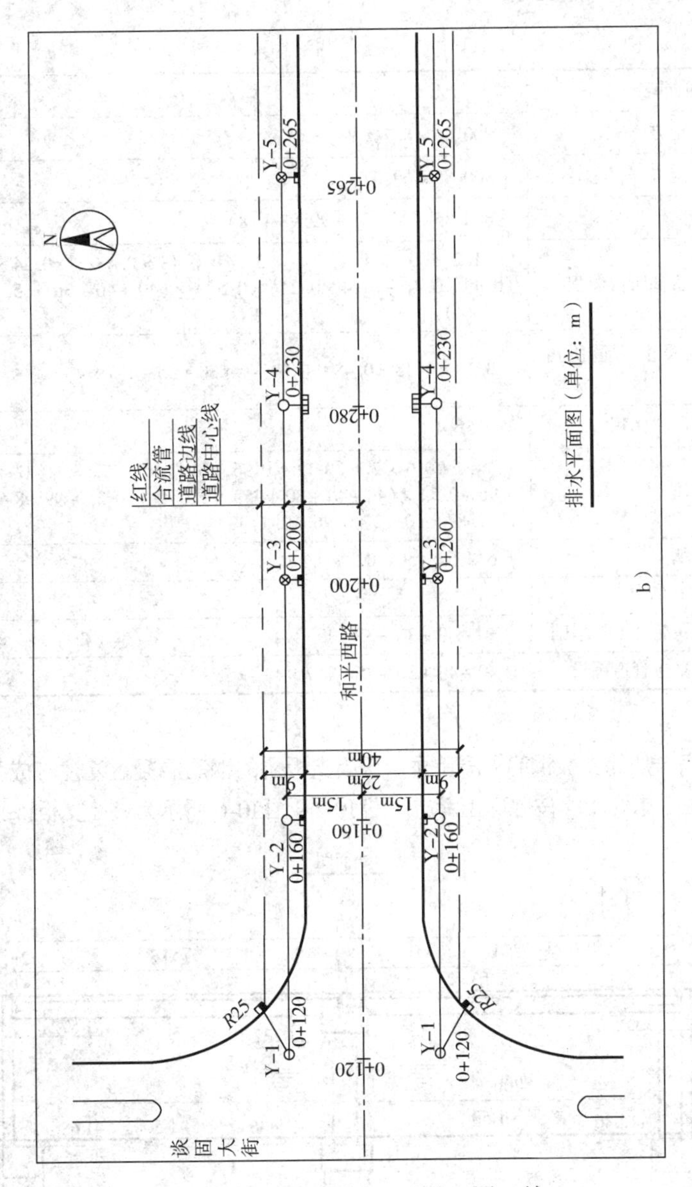

图 10-1　某市道路排水工程施工图（续）

解：工程量计算见表 10-1。

表 10-1　工程量计算表

序号	项目名称	计算式	单位	结果
1				
1.1	沟槽挖土方		m³	800.85
	平均挖土深度	{[(10.092 − 8.326) + (10.626 − 8.406)]/2 × 40 + [(10.626 − 8.406) + (9.86 − 8.486)]/2 × 40 + [(9.86 − 8.486) + (9.96 − 8.546)]/2 × 30 + [(9.96 − 8.546) + (9.98 − 8.616)]/2 × 35}/(40 + 40 + 30 + 35) + (0.08 + 0.12)	m	1.87
	挖土方	(1.2 + 0.6 × 2 + 1.87 × 0.25) × 1.87 × (40 + 40 + 30 + 35) × (1 + 3%)	m³	800.85

（续）

序号	项目名称	计算式	单位	结果
其中①	人工挖土方	800.85×8.7%	m^3	69.67
②	机械挖土方	800.85-69.67	m^3	731.18
1.2	回填土	800.85-(40.35+99.98+18)	m^3	642.52
	混凝土管基所占体积	{1.2×(0.12+0.24)-[3.14×0.48×0.48/3-0.24×(0.48×0.48-0.24×0.24)×0.5]}×(40+40+30+35-1.7×4)	m^3	40.35
	钢筋混凝土管道所占体积	3.14×0.48×0.48×(40+40+30+35-1.7×4)	m^3	99.98
	检查井所占体积	4.5×4	m^3	18.00
其中①	人工回填	[1.2+0.6×2+(0.12+0.96+0.5)×0.25]×(0.12+0.96+0.5)×(40+40+30+35)×1.03-[40.35+99.98+18/1.87×(0.12+0.96+0.5)]	m^3	504.01
②	机械回填	642.52-504.01	m^3	138.51
2				
2.1	120°钢筋混凝土管基础	40+40+30+35-1.7×4	m	138.20
2.2	钢筋混凝土管道铺设	40+40+30+35-1.7×4	m	138.20

实例二

某市政道路上有一座简支板钢筋混凝土桥。该简支板桥的钢筋混凝土灌注桩成孔用回旋钻机钻孔，按水下灌注混凝土桩考虑；土壤按砂砾土考虑。图10-2～图10-6所示为该简支板桥的部分施工图。

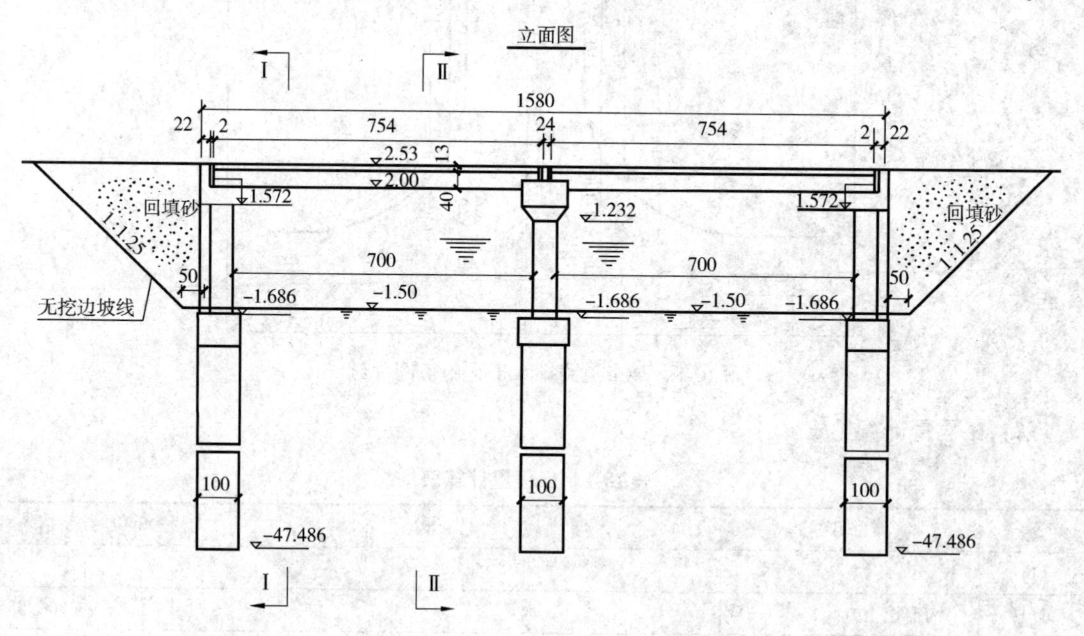

注：

1. 本图尺寸除标高以m计外，其余均以cm计。
2. 桥梁设计标高为桥梁中心线处桥面标高。
3. 桥梁设计荷载：汽车—20级。
4. 桥梁中心线与桥位处道路中心线重合。

图10-2　桥型布置图

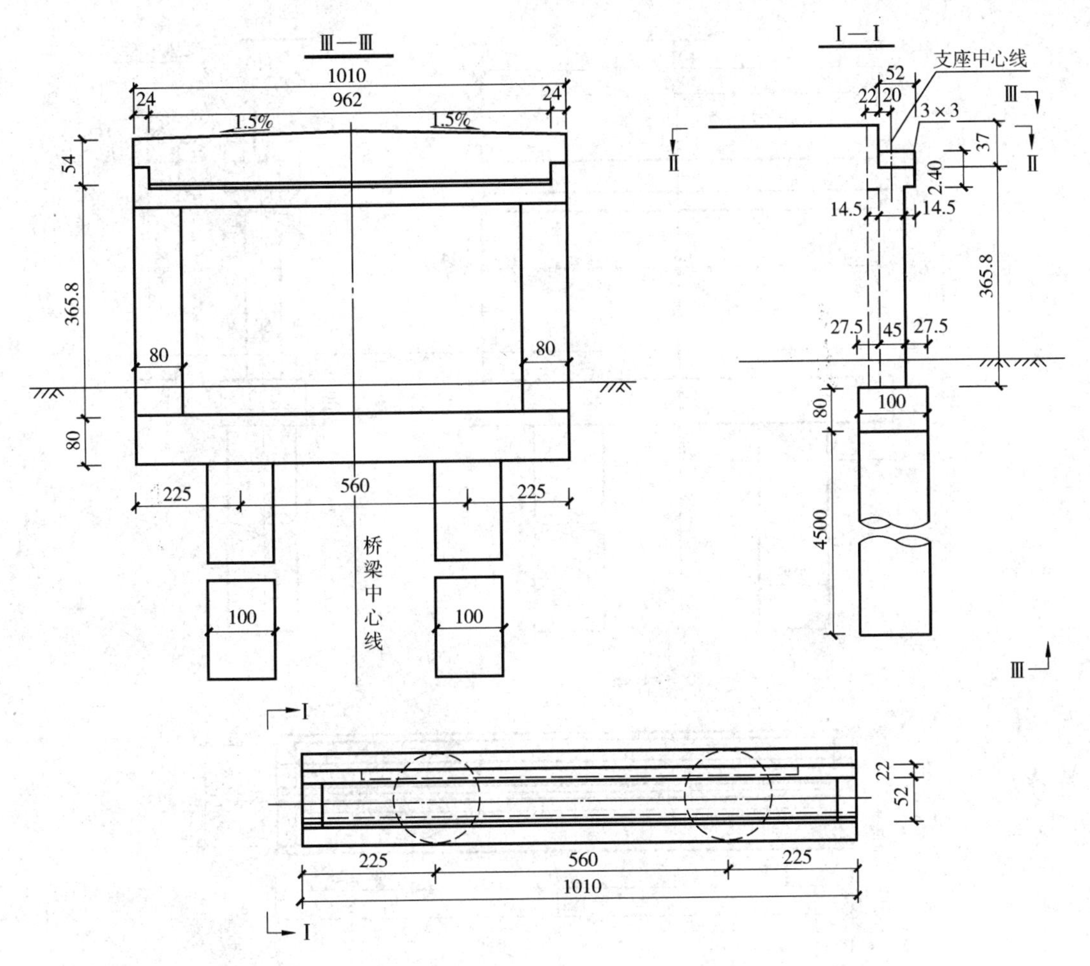

注：

1. 本图尺寸除标高以 m 计外，其余均以 cm 计。
2. 梁与挡块之间设油毛毡分隔。
3. 承台、薄壁桥台为 C25（中砂碎石，最大粒径 20mm）钢筋混凝土。
4. 薄壁桥台桩基础为 ϕ100cm 钻孔灌注 C20（中砂碎石，最大粒径 20mm）钢筋混凝土桩。
5. 桥台两侧按接挡墙考虑，未设翼墙及搭板。

图 10-3　薄壁桥台构造图

根据以上已知条件和施工图，按照以下要求进行计算。

1）试计算钢筋混凝土灌注桩、桥面现浇混凝土空心板梁、桥面铺装钢筋（钢筋搭接长度按 30d 计算）和伸缩缝的工程量。

2）根据施工图和已知条件，以及上题所在级别计算出的工程量，编制分部分项工程量清单。

3）如果该工程的现浇钢筋混凝土灌注桩长合计为 300m，回旋钻机钻桩孔深度合计为 400m；钢筋混凝土桥空心板梁混凝土量为 40m^3，模板接触面积为 160m^2；桥面铺装钢筋按定额计算的工程量为 1t；伸缩缝合计长度为 60m。

根据 2012 年市政工程定额及相应的市政工程费用定额计算工程造价（不计取其他措施费，人工、材料、机械单价均不调整，按包工包料取费）。

4）根据以上已知条件和假设条件，依据现行定额编制分部分项工程量清单报价和综合单价分析表（人工、材料、机械单价均不调整，不计算措施费、规费、税金）。

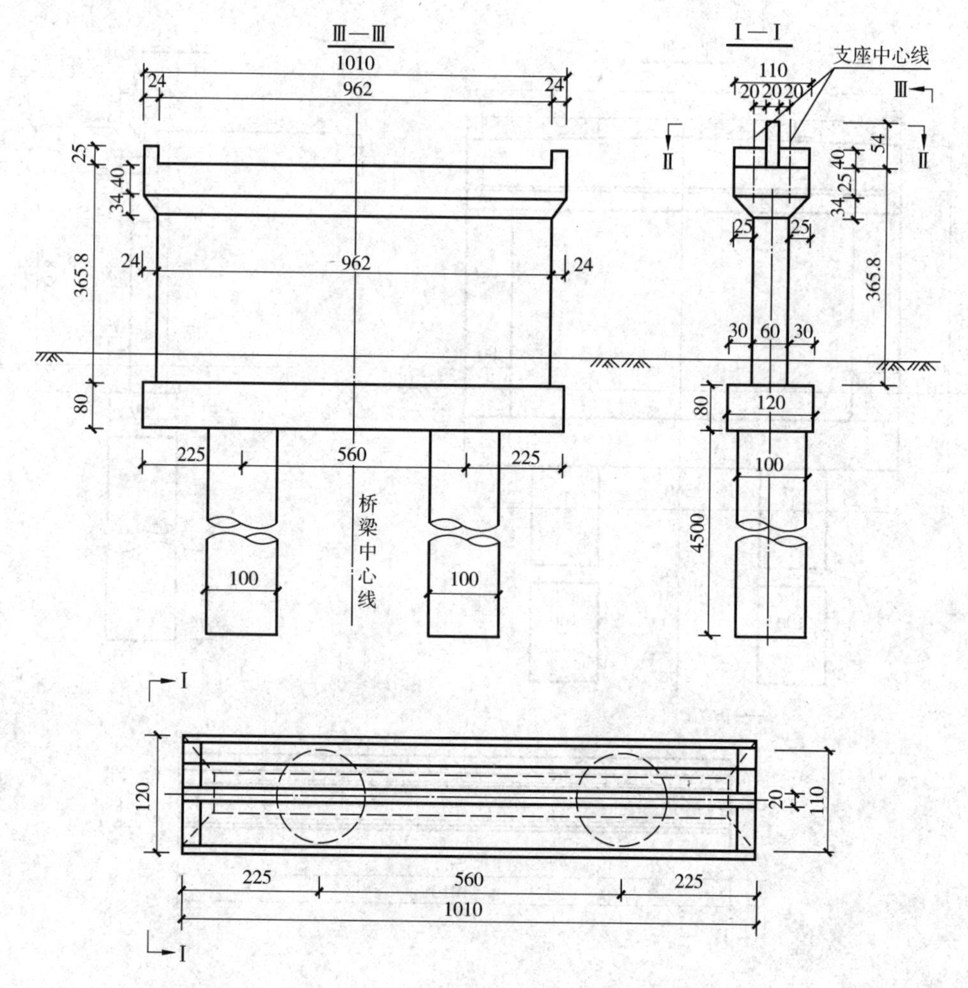

注：

1. 本图尺寸除标高以m计外，其余均以cm计。
2. 梁与挡块之间设油毛毡分隔。
3. 承台、薄壁桥墩C25（中砂碎石，最大粒径20mm）钢筋混凝土。
4. 薄壁桥墩桩基础为ϕ100cm钻孔灌注C20（中砂碎石，最大粒径20mm）钢筋混凝土桩。

图10-4　薄壁桥台构造图

解：

1）钢筋混凝土灌注桩：

$$45 \times 6\text{m} = 270\text{m}$$

现浇钢筋混凝土桥面空心板梁：

$$[10 \times 0.4 - (0.25 + 0.3)/2 \times 2 - 0.09 \times 0.09 \times 3.14 \times 32] \times 7.22 \times 2\text{m}^3 \approx 38.07\text{m}^3$$

桥面铺装钢筋：

$$(7.16 \times 45 + 9 \times 36) \times 2 \times 0.395\text{kg} \approx 0.51\text{t}$$

伸缩缝：

$$10 \times 4\text{m} = 40\text{m}$$

注：1. 按定额计算钢筋混凝土灌注桩工程量包括成孔和混凝土灌注两部分。

2. 按定额计算混凝土项目工程量包括混凝土和模板两部分。

3. 承台按无底模考虑。

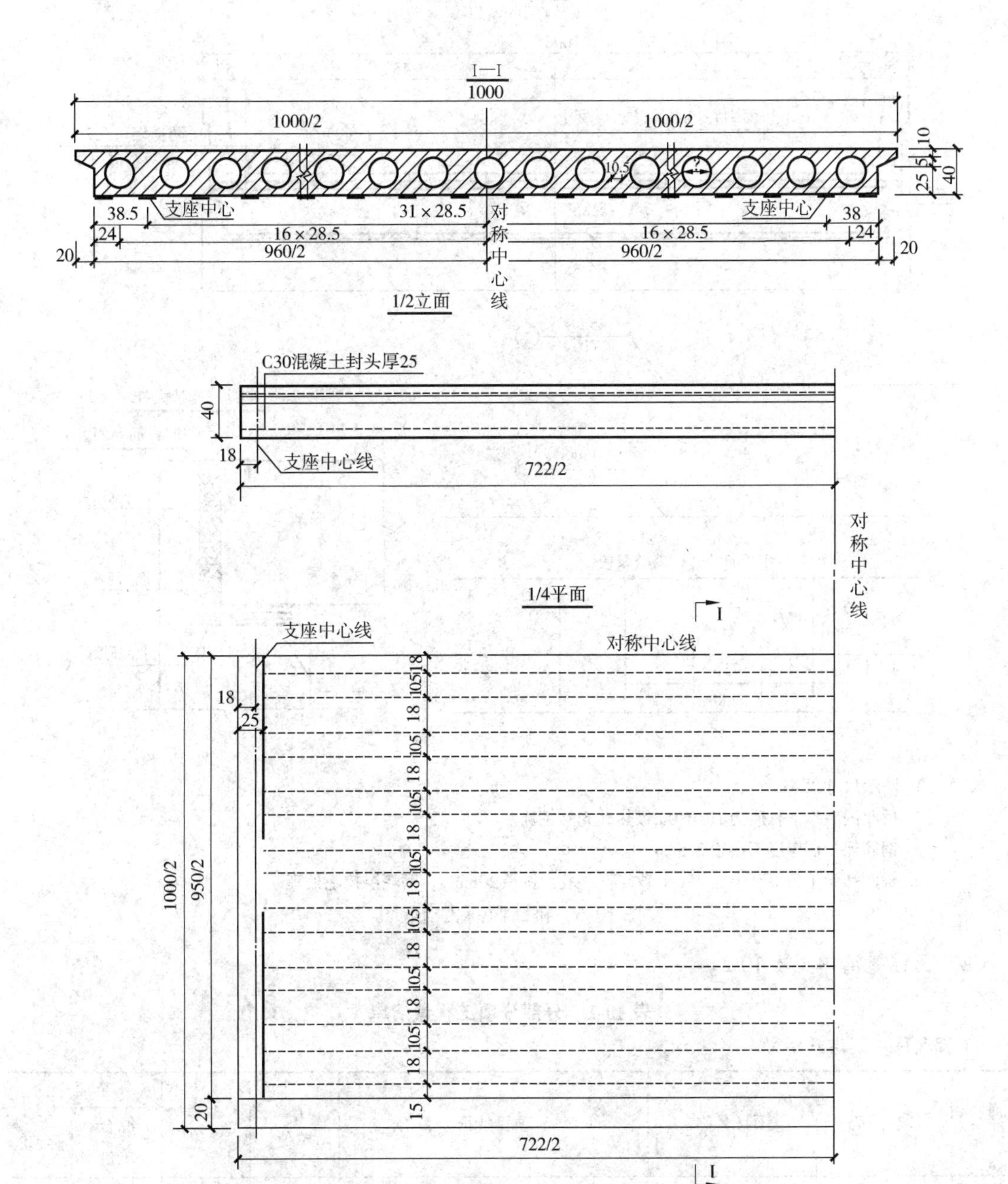

注：

1. 本图尺寸均以 cm 计。
2. 空心板混凝土浇筑前先用 M10 水泥砂浆抹平台帽，安装好橡胶支座，每块一端布置规格为 D = 200mm（直径），H = 28mm（高度）橡胶支座 32 个，共计 136 个。空心板混凝土强度等级为 C30。
3. 考虑采用现场浇筑。
4. 内模脱模后即可浇筑 25cm 厚的封头混凝土，注意务必严实。
5. 浇注空心板时跨中应留有 1cm 的预拱度。

图 10-5　桥面空心板构造图

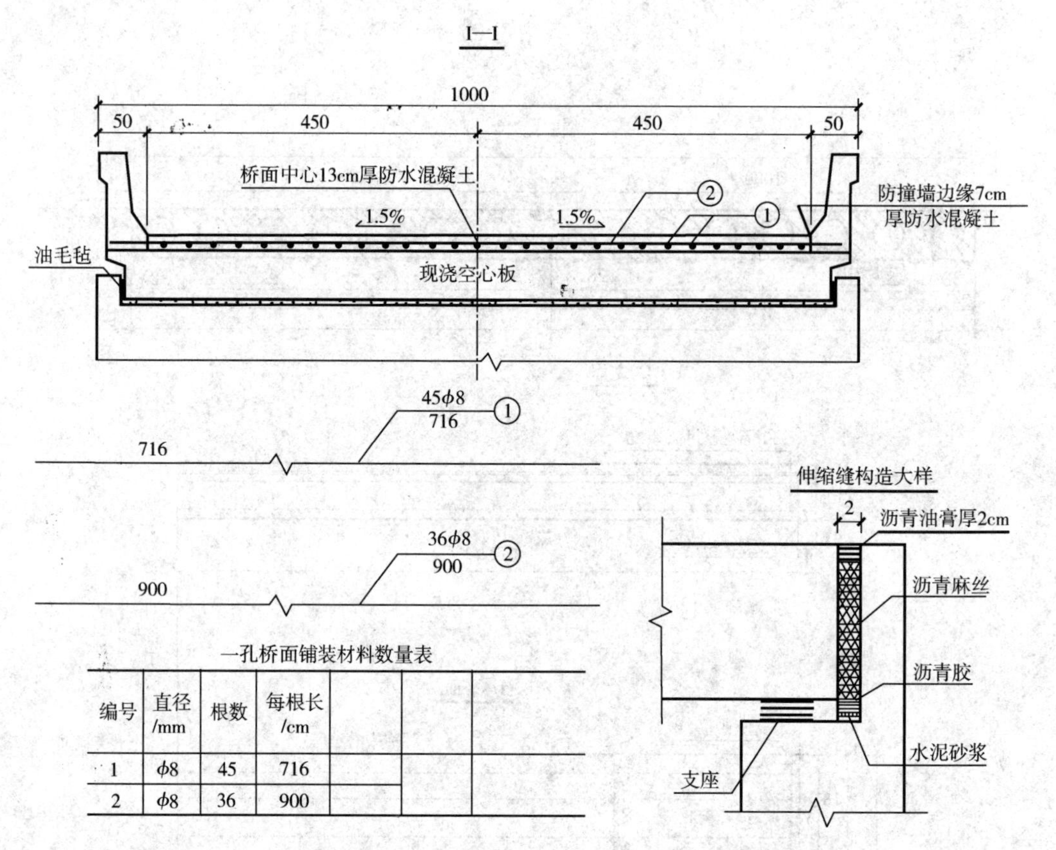

编号	直径/mm	根数	每根长/cm			
1	ϕ8	45	716			
2	ϕ8	36	900			

注：

1. 图示尺寸以cm计。
2. 桥面铺装钢筋材质为HRB300级热轧光圆钢筋。
3. 钢筋保护层厚度不小于2.5cm。
4. 桥面铺设抗折混凝土5.0（中砂碎石，最大粒径20mm），磨耗层拉毛处理。

图10-6 桥路面铺装构造图

2）工程量清单见表10-2。

表10-2 分部分项工程量清单

工程名称：某市政桥梁

序号	项目编码	项目名称	项目特征	计量单位	工程数量	金额/元	
						综合单价	合价
1	D040301007001	钢筋混凝土灌注桩	桩径100cm 深度46.36m （桩长45m） 砂砾土 C20钢筋混凝土中砂碎石，最大粒径20mm	m	270.00		
2	D040302012001	桥面现浇混凝土空心板梁	桥面板 钢筋混凝土空心板 混凝土强度等级为C30（中砂碎石，最大粒径20mm）	m^3	38.07		

（续）

序号	项目编码	项目名称	项目特征	计量单位	工程数量	金额/元	
						综合单价	合价
3	D0407041002001	桥面铺装钢筋	HRB300 级热轧光圆钢筋 桥面铺装	t	0.51		
4	D040309006001	伸缩缝	沥青麻丝 缝宽 2cm 长 10m 共 4 道	m	40.00		
—	—	本页小计		—	—	—	
—	—	合计		—	—	—	

3）该市政工程部分造价见表 10-3 和表 10-4。

表 10-3　市政工程预（结）算造价计算表（一）

序号	定额编号	项目名称	单位	数量	单价/元	合价/元	其中：/元	
							人工费	机械费
1		实体项目						
2	3-216	钢筋混凝土灌注桩 C20 商品混凝土	$10m^3$	30.00	3020.53	90615.90	8232.00	0.00
3	3-435	桥面现浇混凝土空心板梁 C30 商品混凝土	$10m^3$	4.00	2942.03	11768.12	1710.40	57.68
4	3-242	现浇混凝土钢筋直径 10mm 以内	t	1.00	5888.72	5888.72	626.00	48.73
5	3-353	安装沥青麻丝伸缩缝	10m	6.00	89.28	535.68	432.00	0.00
6		措施项目						
7	3-137	钢筋混凝土灌注桩成孔	10m	40.00	4711.33	188453.20	34016.00	150638.80
8	3-699	桥面现浇混凝土空心板梁模板	$10m^2$	16.00	453.00	7248.00	3808.00	1573.76
9		小计				304509.62	48824.40	152318.97
10	3-757	安全防护、文明施工费			4.88%	9815.8	2382.63	7433.17
11		合计				314325.42	51207.03	159752.14

表 10-4　市政工程预（结）算造价计算表（二）

序号	定额编号	项目名称	单位	数量	单价/元	合价/元	其中：/元	
							人工费	机械费
		取费						
①		直接工程费				314325.42		
②		直接工程费中的人工费 + 机械费				210959.17		

（续）

序号	定额编号	项目名称	单位	数量	单价/元	合价/元	其中：/元	
							人工费	机械费
③		企业管理费②×15%			15%	31643.88		
④		利润②×9%			9%	18986.33		
⑤		规费②×13.5%			13.5%	28479.49		
⑥		税金(①+③+④+⑤)×3.48% =393435.12×3.48%			3.48%	13691.54		
⑦		工程造价合计①+③+④+⑤+⑥				407126.66		

注：税金按3.48%计。

4）工程量清单报价和综合单价分析表见表10-5和表10-6。

表10-5　分部分项工程量清单与计价表

序号	项目编码	项目名称	项目特征	计量单位	工程数量	金额/元	
						综合单价	合价
1	D040301007001	钢筋混凝土灌注桩	桩径100cm 深度46.36m （桩长45m） 砂砾土 C20钢筋混凝土中砂碎石，最大粒径20mm	m	300.00	1084.54	325361.93
2	D040302012001	桥面现浇混凝土空心板梁	桥面板 钢筋混凝土空心板 混凝土强度等级为C30（中砂碎石，最大粒径20mm）	m^3	40.00	518.30	20732.08
3	D0407041002001	桥面铺装钢筋	HRB300级热轧光圆钢筋 桥面铺装	t	1	6050.66	6050.66
4	D040309006001	伸缩缝	沥青麻丝 缝宽2cm 长10m 共4道	m	60	10.66	639.36
—	—	本页小计		—	—	—	352784.03
—	—	合计		—	—	—	352784.03

表 10-6　分部分项工程量清单综合单价分析表

序号	项目编码（定额编号）	项目名称	单位	数量	综合单价（基价）/元	合价/元	综合单价组成/元				
							人工费	材料费	机械费	管理费	利润
1	D040301007001	钢筋混凝土灌注桩	m	300.00	1084.54	325361.93	140.83	287.27	502.13	96.44	57.87
	3-216	钢筋混凝土灌注桩 C20 商品混凝土	$10m^3$	30.00	3020.53	92591.58	274.40	2746.13	0.00	41.16	24.70
	3-137	钢筋混凝土灌注桩成孔	10m	40.00	4711.33	232770.35	850.40	94.96	3765.97	692.46	415.47
2	D040302012001	桥面现浇混凝土空心板梁	m^3	40	518.30	20732.08	137.96	296.66	40.79	26.81	16.09
	3-435	桥面现浇混凝土空心板梁 C30 商品混凝土	$10m^3$	4.00	2942.03	12192.46	427.60	2500.01	14.42	66.30	39.78
	3-699	桥面现浇混凝土空心板梁模板	$10m^2$	16.00	453.00	8539.62	238.00	116.64	98.36	50.45	30.27
3	D0407041002001	桥面铺装钢筋			6050.66	6050.66	626.00	5213.99	48.73	101.21	60.73
	3-242	现浇混凝土钢筋直径 10mm 以内	t	1.00	5888.72	6050.66	626.00	5213.99	48.73	101.21	60.73
4	D040309006001	伸缩缝	m	60	10.66	639.36	7.20	1.73	0.00	1.08	0.65
	3-353	安装沥青麻丝伸缩缝	10m	6.00	89.28	639.36	72.00	17.28	0.00	10.80	6.48

参考文献

［1］中华人民共和国住房和城乡建设部，国家质量监督检验检疫总局．建设工程工程量清单计价规范：GB 50500—2013［S］．北京：中国计划出版社，2013.

［2］中华人民共和国住房和城乡建设部．市政工程工程量计算规范：GB 50857—2013［S］．北京：中国计划出版社，2013.

［3］杨庆丰．建筑工程招投标与合同管理［M］．北京：机械工业出版社，2012.

［4］张麦妞．市政工程工程量清单计价知识问答［M］．北京：人民交通出版社，2011.

［5］本书编委会．全国二级建造师职业资格考试用书：市政公用工程管理与实务［M］．北京：中国建筑工业出版社，2019.